编写委员会

名誉主任：周功亚
主任委员：单金辉　冯正良
副主任委员：金　怡　李坚利
委　　　员：（按姓名汉语拼音排序）：

混凝土

质量控制与检验

葛新亚 主编

HUNNINGTU
ZHILIANG KONGZHI
YU
JIANYAN

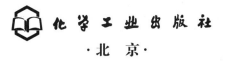

化学工业出版社

·北京·

本书主要介绍普通混凝土和新型及特种混凝土的原材料、混凝土的强度、耐久性的性能分析与检测、配合比设计，混凝土材料的质量控制等。根据材料工程技术专业教学改革的目标要求，以突出实用性，体现能力本位的要求组织教学内容。

　　本书以职业标准作为编写依据，注重理论知识的系统性和实践操作训练的系统性。密切跟踪国内外混凝土材料技术的发展动态，尽量介绍混凝土材料发展的新品种、新技术、新标准。努力融入"绿色建材"的观念，以适应培养新世纪高等职业技术人才的要求。

　　本书可作为高职高专和高等院校应用型本科材料工程技术专业教材，还可以作为相关领域工程技术人员的培训教材和参考用书。

图书在版编目(CIP)数据

混凝土质量控制与检验/葛新亚主编 . —北京：化学
工业出版社，2015.12
ISBN 978-7-122-25472-6

Ⅰ.①混… Ⅱ.①葛… Ⅲ.①混凝土-质量控制②混
凝土-质量检验 Ⅳ.①TU528.07

中国版本图书馆 CIP 数据核字（2015）第 253318 号

责任编辑：李仙华　王文峡　　　　　　装帧设计：史利平
责任校对：宋　夏

出版发行：化学工业出版社（北京市东城区青年湖南街 13 号　邮政编码 100011）
印　　刷：北京市振南印刷有限责任公司
装　　订：三河市宇新装订厂
787mm×1092mm　1/16　印张 19¼　字数 472 千字　2016 年 3 月北京第 1 版第 1 次印刷

购书咨询：010-64518888（传真：010-64519686）　售后服务：010-64518899
网　　址：http://www.cip.com.cn
凡购买本书，如有缺损质量问题，本社销售中心负责调换。

前 言

混凝土是当今世界上用量最大、使用范围最广的建筑工程材料，在人们的日常生活的各个方面都直接或间接地涉及混凝土，混凝土材料已经成为现代社会的基础。本书主要介绍普通混凝土和新型及特种混凝土的原材料、混凝土的强度、耐久性的性能分析与检测、配合比设计，混凝土材料的质量控制等。根据材料工程技术专业教学改革的目标要求，以突出实用性，体现能力本位的要求组织教学内容。课程教学应注重理论与实践的结合，将课堂学习、讨论和现场教学紧密结合起来，努力培养认识问题和解决问题的能力。

本书编写过程中依据高职教育应培养高等职业技术应用型人才的目标和本行业职业岗位能力要求，以职业标准作为教材编写的依据，注重理论知识的系统性和实践操作训练的系统性。密切跟踪国内外混凝土材料技术的发展动态，尽量介绍混凝土材料发展的新品种、新技术、新标准。努力融入"绿色建材"的观念，以适应培养新世纪高等职业技术人才的要求。本书注意中高职的衔接，既适应高职学生使用，也可作为中职生的教材，还可以作为工程技术人员的培训教材和参考用书。

全书由安徽职业技术学院葛新亚统稿并担任主编。其中葛新亚编写绪论及第2、3、4、8章及第1章的第1、2、3节；山西职业技术学院李文宇编写第5章的1、2、3节及第7章；安徽职业技术学院方瑾编写第1章的第3节和第5章的第4、5节；黑龙江建筑职业技术学院纪明香编写第6章。本书编写过程中得到了安徽省混凝土协会、合肥市格林工程材料有限公司等企业专家的大力支持，在此一并表示感谢。

作为一门与实际工程紧密相关的课程，混凝土材料涉及的内容很多。由于编者水平有限，加之时间仓促，难免有疏漏和不足之处，恳请专家同仁和广大读者批评指正。

本书提供有 PPT 电子课件，可登录网站 www.cipedu.com.cn 免费获取。

编者
2015 年 10 月

目　　录

0 绪 论

知识目标：掌握混凝土的概念，掌握混凝土的分类方法，了解各类混凝土的特点，了解混凝土的发展历史及趋势。

能力目标：能认识和区分不同种类的混凝土并进行归类，初步树立绿色混凝土的理念。

0.1 混凝土的分类及特点

所谓混凝土，是指由胶结材（无机的、有机的、无机有机复合的）、颗粒状骨料以及必要时加入化学外加剂和矿物掺合料，组成按一定的比例拌和，并在一定条件下经硬化后形成的复合材料。和任何一种材料一样，社会的进步推动了混凝土材料科学发展，而混凝土材料的创新与发展又进一步影响和促进着社会发展。混凝土实际上已经成为现代社会的基础。在日常生活的各个方面都直接或间接地涉及混凝土。例如，由混凝土材料建造的工业与民用建筑、道路、桥梁、机场、海港码头、电站、蓄水池、大坝、混凝土输水管道、排水管，以及地下工程、国防工程、海上石油钻井平台、宇宙空间站等都离不开混凝土。

0.1.1 混凝土的分类

随着科学技术的进步和经济的不断发展，社会对水泥和混凝土数量的需求越来越大，性能要求越来越高，为满足各种工程需要的混凝土的品种也越来越多。因此，其分类方法也是多种多样，较常用的几种分类方法如下。

0.1.1.1 按胶结材分类

（1）无机胶结材混凝土

① 水泥混凝土。它是以硅酸盐水泥及各种混合水泥为胶结材，可用于各种混凝土结构。

② 硅酸盐混凝土。它是由石灰和各种含硅原料（砂及工业废渣）以水热合成方法来产生水化胶凝物质。可用于制作各种硅酸盐砌块等。

③ 石膏混凝土。它是以各种石膏作为胶结材，可制作天花板、内隔墙等。

④ 水玻璃混凝土。它是以水玻璃为胶结材，可制作耐酸混凝土结构物如贮酸槽等。

（2）有机胶结材混凝土

① 沥青混凝土。用天然或人造沥青为胶结材制成的，可用于道路工程。

② 聚合物胶结混凝土（又称树脂混凝土）。它是以聚酯树脂、环氧树脂、脲醛树脂等为胶结材制成的，适于在有侵蚀介质的环境中使用。

（3）无机有机复合胶结材混凝土

① 聚合物水泥混凝土。它是以水泥为主要胶结材，掺入少量聚合物或用掺有聚合物的水泥制成。适于路面、桥梁及修补工程。

② 聚合物浸渍混凝土。它是以水泥混凝土为基材，用有机单体液浸渍和聚合制成，适用于耐磨、抗渗、耐腐蚀等混凝土工程。

0.1.1.2 按骨料分类

（1）重混凝土　用钢球、铁矿石、重晶石等做骨料，混凝土密度>2500kg/m³，用于防辐射的混凝土工程。

（2）普通混凝土　用普通砂、石做骨料，混凝土密度为 $2100\sim2400\mathrm{kg/m^3}$，是较常用的结构工程材料。

（3）轻骨料混凝土　用天然或人造轻骨料，混凝土密度小于 $1900\mathrm{kg/m^3}$，可用于承重结构或制作保温隔热制品。

（4）大孔混凝土　它仅由（重质或轻质）粗骨料和胶结材制成。骨料颗粒表面包以水泥浆，颗粒间为点接触，颗粒之间有较大的空隙。这种混凝土主要用于墙体。

（5）细粒混凝土　主要是由细颗粒和胶结材制成，多用于制造薄壁构件。

（6）多孔混凝土　这种混凝土既无粗骨料，也无细颗粒。全是由磨细的胶结材和其他粉料加水拌成料浆，用机械方法或化学方法使之形成许多微小的气泡后再经硬化制成。可用于屋盖、楼板、墙体材料等。

0.1.1.3　按混凝土性能分类

按混凝土的性能分类有：早强混凝土、补偿收缩混凝土、高强混凝土、高性能混凝土等。

0.1.1.4　按施工工艺分类

根据混凝土的工艺不同又可分为两大类：一类是现浇混凝土，如泵送混凝土、真空吸水混凝土、碾压混凝土、喷射混凝土、自流平自密实混凝土等；另一类是预制混凝土，如挤压混凝土、离心混凝土、振压混凝土等。

0.1.1.5　按用途分类

按照混凝土的用途分，有结构混凝土、防辐射混凝土、大坝混凝土、海工混凝土、道路混凝土、耐热混凝土、耐酸混凝土、水下不分散混凝土等。

0.1.1.6　按配筋方式分类

按混凝土配筋方式分，有素混凝土、钢筋混凝土、预应力混凝土、纤维增强混凝土等。

0.1.2　混凝土的特点

混凝土材料之所以能够得到不断发展，主要因为它具有一系列的优良性能和特点。

① 原材料丰富，能就地取材，生产成本低。

② 混凝土强度较高，像天然石材一样坚硬；耐久性好，适用性强，无论水下、海洋以及寒冷、炎热的环境都能适用。

③ 可塑性好，适应不同的结构要求；性能灵活，可根据不同需要配制不同强度、不同性能的混凝土。

④ 作为基材，混凝土与其他材料的复合能力强，如钢筋混凝土、纤维增强混凝土、聚合物混凝土等。

⑤ 混凝土的能源消耗较之其他建筑材料要低，见表0.1。

表 0.1　各种建筑材料的能耗比较

材料品种	能耗/($\times10^6$kcal/t)	材料品种	能耗/($\times10^6$kcal/t)
水泥	1.16	砖	1.0
玻璃	3.78	木材	0.35~0.55
铝材	73.1	混凝土	0.56~0.66
砂、石	0.09	钢材	7.4

注：1kal=4.1868×10³J。

⑥ 作为建筑材料，较之木材、塑料、钢材，混凝土具有良好的耐火性能。

⑦ 混凝土结构物一旦投入使用后，维修工作量少、维修费用低。

⑧ 可有效地利用工业废渣，如粉煤灰、矿渣、尾矿粉等，节约资源，减轻环境污染。

然而混凝土材料也有其缺点，限制了它的使用范围。主要有如下几点。

① 混凝土的脆性大、抗拉强度低（约为其抗压强度的 1/20～1/12），其冲击性能差。

② 自重大，混凝土的密度一般在 2350～2450kg/m³，而普通黏土砖一般在 1800kg/m³ 左右。

③ 体积稳定性差，其干燥收缩大，在荷载作用下的徐变也大。

④ 若作为墙体材料，其热导率比较大，一般在 1.2kcal/(m·h·℃) 左右，约为砖的 2 倍。

有鉴于上述问题，可以通过合理的设计、适当的选材以及严格的质量管理和控制来加以弥补。而近来各种新型、特种混凝土的出现正逐渐完善混凝土的性能，扩大混凝土使用范围。

0.2 混凝土的发展史

混凝土的出现可以上溯几千年，如我国的万里长城、埃及金字塔、古罗马的建筑等都已使用了以石灰、石膏或天然火山灰为胶结材的混凝土。1980 年及 1983 年，我国考古工作者在甘肃泰安县大地湾先后发现了两块距今约 5000 多年的混凝土地坪，其所使用的胶结材是水硬性的，混凝土强度亦达到 11MPa。古罗马在 2000 年前也曾使用具有较强水硬性的胶凝材料建造地下水道。然而混凝土生产技术的形成和飞速发展则仅有 1 百多年的历史。

1824 年英国人阿斯普丁（J·Aspdin）第一个获得了生产波特兰水泥的专利。此后水泥和混凝土的生产技术得以迅速发展，混凝土的强度及其性能也都有了很大的提高，混凝土用量急剧增加。时至今日，混凝土材料已经成了世界上用量最大、用途最广的人造材料。

1850 年法国人朗波（J. L. Lambat）研究出使用钢筋混凝土的方法，并首次制成了钢丝网水泥船，使得混凝土的范围更加扩大。1887 年科伦（M. Koenen）首先发表了钢筋混凝土的计算方法，为钢筋混凝土的设计提供了理论依据。

1919 年艾布拉姆斯（D. A. Abrams）发表了著名的水灰比学说，1925 年利滋（Lyse）发表了灰水比学说、恒定用水量学说，从而奠定了现代混凝土的理论基础。

1928 年法国的佛列西涅（E. Freyssinet）提出了混凝土的收缩和徐变理论，发明了预应力钢筋混凝土施工工艺。预应力混凝土的出现，是混凝土技术的一次飞跃。预应力技术弥补了混凝土抗拉强度低的弱点，为钢筋混凝土结构在大跨度桥梁、高层建筑，以及在抗震、防裂等方面的应用开辟了新的途径。

1960 年前后，混凝土外加剂的出现，尤其是高效减水剂的大量使用，不仅改善了混凝土的各种性能，而且为混凝土施工工艺的发展创造了良好的条件。在混凝土拌合物中掺入减水剂，可以大幅度地降低水灰比、提高强度或拌合物的流动性，使拌合物在搅拌、运输、浇注和成形等工艺过程变得容易操作。目前，混凝土外加剂已经成为混凝土原材料中不可或缺的第五种组分。

混凝土的有机化又使混凝土这种结构材料走上了一个新的发展阶段。如聚合物浸渍混凝土及树脂混凝土，不仅抗拉、抗压、抗冲击强度都大幅度提高，而且具有高抗腐性等特点，因而在特种工程中得到了广泛应用。例如，聚合物浸渍混凝土的抗压强度和抗拉强度较其基材提高了 2～4 倍，抗渗压力可达 5MPa，抗冻融循环次数在 1100 次以上，并具有很高的耐腐蚀性能。

由于混凝土材料具有原材料来源广、便于施工、可灌注任何形状、能适应各种环境、经久耐用等特点，因而，混凝土材料被广泛地应用于工业与民用建筑、城市建设、水利工程、地下工程、国防工业等国民经济的各个方面。2013 年，全世界水泥年产量在 40 亿吨左右。我国是世界上水泥生产大国，2014 年水泥产量 24.76 亿吨，约占世界总产量的 58.6％。我国目前的混凝土产量约在 70 亿吨，占世界总产量的 45％ 以上。据国内外专家分析，在以后的 100～200 年内混凝土仍将是最主要的建筑材料之一。

0.3 混凝土的发展趋势

混凝土材料技术发展到今天，已经建立了一套较为完备的设计、生产、施工、检验到使用等的混凝土质量保证体系。今后混凝土材料技术将主要沿着高强高性能、轻质、复合、经济耐久及环保等方向发展。

0.3.1 高强、高性能、绿色化

0.3.1.1 向高强度发展

由于混凝土技术的不断进步，特别是近期以来的快速发展，世界各国使用的混凝土平均强度不断提高。例如，20 世纪 30 年代的混凝土平均强度为 10MPa，20 世纪 50 年代约为 20MPa，20 世纪 70 年代已达到 40MPa。目前，在发达国家已普遍使用 C60 的高强混凝土，C80 的混凝土用量也在不断增加，C100 以上的混凝土也已应用到工程上。我国目前在混凝土结构工程中的强度等级普遍为 C25、C30、C40，而 C50、C60 的高强混凝土在一些大型工程中的应用量也日渐增多。高强混凝土具有强度高、变形小、耐久性好等特点，适用于高层、超高层、大跨度、耐久性要求高的建筑物。为减轻结构自重，增加使用面积，在预应力管桩构件、超高层建筑的钢管混凝土等结构中已开始使用 C80 的混凝土。

0.3.1.2 向高性能发展

高性能混凝土（high performance concrete）是当今混凝土材料科学研究的主要课题之一。高性能混凝土（HPC）是一种新型的高技术混凝土，是在大幅度提高常规混凝土性能的基础上，采用现代混凝土技术，选用优质原材料，在妥善的质量控制下制成的。除采用优质水泥、水和骨料以外，必须采用低水胶比和掺加足够数量的矿物细掺料与高效外加剂。高性能混凝土一般应满足以下几项要求。

（1）高工作性 混凝土拌合物具有大的流动性，不离析、泌水，易泵送、易成型、自密实，能保证混凝土的浇注质量。

（2）良好的物理力学性能 高性能混凝土应具有较高的强度、较高的弹性模量和体积稳定性。

（3）高耐久性 这是高性能混凝土最重要的性能。其使用寿命应在百年以上，较高的工程使用寿命是节约资源和能源的有效途径之一。

（4）经济合理 高性能混凝土的使用不能较大幅度地提高工程造价。

0.3.1.3 混凝土的绿色化

目前大量使用的硅酸盐水泥和混凝土，均对环境造成了严重的破坏。混凝土工业每年对天然骨料的消耗量约在 80 亿吨以上；而每生产 1 吨硅酸盐水泥则要消耗 1.5 吨的石灰石和

大量的煤、石油、电等能源；每生产 1 吨水泥熟料要排放 1 吨二氧化碳，二氧化碳是造成温室效应的主要原因之一。此外，水泥工业还要向大气排放大量的粉尘、二氧化硫、二氧化氮及其他污染物。水泥工业被认为是高能耗、高污染的工业之一。为此，我国首先提出了绿色高性能混凝土的概念。所谓绿色高性能混凝土应具有如下特征。

① 所使用的水泥为绿色水泥，即在水泥生产过程中的资源利用率和二次能源回收率提高到最高水平，并能够循环利用其他工业废料；严格的质量管理的环境保护措施；粉尘、废渣和废气几乎接近于零排放。

② 最大限度地节约水泥，从而减少水泥生产过程中二氧化碳、二氧化硫、氧化氮等气体的排放，以保护环境。

③ 更多地掺加以工业废渣为主的活性磨细掺合料，如磨细矿渣、优质粉煤灰、硅粉等。这样不仅能节约水泥，改善环境，节约资源和能源，而且还具有降低水化热，改善混凝土耐久性的作用。

④ 在混凝土中掺加高效能外加剂尤其是高效减水剂，以达到提高拌合物的工作性，提高强度或节约水泥的目的。

⑤ 尽量发挥高性能的优势，减少水泥和混凝土的用量。利用高性能混凝土的高强度，减小结构截面积或结构体积，减少混凝土用量，达到节约水泥、砂、石用量的目的。同时，通过改善混凝土的施工性能，以降低噪声和密实成型过程的能耗；通过大幅度提高混凝土的耐久性，延长结构物的使用寿命，以减少维修和重建费用。

⑥ 混凝土的循环使用，通过使用拆除建筑的大量旧混凝土，不仅可以废物利用，减少环境污染，还可以进一步利用已硬化混凝土的潜在能量，生产再生混凝土。

此外，大力发展预拌混凝土和混凝土商品化也是绿色高性能混凝土的方向之一。通过混凝土生产的专业化集中搅拌，不仅可使混凝土质量得到保证，节约原材料、降低能耗，又能减轻劳动强度，提高劳动生产率，有助于施工环境的改善。目前，发达国家的预拌混凝土在混凝土总量中的比例已达 80% 以上，在我国一些城市如北京、上海、天津等的比例也达 70% 以上。

近年来欧美一些国家正致力于研究多种超高性能混凝土，例如法国的活性粉末混凝土，由于超高强与优异的耐久性，比高性能混凝土减少结构自重 1/3～1/2，减少截面尺寸和改变形状；日本等国家也开始研究开发高新技术混凝土，如灭菌、环境调节、变色、智能混凝土等。这些新技术的发展，说明混凝土性能还有很大潜力，在混凝土技术和应用方面有着很大的发展空间。

0.3.2 轻质混凝土的广泛应用

自重大是普通混凝土材料的一大缺点，因而其使用量也受到了一定限制。减轻混凝土材料的自重是混凝土材料科学发展的重要目标之一。

减轻混凝土的自重有如下几种方法：一是采用轻骨料（如浮石、火山渣、黏土陶粒、粉煤灰陶粒等）制成轻骨料混凝土；一是在混凝土中加入气泡制成多孔混凝土（如加气混凝土、泡沫混凝土等）；以及轻骨料与在水泥浆中引入气泡相结合的轻质混凝土。

发展轻骨料混凝土是使混凝土向轻质、高强方向发展的主要技术途径之一。目前，美国采用高强轻骨料配制的混凝土密度为 1400～1800kg/m³，抗压强度为 30～70MPa，德国生产的轻骨料混凝土密度为 1600～1800kg/m³，抗压强度也达到了 30～70MPa。日本已使用抗压强度为 60MPa 的结构轻骨料混凝土。轻骨料混凝土在我国也得到了广泛的应用，到 20

世纪 90 年代末，人造轻骨料的年产量已达 300 万立方米以上。强度等级在 LC30～LC40 的高强轻骨料混凝土已在高层、大跨度土木工程中得到较多的应用。LC50 以上的高性能轻骨料混凝土也已在研究开发之中。据估计，未来 15～20 年我国人造轻骨料的年产量将达 5000 万立方米，其中以粉煤灰、尾矿粉、河川污泥为主要原材料的绿色轻骨料将占主导地位。LC40 以上的高强、高性能混凝土将被广泛地应用到高层建筑、墙体、桥梁等结构工程中。在轻质方面，除发展传统轻骨料外，近来有些国家已开始使用废弃的合成树脂制品，如聚苯乙烯、废轮胎等经加工成多孔骨料，配制出密度为 200～500kg/m³ 的超轻骨料混凝土。

多孔混凝土尤其是加气混凝土是近几十年来发展迅速的一种轻质材料，它具有良好的保温隔热性能和较好的可加工性能。由于加气混凝土的原材料来源十分广泛，且可大量使用工业废渣（如粉煤灰、矿渣、尾矿粉等），因而已为世界上越来越多的国家所采用。

0.3.3　复合材料将占据主导地位

混凝土的另一大缺点是易脆、易裂、抗拉强度低，使得单一的混凝土不可能承受较大的拉荷载和冲击荷载。将混凝土与某些金属材料或非金属材料复合后，就可克服上述缺点，使其具有较高的抗拉、抗压、抗弯及抗剪应力，满足各种工程结构对混凝土性能的要求。目前，已使用的复合混凝土有：钢筋混凝土、预应力钢筋混凝土、纤维（钢纤维、合成纤维、玻璃纤维）混凝土、聚合物混凝土等。今后高强度钢筋将会大量使用，钢筋混凝土及预应力混凝土的设计理论亦将进一步完善，其他复合混凝土的使用范围将会进一步扩大。复合材料在今后的混凝土工程结构中将成为起主导作用的建筑材料。

0.4　本课程的学习目标和方法

作为材料工程技术专业的一门专业课，教学目标是使学生获得有关混凝土材料的基本理论和基本技能，培养严谨求实的学习和工作作风，培养学生分析问题和解决问题的能力。为今后从事混凝土材料生产、应用、实验和研究打下良好的理论基础。

通过本课程的学习，应使学生牢固掌握混凝土材料的组成、结构、性能、参数之间的关系，以及它们的影响因素；具备进行混凝土配合比设计、混凝土材料生产、施工、质量检测的基本能力；了解混凝土生产质量管理的理论基础。因此在学习本课程时，一是要着重了解各类混凝土的组成、性能和影响因素。针对影响混凝土性能的因素，探求提高混凝土性能的方法和途径。二是密切联系工程实际。本课程是一门实践性很强的课程，学习时应注意理论联系实际，深入施工现场，了解混凝土材料生产的全过程，结合实训，培养发现问题、解决问题的能力。

思考与练习

1. 混凝土有哪些类别，各用于何种结构或工程中？
2. 混凝土材料有哪些优缺点？
3. 简述混凝土的发展历史及今后的发展方向。
4. 何谓高性能混凝土，高性能混凝土应满足哪些要求？
5. 绿色混凝土有哪些特征？

1 普通混凝土原材料性能与检验

知识目标：掌握水泥的各种性能要求，了解水泥的水化硬化过程，掌握砂、石、水的各项性能指标，了解矿物掺合料在混凝土中的作用，了解混凝土外加剂的种类，掌握外加剂在混凝土中的作用机理，了解混凝土外加剂的掺加方法。

能力目标：能进行水泥的性能检测，能根据工程要求选择水泥，能操作各种常用检测仪器，会绘制砂的筛分曲线，会做砂石性能检测试验，会选择混凝土拌和用水，会使用各种矿物掺合料，能根据不同使用条件选择和使用外加剂。

普通混凝土是指用水泥、水、砂、石子（必要时加入其他掺合料）及外加剂，按一定比例配制，经搅拌、成型、养护而得的人造石材。此间经拌和后呈塑性状态而未凝固硬化的混凝土称混凝土拌合物，又称新拌混凝土或混凝土混合料。混凝土拌合物在一定条件下，随时间逐渐硬化成具有强度和其他性能的块体则称硬化混凝土。混凝土主要是作为一种结构材料使用的。普通混凝土是一种原材料来源广泛、施工便利，并且具有良好力学性能、耐久性及其他一些物理性能的建筑材料，被广泛地应用于建筑领域的各个方面。

混凝土所采用的原材料与所配制的混凝土的力学性能、混凝土的耐久性、变形性能等有着密切的关系，如何正确地选择和使用混凝土的原材料是获得高质量混凝土的关键。

1.1 水泥的性能与选择

教学任务：通过本次任务，学习混凝土原材料——水泥的水化硬化知识、水泥的各项性能指标。并能根据工程要求正确选择水泥。

水泥是指加水拌和成塑性浆体后，能胶结砂、石等适当材料，既能在空气中硬化，又能在水中硬化的粉状水硬性胶凝材料。它是各种类型水泥的总称。

水泥的品种繁多，至今为止已有180多种水泥，而且各种新型水泥仍在不断地开发应用之中。水泥的分类详见表1.1。

表 1.1 水泥的分类

类别		定义	主要品种
按水泥的用途和性能分类	通用水泥	一般土木工程通常采用的水泥	硅酸盐水泥、普通硅酸盐水泥、矿渣硅酸盐水泥、火山灰硅酸盐水泥、粉煤灰硅酸盐水泥、复合硅酸盐水泥、石灰石硅酸盐水泥
	专用水泥	专门用途的水泥	如：油井水泥、道路水泥、砌筑水泥等
	特性水泥	某种性能比较突出的一类水泥	快硬硅酸盐水泥、自应力铝酸盐水泥、抗硫酸盐硅酸盐水泥、白色和彩色硅酸盐水泥等

续表

类别		定义	主要品种
按水泥的组成分类	硅酸盐水泥系列（简称硅酸盐水泥）	以硅酸盐矿物为主要成分	通用水泥及大部分专用水泥、特性水泥
	铝酸盐水泥系列	以铝酸盐矿物为主要成分	铝酸盐膨胀水泥、铝酸盐自应力水泥、铝酸盐耐火水泥等
	氟铝酸盐水泥系列	以氟铝酸盐矿物为主要成分	快凝快硬氟铝酸盐水泥、型砂水泥、锚固水泥等
	硫铝酸盐水泥系列	以硫铝酸盐矿物为主要成分	快硬硫铝酸盐水泥、型砂水泥、高强硫铝酸盐水泥、膨胀硫铝酸盐水泥、自应力硫铝酸盐水泥、低碱硫铝酸盐水泥等
	铁铝酸盐水泥系列	以铁铝酸盐矿物为主要成分	快硬、高强、膨胀、自应力铁铝酸盐水泥等
	其他	:	耐酸水泥、氧化镁水泥、生态水泥，少熟料和无熟料水泥等

注：1. 前六种通用水泥的技术要求遵循国家标准《通用硅酸盐水泥》（GB 175—2007），石灰石硅酸盐水泥的技术要求遵循《石灰石硅酸盐水泥》（JC/T 600—2010）。

2. 通常情况下，常常把专用水泥、特性水泥统称为特种水泥。

目前我国经常生产的水泥品种约 30 个，但最主要的品种仍是各种硅酸盐水泥，它的产量占全国水泥产量的 98% 以上。

1.1.1 硅酸盐水泥

凡由硅酸盐水泥熟料、0～5% 石灰石或粒化高炉矿渣、适量石膏磨细制成的水硬性胶凝材料，称为硅酸盐水泥（国外通称为波特兰水泥）。硅酸盐水泥分两种类型，不掺加混合材料的称 I 型硅酸盐水泥，用代号 P·I 表示；在硅酸盐水泥粉磨时掺入不超过水泥质量 5% 的石灰石或粒化高炉矿渣的称 II 型硅酸盐水泥，用代号 P·II 表示。根据国家标准《通用硅酸盐水泥》（GB 175—2007）规定，硅酸盐水泥分为 42.5、42.5R、52.5、52.5R、62.5、62.5R 六个强度等级。

1.1.1.1 硅酸盐水泥的生产

生产硅酸盐水泥的主要原料有石灰质原料、黏土质原料和少量校正原料（常用铁质校正原料）。将各种原料经破碎后按比例配合、磨细并调配成为成分合适、质量均匀生料的过程，称生料的制备；生料在水泥窑内煅烧至部分熔融，所得以硅酸钙为主要成分的硅酸盐水泥熟料，称为熟料煅烧；熟料加适量石膏、混合材料共同磨细成粉状的水泥，并包装或散装出厂，称为水泥制成及出厂，在粉磨水泥时，根据混合材料的种类和掺入量不同，可以生产各类通用水泥。

生料制备的主要工序是生料粉磨，水泥制成及出厂的主要工序是水泥的粉磨，因此，亦可将水泥的生产过程概括为"两磨一烧"。其生产工艺流程如图 1.1 所示。

图 1.1 硅酸盐水泥生产工艺流程示意图

1.1.1.2 硅酸盐水泥熟料的矿物组成

生料在加热过程中依次发生一系列物理的、化学的及物理化学变化（生料干燥、黏土矿物脱水、碳酸盐分解、固相反应、熟料烧结及熟料冷却）形成熟料。熟料主要由 CaO、SiO_2、Al_2O_3、Fe_2O_3 四种氧化物组成，总量在 95% 以上，它们经一系列复杂的物理化学反应形成熟料矿物。硅酸盐水泥熟料的主要矿物有以下四种。

硅酸三钙：$3CaO \cdot SiO_2$ 简写成 C_3S 含量 37%~65%

硅酸二钙：$2CaO \cdot SiO_2$ 简写成 C_2S 含量 15%~37%

铝酸三钙：$3CaO \cdot Al_2O_3$ 简写成 C_3A 含量 4%~15%

铁酸四钙：$4CaO \cdot Al_2O_3 \cdot Fe_2O_3$ 简写成 C_4AF 含量 10%~18%

另外，还有少量的游离氧化钙（f-CaO）、方镁石（即结晶氧化镁）、含碱矿物以及玻璃体等。通常熟料中硅酸三钙、硅酸二钙的含量占 75% 左右，统称为硅酸盐矿物，是熟料的主要组分，也是构成水泥强度的主要成分，硅酸盐水泥的名称也由此而来。铝酸三钙和铁铝酸四钙，含量占 22% 左右。在煅烧过程中，它们与氧化镁、三氧化硫、碱等在 $1250 \sim 1280℃$ 逐渐熔融成液相，以促进硅酸三钙的形成，因而又被称之为熔剂矿物。硅酸盐矿物和熔剂矿物在熟料中占总量的 95% 以上。

硅酸盐水泥的质量主要取决于熟料的质量，而熟料的质量又与硅酸盐水泥熟料中熟料矿物的组成与含量有关。不同的熟料矿物具有不同的特性。熟料中四种主要矿物的性能见表 1.2。

表 1.2　四种熟料矿物的性能

性能 熟料矿物	水化速率	28d 水化热/(J/g)	强度	抗硫酸盐性能
C_3S	快	多	高(强度绝对值最高)	较差
C_2S	慢	少	早期低,后期高	好
C_3A	最快	最多	早期高,后期低(强度绝对值低)	差
C_4AF	快	中	较低	好

由此可知，调整熟料的矿物组成就可制得不同性能的硅酸盐水泥。例如，提高熟料中 C_3S 和 C_3A 的含量，可制得快硬高强水泥；降低 C_2S 和 C_3A 的含量，而提高 C_2S 和 C_4AF 的含量，可制得低热水泥和抗硫酸盐水泥。

1.1.1.3 硅酸盐水泥的水化、凝结硬化

水泥加适量水拌和后，水泥中的熟料矿物与水发生化学反应（称水化反应），生成多种水化产物。随着水化反应的不断进行，水泥浆体逐渐失去流动性和可塑性而凝结硬化。凝结和硬化是同一过程中的不同阶段，凝结标志着水泥浆体失去流动性而具有一定的塑性强度。硬化则表示水泥浆体固化后形成的结构具有一定的机械强度。

硅酸盐水泥的水化是复杂的物理化学过程，水化产物的组成和结构受很多因素的影响。水泥水化的主要反应式可近似表示如下。

C_3S、C_2S 与水反应生成水化硅酸钙和氢氧化钙

$$3CaO \cdot SiO_2 + nH_2O \longrightarrow xCaO \cdot SiO_2 \cdot yH_2O + (3-x)Ca(OH)_2$$

$$2CaO \cdot SiO_2 + mH_2O \longrightarrow xCaO \cdot SiO_2 \cdot yH_2O + (2-x)Ca(OH)_2$$

式中　x——表示钙硅比(C/S)；

n，m——表示结合水量。

在 CaO 饱和液下且温度较高时，C_3A 与水反应形成水化铝酸钙，反应式如下。

$$3CaO \cdot Al_2O_3 + 6H_2O = 3CaO \cdot Al_2O_3 \cdot 6H_2O$$

由于在施工中 C_3A 的快速反应，加上 C_3S 的反应放出大量的热，使温度急剧上升，上述反应迅速进行而出现不可逆的固化现象，此现象称为急凝，使用时无法施工。因此在水泥粉磨时都需掺入适量的石膏以延缓水泥的凝结时间防止急凝的发生。其反应式如下。

$$3CaO \cdot Al_2O_3 \cdot 6H_2O + 3(CaSO_4 \cdot 2H_2O) + 19H_2O$$
$$= 3CaO \cdot Al_2O_3 \cdot 3CaSO_4 \cdot 31H_2O（三硫型水化硫铝酸钙）$$

铁铝酸钙的水化反应及产物与 C_3A 极为相似。

硅酸盐水泥水化后的主要水化产物是：水化硅酸钙（占 70%）、氢氧化钙（占 20%）、三硫型水化硫铝酸钙（占 7%），此外还有单硫型水化硫铝酸钙、水化硫铁铝酸钙、水化铝酸钙、水化铁酸钙等。

水泥的凝结硬化过程一般可概括为：当水泥与水接触后，水泥颗粒表面开始水化，生成可溶性水化产物立即溶于水中，水泥颗粒内部未水化的水泥继续反应，直至溶液达到饱和。当溶液浓度达到较高的过饱和度时，水化产物沉淀为胶体颗粒，或由水化反应直接生成胶体析出。随水化产物逐渐沉淀凝聚，水泥浆体逐渐失去流动性和可塑性而凝结。以上生成的胶状微晶并不稳定，能逐渐再结晶并发育长大，使水泥浆体逐渐硬化而形成具有一定机械强度的硬化水泥浆体。

硬化水泥浆体是由各种水化产物和残存熟料所构成的固相、孔隙、存在于孔隙中的水和空气所组成；具有较高的抗压强度和一定的抗折强度及孔隙率，外观等一系列特征与天然石材相似，因此通常又称为水泥石。

1.1.1.4 硅酸盐水泥的技术要求和性质

技术要求即品质指标，是衡量水泥品质及保证水泥质量的重要依据。硅酸盐水泥的技术指标主要有不溶物、烧失量、细度、凝结时间、安定性、氧化镁、三氧化硫、碱及强度指标共 9 项。硅酸盐水泥的技术指标见表 1.3。

表 1.3 常用水泥的主要技术性能

性能与应用 \ 水泥品种		硅酸盐水泥 (P·Ⅰ, P·Ⅱ)	普通水泥 (P·O)	矿渣水泥 (P·S)	火山灰水泥 (P·P)	粉煤灰水泥 (P·F)	复合水泥 (P·C)
水泥中混合材掺量		0~5%	活性混合材 6%~15%，或非活性混合材 10%以下	粒化高炉矿渣 20%~70%	火山灰质混合材 20%~50%	粉煤灰 20%~40%	两种或两种以上的混合材，其总掺量为 15%~50%
密度/(g/cm³)		3.0~3.15		2.8~3.1			
堆积密度/(kg/m³)		1000~1600		1000~1200	900~1000		1000~1200
细度		比表面积 >300m²/kg	80μm 方孔筛筛余量<10%				
凝结时间	初凝	>45min					
	终凝	<6.5h	<10h				
体积安定性	安定性	沸煮法必须合格（若试饼法和雷氏法两者有争议，以雷氏法为准）					
	MgO	含量<5.0%					
	SO₃	含量<3.5%（矿渣水泥中含量<4.0%）					

强度等级	龄期	抗压/MPa	抗折/MPa	抗压/MPa	抗折/MPa	抗压/MPa	抗折/MPa	抗压/MPa	抗折/MPa
32.5	3d	—	—	11.0	2.5	10.0	2.5	11.0	2.5
	28d	—	—	32.5	5.5	32.5	5.5	32.5	5.5
32.5R	3d	—	—	16.0	3.5	15.0	3.5	16.0	3.5
	28d	—	—	32.5	5.5	32.5	5.5	32.5	5.5

续表

性能与应用 \ 水泥品种	硅酸盐水泥(P·I,P·II)		普通水泥(P·O)		矿渣水泥(P·S)	火山灰水泥(P·P)	粉煤灰水泥(P·F)	复合水泥(P·C)	
42.5　3d	17.0	3.5	16.0	3.5	15.0		3.5	16.0	3.5
42.5　28d	42.5	6.5	42.5	6.5	42.5		6.5	42.5	6.5
42.5R　3d	22.0	4.0	21.0	4.0	19.0		4.0	21.0	4.0
42.5R　28d	42.5	6.5	42.5	6.5	42.5		6.5	42.5	6.5
52.5　3d	23.0	4.0	22.0	4.0	21.0		4.0	22.0	4.0
52.5　28d	15.5	7.0	52.5	7.0	52.5		7.0	52.5	7.0
52.5R　3d	27.0	5.0	26.0	5.0	23.0		4.5	26.0	5.0
52.5R　28d	52.5	7.0	52.5	7.0	52.5		7.0	52.5	7.0
62.5　3d	28.0	5.0	—	—	—	—	—	—	—
62.5　28d	62.5	8.0	—	—	—	—	—	—	—
62.5R　3d	32.5	5.5	—	—	—	—	—	—	—
62.5R　28d	62.5	8.0	—	—	—	—	—	—	—
碱含量	用户要求低碱水泥时，按 $Na_2O+0.685K_2O$ 计算的碱含量，不得大于 0.60%，或由供需双方商定								
特性	1. 凝结硬化快，早期强度高 2. 水化热大 3. 抗冻性好 4. 耐腐蚀与耐软水侵蚀性差 5. 耐热性差		1. 凝结硬化快，早期强度高 2. 水化热较大 3. 抗冻性较好 4. 耐腐蚀与耐软水侵蚀性差 5. 耐热性较差		1. 凝结硬化慢，早期强度较低，后期强度增长较快 2. 水化热较小 3. 抗冻性差 4. 耐硫酸盐腐蚀及耐软水侵蚀性较好 5. 泌水性较差 6. 干缩性大	抗渗性较好，其他性能同 P·S	干缩性较小，抗裂性较好，其他性能同 P·P	特性与 P·S、P·P、P·F 相似，并取决于所掺混合材料的种类及相对比例	

1.1.1.5　掺混合材料的硅酸盐水泥

除硅酸盐水泥外，还有普通硅酸盐水泥、矿渣硅酸盐水泥、火山灰硅酸盐水泥、粉煤灰硅酸盐水泥、复合硅酸盐水泥、石灰石硅酸盐水泥等，它们同属于硅酸盐水泥系列，都是以熟料为主要组成，以石膏作缓凝剂。不同品种水泥之间的差别主要在于所掺加混合材料的种类和数量不同。

混合材料主要是各种工业废渣及天然矿物质材料，掺入的目的主要有：生产不同品种的水泥，以便合理利用水泥，满足各项建筑工程的需要；提高水泥产量，降低水泥生产成本，节约能源达到提高经济效益的目的；有利于改善水泥的性能，如改善水泥的安定性，降低水泥水化热，提高混凝土的抗蚀能力等；综合利用工业废渣，减少环境污染，实现水泥工业生态化。

（1）普通硅酸盐水泥　凡由硅酸盐水泥熟料、6%～15%混合材料、适量石膏磨细制成的水硬性胶凝材料，称为普通硅酸盐水泥（简称普通水泥），代号"P·O"。

掺入活性混合材料时，最大掺入量不得超过15%。其中允许用不超过水泥质量5%的窑灰或不超过水泥质量10%的非活性材料来代替。掺入非活性混合材料时，最大掺入量不得超过水泥质量的10%。

（2）矿渣硅酸盐水泥　凡由硅酸盐水泥熟料和粒化高炉矿渣、适量石膏磨细制成的水硬性胶凝材料称为矿渣硅酸盐水泥（简称矿渣水泥），代号P"·S"。水泥中粒化高炉矿渣掺加量按重量百分比计为20%～70%。允许用石灰石、窑灰、粉煤灰和火山灰质混合材料中的任何一种材料代替矿渣，代替数量不得超过水泥重量的8%，替代后水泥中粒化高炉矿渣不得少于20%。

（3）火山灰质硅酸盐灰水泥　凡由硅酸盐水泥熟料和火山灰质混合材料、适量石膏磨细制成的水硬性胶凝材料称为火山灰质硅酸盐水泥（简称火山灰水泥），代号"P·P"。水泥中火山灰质混合材料掺加量按重量百分比计为20%～50%。

（4）粉煤灰硅酸盐水泥　凡由硅酸盐水泥熟料和粉煤灰、适量石膏磨细制成的水硬性胶凝材料称为粉煤灰硅酸盐水泥（简称粉煤灰水泥），代号"P·F"。水泥中粉煤灰掺加量按重量百分比计为20%～40%。

上述三种水泥中的SO_3含量要求，矿渣水泥不得超过4.0%，其余两种不得超过3.5%。与硅酸盐水泥或普通水泥相比，它们的特点是：水化放热速度慢，放热量低，凝结硬化速度较慢，早期强度较低。当温度达到70℃以上时，硬化速度大大加快，甚至超过硅酸盐水泥。这三种水泥的抗硫酸盐腐蚀的能力较硅酸盐水泥强，但抗冻性较差。矿渣水泥和火山灰水泥的干缩值大，粉煤灰水泥的干缩值较小，抗裂性较好。

（5）复合硅酸盐水泥　凡由硅酸盐水泥熟料、两种或两种以上规定的混合材料、适量石膏磨细制成的水硬性胶凝材料，称为复合硅酸盐水泥（简称复合水泥），代号"P·C"。水泥中混合材料总掺加量按质量百分比计应大于15%，但不超过50%。

水泥中允许用不超过水泥重量8%的窑灰代替部分混合材料，掺矿渣时混合材料掺加量不得与矿渣硅酸盐水泥重复。

普通水泥、矿渣水泥、火山灰水泥、粉煤灰水泥、复合水泥的强度等级分别为32.5、32.5R、42.5、42.5R、52.5、52.5R六个等级。

1.1.2　其他品种水泥

为满足各种工程的施工要求，往往还需要一些具有特殊性能的水泥，如铝酸盐水泥、快硬硅酸盐水泥、膨胀水泥、抗硫酸盐水泥、油井水泥、白水泥等。

1.1.2.1　铝酸盐水泥

凡以铝酸钙为主的铝酸盐水泥熟料，经磨细制成的水硬性胶凝材料称为铝酸盐水泥（高铝水泥），代号CA。根据需要，也可在磨制Al_2O_3含量大于68%的水泥时掺加适量的$\alpha\text{-}Al_2O_3$粉。

铝酸盐水泥按Al_2O_3含量分为四类。

CA-50　　50%≤Al_2O_3<60%

CA-60　　60%≤Al_2O_3<68%

CA-70　　68%≤Al_2O_3<77%

CA-80　　77%≤Al_2O_3

铝酸盐水泥的主要技术性质如下。

（1）细度　铝酸盐水泥的比表面积不小于300m²/kg或0.045mm筛筛余不大于20%。

（2）凝结时间　铝酸盐水泥的凝结时间应符合表1.4。

表 1.4　铝酸盐水泥的凝结时间（GB 201—2000）

水泥类型	初凝时间不得早于/min	终凝时间不得迟于/h
CA-50、CA-70、CA-80	30	6
CA-60	60	18

（3）强度　各类型、各龄期铝酸盐水泥强度值不得低于表1.5数值。

表1.5　铝酸盐水泥胶砂强度（GB 201—2000）

水泥类型	抗压强度/MPa				抗折强度/MPa			
	6h	1d	3d	28d	6h	1d	3d	28d
CA-50	20①	40	50	—	3.0①	5.5	6.5	—
CA-60	—	20	45	85	—	2.5	5.0	10.0
CA-70	—	30	40	—	—	5.0	6.0	—
CA-80	—	25	30	—	—	4.0	5.0	—

① 当用户需要时，生产商应提供结果。

（4）性能及应用　铝酸盐水泥加水后，迅速与水发生水化反应，生成含水铝酸一钙（CAH_{10}）、含水铝酸二钙（C_2AH_8）和铝胶（AH_3），使水泥获得较高的强度。其1d强度可达3d强度的80%以上，3d强度即可达到普通水泥28d的强度。但由于CAH_{10}和C_2AH_8是不稳定的，在温度高于30℃的潮湿环境中，会逐渐转化为比较稳定的含水铝酸三钙（C_3AH_6），温度越高转化速度越快，并析出游离水，增大了孔隙体积。同时由于C_3AH_6晶体本身缺陷较多，强度较低，会降低水泥石的强度，使铝酸盐水泥混凝土的长期强度有降低的趋势。此外，铝酸盐水泥的初期水化热比较大，1d内即可放出水化热总量的70%～80%。

因此，铝酸盐水泥主要用于早期强度高的特殊工程，如紧急军事工程、抢修工程等。也可用于寒冷地区冬季施工的混凝土工程。不宜用于大体积混凝土工程及长期承重的结构和高温潮湿环境中的工程。

虽然铝酸盐水泥硬化时不宜在较高温度下进行，但硬化后的水泥石在高温下（1000℃以上）仍能保持较高的强度。这是因为铝酸盐水泥在高温时水化物发生固相反应，以烧结结合取代水化结合的缘故。如果采用耐火的粗、细骨料（如铬铁矿等），可以配制使用温度达1300～1400℃的耐火混凝土。

由于铝酸盐水泥水化时没有$Ca(OH)_2$生成，水化生成的铝胶使水泥石结构密实，抗渗性好，同时具有良好的抗硫酸盐腐蚀等性能。因此，可用于有抗渗、抗硫酸盐要求的混凝土工程。但铝酸盐水泥的抗碱性较差，不适于有碱溶液侵蚀的工程。

此外，应严禁铝酸盐水泥与硅酸盐水泥、石灰等材料混用，以免产生瞬凝现象。

1.1.2.2　快硬硅酸盐水泥

凡以硅酸盐水泥熟料和适量石膏磨细制成的，以3d抗压强度表示强度等级的水硬性胶凝材料，称为快硬硅酸盐水泥（简称快硬水泥）。

快硬水泥的初凝时间不得早于45min，终凝时间不得迟于10h。水泥强度等级以3d抗压强度表示，分为32.5、37.5和42.5三个等级。各龄期的强度均不得低于表1.6的规定。

表1.6　快硬硅酸盐水泥的强度要求（GB 199）

强度等级	抗压强度/MPa			抗折强度/MPa		
	1d	3d	28d①	1d	3d	28d①
32.5	15.0	32.5	52.5	3.5	5.0	7.2
37.5	17.0	37.5	57.5	4.0	6.0	7.6
42.5	19.0	42.5	62.5	4.5	6.4	8.0

① 供需双方参考指标。

快硬硅酸盐水泥可用于紧急抢修工程、低温施工工程，可配制早强、高强混凝土。快硬水泥易受潮变质，故贮运时应注意防潮，施工时不能与其他水泥混用。快硬水泥水化热大且比较集中，不适于大体积混凝土工程。

除快硬硅酸盐水泥外，根据水泥熟料中的主要成分，还有快硬高强铝酸盐水泥、快硬铁铝酸盐水泥、快硬硫铝酸盐水泥。

1.1.2.3　膨胀水泥

由硅酸盐水泥熟料与适量石膏和膨胀剂共同磨细制成的水硬性胶凝材料，称为膨胀水泥。根据膨胀水泥的基本组成，可分为硅酸盐膨胀水泥、明矾石膨胀水泥、铝酸盐膨胀水泥、铁铝酸盐膨胀水泥、硫铝酸盐膨胀水泥；按水泥水化产生的膨胀值及其用途，又分为补偿收缩水泥和自应力水泥两大类。膨胀水泥的膨胀作用，主要是水泥水化硬化过程中形成的钙矾石（$3CaO \cdot Al_2O_3 \cdot 31H_2O$）产生较大的体积膨胀所致。膨胀水泥适用于防渗抗裂混凝土工程、补强防渗抹面工程、大口径混凝土管及其接缝、梁柱和管道接头、补偿收缩混凝土工程等。

1.1.3　水泥的选择

根据混凝土的使用要求，选用水泥时必须考虑以下的技术条件。

1.1.3.1　选用优质水泥

为了保证工程质量，在使用时首先要选择优质水泥。目前来看，优质水泥应具有如下特点。配制混凝土时需水量低、流动性好、与外加剂有较好的相容性；具有较高的胶砂强度，在配制混凝土时，能减少水泥用量，增大矿物掺合料的用量；水泥的颗粒分布合理，以获得更好的工作性和耐久性；严格限制水泥中的有害成分，如碱含量、氯离子含量等。

1.1.3.2　水泥与混凝土的强度等级要相适应

水泥强度等级应与混凝土的设计强度等级相适应。一般以水泥强度等级为混凝土28天强度的1.5～2.0倍为宜。水泥强度等级过高会使混凝土的水泥用量过少，影响拌和物合易性及混凝土密实度；水泥强度等级过低，会使混凝土中水泥用量过多，不经济。而且对混凝土的其他技术性能也会产生不利影响。

1.1.3.3　正确选用水泥品种

品种不同的水泥其技术性能不同，适用范围也不同，因此，在实际生产和施工中应根据具体情况选用所需要的水泥。见表1.7。

表 1.7　建筑工程中常用水泥的选用

混凝土工程特点及所处环境条件	优先选用	可以选用	不宜选用
在一般气候环境的混凝土	普通水泥	矿渣水泥、火山灰水泥、粉煤灰水泥、复合水泥	
在干燥环境中的混凝土	普通水泥	矿渣水泥	火山灰水泥、粉煤灰水泥
在高湿度环境中或长期处于水中的混凝土	矿渣水泥、火山灰水泥、粉煤灰水泥、复合水泥	普通水泥	
厚大体积的混凝土	矿渣水泥、火山灰水泥、粉煤灰水泥、复合水泥		硅酸盐水泥
要求快硬高强（＞C40）的混凝土	硅酸盐水泥	普通水泥	矿渣水泥、火山灰水泥、粉煤灰水泥、复合水泥
严寒地区的露天混凝土，寒冷地区处于水位升降范围内的混凝土	普通水泥	矿渣水泥（强度等级＞32.5）	火山灰水泥、粉煤灰水泥
严寒地区处于水位升降范围内的混凝土	普通水泥（强度等级＞42.5）		矿渣水泥、火山灰水泥、粉煤灰水泥、复合水泥

续表

混凝土工程特点及所处环境条件	优先选用	可以选用	不宜选用
有抗渗要求的混凝土	普通水泥、火山灰水泥		矿渣水泥
有耐磨性要求的混凝土	硅酸盐水泥、普通水泥	矿渣水泥（强度等级＞32.5）	火山灰水泥、粉煤灰水泥
受侵蚀性介质作用的混凝土	矿渣水泥、火山灰水泥、粉煤灰水泥、复合水泥		硅酸盐水泥

1.1.3.4　注意妥善贮存和使用

在水泥的运输和贮存过程中，一定要注意防潮、防水。因为水泥受潮后会发生水化作用，凝结成块，严重时会全部结块而不能使用。水泥的贮存时间一般不应超过 3 个月。贮存 3 个月强度约降低 $10\%\sim20\%$；贮存 6 个月强度约降低 $15\%\sim30\%$；贮存 1 年强度降低 40%。因此，对过期水泥应进行检验，重新确定水泥强度，并按实际确定的强度等级使用。

1.2　骨料及拌和用水的性能与评价

教学任务：了解粗细骨料的各类技术指标，根据这些指标选择适合的骨料，结合实训，掌握粗细骨料的检测方法与质量评价标准。同时了解混凝土拌和用水的技术要求。

混凝土的骨料，按其粒径大小不同分为细骨料和粗骨料。粒径在 $150\mu m\sim4.75mm$ 之间的岩石颗粒，称为细骨料；粒径大于 $4.75mm$ 的称为粗骨料。粗细骨料的总体积约占混凝土体积的 $70\%\sim80\%$，因此骨料的性能对所配制的混凝土性能影响很大。

1.2.1　细骨料

混凝土的细骨料主要采用天然砂和机制砂。按规定砂的表观密度一般不小于 $2500kg/m^3$，松散密度不小于 $140kg/m^3$，孔隙率小于 44%。

天然砂主要有河砂、湖砂、山砂和淡化海砂。河砂和海砂由于长期受水流的冲刷作用，颗粒表面比较圆滑、洁净，且产源较广。但海砂中常含有贝壳碎片及可溶性盐等有害杂质。山砂颗粒多具棱角，表面粗糙，砂中含泥量及有机质等有害杂质较多。建筑工程中多采用河砂。

机制砂是经除土处理，由机械破碎、筛分制成的粒径小于 $4.75mm$ 的岩石、矿山尾矿粉或工业废渣颗粒，但不包括软质、风化的颗粒，俗称人工砂。其颗粒尖锐，有棱角，较洁净，但片状颗粒及细粉含量较多，成本较高。

根据我国《建筑用砂》GB/T 14684—2011 的规定，砂按细度模数（M_K）大小分为粗、中、细三种规格，按技术要求分为 I 类、II 类、III 类。I 类砂宜用于强度等级大于 C60 的混凝土；II 类砂宜用于强度等级在 C30～C60 及抗冻、抗渗或其他要求的混凝土；III 类砂宜用于强度等级小于 C30 的混凝土和建筑砂浆。

对砂的质量和技术要求主要有以下几方面。

1.2.1.1　含泥量和有害杂质含量

含泥量是指天然砂中粒径小于 $75\mu m$ 的颗粒含量，泥块含量是指原粒径大于 $1.18mm$，经水浸洗、手捏后小于 $600\mu m$ 的颗粒含量。砂中所含的泥附着在砂粒表面上妨碍水泥与砂的黏结，增大混凝土的用水量，降低混凝土的强度和耐久性，增加混凝土的干缩。对混凝土具有危害性，必须严加控制。

砂中的有害杂质主要有云母、轻物质、有机物、硫化物、硫酸盐、氯盐以及草根、树叶、树枝等。其含量应符合表1.8的要求。

表1.8 含泥量及有害杂质含量

项 目		指 标		
		Ⅰ类	Ⅱ类	Ⅲ类
含泥量(按质量计)/%	≤	1.0	3.0	5.0
泥块含量(按质量计)/%	≤	0	1.0	2.0
云母(按质量计)/%	≤	1.0	2.0	2.0
轻物质(按质量计)/%	≤	1.0	1.0	1.0
有机物(比色法)		合格	合格	合格
硫化物及硫酸盐(SO₃质量计)/%	≤	0.5	0.5	0.5
氯化物(以氯离子质量计)/%	≤	0.01	0.02	0.06
贝壳(按质量计)/%	≤	3.0	5.0	8.0

注：1. 轻物质指表观密度小于 $2000kg/m^3$ 的物质。

2. 贝壳含量仅适用于海砂，其他砂种不做要求。

机制砂中当 MB 值≤1.4或快速法检验合格时，石粉含量和含泥量应符合表1.9的规定；当 MB 值>1.4或快速法检验不合格时，石粉含量和含泥量应符合表1.10的规定。

表1.9 石粉含量和含泥量（MB 值≤1.4或快速法检验合格）

类别	Ⅰ类	Ⅱ类	Ⅲ类
MB 值	≤0.5	≤1.0	≤1.4或合格
石粉含量(按质量计)/%		≤10.0	
含泥量(按质量计)/%	0	≤1.0	≤2.0
此指标根据使用地区和用途，经试验验证，可由供需双方协商确定			

注：亚甲蓝(MB)值是用于判定机制砂中粒径小于 $75\mu m$ 颗粒的吸附性能的指标。

表1.10 石粉含量和含泥量（MB 值>1.4或快速法检验不合格）

类别	Ⅰ类	Ⅱ类	Ⅲ类
石粉含量(按质量计)/%	≤1.0	≤3.0	≤5.0
含泥量(按质量计)/%	0	≤1.0	≤2.0

1.2.1.2 砂的颗粒级配和细度模数（M_K）

砂的颗粒级配是指不同粒径颗粒的分布情况。骨料搭配合理，即级配良好，可获得较小的空隙率和比表面积。这样不仅可节约水泥，而且可改善混凝土的和易性，提高混凝土的强度和耐久性。骨料的级配情况如图1.2所示。图1.2（a）为由同样粒径的砂的堆积，此时空隙率最大；图1.2（b）为两种粒径砂的搭配，空隙率较小；图1.2（c）为三种粒径的砂的搭配，空隙率就更小。因此，要减小砂粒间的空隙就必须有大小不同的颗粒合理的搭配。

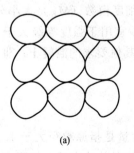 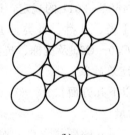 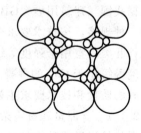

(a)   (b)   (c)

图1.2 骨料的颗粒级配

砂的颗粒级配和粗细程度，常用筛分析的方法进行测定。其测定方法如下。称取 500g 经烘干并通过 9.50mm 筛的，用一套方孔孔径为 4.75mm、2.36mm、1.18mm、600μm、300μm、150μm 的标准筛顺次过筛，然后称量余留在各筛上的砂量，并计算出各个筛上的分计筛余和累计筛余。分计筛余是各号筛中所余的砂质量占砂样总质量的百分数。4.75mm、2.36mm、1.18mm、600μm、300μm、150μm 从大到小分别以 a_1、a_2、······、a_6 表示。累计筛余是指等于和大于某号筛筛孔的砂子质量之和占砂样总质量的百分数，从大到小分别以 A_1、A_2、······、A_6 表示，分别代表 4.75mm、2.36mm、1.18mm、600μm、300μm、150μm 各号筛的累计筛余。即：

$$A_1 = a_1$$
$$A_2 = a_1 + a_2$$
$$\cdots\cdots$$
$$A_6 = a_1 + a_2 + \cdots\cdots + a_6$$

砂的粗细程度用细度模数（M_K）表示，其计算式如下：

$$M_K = \frac{(A_2 + A_3 + A_4 + A_5 + A_6) - 5A_1}{100 - A_1} \tag{1.1}$$

细度模数越大，表示砂越粗。砂的细度模数范围一般为 3.7～1.6。其中 M_K 为 3.7～3.1 为粗砂，M_K 为 3.0～2.3 为中砂，M_K 为 2.2～1.6 为细砂。

砂的颗粒级配用级配区表示，以级配区或筛分曲线判断砂级配的合理性。对细度模数为 3.7～1.6 的普通混凝土用砂，根据 600μm 孔径筛（控制粒级）的累计筛余，划分为 1 区、2 区、3 区三个级配区（见表 1.11），普通混凝土用砂，应处于表 1.11 中的任何一个级配区才符合级配要求。

表 1.11 砂的颗粒级配

砂的分类	天然砂			机制砂		
级配区	1 区	2 区	3 区	1 区	2 区	3 区
方孔筛	累计筛余/%					
4.75mm	10～0	10～0	10～0	10～0	10～0	10～0
2.36mm	35～5	25～0	15～0	35～5	25～0	15～0
1.18mm	65～35	50～10	25～0	65～35	50～10	25～0
600μm	85～71	70～41	40～16	85～71	70～41	40～16
300μm	95～80	92～70	85～55	95～80	92～70	85～55
150μm	100～90	100～90	100～90	100～90	94～80	94～75

注：1. 对于砂浆用砂，4.75mm 筛孔的累计筛余量应为 0。

2. 砂的实际颗粒级配曲线与表中数字相比，除 4.75μm 和 600μm 筛档外，可以略有超出，但超出总量应小于 5%。

级配类别见表 1.12。

表 1.12 级配类别

类 别	I	II	III
级配区	2 区	1、2、3 区	

以累计筛余为纵坐标，以筛孔尺寸为横坐标，根据表 1.11 的数值可以画出砂的级配曲线（图 1.3）。通过比较所测定的砂的筛分曲线是否完全落在三个级配区的任一区内，即可判定该砂是否合格。同时也可根据筛分曲线的偏向情况，大致判断砂的粗细程度。

1.2.1.3 砂的坚固性

砂的坚固性是指砂在自然风化和其他外界物理、化学因素的作用下，抵抗破裂的能力。

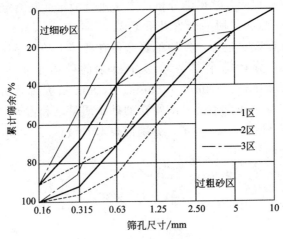

图 1.3 筛分曲线

按标准规定，天然砂用硫酸钠溶液检验，砂样经 5 次循环后，测定其质量损失。人工砂采用压碎指标法进行实验。其相应的指标值均应符合表 1.13 的规定。

表 1.13 砂的坚固性及压碎指标

项 目	指 标		
	Ⅰ 类	Ⅱ 类	Ⅲ 类
质量损失/% ≤	8	8	10
单级最大压碎指标/% ≤	20	25	30

1.2.1.4 碱骨料反应

水泥、外加剂等混凝土组成及环境中的碱与骨料中碱活性矿物在潮湿环境下，会缓慢发生反应，导致混凝土膨胀开裂而破坏。所以混凝土应进行碱骨料反应试验，经碱骨料反应试验后，由砂制备的试件应无裂缝、酥松、胶体外溢等现象，并在规定的试验龄期内膨胀应小于 0.10%。

1.2.2 粗骨料

普通混凝土常用的粗骨料分为碎石和卵石两类。碎石大多是由天然岩石经破碎、筛分而成。卵石是由天然岩石经自然风化、崩裂、水流搬运而形成。常用粗骨料的表观密度约为 $2600 \sim 2700 kg/m^3$，松散密度碎石约在 $1300 \sim 1400 kg/m^3$；卵石约在 $1400 \sim 1600 kg/m^3$。连续级配松散堆积空隙率应符合表 1.14 的要求。

表 1.14 连续级配松散堆积空隙率

类别	Ⅰ 类	Ⅱ 类	Ⅲ 类
空隙率/%	≤43	≤45	≤47

碎石和卵石按技术要求分为Ⅰ类、Ⅱ类、Ⅲ类三种类别。Ⅰ类适于配制强度等级大于 C60 的混凝土；Ⅱ类适于配制强度等级为 C30～C60 及抗冻、抗渗或有其他耐久性要求的混凝土；Ⅲ类适于强度等级小于 C30 的混凝土。

根据《建筑用卵石、碎石》（GB/T 14685—2011）对碎石和卵石的质量及技术要求有以下几方面。

1.2.2.1 含泥量、泥块和有害杂质含量

碎石、卵石的含泥量指粒径小于 75μm 的颗粒含量；泥块含量是指粒径大于 4.75mm 经水洗、

手捏后小于 2.36mm 的颗粒含量。碎石和卵石中有害杂质含量应符合表 1.15 的要求。

表 1.15　碎石、卵石含泥量、泥块含量和有害杂质含量

项　目		指标		
		Ⅰ类	Ⅱ类	Ⅲ类
含泥量(按质量计)/%	≤	0.5	1.0	1.5
泥块含量(按质量计)/%	≤	0	0.5	0.7
有机物		合格	合格	合格
硫化物及硫酸盐(按 SO_3 质量计)/%	≤	0.5	1.0	1.0

1.2.2.2　颗粒形状和表面特征

骨料颗粒形状一般有多面体形、球形、棱角形、针状和片状等几种类型。比较理想的骨料是接近正多面体或球形颗粒。当骨料中针、片状颗粒含量超过一定界限时，将使骨料空隙率增加，不仅影响混凝土拌合物的拌和性能，而且还会不同程度地危害混凝土的强度。碎石和卵石颗粒的长度大于颗粒所属相应粒级平均粒径 2.4 倍的为针状颗粒；厚度小于平均粒径 0.4 倍的为片状颗粒。平均粒径指该粒级上、下限粒径的平均值。碎石和卵石的针、片状颗粒含量应符合表 1.16 的规定。

表 1.16　碎石、卵石的针、片状颗粒含量

项　目	指标		
	Ⅰ类	Ⅱ类	Ⅲ类
针、片状颗粒(按质量计)不大于/%	5	15	25

粗骨料的表面特征主要指表面的粗糙度和孔隙特征。它们将影响骨料和水泥浆之间的黏结力，从而影响到混凝土的强度，尤其是抗弯强度。而对于高强混凝土，这种影响更为显著。一般来说，表面粗糙多孔的骨料，其与水泥浆的黏结力较强。反之，表面圆滑的骨料，与水泥浆的黏结力较差。在水灰比较低的相同条件下，碎石混凝土较卵石混凝土的强度约高 10%。

1.2.2.3　最大粒径与颗粒级配

粗骨料的公称粒级的上限称为该粒级的最大粒径。在骨料中最大粒径增大将使骨料的总比表面积减少，因而需水量和水泥用量都将有所减少，拌制的混凝土比较经济。但最大粒径的选用要受到诸如结构物断面尺寸、钢筋间距以及搅拌机容量、叶片强度等因素的制约。根据《混凝土质量控制标准》(GBJ 50164—2011)的规定，混凝土用粗骨料的最大粒径不得大于结构截面最小尺寸的 1/4，同时不得大于钢筋最小净距的 3/4；对于混凝土实心板，骨料的最大粒径不宜大于板厚的 1/3，但最大粒径不得超过 50mm；对于大体积混凝土，粗骨料最大公称粒径不宜小于 31.5mm。

粗骨料的级配也是通过筛分试验来确定的，其方孔标准筛的孔径依次为 2.36mm、4.75mm、9.50mm、16mm、19mm、26.5mm、31.5mm、37.5mm、53.0mm、63.0mm、75.0mm 及 90.0mm 共十二个。粗骨料的级配应符合相关的国家标准，见表 1.17。

表 1.17　普通混凝土用碎石及卵石的颗粒级配

公称粒级/mm		累计筛余/%										
		方孔筛/mm										
		2.36	4.75	9.50	16.0	19.0	26.5	31.5	37.5	53.0	63.0	75.0	90.0
连续级配	5～16	95～100	85～100	30～60	0～10	0							
	5～20	95～100	90～100	40～80	—	0～10	0						
	5～25	95～100	90～100	—	30～70	—	0～5	0					
	5～31.5	95～100	90～100	70～90	—	15～45	—	0～5	0				
	5～40		95～100	70～90	—	30～65	—	—	0～5	0			

续表

公称粒级 /mm		累计筛余/%											
		方孔筛/mm											
		2.36	4.75	9.50	16.0	19.0	26.5	31.5	37.5	53.0	63.0	75.0	90.0
单粒粒级	5~10	95~100	80~100	0~15	0								
	10~16		95~100	80~100	0~15								
	10~20		95~100	85~100		0~15	0						
	16~26			95~100	55~70	25~40	0~10						
	16~31.5		95~100		85~100			0~10	0				
	20~40			95~100		80~100			0~10	0			
	40~80					95~100			70~100		30~60	0~10	0

粗骨料的颗粒级配分为连续级配和间断级配两种。连续级配是按颗粒尺寸由小到大连续分级，每级骨料都占有一定的比例。连续级配颗粒级差小，颗粒上、下限粒径之比接近 2，配制的混凝土拌合物和易性好，不易发生离析，应用较为广泛。间断级配是人为剔除某些中间粒级颗粒，大颗粒的空隙由比它小的颗粒填充。此类级配颗粒级差大，颗粒上、下限粒径之比接近 6，空隙率的降低比连续级配快得多，可最大限度地发挥骨料的骨架作用，减少水泥用量。但拌合物易产生离析现象，增加施工难度，工程上应用较少。

对于大部分颗粒粒径集中在某一种或两种粒径上的颗粒称为单粒级。单粒级骨料便于分级储运。通过不同的组合，可以配制不同要求的骨料级配，以保证混凝土的质量。工程中不宜采用单粒级粗骨料配制混凝土。

1.2.2.4 坚固性

坚固性是碎石和卵石在自然风化及其他外界物理、化学因素作用下抵抗破裂的能力。骨料由于干湿循环或冻融交替等作用引起体积变化导致混凝土破坏。骨料越密实、强度越高、吸水性越小时，其坚固性越高；而结构酥松、矿物成分越复杂、构造不均匀，其坚固性越差。

坚固性的测定采用硫酸钠溶液法进行试验，碎石和卵石经 5 次循环后，其质量损失应符合表 1.18 的规定。

表 1.18　碎石、卵石的坚固性指标

项　目	指　标		
	Ⅰ类	Ⅱ类	Ⅲ类
质量损失/% ≤	5	8	12

1.2.2.5 强度

骨料在混凝土中起骨架作用，因此必须具有足够的强度。碎石和卵石的强度，采用岩石立方体强度和压碎指标两种方法检验。

岩石立方体强度检验，是将碎石的母岩制成直径和高均为 5cm 的圆柱体或边长为 5cm 的立方体。其水饱和极限抗压强度与所采用的混凝土强度等级之比不应小于 1.5。按照规定，火成岩的抗压强度不应低于 80MPa；变质岩的抗压强度不应小于 60MPa；沉积岩的抗压强度不应小于 30MPa。

压碎指标检验，是将一定质量气干状态下的石子装入标准圆模内，放在压力机上均匀加荷至 200kN，卸载后称取试样质量 G_1，然后用孔径为 2.36mm 的筛筛除被压碎的细颗粒，称出余留在筛上的试样质量 G_2，按下式计算压碎指标值 Q_a：

$$Q_a = \frac{G_1 - G_2}{G_1} \times 100\%$$

(1.2)

压碎指标值越小，表示石子抵抗受压破坏的能力越强。压碎指标值应符合表 1.19 的规定。

表 1.19 石子的压碎指标值

项 目	指 标		
	Ⅰ类	Ⅱ类	Ⅲ类
碎石压碎指标/% ≤	10	20	30
卵石压碎指标/% ≤	12	14	16

1.2.2.6 骨料的含水状态

骨料的含水状态可分为全干状态、气干状态、饱和面干状态和湿润状态四种，如图 1.4 所示。

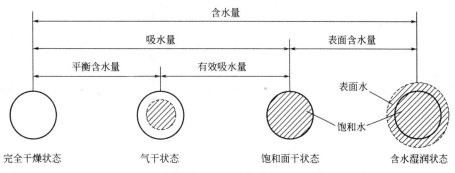

图 1.4 骨料的含水状态

骨料中所含的水分以含水率和吸水率来表示。所谓含水率是指骨料在自然堆积中，从大气吸附的水量与其烘干质量的比值。吸水率是指按规定方法测得的骨料饱和面干状态下骨料的含水量与其烘干质量的比值。骨料的含水率与吸水率取决于骨料的孔隙结构、孔隙大小和数量，并影响到混凝土的耐久性。骨料吸水率Ⅰ类应≤1.0%、Ⅱ类、Ⅲ类应≤2.0%。

1.2.3 混凝土拌和用水要求

对混凝土用水的质量要求是：不影响混凝土的凝结硬化，不影响混凝土的强度发展和耐久性；不加快钢筋的锈蚀，不会导致预应力钢筋的脆断；不污染混凝土表面。混凝土拌和用水的质量要求见表 1.20。

表 1.20 混凝土拌和用水的质量要求

项 目	预应力混凝土	钢筋混凝土	素混凝土
pH 值	>4	>4	>4
不溶物/(mg/L)	<2000	<2000	<5000
可溶物/(mg/L)	<2000	<5000	<10000
氯化物(以 Cl⁻ 计)/(mg/L)	<500	<1200	<3500
硫酸盐(以 SO_4^{2-} 计)/(mg/L)	<600	<2700	<2700
硫化物(以 S^{2-} 计)/(mg/L)	<100	—	—

注：使用钢丝或经热处理钢筋的预应力混凝土，其氯化物含量不得超过 350mg/L。

1.3 矿物掺合料

教学任务：熟悉矿物掺合料的性质及在混凝土中的作用，利用课余时间深入建设工地（如道路工程）、混凝土生产企业了解工业废渣在混凝土的利用情况，树立"绿色建材"的理念。

矿物掺合料在混凝土中使用得越来越频繁，几乎所有的预拌混凝土都掺加矿物掺合料。近代混凝土发展的标志除了外加剂之外，当属矿物掺合料的应用。用作混凝土矿物掺合料的主要来源有天然的（如沸石）和由工业废料加工而成的（如矿渣、粉煤灰、硅粉）两种途径。矿物掺合料不但能代替部分水泥，改善工作性，提高混凝土的各种性能，而且因其大都是工业废渣，对节省能源、保护环境大有好处。

1.3.1　粉煤灰

粉煤灰是从燃煤的电厂锅炉烟气中收集的细粉末，其颗粒多呈球形，表面光滑，色灰或淡灰。平均粒径约为 $8\sim20\mu m$，比表面积为 $300\sim600m^2/kg$。粉煤灰的主要化学成分为 SiO_2（占 $45\%\sim60\%$）、Al_2O_3（占 $20\%\sim30\%$）、Fe_2O_3（占 $5\%\sim10\%$）。此外尚有有一部分 CaO、MgO 和未燃炭。在碱性条件下，粉煤灰中的 SiO_2 和 Al_2O_3 会与水泥水化生成的 $Ca(OH)_2$ 发生反应，生成不溶性的水化硅酸钙和铝酸钙。粉煤灰的主要矿物组成有玻璃体、莫来石、石英、磁珠和碳分等。

粉煤灰的品质，除一些物理性质外，主要是以它的火山灰活性来评价的。所谓火山灰活性是沿用天然火山灰材料能在常温下与石灰起化学反应，生成具有胶凝性能的水化产物的性能。火山灰活性的评定，大多采用"抗压强度比"试验法，这种方法是从传统的水泥或消石灰砂浆强度试验法改进而确立的，即根据所掺粉煤灰对水泥砂浆或对消石灰砂浆强度的贡献来评定粉煤灰活性的高低。粉煤灰的活性取决于它的细度、化学成分、燃烧温度及矿物组成等。一般 SiO_2、Al_2O_3 含量大，燃烧温度高，玻璃体含量多，细度大，活性就高。莫来石、石英的活性较小，磁珠及碳分几乎没有活性。

拌制混凝土和砂浆用粉煤灰分为三个等级，即Ⅰ级、Ⅱ级、Ⅲ级。Ⅰ级粉煤灰适用于钢筋混凝土和跨度小于 6m 的预应力混凝土；Ⅱ级粉煤灰适用于钢筋混凝土和无筋混凝土；Ⅲ级粉煤灰主要用于无筋混凝土；对设计强度等级 C30 及以上的无筋粉煤灰混凝土，宜采用Ⅰ级、Ⅱ级粉煤灰，代替细骨料或用以改善和易性的粉煤灰不受此规定的限制。

根据《用于水泥和混凝土中的粉煤灰》（GB/T 1596—2005）的规定，粉煤灰的技术要求见表 1.21。

表 1.21　拌制水泥混凝土和砂浆用粉煤灰技术要求

序号	指标		级别		
			Ⅰ	Ⅱ	Ⅲ
1	细度(0.045mm 方孔筛筛余量)/% ≤	F 类粉煤灰	12.0	25.0	45.0
		C 类粉煤灰			
2	需水量比/% ≤	F 类粉煤灰	95	105	115
		C 类粉煤灰			
3	烧失量/% ≤	F 类粉煤灰	5.0	8.0	15.0
		C 类粉煤灰			
4	含水量/% ≤	F 类粉煤灰	1.0		
		C 类粉煤灰			
5	三氧化硫/% ≤	F 类粉煤灰	3.0		
		C 类粉煤灰			
6	游离氧化钙/% ≤	F 类粉煤灰	1.0		
		C 类粉煤灰	4.0		
7	安定性(雷氏夹沸煮后增加距离)/mm ≤	C 类粉煤灰	5.0		

注：1. F 类粉煤灰由无烟煤或烟煤煅烧收集的粉煤灰。

2. C 类粉煤灰由褐煤或次煤煅烧收集的粉煤灰，其氧化钙含量大于 10%。

鉴于粉煤灰颗粒大部分为球形的玻璃体，使混凝土易于流动，而且其表观密度比水泥小，可增加水泥砂浆的体积，使混凝土具有较好的黏度，从而改善了混凝土的工作性。同时，粉煤灰对混凝土的抗化学侵蚀和抗渗性也有较大提高。另外，粉煤灰能有效地降低混凝土的水化热，掺量越多降低幅度越大，而且粉煤灰掺量增加后不会引起需水量的增加和混凝土成本的提高，且价格便宜，可用于各种混凝土中，特别适用于大体积混凝土。但掺粉煤灰混凝土的28d强度低于基准混凝土，90d以后掺粉煤灰混凝土强度才可与基准混凝土相等，所以掺粉煤灰混凝土验收强度以60d或90d强度为佳。

由于粉煤灰的火山灰活性，故可等量掺入混凝土中，代替部分水泥，但其取代量不得过高，否则将可能降低混凝土的强度。粉煤灰取代水泥的最大允许限量见表1.22。

表1.22 粉煤灰取代水泥的最大允许限量

混凝土种类	粉煤灰取代水泥的最大允许限量/%			
	硅酸盐水泥	普通硅酸盐水泥	矿渣硅酸盐水泥	火山灰硅酸盐水泥
预应力钢筋混凝土	25	15	10	—
钢筋混凝土 高强混凝土 高抗冻融性混凝土 蒸养混凝土	30	25	20	15
中低强度混凝土 泵送混凝土 大体积混凝土 水下混凝土 地下混凝土 压浆混凝土	50	40	30	20
碾压混凝土	65	55	45	3

注：本表摘自吴正直《粉煤灰房建材料的开发与应用》（中国建材工业出版社，2003年）。

1.3.2 硅粉

硅粉又称硅灰，是冶炼硅钢和硅金属或半导体硅时，从烟尘中收集的一种粉末。硅粉主要被用来配制高强混凝土，目前，我国硅粉的年产量在4000吨左右。

硅粉的外观为灰色细粉末，颜色依其含碳的多少有深有浅。其主要成分是SiO_2（占85%~98%），且绝大部分为无定型态。硅粉是一种极细的球形颗粒，其颗粒粒径在0.1~1.0μm，是水泥颗粒的1/50~1/100，比表面积为20~25m^2/g，密度约为2.2~2.5g/cm^3，松散密度为250~300kg/m^3。硅粉的主要技术指标见表1.23。

表1.23 硅粉的技术指标

项目	化学性能			物理性能			胶砂性能	
	烧失量/%≤	Cl/%≤	SiO_2/%≥	比表面积/(m²/kg)≥	含水率/%≤	45μm筛筛余/%	需水量/%≤	活性指数28d/%≥
指标	6	0.2	85	15000	3.0	10	125	85

由于硅粉具有很高的无定型SiO_2成分，极高的比表面积和分散度，颗粒圆整而致密。与其他活性掺合料相比，具有反应快、活性高等优点，混凝土中加入硅粉可取代一部分胶凝材料。例如，用硅粉取代水泥的有效取代系数可达3~4，即1kg硅粉可取代3~4kg水泥。一般随着硅粉掺量的增加，混凝土的强度也会随之提高，但当硅粉掺量超过20%时，混凝土的抗磨蚀性开始下降。一般认为，硅粉的适宜掺量应控制在8%~10%左右。

混凝土中加入硅粉后，由于硅粉的比表面积较大，混凝土内部的大量毛细水被硅粉所约束，减少了混凝土内部的泌水，提高了水泥浆与骨料及钢筋的黏结。并且由于硅粉的火山灰反应，改变了混凝土内部的孔结构，大孔减少，小孔增多，孔径变细。使混凝土的强度大幅度提高。有资料显示，掺入占水泥质量5%～10%的硅粉（水灰比控制在0.2～0.3、掺入高效减水剂），混凝土的抗压强度可达80～120MPa。掺水泥质量20%硅粉的混凝土28d强度可提高5%～35%。但随着硅粉掺量的增加，强度增加将变得越来越不明显，这可能是由于需水量增加的缘故。因此，掺硅粉的混凝土必须与高效减水剂同时使用，才可以起到既节约水泥、又提高强度的双重效果。

硅粉的加入对混凝土的抗渗性有明显的改善，特别是对于硅粉掺量较少的低强度混凝土，效果尤其明显。例如，在水泥用量为100kg/m³的混凝土中掺入10%的硅粉，其渗透系数可从1.6×10^{-7}m/s减至4×10^{-10}m/s。其效果相当于水泥用量为400kg/m³的普通混凝土。而且随着水泥掺量的增加，混凝土的抗渗性也随之提高。

加入硅粉还可减少混凝土的碱骨料反应，因为硅粉粒子改善了水泥胶结材的密封性能，减少了水分子通过浆体的运动速度，使得碱膨胀反应所需的水分减少。同时由于硅粉的分散度较大，增大了SiO_2的溶解度，也使得水泥浆体中的碱离子的浓度相对减少。

硅粉混凝土的抗化学侵蚀能力较不掺者也有较大提高。根据有关试验显示，将尺寸为100mm×100mm×400mm的棱柱体混凝土试件置于pH值为2.5～7.0、SO_4^{2-}浓度为4g/L的地下水中，20年后，水胶比为0.63的掺有硅粉的混凝土，其抗硫酸盐侵蚀的能力与水灰比为0.50的抗硫酸盐水泥相近。同时，硅粉对提高混凝土的抗磨蚀性也非常明显。这是因为，加入硅粉后减少了混凝土的泌水和离析，提高了水泥浆体与骨料的黏结强度，从而使得混凝土的耐磨性也得以提高。

由于硅粉在混凝土中不减水，而且憎水，其需水量比可达134%。当硅粉掺量超过15%时，则会导致新拌混凝土因变得干硬而无法操作。因此，在掺用硅粉的同时，应同时加入高效减水剂，以提高混凝土的和易性减少需水量。

1.3.3 磨细矿渣

矿渣是指熔融的高炉矿渣经水或空气急冷而成的细小颗粒状物料，前者称水淬矿渣，后者称气淬矿渣。其主要成分为SiO_2、CaO、Al_2O_3，三者之和一般达90%以上。经水淬急冷后的矿渣，玻璃体含量多，结构处于介稳状态，潜在活性大，但必须经磨细才能使其活性发挥出来。

将粒化高炉矿渣经干燥并与石膏助磨剂一起粉磨后得到的粉状物料称磨细矿渣，又称矿渣粉。其比表面积为350～750m²/kg，平均粒径与粉煤灰相同。混凝土中掺入磨细矿渣后，对混凝土的工作性和耐久性有明显的改善，可提高混凝土的强度、抗渗性、抗冻性以及抗氯盐侵蚀的能力。如果能将矿渣磨细到800m²/kg以上，掺入混凝土后可以显著提高混凝土的强度，并可取代约30%的水泥。

1.3.4 沸石粉

沸石粉是将天然沸石经磨细而成，其比表面积为400～700m²/kg，SiO_2含量在65%左右。沸石的化学成分见表1.24。

表1.24 天然沸石的化学指标　　　　单位:%

SiO_2	Al_2O_3	Fe_2O_3	CaO	MgO	K_2O	Na_2O	烧失量
61～69	12～14	0.8～1.5	2.5～3.8	0.4～0.8	0.8～2.9	0.5～2.5	10～15

沸石粉加入到混凝土中可使其水化均匀而充分，改善混凝土的强度及密实度。而由于沸石粉的需水量较大，低掺量时能减少混凝土泌水或离析，增加黏聚性。但掺量较高时需水量大大增加，易使混凝土发生收缩裂缝。沸石粉在混凝土中的掺量一般不超过 10%，并可等量取代 5%～10% 的水泥。沸石粉的技术要求见表 1.25。

表 1.25　沸石粉的技术要求

类　别	指　标		
	Ⅰ级	Ⅱ级	Ⅲ级
细度(80μm 方孔水筛筛余)/%	4	10	15
需水量比/%≤	125	120	120
吸铵值/(mmol/100g)≥	130	100	90
SO_3/%	3	—	—
水泥胶砂 28d 强度比/%≥	75	70	62

1.4　外加剂的选择与使用

教学任务：通过本次任务明确各种混凝土外加剂在混凝土中的重要作用，尤其是混凝土减水剂对混凝土质量的影响。并能够根据混凝土工程要求选择和使用混凝土外加剂。

混凝土外加剂定义为在混凝土搅拌过程中加入的用以改善混凝土性能的物质，其掺量不大于水泥质量的 5%。特殊情况除外，这是因为有些外加剂如防冻剂、膨胀剂其掺量往往超过 5%，但习惯上仍将它归为混凝土外加剂。由于混凝土外加剂能显著地改善混凝土的性能和使用功能，已经被广泛地应用到混凝土中，因此，外加剂已被称为混凝土中不可或缺的第五种组分。根据外加剂的不同类别，混凝土外加剂可以在如下几方面改善混凝土的性能。

①　改善施工条件、减轻劳动强度、有利于机械化施工，对保证和提高混凝土的工程质量有积极的作用。混凝土掺入外加剂后的，能够在现场条件下完成未掺外加剂的混凝土所难以完成的有较高质量要求的混凝土的施工。

②　减少养护时间、或缩短养护周期。可以使工地提早拆除模板、加速模板周转，还可以缩短预应力混凝土的钢筋放张、剪筋时间，加快施工速度。

③　改善混凝土质量。有些混凝土掺入到混凝土中后，可以提高混凝土强度，增加混凝土的耐久性、提高密实度，并可以改善混凝土干燥收缩及徐变。某些外加剂掺入到混凝土中后，还能提高混凝土中钢筋的耐腐蚀性能。

④　在采取一定的工艺措施后，掺外加剂能适当地节约水泥而不致对混凝土质量有不利的影响。

⑤　掺加外加剂在一定程度上可以节约能源。由于外加剂的使用，使得混凝土的拌和性能得到改善，混凝土拌合物的浇灌、振捣、抹平等变得易于进行，自然也就减少了能源的消耗。而时间尤其是蒸汽养护时间的减少，更是直接节约了能源。

混凝土外加剂作为产品在混凝土中的应用历史大约有 60～70 年。20 世纪 20～30 年代，美国使用亚硫酸盐纸浆废液加入到混凝土中，以改善混凝土的和易性、强度、耐久性。1937 年美国颁布了历史上第一个减水剂专利。进入 20 世纪 60 年代，日本成功研制萘磺酸甲醛缩合物高效减水剂，德国成功研制三聚氰胺磺酸盐甲醛缩合物。而高效减水剂的应用，使混凝土技术发生了划时代的变化，在混凝土中加入高效减水剂可以配制高强度、高性能、大流动性混凝土。

我国的混凝土外加剂发展开始于 20 世纪 50 年代，主要产品有松香皂类引气剂、亚硫酸纸浆废液为原料生成的减水剂、氯盐防冻剂和早强剂。20 世纪 70～80 年代，我国出现了外加剂研究、生产、应用的高潮。研制出各种品种的外加剂，其品牌近 200 个。随着 20 世纪 90 年代高性能混凝土的出现，对外加剂提出了更高的要求，高性能外加剂也不断出现，如聚羧酸盐减水剂、氨基磺酸盐减水剂、脂肪族减水剂等。

1.4.1 混凝土外加剂的定义与分类

1.4.1.1 常用外加剂的定义

(1) 普通减水剂 在混凝土坍落度基本相同的条件下，能减少拌和用水量的外加剂。

(2) 高效减水剂 在混凝土坍落度基本相同的条件下，能大幅度减少拌和用水量的减水剂。

(3) 缓凝剂 可延长混凝土凝结时间的外加剂。

(4) 促凝剂 能缩短拌合物凝结时间的外加剂。

(5) 早强剂 可加速混凝土早期强度发展的外加剂。

(6) 引气剂 在搅拌混凝土过程中能引入大量均匀分布、稳定而封闭的微小气泡且能保留在硬化混凝土中的外加剂。

(7) 加气剂 混凝土制备过程中因化学反应，放出气体，使硬化混凝土中有大量均匀分布气孔的外加剂。

(8) 防水剂 能提高水泥砂浆、混凝土抗渗性能的外加剂。

(9) 膨胀剂 在混凝土硬化过程中因化学作用能使混凝土产生一定膨胀的外加剂。

(10) 防冻剂 能使混凝土在负温下硬化，并在规定养护条件下达到预期性能的外加剂。

(11) 泵送剂 能改善混凝土拌合物性能的外加剂。

(12) 阻锈剂 能抑制或减轻混凝土中钢筋和其他金属预埋件锈蚀的外加剂。

1.4.1.2 混凝土外加剂的分类

混凝土外加剂按其主要功能分为以下几类。

① 改善混凝土拌合物流动性能的外加剂，包括各种减水剂、引气剂和泵送剂等。

②调节凝结时间、硬化性能的外加剂，包括缓凝剂、早强剂、促凝剂等。

③ 调节混凝土含气量的外加剂，包括引气剂、加气剂、泡沫剂、消泡剂等。

④ 改善混凝土耐久性的外加剂，包括防冻剂、防水剂和阻锈剂等。

⑤ 改善混凝土其他性能的外加剂，包括加气剂、膨胀剂、着色剂等。

按照外加剂的化学成分可分为以下几类。

① 无机外加剂，包括各种无机盐、一些金属单质和少量氢氧化物等。此类外加剂主要有早强剂、缓凝剂、防冻剂、着色剂和发泡剂等。

② 有机外加剂，这类外加剂很多，其中大部分属于表面活性剂的范畴，有阴离子型、阳离子型、非离子型及高分子型表面活性剂等。

③ 有机无机复合外加剂，如早强减水剂、缓凝减水剂、缓凝高效减水剂等。

1.4.2 减水剂

减水剂又称塑化剂，是目前应用最为广泛的混凝土外加剂。减水剂的种类很多，按塑化效果，可分为普通减水剂和高效减水剂两种；按是否引气可分为引气型减水剂和非引气型减水剂；按其对混凝土凝结时间的影响，可分为标准型、缓凝型和早强型；按化学成分可分为木质素磺酸盐及其衍生物、高级多元醇、羟基羧酸盐及其衍生物、萘磺酸盐甲醛缩合物、多环芳烃磺酸盐甲醛缩合物、三聚氰胺磺酸盐甲醛缩聚物、聚丙烯酸盐及其共聚物等。

1.4.2.1　减水剂的物理化学基础

减水剂多为表面活性剂，其在混凝土中的作用也主要是表面活性作用。因此，了解一些表面活性剂的知识是十分必要的。

表面活性剂，是指能显著降低液体表面张力或两相间界面张力的物质。表面活性剂分子是由憎水基团和亲水基团两部分组成。表面活性剂的憎水基团一般是各种有机化合物烃类，亲水基团一般是能够电离出离子的盐类。根据亲水基团在溶液中电离的情况，可以把表面活性剂分为：能电离出离子的离子型表面活性剂，如 R-SO$_3$Na（R 为憎水基团，-SO$_3$Na 为亲水基团），离子型表面活性剂又分为阳离子、阴离子和两性表面活性剂；不能电离出离子的非离子型表面活性剂，如 R-OH。其分类如下。

$$
表面活性剂
\begin{cases}
离子型
\begin{cases}
阴离子表面活性剂 \\
阳离子表面活性剂 \\
两性表面活性剂
\end{cases} \\
非离子型表面活性剂
\end{cases}
$$

阳离子表面活性剂的亲水基团能电离出阴离子，使亲水基团带正电荷。阴离子表面活性剂的亲水基团电离出的是阳离子，使亲水基团带负电荷。这类表面活性剂的使用范围较为广泛，混凝土减水剂多属于阴离子表面活性剂。而有些表面活性剂的亲水基团既能电离出阳离子又能电离出阴离子，故又被称为两性表面活性剂。

表面活性剂的主要作用在于降低液体的表面张力或液体间以及液体与固体间的界面张力。当表面活性剂加入溶液中后，亲水基团就会指向极性液体（如水），憎水基团指向非极性液体、固体或气体，从而在溶液或固体表面上产生定向吸附，形成定向排列的单分子膜，使得液体和固体表面或界面上的不饱和力场得到某种程度的平衡，降低了表面张力和界面张力。

溶液的表面张力随表面活性剂浓度的增加而急剧降低，如图 1.5 所示。但当浓度达到一定程度后，再继续增加，则表面张力将不再有明显变化。这是因为当表面活性剂所形成的单分子膜占据了液体的整个表面时，再增加表面活性剂浓度，表面活性剂分子将不再进入液体表面而是在液体内部形成胶束。如图 1.6 所示为表面活性剂浓度逐渐增加时，水溶液中表面活性剂分子的活动情况。

图 1.6（a）为稀溶液时的情况。此时，随表面活性剂浓度的增加表面张力显著下降。

图 1.6（b）为达到临界胶束浓度的情况。随表面活性剂浓度的逐渐提高，在水溶液的表面形成一层较致密的单分子膜，使水与空气近于完全隔绝状态。如再增加表面活性剂浓度，水溶液中的表面活性剂分子便排列成憎水基团向里、亲水基团向外的胶束。通常把表面活性剂形成胶束的最低浓度称为临界胶束浓度。

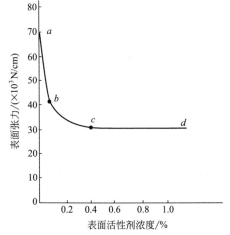

图 1.5　表面活性剂浓度与表面张力的关系

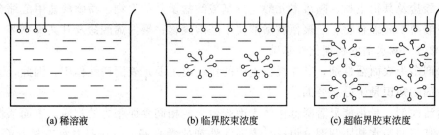

(a) 稀溶液　　　　　　　(b) 临界胶束浓度　　　　　　(c) 超临界胶束浓度

图 1.6　表面活性剂的浓度变化与表面活性剂活动情况的关系

图 1.6（c）为超过临界胶束浓度时的情况。这时水的表面已被表面活性剂占满，再增加浓度只能增加胶束的数量。胶束和单分子不同，它并不具有活性，仅仅作为与吸附层相平衡的一种包含有表面活性剂的聚集体，因此表面张力不再下降，此种情况相当于图 1.5 曲线上的水平部分。

表面活性剂在水溶液中的浓度以达到临界胶束浓度为界限，高于或低于此浓度，其水溶液的表面张力以及其他性质都有较大差别。

由于表面活性剂的表面活性作用，决定了其具有如下几方面的作用。

（1）润湿作用　一般把液体能附着在固体表面上的现象称为润湿。严格地讲，当液固二相接触时系统界面自由焓降低的现象称为润湿。其界面自由焓降低的大小即为润湿程度的大小。

为了表示润湿程度，常以液固界面间的接触角 θ 作为衡量尺度。如图 1.7 所示，当把一滴水滴在固体表面上时，可能出现三种情况。θ 角愈接近于零，表示润湿得愈好；θ 愈接近于 180°，则表示愈难润湿；当 θ 为 180°时，表示完全不能润湿。故接触角 θ 又称为润湿角。

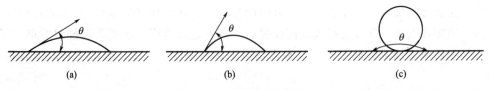

(a)　　　　　　　　　　(b)　　　　　　　　　　(c)

图 1.7　润湿与润湿角

润湿情况的这些区别是由于界面张力所决定的。它们之间的关系如图 1.8 所示。从图中可以看出，在液体与固体交界处，有三种表面张力同时作用着：即固-气、固-液、液-气界面的界面张力（$\sigma_{s\cdot g}$、$\sigma_{s\cdot l}$、$\sigma_{l\cdot g}$）。固-气间的界面张力 $\sigma_{s\cdot g}$ 力图使液滴扩展，而固-液和液-气的界面张力 $\sigma_{s\cdot l}$ 和 $\sigma_{l\cdot g}$ 力图使液滴收缩。三者相互作用的结果，使界面张力在液-气-固界面 O 点处必须满足下述关系才能达到平衡。

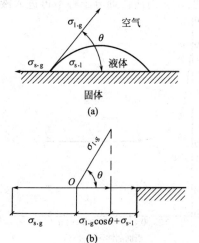

图 1.8　润湿角与界面张力的关系

即：$\sigma_{s\cdot l} + \sigma_{l\cdot g} \cdot \cos\theta = \sigma_{s\cdot g}$

$$\cos\theta = \frac{\sigma_{s\cdot g} - \sigma_{s\cdot l}}{\sigma_{l\cdot g}} \qquad (1.3)$$

根据上式可以得出以下四种情况。

① 当 $\sigma_{s\cdot g} - \sigma_{s\cdot l} < \sigma_{l\cdot g}$ 时，则 $1 > \cos\theta > 0$（$\theta < 90°$），表示部分润湿；

② 当 $\sigma_{s\cdot g} - \sigma_{s\cdot l} = \sigma_{l\cdot g}$ 时，则 $\cos\theta = 1$（$\theta = 0°$），

表示完全润湿；

③ 当 $\sigma_{s \cdot g} - \sigma_{s \cdot l} < 0$ 时，则 $\cos\theta < 0$（$\theta = 90° \sim 180°$），表示不润湿；

④ 当 $\sigma_{s \cdot g} - \sigma_{s \cdot l} = -\sigma_{l \cdot g}$ 时，则 $\cos\theta = -1$（$\theta = 180°$），表示完全不润湿。

当水中加入表面活性剂时，因 $\sigma_{s \cdot g}$ 由固体的种类来决定，是一个常数。而液、气间的表面张力和固、液间的界面张力将减小，由上式可以看出，$\cos\theta$ 变大，即 θ 角变小，增加了水的润湿作用。

（2）分散作用　固体颗粒均匀地分散于一种液体中，这种液体就叫做分散液。将磨细的固体颗粒分散到溶液中，可能出现三种情况。一是固体微粒相互黏结，形成粒子凝聚体；二是固体微粒保持独立状态（良好的分散）；三是介于两者之间。一般，固体微粒在易于扩散的液体中会很好地分散，而在不能扩散的液体中会产生凝聚。易凝聚的固体微粒其凝聚倾向受到抑制的作用称为分散作用；而促进其凝聚倾向的作用称为凝聚作用。

表面活性剂一般是由以下原因显示出分散作用的。即在固-液界面上进行吸附，使界面附近溶液浓度变大，从而降低了表面能，使分散相变得稳定，减少了凝聚倾向。离子型表面活性剂电离后拥有电荷，使吸附了表面活性剂的固体粒子表面带电，这些带有同性电荷的粒子因相互排斥而不能或较难形成凝聚结构。另外，固体粒子因表面活性剂的作用会在其周围形成溶剂化层，这也使得固体粒子难以形成凝聚结构。

（3）发泡和消泡作用　泡沫是空气分散在液体中的一种现象。如果某种液体易于成膜，不易破裂，则液体在搅拌时就会产生许多泡沫。因此，液体成膜能力的大小决定着该种液体的起泡性能。

当表面活性剂吸附于气-液表面时，其憎水基团指向空气，形成较牢固的液膜，并使表面张力下降，从而增加了液体和空气的接触面。再加上被吸附的表面活性剂对液膜的保护作用，使液膜比较牢固。这就是表面活性剂的发泡作用。

消泡作用就其现象来说，有破泡和抑制成泡的作用。破泡作用是在所产生的泡膜上滴上数滴破泡剂就能使泡沫破裂，达到消泡的目的。而抑泡作用是在溶液中预先掺入起抑制气泡作用的表面活性剂，使其在较长的时间内保持破泡的条件。

1.4.2.2　普通减水剂

普通减水剂按主要化学成分划分包括：木质素磺酸盐类、羟基羧酸盐、碳水化合物（如葡萄糖、蔗糖等）及丙三醇、聚乙烯醇等。其中木质素磺酸盐是应用最广泛的减水剂。

（1）普通减水剂的作用机理

1）吸附分散作用。水泥加水搅拌后，仍有一些絮凝状结构，如图 1.9 所示。产生絮凝状结构的原因很多，可能是由于水泥矿物组成（C_3A、C_4AF、C_3S、C_2S）在水化过程中所带电荷不同，产生异性电荷相吸而引起的；也可能是由于水泥颗粒在溶液中的热运动，在某些边棱角处互相碰撞，相互吸引而形成的；还可能是粒子间的范德华力作用以及初期水化反应引起的。在这些絮凝状结构中包裹着很多拌和水，从而降低了混凝土拌合物的和易性。施工中为了保持所需的和易性就必须相应增加拌和水量，这样将严重影响硬化混凝土的物理力学性能。若能将这些包

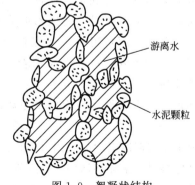

图 1.9　絮凝状结构

裹的水分释放出来，混凝土的用水量就会大大减少。在混凝土制备过程中，掺入适量的减水剂就能很好地起到减少加水量的作用。

如图 1.10 所示，掺入减水剂后，减水剂的憎水基团定向吸附在水泥颗粒表面，亲水基团指向水溶液，构成了单分子或多分子吸附膜。使水泥颗粒表面带有相同的电荷，于是在电性斥力下，不但能使水泥-水体系处于相对稳定的悬浮状态，而且能使水泥加水初期所形成的絮凝状结构分散，从而将絮凝状聚集体内的游离水释放出来，达到减水的目的。

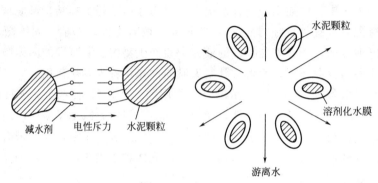

图 1.10　减水剂作用示意图

2）润湿作用。表面活性剂的掺入，能大大降低水的表面张力，这样不但能使水泥颗粒有效地分散，并且由于润湿作用，亦会增大水泥颗粒的水化面积，加速水泥水化。根据吉布斯方程可知：

$$dG = \sigma dS$$

式中　dG——表面自由能的变化量；

　　　σ——水泥-水界面上的界面张力；

　　　dS——扩散润湿的面积变化。

将上式积分得：

$$G = \sigma S + C \tag{1.4}$$

当 G 一定时，σ 与 S 成反比。随着表面张力 σ 的降低，S 增大，即水泥颗粒在水溶液中的分散度增加。

3）润滑作用。减水剂大多为阴离子表面活性剂，离解后其分子一端是憎水基团，另一端是极性很强带负电荷的亲水基团。憎水基团定向吸附于水泥颗粒表面，很容易和水分子以氢键形式缔合起来，这种氢键缔合作用力远大于该分子与水泥颗粒间的分子引力。当水泥颗粒表面吸附足够的减水剂后，借助于上述缔合作用，使水泥颗粒表面形成一层稳定的溶剂化水膜，阻止了水泥颗粒间的直接接触，增加了水泥颗粒间的滑动能力。另外，减水剂的掺入，一般会伴随着引入一定量的微小气泡，这些气泡被减水剂定向吸附的分子膜所包围，与水泥颗粒吸附层电荷的符号相同。因而，气泡与气泡、气泡与水泥颗粒间也因具有电性斥力而使水泥颗粒易于分散，从而也增加了水泥颗粒间的滑动能力。如图 1.11 所示。

由于减水剂所引起的吸附分散作用、润湿和润滑作用，所以只要使用较少量的水就可以较容易地将混凝土拌和均匀，使新拌混凝土的和易性得到改善。或在保持和易性不变的情况下，显著降低混凝土的水灰比，起到减水的作用。

（2）减水剂对塑性混凝土性能的影响

1）拌合物的和易性。减水剂的主要用途之一就是在不影响强度的情况下提高混凝土的流动性能。例如，掺入木质素磺酸盐减水剂，当保持水灰比不变时，可使拌合物的坍落度增加 6～8cm。混凝土和易性的提高取决于多种因素，包括外加剂掺量、水泥用量、水泥品种、骨料种类等。混凝土的坍落度随减水剂的增加而提高，但有可能使混凝土凝结时间延长，含气量增加。故在使用时应予以注意。

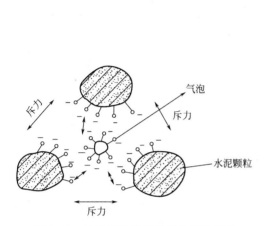

图 1.11　极性气泡所起润滑作用示意图

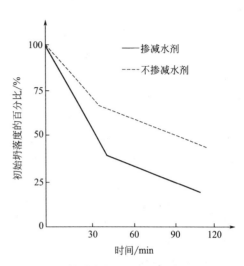

图 1.12　掺减水剂时混凝土的坍落度损失

混凝土拌合物卸出搅拌机后，其坍落度随时间而降低的现象，称为坍落度损失。一般，掺入减水剂后，混凝土坍落度损失比不掺者大。如图 1.12 所示。但是在搅拌和浇注的间隔时间不长（30min）时还是有利的。这是因为掺减水剂后混凝土的坍落度损失虽大，其工作性损失小，一经振捣，混凝土立即表现出良好的塑性，而不致影响施工质量。引起混凝土坍落度损失较大的原因可能有如下几方面。

① 减水剂的掺入提高了水泥的分散度，使水泥的初期水化速度加快，整个体系的稠度增加，凝聚趋势明显，致使坍落度下降较快。这种趋势在高温下更甚。

② 掺入减水剂后会产生一些气泡，在混凝土中起润滑作用。在运输过程中这些气泡会不断溢出，并伴随着水分的蒸发，使得坍落度下降。减水量越大这种作用越明显。

③ 由于水泥中各种矿物组成对减水剂的吸附能力不同（$C_3A > C_4AF > C_3S > C_2S$），而促使减水剂过多地吸附到水泥颗粒表面，使整个液相中的减水剂浓度明显下降，对水泥起分散作用的减水剂将显得不足，也造了坍落度的损失。

为减少坍落度损失，可在混凝土拌合物拌和后几分钟再加入减水剂，或分几次加入。若在使用减水剂的同时复合使用缓凝剂，一方面可使初始坍落度变大，另一方面也能使坍落度损失减小。

2）泌水性。混凝土的泌水性除受水泥细度、矿物成分及单位用水量等的影响外，还与是否掺入外加剂和混合材有关。多数减水剂能减少混凝土的泌水。掺入木质素磺酸盐的混凝土其泌水量减少得更显著。

减水剂减少泌水的原因是由于其提高了水泥-水悬浮系统的稳定性，使水泥颗粒沉降速度减慢。同时减水剂使水泥的分散度提高，增大了水泥与水的接触面积，使得多余水分减少，也相应减少了泌水。

3）水化放热。掺入减水剂后，28d 内水泥的总发热量与不掺者大致相同，但大多数减水剂能推迟水泥水化热峰值出现的时间。有资料显示，在普通硅酸盐水泥及矿渣硅酸盐水泥中掺入 0.25% 的木质素磺酸盐，其放热峰值出现的时间较未掺者分别推迟 3h 及 8h，其峰值也低于未掺者。这是由于减水剂在颗粒表面所形成的单分子或多分子吸附膜，抑制了水泥的初期水化速度。因此，对于大体积混凝土，木质素磺酸盐减水剂可防止混凝土产生温度应力裂缝的出现。

4）凝结时间。一般认为，减水剂对混凝土的凝结硬化或多或少都有延缓作用。这种作用对同一种水泥而言，又因减水剂分子的大小、极性基团的强弱，以及对水泥颗粒的水化矿物吸附能力的大小而有所不同。

减水剂延缓凝结时间主要是在水泥水化的潜伏期。此时，水泥颗粒表面定向吸附着一层减水剂分子，加之水化初期生成的水化矿物，形成了一层具有一定强度的表面保护膜。它一定程度地阻碍着水分子进一步渗入到水泥颗粒内部，从而延缓了水泥的凝结硬化时间。木质素类减水剂对水泥的延缓作用更为显著。这是因为除了上述原因外，更重要的是它含有一定量的糖分。无论是什么糖，其分子结构中均有羟基，它们能与 O^{2-} 产生氢键结合，使其具有很好的亲水性。同时它还与水分子中氢原子形成氢键，生成缔合分子，束缚了水分子的运动。使得一定阶段内的水泥水化反应速度降低，凝结时间延长。例如，在混凝土中掺入水泥质量 0.25% 的木质素磺酸盐后，与基准混凝土比较，在坍落度相同的情况下，普通硅酸盐水泥的初、终凝时间分别延缓 1~2h 和 2h；矿渣水泥的初、终凝时间分别延缓了 2~4h 和 2~3h。

（3）减水剂对硬化混凝土性能的影响

1）强度。在相同水泥用量、含气量和坍落度的条件下，由于减水剂的掺入，可使混凝土的水灰比明显降低，减水率达 10% 左右，混凝土的 28d 强度提高约 10%~20%；在保持相同用水量的条件下，可增加混凝土的流动性；在保持相同强度的情况下，约可节约水泥 10%。表 1.26 为木质素磺酸盐减水剂对混凝土性能的影响。

表 1.26 木质素磺酸盐减水剂对混凝土性能的影响

外加剂质量（占水泥质量）/%	水灰比	减水率/%	抗压强度（对比试件）/%			
			1d	3d	7d	28d
0	0.63	—	100	100	100	100
0.07	0.599	5	101	104	103	102
0.13	0.599	5	95	108	111	101
0.18	0.580	8	100	110	107	109
0.26	0.580	8	107	115	112	115

由于减水剂对混凝土强度的这一作用，对于缩短混凝土的养护周期，加快施工速度有重要意义。

另外，掺减水剂的混凝土，其抗拉强度、抗折强度等也有相应提高，但没有抗压强度的增长幅度大。

2）收缩与徐变。一般认为，混凝土掺减水剂后早期收缩略有增加。但随着混凝土龄期的延长，越来越接近不掺者，有时甚至更小。因此，从总的收缩值看，基本上与不掺者接近，或略有增大的趋势。

掺入非引气型减水剂时，由于水灰比降低而使混凝土强度明显提高，因而在同一龄期和施加相同应力情况下，徐变将有所减少。若掺入引气型减水剂，则由于混凝土含气量的增加，徐变将有较大增加。

3）耐久性。混凝土掺入减水剂后，由于其减水增强效果及引入一定数量的微小气泡，使得混凝土的耐久性特别是抗冻性有明显提高。因此，对于有抗冻性要求的混凝土工程，可采用引气型减水剂。但引入的空气量宜控制在 2%～6%，在此范围内既可以改善混凝土的耐久性，又可使混凝土强度不致下降。引气过大，则因强度下降产生不利影响。

由于减水剂降低了混凝土的水灰比，改善了混凝土的内部结构，从而提高了混凝土的抗渗性及抵抗各种有害介质浸析的能力。例如，在 5% 和 10% 硫酸盐溶液和海水中经过近百次循环，结果不掺减水剂的混凝土试件强度下降，而掺有减水剂的试件强度则略有提高。因此，减水剂对提高混凝土的抗渗性和抗化学侵蚀性能是有利的。

另外，减水剂对混凝土的抗碳化、钢筋锈蚀、弹性模量等性能均有提高和改善。

1.4.2.3　高效减水剂

20 世纪 60～70 年代日本和德国开始使用高效减水剂，我国则从 20 世纪 70 年代初开始高效减水剂的试验研究。目前，在各种工程中已经得到了广泛应用。在混凝土中掺入少量高效减水剂（占水泥质量的 0.5%～2.0%），可配制高强混凝土（强度达 60～120MPa）和流态混凝土；在保持混凝土流动性不变的情况下，可减水 18%～25%；或在坍落度和强度不变时可节约水泥 10% 以上。高效减水剂的应用，给混凝土带来了革命性的变化，出现了一些新型混凝土如流态混凝土、自密实混凝土等。

高效减水剂主要有下列几种。萘系减水剂（芳香族磺酸盐甲醛聚合物，化学名称为聚次甲基萘磺酸钠）；蒽系减水剂；三聚氰胺系高效减水剂（化学名称为磺化三聚氰胺甲醛树脂）；聚羧酸系；氨基磺酸盐系减水剂等。

(1) 高效减水剂的作用机理　高效减水剂的作用机理与普通减水剂没有大的区别，其减少效果也是通过分散水泥粒子而得到的，只不过其分散能力超过普通减水剂。

水泥粒子的分散作用是由于外加剂中承担分散作用的成分吸附在水泥粒子表面而产生静电斥力，以及高分子吸附层的相互作用产生的立体斥力和由于水分子的浸润作用而引起的。由于吸附分散剂，水泥粒子表面形成了双电层，相邻的两种粒子之间产生了静电斥力，使水泥粒子分散，防止其再凝聚。使用萘系和三聚氰胺分散剂时，由于这种分散作用使混凝土流动性增大。

对于氨基磺酸盐系和聚羧酸系高效减水剂，它们之所以能使水泥粒子高度分散，是因为它们的分子结构中保有羧基负离子的静电斥力和主链或侧链的立体效果（立体斥力或立体位阻）共同作用的结果。侧链越长，分散力越大。主链和侧链的长度等高分子构造对混凝土拌合物的性能影响较大。由于立体效果的作用，在减水率相同时，聚羧酸系减水剂的掺量要比萘系和三聚氰胺系小。

浸润作用说明，在高效减水剂的化学结构中具有较多的与水分子亲和性高的羟基(—OH)、醚（—O—）和氨基（—NH$_2$）的分散剂。水泥离子由于吸附分散剂而与水的亲和性提高，水分子浸润到水泥离子之间，产生阻碍其凝聚的效果。即，水的表面张力的降低有助于水泥离子的润湿，使水浸透到粒子间更狭小的细孔中，从而使水泥粒子分散，流动性提高。

(2) 高效减水剂对新拌混凝土的影响　高效减水剂由于减水率高、对水泥凝结时间影响小、无显著的引气作用而有着广泛的用途，可用来生产流动性混凝土、高强混凝土等。

1）减水作用。高效减水剂是高分子表面活性剂，具有强的固-液界面活性作用，其吸附分散作用使水泥凝聚体分散,水泥浆体的流动性大大提高。在与基准混凝土保持相同坍落度时,掺高效减水剂可大幅度减少用水量,其减水率随掺量的增加而提高。有资料表明,掺入1%～2%的高效减水剂,减水率为18%～25%,含气量则不增加。

2) 坍落度。掺高效减水剂可以使基准混凝土的坍落度从6～8cm提高到18～22cm。但影响混凝土坍落度的因素很多,如掺量、掺入时间、搅拌速度、温度等。

混凝土拌合物的坍落度随掺量增加而增大,但达到某一掺量时,再增加掺量,坍落度的增大趋于稳定。掺量太多可能会导致混凝土产生离析现象。不同的高效减水剂其适宜掺量也不同,一般,萘系的掺量为水泥质量的0.5%～0.7%,三聚氰胺系的掺量为水泥质量的1%。

掺高效减水剂混凝土的坍落度损失比较大,一般经30～60min就失去了流动性。即便采用后掺法,坍落度损失也比较快。为减少坍落度损失对混凝土工作性的影响,可采用在浇注前掺入的方法。

掺高效减水剂混凝土的流动性随温度升高,其流化效果增大,温度低则流化效果也降低。若保持相同的流动度,以20℃时高效减水剂的掺量比为1,则10℃时掺量为1.1,而30℃时则只需0.9。

3) 凝结时间。高效减水剂对水泥基本无缓凝作用,所制备的混凝土与基准混凝土比较,其初、终凝时间基本一致。但这种趋势根据不同情况有所区别,须通过试验确定。

4) 泌水。由于高效减水剂对水泥混凝土有强的分散作用,提高了拌合物的稳定性和均匀性,因此能减少泌水。见表1.27。

表1.27 各种高效减水剂对混凝土性能的影响

外加剂品种及掺量	水灰比	减水率/%	坍落度/cm	含气量/%	凝结时间(时 分) 初凝	凝结时间(时 分) 终凝	泌水率之比/%	抗压强度之比 1d	抗压强度之比 3d	抗压强度之比 7d	抗压强度之比 28d
0	0.630	0	6.3	0.9	5:45	9:10	100	4.7/100[①]	10.8/100	18.0/100	30.6/100
UNF-2 0.75	0.537	14.8	5.3	1.7	6:15	9:00	87	6.2/132	14.7/136	21.5/119	35.1/115
FDN 0.75	0.517	18.0	6.1	2.1	5:30	7:30	54	8.2/177	20.1/186	30.2/168	43.6/142
CRS 0.75	0.547	13.2	5.9	2.1	5:30	7:45	62	7.9/168	17.7/164	25.9/144	41.8/137
SM 0.75	0.525	16.8	5.7	1.4	5:30	7:30	69	7.9/168	16.5/153	26.0/144	36.7/120
AF 0.75	0.505	19.8	5.2	4.2	5:30	7:45	41	7.7/164	15.9/147	24.3/135	32.5/106
建-1 0.755	0.458	27.2	5.7	8.7	5:00	7:30	20	6.4/136	13.5/125	19.0/106	26.5/87

①分子4.7代表的是1d的混凝土抗压强度值(MPa);分母100为百分比,即以未掺高效减水剂的1d混凝土抗压强度作为100%。

注:混凝土配合比为1:2.24:3.82,水泥用量310kg/m³。

(3) 减水剂对硬化混凝土性能的影响

1) 强度。由于高效减水剂对水泥粒子具有很强的分散作用,促进了水泥的水化。因此,混凝土的早期强度和后期强度均有较大幅度提高。由表1.27可以看出,与基准混凝土相比,掺0.75%高效减水剂的混凝土3d抗压强度提高25%～86%,28d强度提高15%～42%。

2) 引气性。某些高效减水剂如AF和建-1减水剂具有引气效果。引气型减水剂的流化效果比较好,但其28d强度将有所降低。对于引气量太大的减水剂则必须掺消泡剂。

3) 弹性、徐变与收缩。掺入高效减水剂能够提高混凝土的抗压强度,混凝土的弹性模量则随混凝土强度等级的增大而增大。但弹性模量增长速度比抗压强度增长速度慢,一般情况下，C60 混凝土的弹性模量为 4×10^5，C80 混凝土的弹性模量为 5×10^5，C100 混凝土的弹性模量约为 $5 \sim 5.8 \times 10^5$，总的趋势随抗压强度增加而变大。

掺高效减水剂的混凝土，其早期收缩值较不掺者略大。而两个月以后，掺高效减水剂的收缩率与不掺者逐渐接近，长期干缩值基本相同。

4）耐久性。掺入高效减水剂后，由于减少了混凝土加水量，使得混凝土更加密实，外部有害介质不易侵入到混凝土内部，因此，其抗碳化、抗冻性、抗渗性等耐久性能均有改善。

常用减水剂的品种、掺量和性能见表 1.28。

表 1.28　国内部分减水剂使用表

序号	名称代号	主要成分	一般掺量(占水泥质量)/%	主要性能及用途
1	M 型减水剂	木质素磺酸钙	0.25～0.3	减水 5%～15%，含气量 3%～4%，28d 抗压强度提高 10%～15%，或在相同强度下节约水泥 10%左右
2	MY 减水剂	木质素磺酸钠	0.3～0.5	减水 15%～20%，缓凝 3～10h，引气 4%～8%
3	腐殖酸盐减水剂	羟基芳基羧酸盐	0.20～0.30	减水 10%左右，28d 抗压强度提高 12%～20%，节约水泥 8%～10%，有缓凝引气作用
4	建-1 减水剂	甲基萘油	0.30～0.70	减水、早强，用于早强、高强混凝土
5	MF 减水剂	甲基萘	0.50～0.75	减水、早强，用于早强、高强混凝土
6	NNO 减水剂	亚甲基二萘磺酸盐	0.50～0.75	减水、高强、早强、有一定引气作用，多用于水工混凝土
7	JN 减水剂	萘残油、中油	0.50～0.75	减水、早强、微引气、节省水泥 15%左右、抗冻、抗渗
8	NF 减水剂	精萘	0.50～0.75	非引气高效减水剂，用于早强、高强或流态混凝土
9	FDN 减水剂	精萘	0.50～0.75	非引气高效减水剂，用于早强、高强或流态混凝土
10	UNF-2	工业萘	0.30～0.70	减水早强、高强，用于蒸养、自养混凝土
11	FFT 减水剂	工业萘和羟基羧酸盐	0.50～0.75	减水、高强、早强、有一定引气作用
12	磺化洗油减水剂	聚烷基芳基磺酸钠	0.75～1.50	高效减水剂，用于高强度等级、大流动性混凝土
13	SM 减水剂	三聚氰胺甲醛缩合物	1.50	非引气高效减水剂，用于早强高强混凝土
14	CRS 减水剂	古马隆树脂	0.80～1.0	高效减水剂用于早强、高强或大流动性混凝土
15	AU 减水剂	蒽油	0.50～0.75	引气型早强减水剂
16	AF 减水剂	多环芳烃	0.50～0.75	低引气型高效减水剂，用于早强、高强或大流动性混凝土
17	AT 减水剂	聚次甲基多环芳烃磺酸钠	0.50～0.70	缓凝型高效减水剂，1～7d 抗压强度提高 30%～50%，28d 强度提高 20%～30%；适于早强、高强、大流动性混凝土
18	NHJ 减水剂	β-萘磺酸甲醛缩合物	0.50～1.0	减水增强、节省水泥，适于早强、高强及流动性混凝土
19	缓凝糖蜜减水剂	糖钙糖蜜酒精废液	0.20～0.30	缓凝减水，适于大体积混凝土及夏季施工混凝土
20	ST 缓凝减水剂	蔗糖化钙等	0.20～0.30	缓凝减水，适于大体积混凝土及夏季施工混凝土
21	UNF-4 早强减水剂	UNF-2 减水剂与硫酸钠复合	1～2.5	减水早强，用于早强和蒸养混凝土
22	NC-早强减水剂	硫酸钠、糖钙复合	2～4	减水早强，用于冬季施工混凝土和钢筋混凝土

序号	名称代号	主要成分	一般掺量（占水泥质量）/%	主要性能及用途
23	NSZ 早强减水剂	萘系减水剂与硫酸钠等复合	1.5	减水早强，用于早强和蒸养混凝土
24	H 型早强减水剂	矾泥、硫酸钠、木质素磺酸钙、粉煤灰	2.5～3	减水早强，适用于冬季施工混凝土、钢筋混凝土、早强蒸养混凝土（干粉直接掺入）
25	3F 型早强减水剂	硫酸钠、木质素磺酸钙、粉煤灰等	2～3	减水早强，适用于冬季施工混凝土及一般钢筋混凝土（干粉直接掺入）
26	MZS 早强混凝土	木质素磺酸钙及芒硝烟灰	2.5～3.0	减水早强，适用于一般混凝土、钢筋混凝土及预应力混凝土（粉剂直接掺入）

1.4.3 引气剂

引气剂是一种能使混凝土在搅拌过程中产生大量均匀分布、稳定而封闭的微小气泡，从而改善混凝土和易性，提高混凝土抗冻性和耐久性的外加剂。引气剂的掺量通常为水泥质量的 0.002%～0.01%，掺入后可使混凝土拌合物中引气量达到 3%～5%。引入的大量微小气泡对水泥颗粒及骨料颗粒具有浮托、隔离及"滚珠"作用，起到了分散、润湿的双重作用，从而减少混凝土的单位用量，改善其多种性能。在稠度和单位水泥用量一定时，由于掺入引气剂可减少单位用水量。一般，引气剂的减水率为 6%～9%，当减水率为 10% 以上时，则称之为引气减水剂。

引气剂和引气减水剂正沿着复合型高效引气剂及高性能引气减水剂方向发展。同时，引气剂和引气减水剂作为一种有效组分，还广泛应用于配制泵送剂、防冻剂等多功能复合外加剂。引气剂应用于混凝土道路、大坝、港口、桥梁等工程中，可大大延长它们的使用寿命。

引气剂根据其水溶液的电离性质也可分为阴离子系、非离子系、阳离子系和两性离子系等四类。实际上应用最多的是阴离子系引气剂。目前，引气剂作为正式产品出售的有松香热聚物类（如 PC-2 型引气剂、CON-A 型、KF 微末剂等）；非离子型表面活性剂类（如 OP 乳化剂、平平加等）；烷基苯磺酸盐类；羧酸及其盐类等。

1.4.3.1 引气剂的作用机理

（1）混凝土的引气及气泡的形成过程　混凝土的气泡是由搅拌作用产生的。在搅拌混凝土时，有两种主要作用可引入空气并形成气泡。第一种作用是涡流吸气作用。在搅拌液体形成涡流时，涡流负压区会吸入空气。被吸入涡流中的空气在剪切力作用下，便被碎散形成大量气泡。在盘式混凝土搅拌机中，涡流由搅拌叶片推动混合料产生；在鼓式搅拌机中，涡流主要存在于物料落下来的搅拌叶片末端。为了产生涡流，混凝土拌合物应有一定程度的流动性，但对于较干的拌合物，搅拌所产生的拌和作用，也能使一定量的空气夹带进入混凝土中。

第二种作用是骨料抛落形成的三维幕引气作用。在混凝土搅拌过程中，当物料相互之间逐级下落时，粒状物料（骨料）形成的三维幕便会将空气携带进入混凝土中，并在物料的重力、搅拌过程中产生的剪切力等作用下，将引入的空气碎散成气泡。

掺与不掺引气剂，在搅拌混凝土过程中引入空气并被碎散形成气泡的作用是一样的。对于未掺引气剂的混凝土，在搅拌混凝土过程中引入的空气被浆体包裹形成气泡，但当气泡互相靠近时，极易相互兼并增大，并上浮至表面，从而破灭消失。这就像剧烈搅拌清水时，虽然水中仍能引入空气并被剪切碎散形成气泡，但由于气泡极易兼并增大，并迅速浮出水面而破灭，故停止搅拌后，仍只剩下清净的水。因此，未掺引气剂的混凝土，夹带空气量少、气泡尺寸小、分布不均匀。

由上可知，引气剂的作用主要有两个方面，即一是使引入的空气易于形成微小气泡；二是防止气泡兼并增大、上浮破灭，也就是要保持微小气泡稳定，并均匀分布在混凝土中。

（2）引气剂在液-气界面上的吸附与排布　引气剂的界面活性作用，基本上与减水剂的界面活性作用相同，区别在于减水剂的界面活性作用主要发生在液-固界面上，而引气剂的界面活性作用主要发生在液-气界面上。

所谓气泡，就是液体薄膜包围着的气体。若某种液体易于成膜，且膜不易破裂，则此种液体在搅拌时就会产生许多泡沫。引气剂是表面活性物质，其由非极性基（碳氢链）和极性基（如磺酸基—SO_3H、羧酸基—COOH、醇基—OH、醚基—O—等）构成。引气剂分子溶于水中后，对于液-气体系，其非极性基深入气相，而极性基留于水中，从而吸附在气泡的液-气界面上形成定向排布，只有一个极性基的异极性表面活性物质，如十二烷基苯磺酸钠引气剂，其分子一端是极性基，另一端是非极性基，吸附在气泡表面的定向排布如图 1.13 所示。

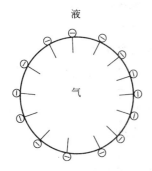

图 1.13　只有一个极性基的引气剂分子分布在气泡表面的吸附示意图

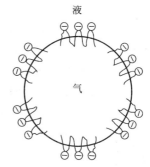

图 1.14　含多个极性基的引气剂分子分布在气泡表面的吸附示意图

含有多个极性基团的聚合物表面活性物质，如木质素磺酸盐引气减水剂，其分子吸附在气泡表面的定向排布如图 1.14 所示。

正是由于引气剂分子在气泡表面的这种定向吸附与排布作用，才能使吸附了引气剂的微小气泡难于兼并增大，从而能够稳定地分布在混凝土中。

（3）引气剂的作用机理　在混凝土中，引气剂对微小气泡的稳定作用机理主要包括以下几个方面：

1）降低液-气界面张力作用。当混凝土拌合物含气量一定时，气泡尺寸越小，则整个体系的液-气界面积越大，导致整个体系总的界面自由焓将增大，从而使体系处于热力学不稳定状态。掺入引气剂后，由于降低了液-气界面张力，因此，即使气泡不相互兼并增大，也能使整个体系总的液-气界面积保持不变，使整个体系的液-气界面自由焓不增大，或者还有所降低，从而使体系处于热力学较为稳定的状态。

2）气泡表层液膜之间的静电斥力作用。对于用离子型表面活性剂作为引气剂时，其分子在水中电离成阴、阳离子，使气泡表面液膜带上相同的负电荷，当气泡相互靠近时，气泡之间便产生静电斥力作用，从而阻止气泡进一步靠近，因此，离子型引气剂吸附在气泡表面，使气泡之间产生的静电斥力有助于提高气泡的稳定性。

3）水化膜厚度及机械强度增大作用。在混凝土中掺入引气剂，其在气泡表面吸附时均是非极性基深入气相，而极性基留于液相。由于极性基具有强烈的亲水作用，使吸附了引气剂分子的气泡表面水化膜增大，机械强度提高，气泡表面黏度及液膜弹性增大，这样当气泡碰撞接触时，气泡间液膜便不易排液薄化，同时气泡的弹性变形还有利于抵消气泡所受的外力作用。因此，掺引气剂的混凝土中的气泡，不易兼并破灭，稳定性提高。

4）微细固体颗粒沉积气泡表面形成的"罩盖"作用。在混凝土中加入阴离子型引气剂，会吸收和集中在气泡表面，使混凝土中的气泡实际上成了气固液三相气泡，固体颗粒"罩盖"薄膜使气泡表层膜厚度增大，机械强度和弹性提高。此层"罩盖"薄膜使气泡靠近时水化膜更不易排液薄化，因而气泡更难兼并增大，并且还有助于阻止气泡上浮和凝聚。从而使大量微小气泡能够稳定地均匀分布在混凝土拌合物中。

1.4.3.2　引气剂对混凝土性能的影响

（1）和易性　引气剂用于在混凝土中引进了大量微小且独立的气泡，这些球状气泡如滚珠一样使混凝土的和易性得到大大改善。这种作用尤其在骨料粒形不好的碎石或人工砂混凝土中更为显著。

（2）泌水性　引气剂可以增加混凝土拌合物的黏聚性。它使混凝土拌合物中的骨料与水泥浆的黏聚性加大，使它们的离散性减弱，这种作用可使拌合物更好地处于均质状态，使拌和用的水分能更长时间地停留在水泥浆中而减少了泌水性。

（3）强度　由于引气剂使混凝土中气泡数量增多，自然会使混凝土的强度有所降低。一般规律如下：含气量每增加 1%，抗压强度约减低 4%～5%；抗折强度约降低 2%～3%。且龄期增长后，含气量对混凝土的影响还要大些。

当混凝土中含气量一定时，其强度的降低还受到骨料最大粒径的影响，最大粒径越大，则强度降低率越小。在贫水泥混凝土中，因为引气剂而引起的强度下降很小，往往可忽略不计。

若在配制混凝土时，考虑到引气剂能增大混凝土拌合物的流动性而适量减少用水量，则由于引气剂引入气泡而引起的强度损失就可被弥补过来，配制得当时有可能使强度还有所提高。

（4）耐久性　由于掺引气剂后可使混凝土用水量减少，同时泌水率减低，这都会使混凝土内部的大毛细孔（在水泥石与骨料界面上产生，比水泥面中的毛细孔至少大数十倍）减少。同时大量微小的气泡占据着混凝土中的自由空间，切断了毛细管的通道，这样能使混凝土的抗渗性得到改善。与抗渗性有关的抗化学物质侵蚀作用和对碳化的抵抗作用等也同时得到提高。

1.4.3.3　引气剂的使用

在使用引气剂时，应注意以下几个问题。

① 掺引气剂前，应该参照说明书及有关资料，结合工地现场所使用的材料及工程要求，进行实地试配试验，然后才能确定该种引气剂能否在本工程使用，以及工程中使用的合适剂量。

② 引气剂使用时，其掺加量一般都比较小（一般只有水泥质量的万分之几），所以计量要准确。为此一般应首先将引气剂配成溶液，稀释到合适浓度后，在拌和混凝土时按所需掺量摇匀后加入。

③ 要求配制混凝土材料的性质、混凝土拌合物的配比以及搅拌、装卸、浇筑等方面都尽可能保持稳定，使含气量的波动范围尽量小。施工中要定时进行现场检测，严格控制含气量的波动幅度。由于近年来施工中采用高频插入式振捣器，在强烈的振动作用下，混凝土中的气泡外溢，致使含气量下降。因此施工中必须保持不同部位的振捣时间和振捣方法的一致。

④ 掺引气剂的混凝土，由于其引气量的增加，将会导致混凝土体积的增加。因此在配合比设计时应加以考虑。

1.4.4 调凝剂

调凝剂是调节水泥凝结时间的外加剂。这类外加剂对水泥、混凝土的凝结时间和强度发展影响显著。调凝剂包括速凝剂、早强剂、缓凝剂等几种类型。

1.4.4.1 速凝剂的机理与应用

速凝剂多用于喷射混凝土过程中。速凝剂的作用是使混凝土喷射到工作面后很快能凝结。其基本特点是：①使混凝土喷射后 3~5min 内初凝，10min 之内终凝；②使混凝土有较高的早期强度，后期强度降低不大（小于 30%）；③使混凝土具有一定的黏度，以防回弹量过高；④使混凝土保持较小的水灰比，以防收缩过大，并提高抗渗性能；⑤对钢筋无腐蚀作用。速凝剂是混凝土喷锚支护工程中必不可少的一种外加剂。隧道洞库等工程中若采用喷锚支护新技术，就可大大加快工程的建设速度，节省劳力、节约木材和混凝土用量，并可减少地下工程的开挖量。

（1）速凝剂的作用机理　由于速凝剂是由复合材料制成，同时又与水泥水化反应交织在一起，其作用机理较为复杂，这里只就其主要成分的反应加以阐述。

1）铝氧熟料加碳酸盐型速凝剂作用机理。作用机理如下：

$$Na_2CO_3 + CaSO_4 \longrightarrow CaCO_3 \downarrow + Na_2SO_4$$

$$NaAlO_2 + 2H_2O \longrightarrow Al(OH)_3 + NaOH$$

$$2NaAlO_2 + 3Ca(OH)_2 + 3CaSO_4 + 30H_2O \longrightarrow 3CaO \cdot Al_2O_3 \cdot 3CaSO_4 \cdot 32H_2O + 2NaOH$$

碳酸钠与水泥浆中石膏反应，生成不溶的 $CaCO_3$ 沉淀，从而破坏了石膏的缓凝作用。铝酸钠在有 $Ca(OH)_2$ 存在的条件下与石膏反应生成水化硫铝酸钙和氢氧化钠，由于石膏消耗而使水泥中的 C_3A 成分迅速溶解进入水化反应，C_3A 的水化又迅速生成钙矾石而加速了凝结硬化。另一方面大量生成 $NaOH$、$Al(OH)_3$、Na_2SO_4，这些都具有促凝、早强作用。速凝剂中的铝氧熟料（$NaAlO_2$）及石灰，在水化初期产生强烈的放热反应，使整个水化温度大幅度升高，促进了水化反应的进程和强度的发展。此外在水化初期，溶液中生成的 $Ca(OH)_2$、SO_4^{2-}、Al_2O_3 等组分结合而生成高硫型水化硫铝酸钙（钙矾石），又使浓度下降，从而促进了 C_3S 水解，C_3S 迅速生成了水化产物——水化硅酸钙凝胶。迅速生成的水化产物交织搭接在一起形成网络结构的晶体，即混凝土开始凝结。

2）硫铝酸盐型速凝剂作用机理。作用机理如下：

$$Al_2(SO_4)_3 + 3CaO + 5H_2O \longrightarrow 3(CaSO_4 \cdot 2H_2O) + 2Al(OH)_3$$

$$2NaAlO_2 + 3CaO + 7H_2O \longrightarrow 3CaO \cdot Al_2O_3 \cdot 6H_2O + 2NaOH$$

$$3CaO \cdot Al_2O_3 \cdot 6H_2O + 3(CaSO_4 \cdot 2H_2O) + 20H_2O \longrightarrow 3CaO \cdot Al_2O_3 \cdot 3CaSO_4 \cdot 32H_2O$$

$Al_2(SO_4)_3$ 和石膏的迅速溶解使水化初期溶液中硫酸根离子浓度骤增，它与溶液中的 Al_2O_3、$Ca(OH)_2$ 发生反应，迅速生成微细针柱状钙矾石和中间产物次生石膏，这些新晶体的增长、发展在水泥颗粒之间交叉生成网络状结构而呈现速凝。这种速凝剂主要是早期形成钙矾石而促进凝结，但掺此类速凝剂会使水泥浆体过早地形成结晶网络结构，在一定程度上会阻碍水泥颗粒的进一步水化。另外，钙矾石向单硫型水化硫铝酸钙转化会使水泥石内部孔隙增加，这些都使水泥石的后期强度的增长受到影响。

3）水玻璃型速凝剂作用机理。水泥中的 C_3S、C_2S 等矿物在水化过程中生成$Ca(OH)_2$，

而水玻璃溶液能与 $Ca(OH)_2$ 发生强烈反应，生成硅酸钙和二氧化硅胶体。其反应如下：

$$Na_2O \cdot nSiO_2 + Ca(OH)_2 \longrightarrow (n-1)\ SiO_2 + CaSiO_3 + 2NaOH$$

反应中生成大量 $NaOH$，将进一步促进水泥熟料矿物水化，从而使水泥迅速凝结硬化。

（2）速凝剂作用效果的影响因素

1）掺量。在确定掺量时，要综合考虑各方面的综合影响。既要考虑喷射混凝土的位置、岩石状态及喷射方法对凝结时间的要求，也要考虑早期强度及 28 天的强度要求。同时，要参考当地气温及物料稳定的变化等因素，据此来决定水泥净浆（或喷射混凝土）的最佳凝结时间和所期望的龄期强度，并通过试配试验确定最佳掺量。一般速凝剂掺量为水泥质量的 3%～5%，个别品种掺量较大，为水泥质量的 8%～10%。

2）温度。温度对速凝剂的促凝效果影响很大。一般随着温度升高，掺量要适当减少；反之，温度降低，掺量要相应增加。在相同温度下，掺量越高，后期强度损失越大。也就是说在一定温度下，有其适宜的掺量。

3）搅拌时间及预水化。掺速凝剂的水泥浆凝结很快，因此，在初凝以后还继续搅拌，就会影响水泥浆的性能。在喷射混凝土时，速凝剂与水泥、砂、石混拌，由于砂、石均含有一定水分，速凝剂遇水在喷出前开始遇水泥发生预水化作用，再喷到岩石表面，必然影响喷射混凝土的凝结时间、强度及其与岩石的黏结力。因此，混合料的停放时间，应严格控制在 20min 以内，最好是加入速凝剂后立即喷出。

4）储存条件。速凝剂在潮湿环境中存放时，其速凝效果显著降低。因此，速凝剂应密封保存，防止受潮。

5）水泥品种与质量。同一种速凝剂在掺量相同的情况下，对纯硅酸盐水泥速凝效果优于对普通硅酸盐水泥，对普通硅酸盐水泥的速凝效果优于矿渣硅酸盐水泥。水泥质量对速凝剂的速凝效果影响也很大，如对新鲜水泥的速凝效果好，对风化水泥效果较差，严重风化的水泥会使速凝剂失效。掺速凝剂的水泥石早期强度有显著提高，后期强度的损失因水泥不同而有显著的差异。因此使用速凝剂时应对其与水泥的适应性进行试验，才能得到良好的效果。

6）拌合物水灰比。水泥品种和速凝剂掺量一定时，水灰比大小对初凝、终凝时间有明显的影响，且对终凝时间的影响远大于初凝时间。一般水灰比越大，其速凝效果越差。

7）喷射工艺。影响速凝剂作用效果的因素，除与混凝土拌合物的性质、施工环境条件等因素有关外，还与喷射机械的种类、速凝剂添加装备的位置、压送管的长度、喷射速度等因素有关。

（3）速凝剂对混凝土性能的影响

1）对强度的影响。掺有速凝剂的混凝土，由于其水泥石的结构与不掺者有明显不同，早期生成物的强度较硅酸盐水化物的强度要低；速凝剂不仅加速了硅酸盐组分的水化，同时也促进了 C_4AF 组分的水化，所析出的水化铁酸钠胶体包裹在 C_3S 表面上，起抑制 C_3S 进一步水化的作用；其次，水化产物内部晶型的转化，将产生一定的缺陷或空隙增加，导致水泥石后期强度偏低。

2）对混凝土干缩的影响。掺速凝剂后，一般其干缩率有增加的趋势。混凝土产生干缩的最主要原因在于，其内部空隙水蒸发时引起凝胶体失水而产生紧缩，以及游离水分蒸发而使混凝土内部产生体积收缩。因此，凝胶体的数量及其特性对干缩起主要作用。掺有速凝剂的喷射混凝土，其水泥用量较普通混凝土多，有时还掺入粉煤灰等掺合料。砂率大，而对体积稳定性有良好作用的粗骨料比普通混凝土少，粗骨料最大粒径小，回弹量中又大部分是粒径较大的粗骨料，因此喷射混凝土的收缩值比普通混凝土大。

3）对抗渗性能的影响。混凝土的抗渗性与其内部孔隙大小及孔结构有关。喷射混凝土由于收缩值较大而较易开裂，加之喷射施工时物料与水混合时间很短，因而降低了水泥浆体与细骨料的胶结强度，使孔隙率增大，所以，掺有速凝剂的混凝土抗渗性较低。另外，喷射混凝土的抗渗性能随速凝剂掺量的增大而降低，其中以碳酸钠速凝剂的影响最大。

对于有特殊抗渗要求的喷射混凝土工程，除选择级配良好的坚硬骨料外，还可采取掺防水剂、配置钢筋网片和掺纤维等措施提高抗渗性。

4）对抗冻性能的影响。掺速凝剂混凝土有良好的抗冻性能。速凝剂本身虽无引气作用，但喷射施工中会将一部分空气流带入混凝土中，这些空气在压喷作用下，可在混凝土内部形成较多的均匀、相互隔绝的小气泡，从而提高了抗冻性。

（4）速凝剂的使用范围　喷射混凝土广泛应用于地下工程（如矿山竖井平巷、地铁工程、交通隧道、水工隧洞、各类洞室）的初期支护与最终衬砌；修复加固受破坏的混凝土工程；边坡加固和基坑护壁工程；薄壳结构以及耐火混凝土、钢结构的防火、防腐层等工程。

1.4.4.2　早强剂的机理与应用

能提高混凝土早期强度，并对后期无显著影响的外加剂，称早强剂。

配制混凝土早强剂的要求是：早期强度提高显著，凝结不应太快；不得含有起降低后期强度及破坏混凝土内部结构的有害物质；对钢筋无锈蚀危害（用于钢筋混凝土及预应力钢筋混凝土的外加剂）；资源丰富，价格便宜；便于施工操作等。

（1）早强剂的机理　早强剂的种类繁多，按其化学成分可分为无机早强剂类（如氯化物系、硫酸盐系）；有机早强剂类（三乙醇胺、三乙丙醇胺）；复合早强剂类。

1）无机氯盐早强剂类。氯盐加入水泥混凝土中促进其硬化和早强的机理可以从两方面加以分析。一是增加水泥颗粒的分散度。加入氯盐后，能使水泥在水中充分分解，增加水泥颗粒对水的吸附能力，促使水泥的水化和硬化速度加快。二是与水泥熟料矿物发生化学反应。氯盐首先与 C_3S 水解析出的 $Ca(OH)_2$ 作用，形成氧氯化钙 [$CaCl_2 \cdot 3Ca(OH)_2 \cdot 12H_2O$ 和 $CaCl_2 \cdot Ca(OH)_2 \cdot H_2O$]，并与水泥组分中的 C_3A 作用生成氯铝酸钙（$3CaO \cdot Al_2O_3 \cdot 3CaCl_2 \cdot 32H_2O$）。这些复盐是不溶于水和 $CaCl_2$ 溶液的。氯盐与氢氧化钙的结合，就意味着水泥水化液相中石灰浓度的降低，导致 C_3S 水解的加速。而当水化氯铝酸钙形成时，则胶体膨胀，使水泥石空隙减少，密实度增大，从而提高了混凝土地面早期强度。

掺入 1% 的 $CaCl_2$ （按水泥质量计）时，3d 强度相当于未掺时的 120%。但在钢筋混凝土中掺入氯盐早强剂，由于 Cl^- 离子的作用，会使钢筋发生锈蚀。为此我国《混凝土质量控制标准》（GB 50164—2011）中规定：水溶性 Cl^- 的掺量预应力钢筋混凝土中不得超过水泥质量的 0.06%；钢筋混凝土中不超过 0.3%；在无筋混凝土中不得超过 1%。

为了防止 $CaCl_2$ 对钢筋锈蚀，在使用氯盐的同时，可在混凝土中掺入阻锈剂。常用的阻锈剂有亚硝酸钠（$NaNO_2$），亚硝酸钠能在钢筋表面生成氧化保护膜，起抑制钢筋锈蚀的作用。

掺入 $CaCl_2$ 后对混凝土收缩的影响较为显著，掺 0.5% 的 $CaCl_2$，收缩约增加 50%，掺 2.5% 和掺 3% 的收缩值分别增加 115% 和 165%。

在冬季施工中，由于氯盐降低冰点的效果显著，故又常作为混凝土中一种主要的抗冻剂使用。

2) 有机早强剂类（三乙醇胺）。三乙醇胺$[N(C_2H_4OH)_3]$为无色或淡黄色透明油状液体，能溶于水，呈碱性。作为早强剂，它具有掺量少、副作用小、低温增强作用明显，而且有一定的后期增强作用的特点，在与无机早强剂复合作用时效果更好。

三乙醇胺的早强作用是由于能促进C_3A的水化。它能加速钙矾石的生成，因而对混凝土早期强度发展有利。

3) 复合早强剂。复合早强剂往往比单组分早强剂具有更优良的早期效果，掺量也比单组分早强剂低。在水泥中加入微量的三乙醇胺，不会改变水泥的水化生成物，但对水泥的水化速度和强度有加速作用。当它与无机盐类复合时，不仅对水泥水化起催化作用，而且还能在无机盐与水泥的反应中起催化作用。故其作用效果要较单掺三乙醇胺显著，并有互补作用。

（2）早强剂对混凝土质量的影响

1) 对混凝土强度的影响。早强剂对混凝土的早期强度有十分明显的影响，1天、3天、7天强度都能大幅度提高。但对混凝土长期性能的影响不一致，有的后期强度提高，有的后期强度降低。对单组分早强剂而言，在相同的掺量下，混凝土强度的提高一般都较掺复合早强剂低，尤其是28天强度。早强减水剂由于加入了减水剂，可以通过降低水灰比来进一步提高早期强度，同时也可以弥补掺早强剂混凝土后期强度不足，使28天强度也有所提高。

2) 对混凝土收缩性能的影响。无机盐类早强剂对早期水化有促进作用，使水泥浆体在初期有较大的水化物表面积，产生一定的膨胀作用，使整个混凝土体积略有增加。但后期的收缩与徐变也会有所增大。这是因为，早期的不够致密的水化物结构影响了混凝土的孔隙率、结构密实度，这样在后期就会造成一定的干缩，特别是掺氯化钙早强剂的混凝土。

3) 对混凝土耐久性的影响。在无机盐类早强剂中，氯化物与硫酸盐是常用的早强剂。氯化物中含有一定的氯离子，会加速混凝土中钢筋锈蚀作用，从而影响混凝土的耐久性。硫酸盐早强剂因含有钠盐，可能会与带有活性二氧化硅的骨料产生碱-骨料反应而导致混凝土耐久性降低。

亚硝酸盐、硝酸盐、碳酸盐等凡含有K^+、Na^+的都可能导致碱-骨料反应。此外由于这些无机早强剂均属强电解质，在潮湿环境下容易导电，因此对电解车间、电气化运输设施的钢筋混凝土，如果绝缘条件不好，极易受到直流电的作用而发生电化学腐蚀。这些部位是不允许使用强电解质外加剂的。

1.4.4.3 缓凝剂的机理与应用

缓凝剂是一种能延迟水泥水化反应，从而延缓混凝土凝结的外加剂。缓凝剂大致可分为有机和无机两大类。较常使用的缓凝剂如下。

有机缓凝剂包括：羟基羧酸及盐类、多元醇及其衍生物、糖类及碳水化合物等。

无机缓凝剂包括：磷酸盐、锌盐、硫酸铁、硫酸铜、硼酸盐、氟硅酸盐等。

缓凝减水剂是兼具缓凝和减水功能的外加剂。主要品种有木质素磺酸盐类、糖蜜类及各种复合型缓凝减水剂等。

（1）缓凝剂作用机理

1) 无机缓凝剂作用机理。在无机缓凝剂中，磷酸盐类具有较强的缓凝作用，如磷酸钠、焦磷酸钠、二聚及多聚物磷酸钠、碳酸氢二钠等都可以大大延缓水泥的凝结速度，其中缓凝作用最强的是焦磷酸钠。研究表明，掺入磷酸盐会使水泥水化的诱导期延长，并使C_3S的水化速度减缓，主要原因在于磷酸盐电离出的磷酸根离子与水泥水化产物发生反应，在水泥颗粒表面生成致密难溶的磷酸盐薄层，抑制了水分子的掺入，阻碍了水泥正常水化作用的进行，从而使 C_3A 的水化和钙矾石的形成过程都被延缓而起到了缓凝作用。

2）有机缓凝剂作用机理。

① 羟基羧酸、氨基羧酸及其盐。羟基羧酸、氨基羧酸及其盐对硅酸盐水泥的缓凝作用主要在于它们的分子结构中含有络合物形成基（—OH、—COOH、—NH$_2$）。Ca^{2+} 为二价正离子，配位数为 4，是弱的结合体，能在碱性环境中形成不稳定的络合物。羟基在水泥水化产物的碱性介质中与游离的 Ca^{2+} 生成不稳定的络合物，在水化初期控制了液相中的 Ca^{2+} 离子的浓度，产生缓凝作用。随着水化过程的进行，这种不稳定的络合物将自行分解，水化将继续正常进行，并不影响水泥后期水化。其次，羟基、氨基、羧基均易与水分子通过氢键缔合，再加上水分子之间的氢键缔合，使水泥颗粒表面形成了一层稳定的溶剂化水膜，阻止了水泥颗粒间的直接接触，阻碍水化的进行。而含羧基或羧基盐的化合物也与游离的 Ca^{2+} 生成不溶性的钙盐，沉淀在水泥颗粒表面，从而延缓水泥水化速度。

② 糖类、多元醇类及其衍生物。醇类化合物对硅酸盐水泥的水化反应具有不同程度的缓凝作用，其缓凝作用在于羟基吸附在水泥颗粒表面与水化产物表面上的 O^{2-} 形成氢键，同时，其他羟基又与水分子通过氢键缔合，同样使水泥颗粒表面形成了一层稳定的溶剂化水膜，从而抑制水泥的水化进程。在醇类的同系物中，随其羟基数目的增加，缓凝作用逐渐增强。

③ 木质素磺酸盐缓凝减水剂。木质素磺酸盐类表面活性剂是典型的阴离子表面活性剂。木质素磺酸盐中含有相当数量的糖。由于糖类是多羟基碳水化合物，亲水性强，吸附在矿物颗粒表面可以增厚溶剂化水膜层，起到缓凝的作用。另外，木质素磺酸盐可以降低水的表面张力，具有一定的引气性（引气量 2%～3%），而且掺量增加后，引气和缓凝作用更强，所以应避免超掺量使用，否则会由于引气过多或过于缓凝，使混凝土强度降低甚至长期不凝结硬化，造成工程事故。

④ 糖蜜类缓凝减水剂。糖蜜中的主要成分是己糖二酸钙，具有较强的固-液表面活性，因此能吸附在水泥矿物颗粒表面形成溶剂化吸附层，阻碍颗粒的接触和凝结，从而破坏了水泥的絮凝结构，使水泥粒子分散，游离水增多，起到减水的作用。另外，糖蜜含有多个羟基，对水泥的初期水化有较强的抑制作用，可以使游离水增多，增加了水泥浆的流动性。

（2）缓凝剂的使用　在实际施工中，可在如下情况时使用缓凝剂。

① 在高温环境下浇灌或运输队混凝土，易因失水等使混凝土变硬。为了保持较好的流动性就须增加用水量，一般温度每增高 10℃，须增加用水量 3%～5%，这将使混凝土后期强度减低，加入缓凝剂后，因混凝土的凝结硬化时间延缓而使拌合料的流动度得以保持较长时间。

② 在大体积混凝土中，由于其内部的水化热不易散失，从而使混凝土产生热膨胀并可导致施工裂缝。掺入缓凝剂使水化放热速度减慢，便于热量散失，因而可减少或避免裂缝的产生。

③ 预制混凝土厂如果长距离运输或泵送混凝土，加入缓凝剂可使混合料在运输过程中不发生凝结，以利下道工序的正常进行。

④ 缓凝剂也可以与其他外加剂复合使用，以达到各种目的。

另外，缓凝剂在使用时，其掺量应尽量准确。有些缓凝剂适量使用具有较好的缓凝效果，而超量使用则可能起促凝作用。

1.4.5 其他混凝土外加剂

1.4.5.1 防冻剂

在一定的负温度条件下，混凝土拌合物中加入的，能显著减低混凝土中液相冰点，使混凝土不发生冻结或部分冻结，并能保持水泥正常水化的外加剂称为防冻剂。

目前，实际生产中使用的防冻剂主要有如下几种。

① 氯盐类　主要成分为氯盐，如 NaCl、$CaCl_2$、或者氯盐与其他外加剂的复合。此类防冻剂的优点是早强效果好，降低冻点能力强，且原材料来源广泛，价格便宜。缺点是易引起钢筋的锈蚀。

② 氯盐阻锈剂类　即氯盐与阻锈剂（亚硝酸钠、重铬酸钾、磷酸盐）复合的防冻剂，或以此为主与减水剂、引气剂、早强剂等复合。一般，氯盐与亚硝酸钠的比例，当氯盐掺量小于 1.5%（占水泥重量）时，其比例不小于 1:1.13；当氯盐含量不超过 3% 时，其比例值不小于 1:1.3，否则阻锈效果不佳。

③ 非氯盐类　主要以亚硝酸盐、硝酸盐、乙酸盐、尿素等作为防冻剂，并与早强剂、减水剂、引气剂等复合。此类外加剂适用于钢筋混凝土，但对于钢筋与锌材、铝材接触的钢筋混凝土，要慎用含硝酸盐、亚硝酸盐、碳酸盐的外加剂，以免引起电化学腐蚀。

我国常用的商品防冻剂牌号有：NO-F 复合防冻剂、MN-F 复合防冻剂、AN 非氯型负温硬化剂、ESJ 早强防冻剂、T-40 低温附加剂等。

（1）防冻剂的作用原理　防冻剂加入混凝土混合料中后，使混凝土的防冻性能大大提高，究其原因，一般认为是由以下几个方面综合作用的结果。

1）降低混凝土中液相的冰点，使水泥在负温下仍能继续水化。纯水的冰点为 0℃，而当水中溶解有各种溶质时，水的蒸气压降低，冰点就要下降，而且水的结冰温度随溶液浓度增大而降低。

采用复合防冻剂时，若它们之间无化学反应，则冰点的降低是这些化合物分别降低冰点效果的叠加。单组分防冻剂，如亚硝酸钠、硝酸钙、碳酸钾、尿素等，当其掺量为水泥质量的 2% 时，则水溶液开始结冰温度 T_1 为 $-2 \sim -3$℃，完全结冰温度 T_2 为 $-8 \sim -10$℃左右。若采用复合防冻剂，如 $NaNO_2 + WF + 尿素 + Na_2SO_4$，此时水溶液的 T_1 为 $-4.5 \sim -5$℃；T_2 则降至 -16℃左右。

此外，掺防冻剂的混凝土中液相的冰点又比同浓度的水溶液冰点低，这可能是由于水泥中的 K^+、Na^+ 离子进入混凝土中液相，增大液相中离子的浓度的原因。

2）降低了水泥浆结冻时的冻胀应力。纯水结冰时会出现冻胀应力，若温度继续下降，冻胀应力也会急剧增加，当温度降至 $-20 \sim -23$℃时，其最大冻胀应力达 208.2MPa。若在水中加入一定量电解质，如 NaCl，则冻胀应力也会降低。而且溶液浓度越大，冻胀应力越小。例如，在温度为 -20℃，NaCl 浓度分别为 4%、9% 和 16.7% 时，其冻胀应力分别降至 138.9MPa、85.75MPa、28.19MPa，分别只占纯水冻胀应力的 66.7%、41.2% 和 13.5%。由此可见，在混凝土中掺入防冻剂，可显著降低液相结冰时对混凝土造成的结冰压力，从而减轻混凝土的冻害。

3）改变了冰的结晶型态。掺入防冻剂的液相在结冰时，其结晶型态与纯水时的结晶型态有很大差异。纯水结晶时，冰体呈板块结构，且质地坚硬。而掺入 NaCl、$NaNO_2$、KCO_3、等的盐溶液后，结冰时析出的冰体结构为针状、片状或呈絮凝状结构，交错重叠、质地松软。因而对混凝土所造成的破坏亦会显著降低。

4）提高混凝土早期强度。大部分防冻剂均具有提高混凝土早期强度的作用，使其较早地获得足够的临界强度，增强了抵抗冻胀应力的能力。

此外，有些防冻剂还具有减水效果，这对于减缓混凝土的受冻破坏是有益的，但若选用减水剂与防冻剂复合时，应注意不应选择缓凝型减水剂，以免因缓凝作用影响负温下水泥石结构的形成。

（2）防冻剂对混凝土性能的影响

1）强度。与标准养护下的空白混凝土相比，大部分防冻剂掺入混凝土后强度均有所提高。但其后期强度则有所下降，一般可达 $10\%\sim20\%$。早期养护对混凝土后期强度的发展影响也较大。在混凝土强度未达到早期允许受冻的临界强度以前，切忌使混凝土处于低于防冻剂的设计温度环境中，以防因早期强度不足而使混凝土受冻害。根据有关资料，混凝土的临界强度约为其设计强度的 25%。

防冻剂对混凝土的其他力学性能无多大影响。

2）抗硫酸盐侵蚀。对处于硫酸盐侵蚀环境中的混凝土，若使用诸如 $CaCl_2$、$Ca(NO_3)_2$ 等的防冻剂时，则有加剧硫酸盐侵蚀的趋势。这是因为这些防冻剂与水泥水化生成的水化氯铝酸钙、硝铝酸钙等，能与硫酸盐反应生成水化硫铝酸钙。如：

$$3CaO \cdot Al_2O_3 \cdot 3CaCl_2 \cdot 32H_2O + 3SO_4^{2-} \longrightarrow 3CaO \cdot Al_2O_3 \cdot 3CaSO_4 \cdot 32H_2O + 6Cl^-$$

该反应生成的硫铝酸钙与硫酸盐侵蚀过程中生成的硫铝酸钙一起对混凝土结构造成破坏，因此，在受硫酸盐侵蚀的环境中，应选用 $NaNO_2$ 和尿素作为混凝土防冻剂，以避免上述反应发生。

3）碱离子的影响。使用含 K^+、Na^+ 的防冻剂时，由于这些离子不能进入水泥的水化生成物中，而是留于混凝土液相中，当水分蒸发后，这些碱离子所形成的盐会析出于混凝土表面，使表面变白，影响美观。同时，由于盐的析晶还可能破坏混凝土表面的结构。

（3）防冻剂的适用范围　各类防冻剂具有不同的特性，因此防冻剂品种选择十分重要。氯盐类防冻剂适用于无筋混凝土。氯盐防锈类防冻剂可用于钢筋混凝土。无氯盐类防冻剂，可用于钢筋混凝土和预应力钢筋混凝土，但硝酸盐、亚硝酸盐、碳酸盐类则不得用于预应力混凝土以及与镀锌钢材或铝铁相接触部位的钢筋混凝土。含有六价铬盐、亚硝酸盐等有毒防冻剂，严禁用于饮水工程及食品接触的部位。

1.4.5.2　防水剂

能减少孔隙和填塞毛细通道，用以减低混凝土在静水压力下的透水性的外加剂，称防水剂。防水剂可按照材料种类分为无机类防水剂和有机类防水剂两种。

（1）无机类防水剂　无机类防水剂包括三氯化铁、硅酸钠（水玻璃）、硅质粉末、锆化合物等。

三氯化铁、硅酸钠与水泥在水化过程中产生的 $Ca(OH)_2$ 化合，分别生成氢氧化铁胶体和不溶性硅酸钙，填充于砂浆和混凝土的空隙和裂缝中，并能与水泥石中的 $Ca(OH)_2$ 反应生成水化硅酸钙，使混凝土密实度增大。硅质粉末类主要有粉煤灰、火山灰、硅粉、石粉等。掺量一般为水泥质量的 15% 左右。这类物质对改善混凝土的透水性较为有效，特别是在后期，能显著提高混凝土的抗渗性能。

（2）有机类防水剂　有机类防水剂有脂肪酸系物质、石蜡乳液、沥青乳液、水溶性树脂等，大部分为憎水性表面活性剂。这些防水剂加入混凝土中后，一方面同水泥中的某些金属离子反应（如脂肪酸盐与 Ca^{2+}）生成不溶性的盐沉淀于毛细管壁上，起到了堵塞毛细管通道的作用。另一方面，由于毛细管表面吸附了这些活性剂而产生憎水作用，也提高了混凝土的抗渗性。

树脂乳液及橡胶乳液防水剂，在混凝土中会形成高分子不透水薄膜，较显著地提高了混凝土的抗渗性。并且，此类防水剂还能提高混凝土的抗冲击、耐化学腐蚀的能力。

通常，掺入防水剂后，砂浆的抗渗等级可达 P10，混凝土的抗渗标号可达 P30，比基准砂浆和混凝土均有明显的提高。混凝土的后期强度也因有防水剂的加入有较大提高，有的可能提高约 30% 左右。

1.4.5.3 膨胀剂

在混凝土的凝结硬化过程中，以化学作用使混凝土膨胀的外加剂称为膨胀剂。掺加膨胀剂使混凝土产生预期的膨胀以补偿收缩，是控制裂缝的产生、防治以及修补的方法之一。

按化学成分的不同可将膨胀剂分为：硫铝酸钙类膨胀剂、石灰类膨胀剂、铁粉类膨胀剂、氧化镁膨胀剂和复合型膨胀剂。

按膨胀率和限制条件可将膨胀剂分为：补偿收缩型膨胀剂和自应力型膨胀剂。

(1) 硫铝酸钙类膨胀剂　其主要矿物组成为蓝方石 $3CaO \cdot 3Al_2O_3 \cdot CaSO_4$ (C_4A_6S)、游离 CaO 和无水石膏，当其与水泥、水混合后反应生成硫铝酸钙体积膨胀促使混凝土膨胀，并在钢筋的约束作用下产生内应力。该类膨胀剂目前所占比例最大，使用广泛。表 1.29 为此类膨胀剂的代号、基本组成及掺量范围。

表 1.29　我国主要硫铝酸钙类膨胀剂

序号	膨胀剂品种	掺量	代号	原料组成	膨胀源
1	硫铝酸钙膨胀剂	8%～10%	CSA	铝土矿、石灰石、石膏	钙矾石
2	U 型膨胀剂	10%～12%	UEA	硫铝酸盐熟料、明矾石、石膏	钙矾石
3	铝酸钙膨胀剂	6%～8%	AEA	铝酸钙熟料、明矾石、石膏	钙矾石
4	复合型膨胀剂	8%～10%	CEA	石灰系熟料、明矾石、石膏	CaO、钙矾石
5	明矾石膨胀剂	8%～10%	EA-L	明矾石、石膏	钙矾石

硫铝酸钙类膨胀剂，不论是哪种类型，其膨胀源都是钙矾石或以钙矾石为主，它是由膨胀剂组分中的硫酸盐离子、铝离子以及钙离子、碱介质等生成的。其中，硫酸盐离子、铝离子可以由膨胀剂中的明矾石提供，钙离子和碱介质由水泥熟料水化提供。当膨胀剂掺入到水泥混凝土中，经化学反应，即形成均匀的钙矾石晶体而产生膨胀作用。因此，钙矾石生成的数量、结晶形态、化学组成以及膨胀特性，都将影响膨胀剂在水泥混凝土中的作用效果。

(2) 石灰类膨胀剂　这类膨胀剂是指与水泥、水拌和后经水化反应生成氢氧化钙的混凝土膨胀剂，其膨胀源是 $Ca(OH)_2$。它是由 80%～90% 石灰制品作为单组分的膨胀剂。氢氧化钙膨胀剂比 CSA 膨胀剂的膨胀速率快，且原料丰富，成本低廉，膨胀稳定时间短，耐热性和对钢筋保护作用好。该类膨胀剂目前在我国应用尚不多。

石灰膨胀剂由普通石灰和硬脂酸按一定比例共同磨细而成。石灰（氧化钙）在磨细过程中加入硬脂酸，一方面起助磨剂作用，另一方面在球磨机球磨过程中石灰表面黏附了硬脂酸而形成一层硬脂酸膜，起到了憎水隔离作用，使 CaO 不能立即与水作用，而是在水化过程中膜逐渐破裂，延缓了 CaO 的水化速度，从而控制了膨胀速率。

石灰类膨胀剂目前主要用于大型设备的基础灌浆和地脚螺栓的灌浆。使混凝土减少收缩，增加体积稳定性和提高强度。石灰类膨胀剂因其膨胀率对温度、湿度等环境影响十分敏感而较难于控制，同时从生产到使用时间不能间隔过长，保质期短。这些原因使其较少用于补偿收缩混凝土中，但在硫铝酸盐复合型膨胀剂（硫铝酸盐-氧化钙类）中也利用一部分 CaO 与硫铝酸盐形成双重膨胀作用。

(3) 铁粉类膨胀剂　这类膨胀剂是利用机械加工产生的废料——铁屑作为主要原料，外加某些氧化剂（重铬酸盐和高锰酸钾等）、氯盐和减水剂混合制成。膨胀源为 $Fe(OH)_3$。这种膨胀剂目前应用很少，仅用于二次灌浆的有约束的工程部位。如设备底座与混凝土基础之间的灌浆，已硬化混凝土的接缝、地脚螺栓的锚固、管子接头等。

（4）复合型膨胀剂　复合型膨胀剂是指膨胀剂与其他外加剂复合具有除膨胀性能外还兼有其他性能的复合外加剂，如兼有减水、早强、防冻、泵送、缓凝、引气等性能。

随着超高层大体积混凝土工程的发展，对混凝土的施工性、使用性、耐久性等方面的要求均不断提高，因此，复合型膨胀剂的应用越来越普遍。尤其近年，膨胀剂已在向着复合化趋势发展。但是，从膨胀剂的组成、作用及掺量上看，它与其他减水剂等外加剂有很大不同，因此，采用复合型膨胀剂时必须根据工程的需要，经试验后使用。

（5）氧化镁膨胀剂　氧化镁膨胀剂是指与水泥、水拌和后经水化反应生成氢氧化镁的混凝土膨胀剂。MgO 与水反应生成 $Mg(OH)_2$ 导致体积膨胀。由于 MgO 的水化反应活性较低，故这种膨胀剂产生的膨胀具有延迟性。可在生产水泥时提高熟料中的 MgO 含量或在制作混凝土时外加，两者的安全掺量不仅应满足水泥标准的限量要求，而且应经压蒸试验确定。外加 MgO 膨胀剂时，应充分搅拌均匀，否则，有可能使混凝土中 MgO 的分布不均匀而导致安定性不良。这种膨胀剂尤其适用于大坝等大体积混凝土温降收缩的补偿。

（6）膨胀剂使用注意事项

① 水泥用量。膨胀混凝土（砂浆）的配合比设计与普通混凝土（砂浆）相同。每 $1m^3$ 所用膨胀剂的质量与每 $1m^3$ 实际水泥质量之和作为每 $1m^3$ 混凝土（砂浆）水泥用量。铁屑膨胀剂的质量不计入水泥用量内。膨胀混凝土（砂浆）的水泥用量见表 1.30。

表 1.30　膨胀混凝土（砂浆）的水泥用量限值

膨胀混凝土(砂浆)种类	最小水泥用量/(kg/m³)	最大水泥用量/(kg/m³)
补偿收缩混凝土	300	—
补偿收缩砂浆		900
填充用膨胀混凝土	300	700
填充用膨胀砂浆		900
自应力混凝土	500	900
自应力砂浆		900

② 膨胀剂的常用掺量。见表 1.31。

表 1.31　膨胀剂的常用掺量

膨胀混凝土(砂浆)种类	膨胀剂名称	掺量/%
补偿收缩混凝土(砂浆)	明矾石膨胀剂	13～17
	硫铝酸钙膨胀剂	8～10
	氧化钙膨胀剂	3～5
	氧化钙—硫铝酸钙复合膨胀剂	8～12
填充用膨胀混凝土(砂浆)	明矾石膨胀剂	10～13
	硫铝酸钙膨胀剂	8～10
	氧化钙膨胀剂	3～5
	氧化钙—硫铝酸钙复合膨胀剂	8～10
	铁屑膨胀剂	30～35
自应力砂浆(砂浆)	硫铝酸钙膨胀剂	15～25
	氧化钙—硫铝酸钙复合膨胀剂	15～25

③ 膨胀混凝土（砂浆）宜采用机器搅拌，必须搅拌均匀，一般比普通混凝土（砂浆）的搅拌时间延长 30s 以上。

④ 补偿收缩混凝土（砂浆）宜采用机器振捣，必须振捣密实；坍落度在 15cm 以上的填

充用膨胀混凝土或跳桌流动度在 250mm 的填充用膨胀砂浆，不得使用机器振捣，可用竹条等反复拉动插捣排除空气；每个浇筑部位必须从一个方向浇注。

⑤ 膨胀混凝土（砂浆）必须在潮湿状态下养护 14 天以上，或用喷涂养护剂养护。在日最低气温低于 5℃时，可采用 40℃热水搅拌并采用保温措施；膨胀混凝土（砂浆）可采用蒸汽养护，养护制度应根据膨胀剂或膨胀水泥品种通过试验确定。

1.4.5.4 泵送剂

能改善混凝土拌合物泵送性能的外加剂称为泵送剂。所谓泵送性能，是指混凝土拌合物具有能顺利通过输送管道、不阻塞、不离析、塑性良好的性能。泵送剂是流化剂中的一种，它除了能大大提高拌合物流动性以外，还能使混凝土在 60～180min 内保持其流动性，剩余坍落度应不小于原始的 55％。此外，它不是缓凝剂，缓凝时间不宜超过 120min（特殊情况除外）。

混凝土的质量控制目前已达到相当高的水平，这有助于成功地采用混凝土泵送工艺。现在用泵送浇筑的混凝土数量已日益增多。日本每年浇筑的混凝土约 60％是用泵送的，泵送是一种有效的混凝土运输手段，可以改善工作条件，节省劳动力，提高施工效率。泵送混凝土要求有良好的流动性及在压力条件下较好的稳定性，即混凝土的坍落度大、泌水性小、黏聚性好。

（1）泵送剂的作用

① 泵送剂能在不增大或略降低水灰比的条件下，增大混凝土的流动性，即基准混凝土的坍落度为 6～8cm，而加泵送剂后增大到 12～22cm，并且在不增大水泥用量的情况下，28天抗压强度不低于基准混凝土。

② 能在混凝土中引入大量的微小气泡，提高混凝土的流动性和保水性，减小坍落度损失，提高混凝土的抗渗性及耐久性。

③ 减小运输及泵送过程中的坍落度损失，降低大体积混凝土的初期水化热。

（2）泵送剂的种类　泵送剂按其在混凝土中的作用可分为以下几类。

① 天然和合成的水溶性有机聚合物。这类泵送剂可以提高拌合物的黏度。该类物质有纤维树脂、环氧乙烷、藻酸盐、角叉胶、聚丙烯酸胺、羟乙基聚合物和聚乙烯醇等。掺量为水泥质量的 0.2％～0.5％。

② 吸附在水泥颗粒表面的水溶性有机絮凝剂，由于促进粒子间的相互吸附而提高黏度。该类物质包括带羧基的苯乙烯共聚物、合成的多元电解质和天然水溶胶。该类物质掺量为水泥质量的 0.01％～1.0％。

③ 能提高粒子间相互吸附力的各种有机物质。该类材料包括石蜡乳液、聚丙烯乳液以及其他聚合物，其掺量为水泥质量的 0.10％～1.5％。

④ 比表面积大的无机材料，这类材料能提高混凝土拌合物的保水能力。该类物质包括细硅藻土、硅灰、石棉粉和其他纤维材料，掺量为水泥质量的 1％～25％。

⑤ 无机材料。这类材料对砂浆体提供了补充的细颗粒，该类物质包括粉煤灰、氢氧化钙、高岭土、硅藻土、未处理或烤烧的火山灰材料及各种石粉等。掺量为水泥质量的 1％～25％。只有本身有火山灰活性或水硬活性材料的掺量才可超过 2％。这种外掺料一般作为减少水泥的替代物。

⑥ 复合泵送剂。除了上述五类泵送剂外，目前还有根据不同泵送目的配制的各种复合泵送剂。配制复合泵送剂的其他外加剂有引气剂、减水剂、缓凝剂等。混凝土拌合物的泵送

性能与多种因素有关，其中最重要的是水泥浆体的数量与水泥浆体的黏度。应根据需要选择最合适的泵送剂。

1.4.5.5 阻锈剂

阻锈剂是指能抑制或减轻混凝土中钢筋或其他预埋金属锈蚀的外加剂。钢筋或金属预埋件的锈蚀与其表面保护膜的情况有关。混凝土碱性高，埋入的金属表面形成钝化膜，有效地抑制钢筋锈蚀。若混凝土中存在氯化物，会破坏钝化膜，加速钢筋锈蚀。加入适宜的阻锈剂可以有效地防止锈蚀的发生或减缓锈蚀的速度。

（1）阻锈剂的分类

① 阳离子型阻锈剂。以亚硝酸盐、络酸盐、苯甲酸盐为主要成分。其特点是具有接受电子的能力，能抑制阳极反应。

② 阴离子型阻锈剂。以碳酸钠和氢氧化钠等碱性物质为主要成分。其特点是阴离子作为强的质子受体，它们通过提高溶液 pH 值，降低 Fe 离子的溶解度而减缓阳极反应或在阴极区形成难溶性被覆膜而抑制反应。

③ 复合型阻锈剂。如硫代羟基苯胺。其特点是分子结构中具有两个或更多的定位基团，即可作为电子受体，兼具以上两种阻锈剂的性质，能够同时影响阴阳极反应。因此，它不仅能抑制氯化物侵蚀，而且能抑制金属表面上微电池反应引起的锈蚀。

阻锈剂广泛应用于氯盐为主的腐蚀区，如海洋环境、海水侵蚀区；使用海砂地区；以含盐水施工的混凝土；内陆盐碱地区、盐湖地区；受冰盐侵害的路、桥工程；在氯盐腐蚀性气体环境下的钢筋混凝土建筑物；已被腐蚀的建筑物的修复工程。

（2）影响阻锈效果的因素

① 溶解度。阻锈剂在混凝土中必须达到一定的浓度，特别是锈蚀的表面上，如果从混凝土中溶析太快，就不能保持长久的阻锈作用。亚硝酸钠溶解度大，一般在两年内就溶出，而亚硝酸钙是不可溶的，阻锈更为有效。

② 沉淀作用。许多阻锈剂的主要成分在水泥溶液中沉淀，影响了阻锈效果。

③ 分散性。由于阻锈剂用量较小，阻锈剂应能有效地分散到整体中，而不是仅在混凝土与钢筋表面上。阴极阻锈剂数量不足会加速锈蚀。

④ 氯化物和阻锈剂的比例。阳极阻锈剂的效果与混凝土中氯离子含量有直接的关系。氯离子含量高可急剧降低阻锈剂的使用效果。因此需要大量的阻锈剂才能防止氯离子的锈蚀。每种阻锈剂都有一个临界的氯离子浓度，在临界浓度下氯离子不会产生腐蚀。

⑤ 水泥的化学组成。C_3A 含量高的水泥，能提供较好的耐腐性，硅酸盐水泥的耐腐性能优于矿渣水泥，这种性能的差别原因是 C_3A 具有消耗氯化物形成氯酸盐的能力，但矿渣中的硫酸盐能促进腐蚀。

⑥ 养护条件。提高养护温度，或在干湿交变的条件下，能加速腐蚀，阻锈剂的阻锈能力会下降。

⑦ 水泥浆体溶液中的 pH 值。pH 值影响钝化氧化膜破坏的氯离子极限值，阻锈剂的效果将随液相中 pH 值的增大而提高。

⑧ 温度。系统中的温度上升降低了阻锈剂的阻锈效果，这是由于在加速腐蚀下，减少了阻锈剂的有效作用距离。

⑨ 分子结构。有机阴极阻锈剂的效果常与其分子结构有关，这包括分子大小、结合链的类型、碳链的长短、侧链的数目、立体位阻效应和配位能力。

1.4.5.6 外加剂的选择与使用

外加剂的品种很多，若选择使用不当，将会造成质量问题。

（1）外加剂的选择 应注意以下几点。

① 外加剂的品种应根据工程设计和施工要求，如改善混凝土性能、节约水泥、提高耐久性、调节凝结时间等进行选择，并通过试验及技术经济比较确定。

② 严禁使用对人体产生危害、对环境产生污染的外加剂。外加剂掺量组成中有的是工业副产品、废料，有的可能是有毒的，有的会污染环境。如有些早强剂、防冻剂中含有有毒的重铬酸盐、亚硝酸盐；而用尿素作为主要成分的防冻剂，在建筑物使用过程中会逸出氨气，污染环境、危害人体健康。

③ 在选择外加剂时，应注意其与水泥的适应性。在原材料中，水泥对外加剂的影响最大，水泥品种不同，对减水剂的减水、增强效果也不同，其中对减水效果影响更明显。高效减水剂对水泥更有选择性，不同水泥其减水率的相差较大，水泥矿物组成、掺和料、调凝剂、碱含量、细度等都将影响减水剂的使用效果，为此，当水泥可供选择时，应选用对减水剂较为适应的水泥，提高减水剂的使用效果。当减水剂可供选择时，应选择与水泥较为适用的减水剂，为使减水剂发挥更好效果，在使用前，应结合工程进行水泥选择试验。

水泥矿物组成中的 C_3S 和 C_3A 对水泥水化速度和强度的发展起决定作用。减水剂加入到水泥-水系统后，首先被 C_3A 吸附。在减水剂掺量不变的条件下，C_3A 含量高的水泥，由于减水剂被 C_3A 吸附的量大，必然使得用于分散 C_3S 和 C_2S 等其他组分的量减少，因此，C_3A 含量高的水泥减水效果差。

掺入矿渣混合材料的水泥加入减水剂后，可提高减水剂的早强效果。

用硬石膏或工业副产石膏作调凝剂的水泥，对不同种类的减水剂使用效果不同，如掺入木钙、糖蜜缓凝剂时水泥会出现速凝、不减水等现象。

对于掺早强剂、防冻剂的混凝土，应优先采用早期强度发展快的水泥，以提早达到所要求的强度。对于掺膨胀剂的混凝土，同一掺量、同一种膨胀剂，膨胀率随水泥中铝酸盐矿物、三氧化硫含量的提高而增大。

④ 不同品种外加剂复合使用时，应注意其相容性及对混凝土性能的影响，使用前应进行试验，满足要求时方可使用。

（2）外加剂的掺量

① 每种外加剂都有适宜的掺量，即使同一种外加剂，不同的用途有不同的适宜的掺量。掺量过大，不仅在经济上不合理，而且可能造成质量事故。如对有引气、缓凝作用的减水剂，尤其要注意不能超掺量。如木钙掺量大于水泥重量的 0.5%，会引入过量空气而使初凝缓慢，降低混凝土强度。高效减水剂掺量过小，失去高效能作用，而掺量过大（>1.5%），则会由于泌水而影响质量。因此，外加剂的掺量应按供货单位推荐掺量，根据使用要求、施工条件、混凝土原材料等因素，通过试验确定。

② 对含有氯离子、硫酸根等离子的外加剂应符合《混凝土外加剂应用技术规范》及有关标准的规定。尤其是氯离子，过量会引起钢筋锈蚀。

③ 处于与水接触或潮湿环境中的混凝土，当使用碱活性骨料时，混凝土含碱量越大，碱-骨料反应产生的危害也越大。因此，在许多国家的标准中规定了混凝土中的总含碱量，一般应小于 $3kg/m^3$，重要工程应小于 $2.5kg/m^3$。由外加剂带入的碱含量（以当量氧化钠计）不宜超过 $1kg/m^3$。

（3）外加剂的掺加方法　外加剂的掺加方法有先掺法、同掺法、滞水法、后掺法四种。其对混凝土的使用效果也有所不同，可根据不同情况采用不同方法。

① 先掺法。先掺法即外加剂干粉与水泥混合，然后再与砂、石、水一起搅拌。先掺法的优点是省去了减水剂的溶解、贮存、冬季施工时的防冻等工序及设施。缺点是，高效减水剂在某些水泥中采用先掺法时塑化效果较差；当减水剂中有粗颗粒时，在拌合物中不易分散，影响混凝土的质量。

木质素磺酸盐减水剂采用先掺法的塑化效果与同掺法、滞水法基本一致；萘系高效减水剂用先掺法的塑化效果比滞水法差。

② 同掺法。同掺法即在搅拌混凝土时将外加剂溶液（粉剂应预先溶解）与水一起掺入到混凝土中，是最为常见的一种掺加方法。其优点是与滞水法相比，搅拌时间短，搅拌机生产效率高。与先掺法相比，容易搅拌均匀。计量和控制也比较方便。缺点是增加了减水剂溶解、贮存等环节。减水剂中的不溶物及溶解度较小的物质在存放过程中易发生沉淀，造成掺量不准。对某些水泥，用此方法掺高效减水剂的混凝土塑化效果较差。

③ 滞水法。搅拌过程中外加剂滞后于水 1～3min 加入。以溶液加入时称溶液滞水法；以干粉掺入时称为干粉滞水法。其优点是能提高高效外加剂在某些水泥中的使用效果，减少外加剂的掺量，提高外加剂对水泥的适应性等。缺点是搅拌时间较长，搅拌机生产效率低。

采用此法时要严格控制外加剂的掺量，切忌过量，否则将加剧拌合物的泌水和缓凝现象。

④ 后掺法。后掺法即在混凝土搅拌好后再将外加剂一次或分数次加入到混凝土中（须经两次或多次搅拌）。后掺法的优点是能克服混凝土在运输过程中的分层离析和坍落度损失，提高减水剂的使用效果。并能起到降低减水剂掺量，提高减水剂对混凝土的适应性等。适宜于运输距离远、运输时间长、坍落度大，以搅拌运输车运输的混凝土。

采用后掺法时，第一次搅拌至加减水剂后进行二次搅拌的时间间隔不能超过 45min，气温高时间隔时间应更短些。加减水剂后二次搅拌的时间要充分，以确保拌和均匀。

➡ **1.5 实践操作** 原材料性能检测

1.5.1 骨料取样方法与试样处理

砂石取样应按批进行。以大型工具（火车、货船、汽车等）运输的以 400m³ 或 600t 为一验收批，用小型工具（手推车、翻斗车等）运输的，以 200m³ 或 300t 为一验收批，不足上述数量的以一批计。

每验收批至少进行颗粒分析，含泥量、泥块含量及针片状颗粒含量检验。重要工程、特殊工程及某指标有异议等，应根据需要增加检测项目。

1.5.1.1 砂

（1）取样方法

① 在料堆上取样时，取样部位应均匀分布。取样前先将取样部位表层铲除，然后从不同部位抽取大致相等的 8 份砂样，组成一组样品。

② 从汽车、火车、货船上取样时，先从每验收批中抽取有代表性的若干单元（汽车为

4～8辆、火车为3节车皮、货船为2艘），再从若干单元的不同部位和深度抽取大致相等的8份砂样，组成一组样品。

③ 从皮带运输机上取样时，应在皮带运输机机尾的出料处用接料器定时抽取4份砂样，组成一组样品。

（2）单项试验的取样数量　对每一单项试验，应不小于表1.32所规定的最少取样数量。做几项试验时，如确能保证样品经一项试验后不致影响另一项试验的结果，可用同组样品进行几项不同的试验。

表 1.32　每一试验项目所需砂的最少取样数量

试验项目	最少取样量/kg	试验项目		最少取样量/kg
颗粒级配	4.4	贝壳含量		9.6
含泥量	4.4	坚固性	天然砂	8.0
石粉含量	6.0		人工砂	20.0
云母含量	0.6	表观密度		2.6
轻物质含量	3.2	堆积密度与空隙率		5.0
有机物含量	2.0	碱集料反应		20.0
硫化物与硫酸盐含量	0.6	放射性		6.0
氯化物含量	4.4	饱和面干吸水率		4.4

每组样品应妥善包装，避免细骨料散失及防止污染。并附样品卡片，标明样品的编号、取样时间、代表数量、产地、样品量、要求检验项目及取样方式等。

（3）试样处理　除堆积密度、人工砂坚固性检验所用样品不经缩分，在拌匀后直接进行试验外，其他试验用样品须经处理，方法如下。

① 分料器法。将样品在潮湿状态下拌和均匀，然后通过分料器，取接料斗的其中一份再次通过分料器，重复上述过程，直至把样品缩分到试验所需量为止。

② 人工四分法。将所取样品置于平板上，在潮湿状态下拌和均匀，并堆成厚度约为20mm 的"圆饼"，然后沿互相垂直的两条直径把"圆饼"分成大致相等的四份，取其对角的两份重新拌匀，再堆成"圆饼"。重复上述过程，直至缩分后的材料量略多于试验所需的量为止。

1.5.1.2　石子

（1）取样方法

① 在料堆上取样时，取样部位应均匀分布。取样前先将取样部位表层铲除，然后从不同部位抽取大致相等的15份石样，组成一组样品。

② 从汽车、火车、货船上取样时，先从每验收批中抽取有代表性的若干单元（汽车为4～8辆、火车为3节车皮、货船为2艘），再从若干单元的不同部位和深度抽取大致相等的16份石样，组成一组样品。

③ 从皮带运输机上取样时，应在皮带运输机机尾的出料处用接料器定时抽取8份石样，组成一组样品。

（2）单项试验的取样数量　对每一单项试验，应不小于表1.33所规定的最少取样数量。做几项试验时，如确能保证样品经一项试验后不致影响另一项试验的结果，可用同组样品进行几项不同的试验。

表 1.33 每一试验项目所需石子的最少取样数量 单位：kg

试验项目 \ 最大粒度/mm	9.5	16.0	19.0	26.5	31.5	37.5	63.0	75.0
颗粒级配	9.5	16.0	19.0	25.0	31.5	37.5	63.0	80.0
含泥量	8.0	8.0	24.0	24.0	40.0	40.0	80.0	80.0
泥块含量	8.0	8.0	24.0	24.0	40.0	40.0	80.0	80.0
针、片状颗粒含量	1.2	4.0	8.0	12.0	20.0	40.0	40.0	40.0
表观密度	8.0	8.0	8.0	8.0	12.0	16.0	24.0	24.0
堆积密度与空隙率	40.0	40.0	40.0	40.0	80.0	80.0	120.0	120.0
吸水率	2.0	4.0	8.0	12.0	20.0	40.0	40.0	40.0
碱集料反应	20.0	20.0	20.0	20.0	20.0	20.0	20.0	20.0
有机物含量								
硫酸盐和硫化物含量								
坚固性			按试验要求的粒级和质量取样					
压碎指标值								
含水率								
放射性				6.0				
岩石抗压强度			随机选取完整石块锯切或钻取成试验用样品					

（3）试样处理 将所取样品置于平板上，自然状态下拌和均匀，并堆成堆体，然后沿互相垂直的两条直径把堆体分成大致相等的四份，取其中对角的两份重新拌匀，再堆成堆体。重复上述过程，直至把样品缩分到试验所需量为止。堆积密度检验所用试样可不经缩分，拌匀后直接进行试验。

1.5.2 砂的试验

1.5.2.1 砂的筛分析试验

（1）试验目的及标准 通过筛分析试验测定不同粒径砂的含量比例（参照 GB/T 14684—2011），评定砂的颗粒级配状况及粗细程度，为合理选择砂提供技术依据。

《建设用砂》（GB/T 14684—2011）：砂的级配应符合 3 个级配区的要求，并据细度模数规定了三种规格砂的范围，粗砂：3.7～3.1；中砂：3.0～2.3；细砂：2.2～1.6。

（2）主要仪器设备

① 试验筛：方孔筛，孔径为 $150\mu m$、$300\mu m$、$600\mu m$、1.18mm、2.36mm、4.75mm 及 9.50mm 的筛各一只，并附有筛底和筛盖，其产品质量要求应符合现行国家标准《试验筛技术要求和检验》（GB/T 6003—2012）的规定。

② 烘箱：能使温度控制在（105±5）℃。

③ 天平：称量 1000g，感量 1g。

④ 摇筛机。

⑤ 浅盘和硬、软毛刷等。

（3）试样制备 按规定方法取样约 1100g，在（105±5）℃的温度下烘干到恒重，冷却至室温后，筛除大于 9.50mm 的颗粒，记录筛余百分数；将过筛的砂分成两份备用。

（4）试验步骤

1）称取试样 500g，精确至 1g。将试样倒入按孔径从大到小顺序排列、有筛底的套筛上。

2）将套筛置于摇筛机上，筛分 10min；取下套筛，按孔径大小顺序在清洁的浅盘上逐个手筛，筛至每分钟通过量小于试验总量的 0.1% 为止。通过的颗粒并入下一个筛中，并和下一个筛中试样一起筛分；按此顺序进行，直至每个筛全部筛完为止。

3）称出各号筛的筛余量，精确至1g。试样在各号筛上的筛余量不得超过按下式计算出的质量。

$$G=\frac{A\sqrt{d}}{200}\qquad(1.5)$$

式中 G——在一个筛上的筛余量，g；

 A——筛的面积，mm²；

 d——筛孔尺寸，mm。

筛余量若超过计算值应按下列方法之一处理。

① 将该粒级试样分成少于按上式计算出的量，分别筛分，并以筛余量之和作为该号筛的筛余量。

② 将该粒级及以下各粒级的筛余混合均匀，称同其质量，精确至1g；再用四分法缩分为大致相等的两份，取其中一份，称出其质量，精确至1g，继续筛分。计算该粒级及以下各粒级的分计筛余量时，应根据缩分比例进行修正。

③ 称取各筛筛余试样的重量，和底盘中剩余量的总和与筛分前的试样总量相比，相差不得超过1%。

(5) 结果评定

1）计算分计筛余百分率：以各号筛的筛余量占试样总质量的百分率表示，精确至0.1%。

2）计算累计筛余百分率：该号筛的分计筛余百分率与大于该号筛的分计筛余百分率之和，精确至0.1%。

3）按下式计算砂的细度模数（精确至0.01）。

$$M_K=\frac{(A_2+A_3+A_4+A_5+A_6)-5A_1}{100-A_1}$$

4）测定值评定：累计筛余百分率取两次试验结果的算术平均值，精确至0.1%。细度模数取两次试验结果的算术平均值，精确至0.1；如两次试验的细度模数之差超过0.20时须重做试验。

注意事项如下。

① 试样必须烘干至恒量，恒量是指在相隔1~3h情况下，前后两次烘干重量之差小于该试验所要求的称量精度。

② 试验前应检查筛孔是否畅通，若阻塞应清除。

③ 试验过程中防止颗粒遗漏。

1.5.2.2 砂的含泥量试验

(1) 试验目的 通过试验测定砂中的含泥量，评定砂是否达到技术要求，能否用于指定工程中。

(2) 主要仪器设备

① 烘箱：能使温度控制在 (105±5)℃。

② 天平：称量1000g，感量0.1g。

③ 筛：孔径为0.075mm及1.18mm各一个。

④ 容器：要求淘洗试样时，试样不溅出（深度大于250mm）。

⑤ 搪瓷盘、毛刷等。

（3）试样制备　将样品在潮湿状态下用四分法缩分至约 1100g，置于温度为（105±5）℃的烘箱中烘干至恒量，冷却至室温后，立即称取为 $m_0=500g$ 的试样两份备用，精确至 0.1%。

（4）试验步骤

① 取烘干的试样一份置于容器中，并注入清水，使水面高出砂面约 150mm，充分搅拌均匀后浸泡 2h。然后用手在水中淘洗试样，使尘屑、淤泥和黏土与砂粒分离，并使之悬浮或溶于水中。缓缓地将浑浊液倒入 1.18mm 及 0.075mm 的套筛上（1.18mm 筛放置在上面），滤去小于 0.075mm 的颗粒。试验前筛子的两面应先用水润湿，在整个试验过程中应注意避免砂粒丢失。

② 再向容器中注入清水，重复上述过程，直到容器内的水清澈为止。

③ 用水冲洗剩余在筛上的细粒。并将 0.075mm 筛放在水中（使水面略高出砂粒的上表面）来回摇动，以充分洗掉小于 0.075mm 的颗粒。然后将两只筛的筛余颗粒和清洗容器中已经洗净的试样一并倒入搪瓷盘中，放在烘箱中于（105±5）℃下烘干至恒量，取出冷却至室温后，称试样的质量 m_1，精确至 0.1g。

（5）结果评定

① 砂的含泥量 Q_a 按下式计算（精确至 0.1%）。

$$Q_a = \frac{m_0 - m_1}{m_0} \times 100\% \tag{1.6}$$

式中　m_0——试样试验前的烘干质量，g；

　　　m_1——试样试验后的烘干质量，g。

② 以两个试样试验结果的算术平均值作为测定值。两个结果的差值超过 0.5% 时，应重新取样进行试验。

1.5.2.3　砂的泥块含量试验

（1）试验目的　通过试验测定砂中泥块含量，以评定砂是否达到技术要求，能否用于指定工程中。

（2）主要仪器设备

① 天平：称量 2000g，感量 2g。

② 烘箱：温度控制在（105±5）℃。

③ 试验筛：孔径为 0.60mm 及 1.18mm 各一只。

④ 洗砂用的容器及烘干用的浅盘等。

（3）试样制备　将样品在潮湿状态下用四分法缩分至约 5000g，放在烘箱中于（105±5）℃下烘干至恒量，冷却至室温后，筛除小于 1.18mm 的颗粒，分成大致相等的两份备用。

（4）试验步骤

① 称取试样 200g（m_1）置于容器中，并注入清水，使水面高出砂面约 150mm。充分拌混均匀后，浸泡 24h，然后用手在水中碾碎泥块，再把试样放在 0.60mm 的筛上，用水淘洗，直至水清澈为止。

② 保留下来的试样应小心地从筛里取出，装入浅盘后，置于温度为（105±5）℃的烘箱中烘干至恒量，冷却后称量（m_2）。

（5）结果评定　砂中泥块含量 Q_b 应按下式计算（精确至 0.1%）。

$$Q_b = \frac{m_1 - m_2}{m_1} \times 100\%$$ (1.7)

式中　m_1——试样试验前的烘干质量，g；

　　　m_2——试样试验后的烘干质量，g。

取两个试样试验结果的算术平均值作为测定值。两个结果的差值超过 0.4% 时，应重新取样进行试验。

1.5.2.4　砂的含水率试验

(1) 试验目的　通过试验测定砂的含水率，计算混凝土的施工配合比，确保混凝土配合比的准确。

(2) 主要仪器设备

① 烘箱：能使温度控制在（105±5）℃。

② 天平：称量 2000g，感量 2g。

③ 容器：浅盘等。

④ 电炉、炒盘、油灰铲、毛刷等。

(3) 试验步骤

① 标准方法。由样品中质量各为 500g 的试样两份，分别放入已知质量为 m_1 的干燥容器中，称取每盘试样与容器的总质量 m_2。将容器连同试样一起放入温度为（105±5）℃的烘箱中烘干至恒量，称量烘干后的试样与容器的总质量 m_3。

② 快速方法。向干净的、质量为 m_1 的炒盘中加入约 500g 试样，称取试样与炒盘的总质量 m_2；置炒盘于电炉上，用小铲不断地翻拌试样，至试样表面全部干燥后，切断电源（或移出火外），再继续翻拌 1min，稍冷却后，称取干燥试样与炒盘的总质量 m_3。

注：快速方法不适合含泥量过大及有机杂质含量较多的砂含水率的测定。

(4) 结果评定　砂的含水率按下式计算（精确至 0.1%）。

$$W_s = \frac{m_2 - m_3}{m_3 - m_1} \times 100\%$$ (1.8)

式中　m_1——容器或炒盘的质量，g；

　　　m_2——未烘干的试样与容器的总质量，g；

　　　m_3——烘干后的试样与容器的总质量，g。

以两次试验结果的算术平均值作为测定值，两次试验结果之差大于 0.2% 时，应重新试验。各次试验前试样应予密封，以防水分散失。

1.5.2.5　砂的表观密度试验

(1) 试验目的　通过密度的测定，判断是否符合标准要求，并为计算砂的空隙率和混凝土配合比设计提供依据。

(2) 主要仪器设备

① 天平：称量 1000g，感量 1g。

② 烘箱：能使温度控制在（105±5）℃。

③ 容量瓶：500mL。

④ 烧杯：500mL。

⑤ 干燥器、浅盘、料勺、温度计等。

(3) 试样制备　将缩分至 650g 左右的试样在温度为（105±5）℃的烘箱中烘干至恒重，

并在干燥器内冷却至室温备用。

（4）试验步骤

① 称取烘干的试样 300g 装入容量瓶，注入冷开水至接近 500mL 的刻度处，充分摇动，排除气泡，塞紧瓶塞，静置 24h，然后用滴管小心加水至容量瓶 500mL 刻度处，塞紧瓶塞，擦干瓶外水分，称其质量 m_1。

② 倒出瓶中水和试样，洗净容量瓶，再向瓶内注水至 500mL 刻度处，塞紧瓶塞，擦干瓶外水分，称其质量 m_2。

此试验的各项称量可以在 15～25℃的温度范围内进行，从试样加水静置的最后 2h 起直至试验结束，其温度相差不应超过 2℃。

（5）结果评定　表观密度应按下式计算（精确至 10kg/m³）。

$$\rho_0 = \left(\frac{m_0}{m_0 + m_2 - m_1} - \alpha_t\right) \times \rho_{水} \tag{1.9}$$

式中　ρ_0——表观密度，kg/m³；

$\rho_{水}$——水的密度，kg/m³；

m_0——试样的烘干质量，g；

m_1——试样、水及容量瓶总质量，g；

m_2——水及容量瓶总质量，g；

α_t——水温对砂表观密度影响的修正系数（见表 1.34）。

表 1.34　不同水温对砂表观密度影响的修正系数

水温/℃	15	16	17	18	19	20	21	22	23	24	25
α_t	0.002	0.003	0.003	0.004	0.004	0.005	0.005	0.006	0.006	0.007	0.008

以两次试验结果的算术平均值作为测定值，如两次结果之差大于 20kg/m³ 时，应重新取样进行试验。

1.5.2.6　砂的堆积密度试验

（1）试验目的　通过测定砂的堆积密度，判断砂是否符合标准要求，并为计算空隙率及混凝土配合比设计提供依据。

（2）主要仪器设备

① 烘箱：能使温度控制在（105±5）℃。

② 容量筒：容积为 1L。

③ 方孔筛：孔径为 4.75mm 的筛子一只。

（3）试样制备　按规定取样缩分后，称取试样 3L，放在烘箱中烘干至恒量，待冷却至室温后筛除大于 4.75mm 的颗粒，分成大致相等的两份备用。

（4）试验步骤

① 称量容量筒的质量 m_1。

② 称取试样一份，用料斗将试样从容量筒中心上方 50mm 处，以自由落体落下徐徐倒入容量筒中并呈堆积，容量筒四周溢满时停止加料，然后用直尺沿筒口中心向两边刮平，称出试样和容量筒的总质量 m_2。

（5）结果评定　堆积密度按下式计算（精确至 10kg/m³）。取两次试验的算术平均值。

$$\rho'_0 = \frac{m_2 - m_1}{V'_0} \tag{1.10}$$

式中　ρ'_0——砂的堆积密度，kg/m³；

　　　m_1——容量筒质量，g；

　　　m_2——容量筒和试样总质量，g；

　　　V'_0——容量筒体积，L。

砂的空隙率按下式计算：

$$P=\left(1-\frac{\rho'_0}{\rho_0}\right)\times100 \tag{1.11}$$

式中　P——空隙率，%；

　　　ρ'_0——砂的堆积密度，kg/m³；

　　　ρ_0——表观密度，kg/m³。

砂的空隙率取两次试验结果的算术平均值（精确至1%）。

当砂的堆积密度≤1350kg/m³，空隙率≥47%时，应重新选砂。

1.5.3　石子的试验

1.5.3.1　石子筛分析试验（GB/T 14685—2011）

（1）试验目的　通过试验测定不同粒径石子的含量比例，评定石子的颗粒级配状况，是否符合标准要求，为合理选择和使用粗骨料提供技术依据。

（2）主要仪器设备

① 方孔筛：孔径为 2.36mm、4.75mm、9.50mm、16.0mm、19.0mm、26.5mm、31.5mm、37.5mm、53.0mm、63.0mm、75.0mm 及 90mm 筛各一只，并附有筛底和筛盖（筛框内径为 300mm）。

② 烘箱：能使温度控制在（105±5）℃。

③ 台秤：称量 10kg，感量 1g。

④ 摇筛机、搪瓷盘、毛刷等。

（3）试样制备　试验前，用四分法将样品缩分至略重于表 1.35 所规定的试样所需质量，烘干或风干后备用。

表 1.35　颗粒级配所需试样质量

最大粒径/mm	9.5	16.0	19.0	26.5	31.5	37.5	63.0	75.0
最少试样质量/kg	1.9	3.2	3.8	5.0	6.3	7.5	12.6	16.0

（4）试验步骤

① 按表 1.35 规定称取试样一份，精确至 1g，将试样倒入按孔径大小从上到下组合、附底筛的套筛上。

② 将套筛置于摇筛机上，筛分 10min；取下套筛，按筛孔尺寸大小顺序逐个手筛，筛至每分钟通过量小于试样总质量的 0.1% 为止；通过的颗粒并入下一号筛中，并和下一号筛中的试样一起过筛，按此顺序进行，直至各号筛全部筛完为止。

（注：当筛余颗粒的粒径大于 19.00mm 时，在筛分过程中，允许用手指拨动颗粒。）

③ 称出各号筛的筛余量，精确至 1g。

（5）结果评定

① 计算分计筛余百分率：以各号筛的筛余量占试样总质量的百分率表示，计算精确至 0.1%。

② 计算累计筛余百分率：该号筛的分计筛余百分率加上该号筛以上各分计筛余百分率之和，精确至1%。筛分后，如每号筛的筛余量与筛底的筛余量之和，与原试样质量之差超过1%时，需重新试验。

③ 测定值评定：根据各号筛的累计筛余百分率，评定该试样的颗粒级配。

1.5.3.2 石子含泥量试验

（1）试验目的 通过试验测定石子中含泥量，评定石子是否达到技术要求，能否用于指定工程中。

（2）主要仪器设备

① 烘箱：能使温度控制在（105±5）℃。

② 天平：称量10kg，感量1g。

③ 方孔筛：孔径为1.18mm及75μm筛各一只。

④ 容器：容积约10L的瓷盘或金属盒。

⑤ 搪瓷盘、毛刷等。

（3）试样制备 试验前，将试样用四分法缩分至表1.36规定的质量（注意防止细粉丢失）。放在烘箱中于（105±5）℃下烘干至恒量，待冷却至室温后，分成大致相等的两份备用。

表1.36 含泥量试验所需试样质量

最大粒径/mm	9.5	16.0	19.0	26.5	31.5	37.5	63.0	75.0
最少试样质量/kg	2.0	2.0	6.0	6.0	10.0	10.0	20.0	20.0

（4）试验步骤

① 按表1.36规定质量 m_0 称取试样一份，精确至1g。将试样放入淘洗容器中，注入清水，使水面高出石子表面150mm，充分搅拌均匀后浸泡2h，然后用手在水中淘洗试样，使尘屑、淤泥和黏土与石子颗粒分离，把浑水缓缓倒入1.18mm及75μm的套筛上（1.18mm筛放置在上面），滤去小于75μm的颗粒。试验前筛子的两面应先用水润湿。在整个试验过程中应小心防止大于75μm的颗粒流失。

② 再向容器中注入清水，重复上述操作，直到容器内的水目测清澈为止。

③ 用水淋洗剩余在筛上的细粒，并将75μm筛放在水中（使水面高出筛中石子颗粒的上表面）来回摇动，以充分洗掉小于75μm的颗粒，然后将两只筛上筛余的颗粒和清洗容器中已经洗净的试样一并倒入搪瓷盘中，置于烘箱中于（105±5）℃下烘干至恒量，待冷却至室温后，称出试样的质量 m_1，精确至1g。

（5）结果评定 含泥量 Q_a 按下式计算（精确至0.1%）：

$$Q_a = \frac{m_0 - m_1}{m_0} \times 100\% \tag{1.12}$$

式中 m_0——试验前的烘干试样质量，g；

       m_1——试验后的烘干试样质量，g。

以两个试样试验结果的算术平均值作为测定值。如两次结果的差值超过0.2%，应重新取样进行试验。

1.5.3.3 碎（卵）石泥块含量试验

（1）试验目的 通过试验测定石子中泥块含量，评定石子是否达到技术要求，能否用于指定工程中。

（2）主要仪器设备

① 烘箱；能使温度控制在（105±5）℃。

② 天平：称量 10kg，感量 1g。

③ 方孔筛：孔径为 2.36mm 和 4.75mm 筛各一只。

④ 容器：容积约 10L 的瓷盘或金属盒。

⑤ 搪瓷盘、毛刷等。

（3）试样制备　试验前，将样品用四分法缩分至略大于表 1.36 规定的质量，放在烘箱中于（105±5）℃下烘干至恒量，待冷却至室温后，分成大致相等的两份备用。

（4）试验步骤

① 按表 1.36 规定数量称取试样一份，筛去 4.75mm 以下颗粒并称量质量为 m_1，精确至 1g。

② 将试样倒入淘洗容器中，注入清水，使水面高出试样表面。充分搅拌均匀后浸泡 24h，然后用手碾压泥块，再把试样放在 2.36mm 筛上，用水淘洗，直至容器内的水目测清澈为止。

保留下来的试样小心地从筛中取出，装入搪瓷盘后，放在烘箱中于（105±5）℃下烘干至恒量，待冷却至室温后，称出试样的质量 m_2，精确至 1g。

（5）结果评定　碎（卵）石的泥块含量 Q_b 应按下式计算（精确至 0.1%）：

$$Q_b = \frac{m_1 - m_2}{m_1} \times 100\% \tag{1.13}$$

式中　m_1——4.75mm 筛筛余量，g；

m_2——试验后烘干试样的质量，g。

以两个试样试验结果的算术平均值作为测定值。如两次结果的差值超过 0.2%，应重新取样进行试验。

思考与练习

1. 混凝土生产过程中如何正确的选择水泥？

2. 优质水泥应具备哪些特点？

3. 为什么说不同品种、不同强度等级的水泥不能随意掺用？

4. 试述骨料在混凝土中的作用。粗、细骨料有哪些主要技术性能？对混凝土有何影响？

5. 连续级配与间断级配对骨料的空隙率有何影响？

6. 骨料的颗粒形状、表面状态对混凝土质量有何影响？

7. 对良好的骨料级配有哪些要求？

8. 现有某砂子，其筛分结果见表 1.37、表 1.38，请画出筛分曲线，计算该砂的细度模数并对此砂做出评价。

表 1.37　试验一

筛孔	4.75mm	2.36mm	1.18mm	600μm	300μm	150μm	<150μm
分计筛余/g	5	20	17	33	13	17	0

表 1.38　试验二

筛孔	4.75mm	2.36mm	1.18mm	600μm	300μm	150μm	<150μm
分计筛余/g	5	15	40	50	60	30	0

9. 粉煤灰在混凝土中有哪些作用？对混凝土质量有何影响？

10. 硅粉的主要成分有哪些？为什么说只有高效减水剂出现后硅粉在混凝土中才被真正利用？

11. 何谓混凝土工作性？它包括哪些内容？

12. 混凝土混合料工作性的测定方法有哪些？

13. 请解释吸水率与含水率的区别，并画出骨料的四种含水状态。

14. 何谓混凝土外加剂？外加剂如何分类？

15. 表面活性剂有哪些基本性质和作用？

16. 试述减水剂在混凝土中的减水机理。

17. 减水剂对新拌混凝土有哪些影响？对硬化混凝土又有哪些作用？

18. 举例说明速凝剂的作用机理。

19. 简述氯盐早强剂的作用机理。

20. 缓凝剂为什么能起缓凝作用？使用缓凝剂时应注意哪些问题？

21. 试述抗冻剂在混凝土中的抗冻机理。使用防冻剂应注意些什么？

22. 何谓膨胀剂？它有哪些作用？常用膨胀剂有哪些？

23. 混凝土外加剂如何选择？

24. 外加剂的掺加方法有哪些？各有何特点？

2 混凝土拌合物的质量控制

知识目标：掌握和易性的概念及影响和易性的因素；掌握混凝土离析和泌水的概念；了解引起混凝土离析和泌水的原因；掌握混凝土的早期体积变形的原因；掌握混凝土的结构形成的知识及对混凝土性能的影响。

能力目标：会做混凝土的坍落度、维勃稠度试验；能判断混凝土的离析或泌水现象；能够制定防止离析和泌水的措施；能根据混凝土的结构判断其质量的优劣；能提出改善结构的办法。

混凝土在未凝结硬化以前，称为混凝土拌合物或新拌混凝土，新拌混凝土的工艺性质，称之为和易性（或工作性）。新拌混凝土和易性是指混凝土拌合物易于各工序施工操作（搅拌、运输、浇注、捣实），并能获得质量均匀，成型密实的混凝土的性能。和易性是一种综合性技术指标，包括流动性、黏聚性、可塑性、易密性和保水性等几方面的综合性能。

流动性是指混凝土拌合物在自重或机械振捣作用下，能流动并均匀密实地填满模板的性能。它主要反映混凝土混合料的稠度。黏聚性是指混凝土拌合物内组分之间具有一定的凝聚力，在运输和浇注过程中不致发生分层离析现象，使混凝土保持整体均匀的性能。可塑性是指在一定外力作用下混凝土拌合物不产生"脆断"的塑性变形。可塑性与水灰比及水泥浆或砂浆含量有关。易密性是指混凝土拌合物在进行捣实或振动时，克服内部和表面的（即和模板之间）阻力，以达到完全密实的能力。保水性是指混凝土拌合物具有一定的保持内部水分的能力。在施工过程中不致产生严重的泌水现象。保水性差的混凝土拌合物易在混凝土内部形成泌水通道，降低混凝土的密实度和抗渗性，使硬化混凝土的强度和耐久性受到影响。

应当指出，上述这些性能并不是在所有情况下相互一致的。例如，增加拌合物的用水量，可以提高其流动性，但并不一定能改善拌合物的黏聚性和保水性，而且用水量过多还会降低混凝土的质量。因此对于拌合物的和易性应当根据不同情况提出不同的要求。

影响混凝土和易性的因素很多，有水泥浆用量、水泥品种、水灰比、用水量、砂率、外加剂、时间和温度等。正确地选择混凝土原材料的品种和用量、合理的施工措施，是避免混凝土拌合物出现分层离析，减少泌水，提高混凝土质量的保障。

2.1 混凝土拌合物的和易性检测

教学任务：明确和易性的概念，通过实训掌握和易性的几种测定方法，并据此判断混凝土和易性的优劣；分析影响混凝土和易性的各种因素。

2.1.1 和易性测定方法

与其定义一样，混凝土拌合物的和易性，亦无法用同一种指标评定，而是用几种指标综合评定。目前和易性的测定方法主要有如下几种。

2.1.1.1 坍落度

这是一种采用最为普遍的方法，是混凝土拌合物的通用指标，具有操作简便，对用水量变化敏感等优点。

坍落度试验用模具为高 300mm，上口直径 100mm，下口直径 200mm 的圆锥筒。试验时将坍落度筒放在平整光洁的地面上，混凝土拌合物按规定方法填满筒内，经捣实、抹平，然后将圆锥筒垂直提起。混凝土拌合物在自重作用下，克服内部阻力而流动、坍落，其坍落的高度以 mm 计，即为拌合物的坍落度（图 2.1）。

图 2.1　混凝土坍落度筒

根据拌合物的坍落度，可将混凝土的流动性分为 5 级，见表 2.1。

表 2.1　混凝土拌合物的坍落度分级划分

等级	坍落度/mm	等级	坍落度/mm
S_1	10～40	S_4	160～210
S_2	50～90	S_5	≥220
S_3	100～150		

2.1.1.2　维勃稠度

当拌合物的坍落度小于 10mm 时则为干硬性混凝土，必须由维勃稠度（S）来表示其流动性。维勃稠度是通过维勃稠度仪来测定的。如图 2.2 所示，具体试验方法如下。

将需测定的混凝土拌合物按规定方法加入到维勃稠度仪上的坍落度筒内，经捣实抹平后，垂直提起坍落度筒，然后把透明圆盘转到混凝土试体上并轻轻下落使与混凝土顶面相接触，同时开启振动台和秒表，记下透明盘的底面被水泥浆布满所需的时间，以秒计（s），即为维勃稠度值。此法适用于骨料最大粒径不超过 40mm，维勃稠度值在 5～30s 之间的混凝土拌合物。

图 2.2　维勃稠度仪

混凝土拌合物按维勃稠度分，也分为 5 级，见表 2.2。

表 2.2　混凝土拌合物的维勃稠度等级划分

级别	维勃稠度/s	级别	维勃稠度/s
V_0	≥31	V_3	10～6
V_1	30～21	V_4	5～3
V_2	20～11		

2.2.1.3 扩展度和 T_{500} 试验方法

拌合物扩展度适用于泵送高强度混凝土和自密实混凝土。

试验设备有：一个坍落度筒；一块光滑不吸水的正方形硬质平板，其边长≥900mm，最大挠度不超过 3mm。在平板表面标出坍落度筒的中心位置和直径分别为 500mm、600mm、700mm、800mm 及 900mm 的同心圆。

其试验操作规程如下：在新拌混凝土试样不产生离析的状态下，将其填入坍落度筒内，利用盛料容器使内盛的混凝土拌合物均匀流出，不分层一次填充至满，自开始入料到填充结束应在 1.5min 内完成，且不施以任何捣实或振动。用刮刀刮除坍落度筒中已填充混凝土顶部的余料，使其与坍落度筒的上缘齐平后，随即将坍落度筒沿铅直方向匀速地向上提起 30cm 的高度，提起时间宜控制在 3s 左右。待混凝土的停止流动后，测量展开圆形的最大直径，以及与最大直径呈垂直方向的直径，测定直径时量测一次即可。自坍落度筒提起至测量拌合物扩展直径结束应控制在 40s 内完成。

观察最终坍落后的混凝土状况，如发现粗骨料在中央堆积或最终扩展后的混凝土边缘有较多水泥浆析出，表示此混凝土拌合物抗离析性不好。

混凝土拌合物的扩展度的等级划分见表 2.3。混凝土拌合物稠度允许偏差见表 2.4。

表 2.3　混凝土拌合物的扩展度的等级划

级别	扩展度直径/mm	级别	扩展度直径/mm
F_1	≤340	F_4	490～550
F_2	350～410	F_5	560～620
F_3	420～480	F_6	≥630

表 2.4　混凝土拌合物稠度允许偏差

拌合物性能		允许偏差		
坍落度/mm	设计值	≤40	50～90	≥100
	允许偏差	±10	±20	±30
维勃稠度/s	设计值	≥11	10～6	≤5
	允许偏差	±3	±2	±1
扩展度/mm	设计值	≥350		
	允许偏差	±30		

2.1.2　影响和易性的主要因素

2.1.2.1　水泥浆的用量与稠度

混凝土拌合物的流动性主要取决于水泥浆用量。水泥浆填充于骨料颗粒间的空隙，并包裹骨料，使其表面形成一层水泥浆层。水泥浆的存在起到了润滑剂的作用，使得骨料间的相对运动更易进行。水泥浆层的厚度越厚，骨料颗粒产生相对运动的阻力就会越小。所以混凝土中水泥浆含量增多，骨料含量相对减少，混凝土拌合物的流动性就越大。但水泥浆过多，容易造成流浆、分层离析，使拌合物黏聚性和保水性变差，硬化后的混凝土强度和耐久性严重下降。故水泥浆量不宜过多或过少。

此外，混凝土拌合物的流动性还与水泥浆的稠度有关，而稠度的变化又取决于水灰比（水与水泥质量之比）。稠度愈大，水灰比愈小，骨料相对运动的阻力就愈大，拌合物的流动性就愈小。反之，拌合物的流动性就大。在水泥用量不变的条件下，水灰比小，即加水量减少，拌合物的黏聚性好、泌水少。但水灰比过小，则会因拌合物的流动性太小而不易密实成型。同样，增大水灰比，即增加用水量，可使拌合物的流动性增大。但随着用水量的进一步增大，混凝土拌合物的黏聚性和保水性也会随之恶化。同时，若保持水灰比不变，则水泥用量会随之增多。因此，不应盲目增加混凝土拌合物的用水量。

混凝土拌合物的流动性与单位用水量之间的关系为：

$$Y = KW^n \tag{2.1}$$

式中　Y——混凝土拌合物的流动性（以坍落度的 mm 表示）；

　　　W——用水量（m^3/m^3 混凝土）；

　　　K——由材料特性、搅拌方法等而定的常数；

　　　n——由流动性试验方法而定的仪器常数。

根据实验，在采用一定量的骨料情况下，流动性混凝土拌合物的坍落度，如果单位加水量一定，在实际应用范围内，单位水泥用量即使变化，坍落度大体上保持不变。这一规律称为固定加水量定则，或称需水性定则。

2.1.2.2　水泥的品种和细度

水泥的品种不同，其需水量也不同。对混凝土拌合物的和易性也会造成一定影响。

一般说来，当水灰比相同时，用普通硅酸盐水泥所拌制的混凝土拌合物的流动性大，保水性好；用矿渣水泥时保水性差；用粉煤灰水泥时，流动性好，黏聚性和保水性也较好；用火山灰水泥时，流动性小，黏聚性和保水性较好。

水泥细度越细，即比表面积越大，其需水量也相应增加。但细度大的水泥其拌合物的黏聚性和保水性较好，并能减少离析和泌水现象。

2.1.2.3　砂率

砂率（S_p）是指混凝土拌合物中砂的用量占砂、石总用量的百分率。由适当含量细骨料组成的砂浆，在拌合物中起着润滑作用，可减少粗骨料颗粒之间的摩擦阻力。所以在一定砂率范围内，随着砂率的增加，润滑作用也明显增加，拌合物流动性提高。但当砂率过大时，因砂子用量过多，其总表面积增加较大，需要润湿砂的表面水也增加，在一定的加水量条件下，拌合物的流动性降低。砂率过小，即石子用量过大、砂子用量小时，水泥砂浆的数量不足以包裹石子，使拌合物易于产生离析现象。同时由于砂浆过稀，还会使析水增加。因此，在配制混凝土时，要根据不同情况选择最佳砂率。所谓最佳砂率是指在满足混凝土和易性要求的条件下，使得单位体积用水量最小的含砂率。砂率对混凝土拌合物坍落度的影响见表 2.5。

表 2.5　砂率对混凝土拌合物坍落度的影响（$W/C=0.65$，水泥标准稠度为 23.6%）

序号	每立方米混凝土拌合物材料用量/kg				砂率/%	坍落度/mm
	水泥	砂	卵石	水		
1	241	664	1334	156.8	33.0	0
2	241	705	1293	156.8	35.0	35
3	241	765	1232	156.8	38.0	50
4	241	794	1203	156.8	39.5	30
5	241	826	1178	156.8	41.0	15
6	241	868	1135	156.8	43.0	10

2.1.2.4　骨料

骨料的品种、粒径、级配和表面形状等都对混凝土拌合物的和易性产生影响。在材料用量相同的情况下，卵石混凝土拌合物的流动性优于碎石混凝土。骨料级配好，其空隙率小。在相同水泥浆量的情况下，填充骨料空隙的水泥浆越少，则剩余水泥浆越多，就可在骨料表面形成较厚的水泥浆层而提高拌合物的流动性。石子愈接近球形颗粒，颗粒间摩擦阻力愈小，流动性愈高。若石子中针、片状颗粒增多，拌合物和易性下降。

2.1.2.5 外加剂

外加剂（如减水剂、引气剂等）对拌合物的和易性有很大的影响。在拌制混凝土时，加入少量的外加剂就能使混凝土拌合物在不增加水泥用量的条件下，获得良好的和易性。不仅混凝土流动性显著增加，而且还有效地改善了拌合物的黏聚性和保水性。

2.1.2.6 时间和温度

混凝土拌合物的和易性随时间的延续而降低。这是由于拌合物中的水分因水化反应、骨料颗粒对水的吸附以及蒸发等原因而逐渐减少所造成的，如图2.3所示。

随着温度升高，混凝土拌合物的流动性也要降低。这是因为环境温度升高，水分蒸发及水化反应速度加快所致，如图2.4所示。因此，在夏季施工时，为了保持一定的和易性，应适当增加拌合物的用水量。

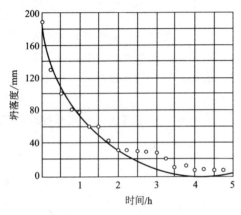

图 2.3 坍落度与拌合物拌和后时间的关系
（拌合物配合比 $1:2:4$，$W/C=0.775$）

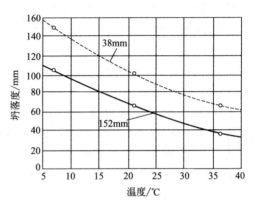

图 2.4 温度对拌合物坍落度的影响
（曲线上数值为骨料的最大粒径）

改善混凝土拌合物和易性的措施主要有以下几点。
① 在水灰比不变的情况下，适当增加水泥浆数量。
② 选用级配良好的骨料，并尽可能采用较粗的砂、石。
③ 选择适宜的水泥品种和矿物掺合料。
④ 采用合理的砂率。
⑤ 尽量掺用外加剂，如减水剂或引气剂。

2.2 混凝土拌合物离析和泌水

教学任务：明确什么是离析、什么是泌水。分析离析和泌水对混凝土的影响，并能据此找出防止离析与泌水的方法；掌握测定混凝土泌水的方法。

混凝土在未凝固前因各种原因可能发生拌合物的离析和泌水，使混凝土的结构均匀性变差，硬化后混凝土的强度和耐久性也将受到很大影响。因此，探讨产生离析和泌水的原因，找出防止混凝土出现离析和泌水的措施是十分必要的。

2.2.1 离析与泌水产生的原因和危害

2.2.1.1 离析

混凝土拌合物在浇灌前各组分分离造成不均匀和失去连续性的现象，称为离析。离析有两种方式：一是粗骨料从拌合物中分离；二是稀水泥浆从拌合物中淌出。

（1）产生离析的原因 粗骨料的离析是指粗骨料与砂浆分离而导致拌合物不均匀的现象。产生离析的原因主要是混凝土拌合物各组分的密度不同；粗骨料和砂浆的流动特性不同；粗骨料粒径不同等因素造成的。

水泥砂浆由于和粗骨料的密度不同，使得粗骨料产生沉降或上浮（轻骨料），造成拌合物的不均匀和不连续。两者的密度差越大，离析越严重。

混凝土拌合物的运输和装卸，都将对混凝土的离析产生影响。远距离运输产生离析的危险性较大。当混凝土拌合物沿斜槽卸料时，质量较大的颗粒移动速度快；拌合物表面物料比底部物料的移动速度快，这些均导致了离析的发生。若是泵送混凝土，由于在输送过程中管内的混凝土沿输送方向存在一个压力梯度，使流动性良好的砂浆先行粗骨料滞后，从而造成离析。离析严重时将可能导致管道堵塞。

混凝土拌合物在振捣时，由于振动器使用不当，如振动时间过长等，也能产生离析。

当粗骨料尺寸大于钢筋间距时，在钢筋部位仅能通过砂浆而阻留粗骨料，于是沿着钢筋就会产生空洞，从而影响混凝土的密度并使混凝土强度下降。

当混凝土拌合物的水灰比过大时，将会发生水泥浆从拌合物中分离出来的现象，即水泥浆的离析。由于粗骨料的沉降以及水泥浆的上浮或外漏，使混凝土表面浮浆，硬化后表面出现起粉现象，这不但影响混凝土构件的外观，而且由于离析产生的微裂缝，将会影响到混凝土的物理力学性能。

（2）离析的防止 由于产生离析的原因较多，防止措施也是多种多样，但最基本的要求是水泥浆或砂浆应具有较高的黏度，与骨料间应有较强的黏结力。单位用水量少、水灰比、坍落度低的混凝土具有较高的抗离析能力。适当掺加引气剂、粉煤灰等，也能改善混凝土拌合物的离析。

总之，为防止或减少离析的发生，在拌合物的配制、运输、浇注、振捣等过程中还应注意以下几点。

① 设计不易产生离析的混凝土配合比，水灰比不宜过大，砂率不宜过小，水泥用量不应过少，并尽量采用干硬性混凝土。

② 使用级配良好的骨料，特别注意细骨料的微粒成分不能太少。粗骨料的最大粒径要考虑钢筋保护层厚度和间距。

③ 为防止漏浆，应使用能充分承受捣固作业、抗渗漏的坚固模板。

④ 不要使用已产生离析的混凝土。当发生离析时，应重新搅拌至质量均匀后再使用。

⑤ 浇注时最好将拌合物直接浇到最终位置。应力求避免如下情况：拌合物从高处自由落下；在模板中长距离横向流动，特别是当拌合物处于被横向加速状态时，应避免向模板投料；当用泵和溜槽浇注时，必须用容器接料后再进行浇注。

⑥ 对于离析程度较小的混凝土，利用振动器充分振实，即可获得均质的混凝土。但若振动时间过长反而会引起拌合物的离析。

混凝土的离析是不易避免的，但采取适当措施则可减轻离析的程度。

2.2.1.2 泌水

浇注入模的混凝土在凝固前，因固体颗粒下沉，水上升并在混凝土表面析出的现象，称为泌水。

（1）泌水的危害 由于混凝土拌合物的泌水，将会导致如下后果。

① 泌水使混凝土拌合物的上层含水量增多，水灰比加大，硬化后使面层混凝土的强度较下层混凝土低，耐磨性降低，并造成混凝土质量的不均匀，影响混凝土的使用效果。部分泌水还会挟带一部分细颗粒上升到混凝土表面，使混凝土表面产生大量浮浆，形成疏松层。而对于分层浇注的大体积混凝土，这种疏松层的存在大大降低了水平施工缝处两层混凝土间的黏结强度，影响了工程质量。

② 部分泌水停留在水平钢筋或粗钢筋的下表面，形成薄弱的间层，降低了骨料与水泥浆、粗骨料与砂浆、钢筋与混凝土之间的黏结力，致使混凝土强度下降、耐久性降低。根据对高3m的混凝土柱的试验，使用塑性混凝土，在发生泌水时，上部混凝土的强度较下部混凝土降低约20%～30%；较中部混凝土约低15%～20%。试验还表明，由于泌水，混凝土与钢筋的黏结强度降低了约50%，并且水平钢筋的黏结强度只为垂直钢筋的1/2左右。这是由于固体颗粒沉降和泌水，在钢筋下部出现空隙，在该部位几乎丧失了黏结力。

③ 若泌水过大，部分泌水停留在粗骨料下面和绕过粗骨料上升，形成连通的孔道，水分蒸发后，在混凝土内部形成缝隙，成为外界水分浸入的捷径，将会严重影响混凝土的抗渗性能。

④ 因泌水而形成的表面疏松层，在混凝土硬化后还会产生起皮或粉尘，影响混凝土的外观质量。

此外，混凝土的泌水还会导致混凝土的早期体积收缩。

(2) 泌水的防止　混凝土的泌水是有害的，应根据不同的影响因素制定相应的防止措施。具体如下。

① 尽量降低混凝土单位用水量，使用干硬性混凝土。

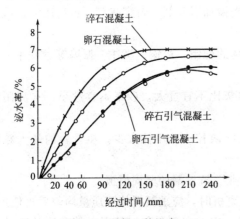

图 2.5　混凝土的泌水

② 选择级配良好的骨料，对粗骨料来说，碎石混凝土较卵石混凝土的泌水率高，如图 2.5 所示。这是因为在相同流动度下，前者单位用水量较后者高8%～10%。

混凝土的泌水率一般表示为混凝土拌合物单位面积析出的水量与拌合物含水量之比。即：

$$泌水率 = \frac{W_b}{W} \times 100\% \qquad (2.2)$$

式中　W_b——混凝土拌合物表面析出的水量，cm^3；

　　　W——混凝土拌合物的用水量，cm^3。

当砂子较粗时，在满足一定规范要求的情况下，适当增加细骨料的用量，可以减少泌水。

③ 提高水泥细度也可以减少泌水。水泥愈细，比表面积愈大，需水量增加。在相同水灰比情况下，泌水量减少；水泥凝结时间越短，泌水越少。如超快硬水泥凝结时间极为迅速，几乎看不到泌水现象。

④ 掺加一定量减水剂和引气剂，都可以降低泌水率。因为减水剂可减少拌合物的拌和用水，而引气剂所引入到混凝土中的气泡，吸附了一定量的水，增加了混凝土的保水性；掺入粉煤灰或其他火山灰质混合材，也能减少混凝土拌合物的泌水。

⑤ 严重的泌水现象应当避免，但少量的泌水不一定有害。只要泌水过程中不受到搅动，任其蒸发，可降低拌合物的水灰比，并便于表面的修整。

2.2.2 混凝土的早期体积变形

混凝土早期的体积变形主要是水泥与骨料的沉降以及水泥石的收缩引起的。

混凝土拌合物在浇注后约 2h 左右沉降所引起的变形较为显著。当构件厚度很大时，这种沉降可用肉眼观察到。图 2.6 为混凝土随时间的沉降曲线。由图可以看出，随时间的延续，沉降逐渐减小并趋于稳定。混凝土的单位用水量对沉降的影响很大，用水量越大，沉降量也越大。混凝土拌合物的泌水率愈大，沉降量也愈大。

当局部的沉降因水平钢筋而受阻时，会引起沉降裂缝。此类裂缝的处理可以在混凝土浇注后约 2h 待沉降停止后，在裂缝附近的混凝土表面重新抹面，可有效地使裂缝闭合。

混凝土在浇注后约 2.5h 到 8～9h 发生的体积收缩，称早期收缩。这种收缩是由于水泥石的收缩引起的。水泥与水发生水化反应，生成水化产物时，水泥-水系统的总体积减小，水泥石发生收缩。水泥石中游离水的蒸发也导致了水泥石的收缩。但是，由于骨料对水泥石的约束作用，使混凝土的收缩率较水泥石小。例如，水泥石的收缩要比用质量高而无收缩的骨料制成的，并含 30% 水泥石的混凝土约大 10 倍；比含 50% 水泥石的砂浆约大 4 倍。

对于塑性混凝土来说，从凝结开始到结束的整个时间内都是早期收缩的期间，也是

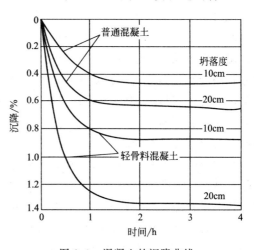

图 2.6　混凝土的沉降曲线

混凝土快速失去塑性的阶段。此时如果水泥用量高、加水量大都会加大收缩。此外，早期收缩也和环境温度、湿度、风速等有关。

混凝土工程施工中，对混凝土拌合物进行和易性检验，如混凝土发生崩坍或一边剪坏的现象，则应重新取样进行试验。如第二次试验仍出现上述现象，则表示该混凝土的和易性不好，应予以记录备查。

根据坍落度的大小判定是否满足施工要求的流动性，据在测试过程观察到的混凝土状态，评定保水性和黏聚性是否良好。

① 保水性：坍落度筒提起后如有较多的稀浆从底部析出，锥体部分的混凝土也因失浆而集料外露，则表明保水性不好；如无稀浆或只有少量稀浆自底部析出，则表明保水性良好。

② 黏聚性：用捣棒在已坍落的混凝土锥体侧面轻轻敲打，如果锥体坍塌、部分崩裂或出现离析现象，表示黏聚性不好；如果锥体逐渐下沉，表示黏聚性良好。

2.3　普通混凝土的结构分析

教学任务：通过对混凝土的宏观和水泥石的亚微观分析，进一步了解水泥混凝土的结构特征，明确水泥石与骨料的黏结对混凝土质量的影响。

普通混凝土的结构可分为宏观结构和亚微观结构。混凝土的宏观结构呈堆聚状态，它是由各种不同大小、形状各异的骨料颗粒与水泥石组成的。其中起胶结作用的物质是由水泥浆经凝结硬化而成的水泥石。混凝土的力学性能主要取决于水泥石、粗、细骨料的性能，以及水泥石与骨料间的黏结力和它们之间的相对含量。水泥浆所形成的结构为亚微观结构，它主要由未水化的水泥颗粒、水化产物和不同尺寸的孔隙组成。因此，水泥石的亚微观结构也呈堆聚结构。对混凝土来说，具有重大意义的是水泥石的亚微观结构。

2.3.1 水泥石的亚微观结构

水泥石是影响混凝土的主要成分，水泥石的矿物组成和水化条件决定了水泥石的强度和结构。改变这些条件可得到各种不同类型的水泥石亚微观结构。通常，构成水泥石机构的组成成分有：水化生成物、孔隙、水及未水化水泥颗粒等，这些成分的性质，相对含量和相互作用就决定了水泥石的性质。

水泥的矿物组成及水化硬化条件，对水化生成物的数量影响很大。对普通硅酸盐水泥，在常温条件下反应生成的水化物晶体，按其结晶程度可分为两大类：一类是结晶较差、晶体尺寸较小的水化硅酸钙，即 C-S-H 凝胶；另一类是结晶比较完整、晶粒尺寸比较大的水化矿物，如 $Ca(OH)_2$、水化铝酸钙、水化硫铝酸钙等。这两类水化物相对含量对水泥石的一系列性能都有影响。例如，若后一类结晶物的含量较高时，可使水泥石的抗酸、抗硫酸盐等的侵蚀能力及力学性能降低。

水泥石的孔隙率主要与水泥浆的水灰比和水化程度有关。水灰比越小，水化程度越高，孔隙率越低。而孔的大小与分布，除与上述因素有关外，还与养护的方法和养护制度、水泥的矿物组成和外加剂等有关。通常水泥石的孔隙按尺寸大致可分为凝胶孔、毛细孔和过渡孔三类。凝胶孔是水化硅酸钙凝胶体内的孔隙，孔径一般为 $1.5\sim2nm$，凝胶孔一般占胶体总体积的 28%。毛细孔则是水泥-水体系中未被水化矿物填充的原来充水的空隙，孔径一般为 $0.2\mu m$。过渡孔的尺寸介于凝胶与毛细孔之间。

水泥石中的水一般分为非蒸发水和蒸发水两种，非蒸发水包括全部的化学结合水和一部分与固体表面吸附得比较牢固的水。在水化良好的情况下，非蒸发水约占水泥质量的 $18\%\sim23\%$。蒸发水可分为凝胶水和毛细水。它们分别填充在凝胶孔和毛细孔中。蒸发水约占总水量的 $65\%\sim70\%$，这些水蒸发后将会在水泥石中留下孔隙。

根据以上分析，硬化后的水泥石又可看作是由两部分组成：一部分是固体物质（水化生成物与未水化水泥颗粒）及凝胶孔；另一部分是较大的毛细孔。由于水泥凝胶的凝胶孔隙率是一定的，它和原始水灰比、水化程度等都没有明显的关系。因此，在水化过程的不同阶段，整个水泥石的结构变化，可看作是毛细孔体积的变化。若是水泥浆的水灰比较小，且水化程度高，则毛细孔被凝胶体填充得越多，其在水泥石整个体积中占的比例越小，水泥石的结构越致密。反之，若毛细孔在水泥石中占的体积越大，水泥石的结构越疏松。

2.3.2 混凝土的宏观结构及分层现象

2.3.2.1 混凝土结构的形成及类型

混凝土的宏观结构与水泥石的亚微观结构有许多共同点，且都呈堆聚状结构，这时可以把水泥浆看作基材，粗、细骨料分布在水泥浆中。对于混凝土的宏观结构，除基材和骨料本身的性能外，骨料的分布也有很大的意义。

根据水泥浆和骨料的比例，混凝土的结构可以大致分成如下三类，如图 2.7 所示。

 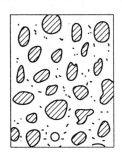 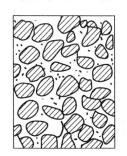

(a) 骨料呈悬浮状的混凝土　　(b) 骨料呈紧密排列的混凝土　　(c) 水泥浆量不够的大孔混凝土

图 2.7　混凝土的结构类型

第一类结构中骨料间距很大，粗骨料悬浮在砂浆中，这种结构的特点是，骨料对混凝土影响不大，混凝土性质主要由砂浆性能决定。这类结构常见的有钢丝网水泥混凝土。

随着骨料用量的增加，水泥砂浆层厚度变薄，但骨料尚未相互接触，形成相当紧密的骨架，此即第二类结构。这种骨架对混凝土的性能影响很大，并首先影响混凝土的强度。属于这类结构的主要有普通混凝土。

第三类结构中，骨料中的孔隙未被砂浆或水泥石完全填满，形成大空结构。这类主要有贫水泥混凝土、无细骨料混凝土等。

加入了粗细骨料的混凝土结构与水泥的结构在性能上有所不同，骨料的存在对水泥浆的硬化条件有明显影响。在混凝土中，水泥和水的相互作用及其硬化，是在与其长期作用的骨料颗粒间很薄的夹层间进行的。骨料能够提高水泥浆的保水能力，限制水泥石的收缩变形，有利于水泥石晶体骨架的形成。此外，由于骨料与水泥浆体间的黏结力，将会使浆体的流动性降低，混凝土结构形成期缩短。

2.3.2.2　混凝土的分层现象

混凝土拌合物凝结硬化的初始阶段，由于固体颗粒间的沉降作用，一般会发生分层现象。

沉降是由于拌合物中固体颗粒密度不同和粒径大小不一所引起的。粗骨料颗粒从砂浆中沉降，砂子从水泥浆中沉降，如图 2.8 所示。粗骨粒沉降于下部，较细的颗粒位于混凝土的这种分层称为外分层。由于混凝土的这种外分层现象，使混凝土沿浇灌方向的宏观堆聚结构

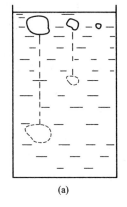 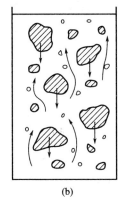 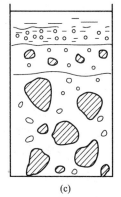

(a)　　　　　　　　(b)　　　　　　　　(c)

图 2.8　混凝土外分层形成过程示意图

不均匀，其下部强度大于顶部。又由于水分被挤上升，混凝土表层成为最疏松和最软弱的部分。

在紧接粗骨料下方可能会聚积着一些水分，因而在水泥砂浆中也存在着部分分层，称为内分层。在紧接粗骨料下方的区域称为充水区域，它是混凝土最弱的部分；砂浆中分布较均匀的区域称为正常区域；在骨料上部因较小颗粒的沉降可能形成较正常区域密实度更大的密实区域。由于混凝土的内分层，使混凝土具有各向异性，表现为沿着浇灌方向的抗拉强度较垂直该方向的低。

在混凝土结构形成及随后的硬化构成中，不仅是混凝土强度，其他性能也有所变化。结构形成过程还伴随着混凝土体积的变化，这种变化在混凝土拌合物由塑性结构向硬固结构转化时尤为显著，以后随着时间的增长而逐渐减弱。

2.3.3 水泥石与骨料的黏结作用

在硬化的混凝土中，水泥石与骨料的黏结对混凝土的强度有很大的影响。混凝土的破坏往往就发生在水泥石与骨料界面黏结处，黏结强度越高，混凝土越不易破坏，反之越易破坏，混凝土强度也就越低。

构成水泥石与骨料界面黏结强度的作用主要有物理的和化学的两种。物理作用是：水泥石和骨料界面在范德华力的作用下形成的黏附力；水泥浆体嵌入骨料表面凹坑及孔隙内所形成的机械啮合力。骨料表面形态和刚度对物理作用的影响很大，例如用表面粗糙的碎石制成的混凝土，其抗拉和抗弯曲强度要比用表面光滑的卵石制成的混凝土高 30% 左右。化学作用是由于水泥浆与骨料在界面发生一定程度的化学反应而形成的。根据化学作用的不同，骨料可分为两类，能与水泥石形成强接触层的骨料和形成弱接触层的骨料。强接触层的黏结强度可大于水泥石的强度而小于骨料的强度。这一类的骨料主要是石英石，因为石英石能吸收水泥浆体中因水化而生成的 $Ca(OH)_2$，在界面处生成硅酸钙，并使界面附近水化程度增大，强度提高。弱接触层的黏结强度既小于骨料强度又小于水泥石强度。这一类的骨料主要是碳酸盐石，其原因可能是在骨料表面生成碳铝酸盐，使界面层强度降低。

2.3.4 混凝土的过渡区理论

根据 J. C. Maso 的研究，水泥石与骨料界面间存在过渡区（又称过渡环）。虽然过渡区中的化学成分与水泥浆体中的基本相同，但其结构和性质则与水泥浆体有所不同。

关于过渡区的形成，Maso 认为：在新拌混凝土中沿骨料颗粒表面吸附了一层几微米厚的水膜，水泥中向外扩散的离子浓度在靠近表面处很低，从而使得该处的水灰比较水泥浆本体大。

对于普通硅酸盐水泥，其中的离子一般依下述次序扩散，即 Na^+ 和 K^+、SO_4^{2+}、Al^{3+}、Ca^{2+}，最后是 Si^{4+}，因此，在骨料周围的水中首先形成钙矾石和 $Ca(OH)_2$ 晶体。在这种高水灰比的水膜中，晶体生长所受限制较小，其晶体尺寸要比在水泥浆本体中过饱和度高而空间有限的条件下所形成的晶体大，因而晶体所形成骨架结构中的孔隙也比水泥浆本体中晶体骨架结构的孔隙多。另外，$Ca(OH)_2$ 晶体在骨料影响下（与骨料性质无关），具有择优取向的趋势，例如以其 C 轴垂直于骨料表面。这对水泥石与骨料界面间的黏结强度是不利的，并容易造成裂缝的扩展。

随着水泥的不断水化，C-S-H 凝胶及结晶尺寸较小的钙矾石和 $Ca(OH)_2$ 填充于大的钙

矾石和 $Ca(OH)_2$ 晶体构成的骨架空隙中，使过渡区的密实度提高。混凝土中过渡区的示意图如图 2.9 所示。

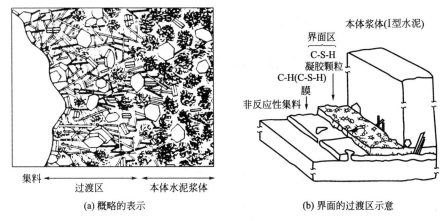

(a) 概略的表示　　　　　　　　　　　(b) 界面的过渡区示意

图 2.9　混凝土中水泥浆体和过渡区示图

由于过渡区具有较水泥浆体高的孔隙率以及晶体的择优取向，影响了水泥石与骨料的黏结强度。从而使过渡区成为混凝土中最薄弱的环节。

除上述因素外，在过渡区内还存在着许多微裂缝。当混凝土受荷载作用时，这些微裂缝在应力作用下在其尖端附近形成较大的应力集中，并导致裂缝的扩展。随着应力增加，裂缝不断扩展，并从一个过渡区扩展到另一个过渡区直至相互连通，从而使混凝土结构遭到破坏。

过渡区中微裂缝的数量和大小与骨料尺寸、颗粒级配、水泥用量、水灰比、养护条件等因素有关。例如，级配差的混凝土拌合物易发生离析和泌水，并易在粗骨料周围尤其下部形成一层较厚的水膜，而且骨料尺寸越大，水膜越厚，这些均导致了过渡区中孔隙和微裂缝数量的增多，而混凝土的干燥收缩又将会使微裂缝的数量和尺寸进一步增加。

此外，由于过渡区的孔隙率较大，微裂缝数量较多，也使得混凝土的抗渗性大大降低，对与钢筋混凝土来说，则会因水分的渗透使钢筋锈蚀。

对于某些部分可溶性骨料，由于骨料的部分溶解，增加了骨料表面的粗糙度，有利于水泥浆与骨料的机械黏结，同时因骨料的表面积增加，也增大了骨料与水泥的相互吸附作用，而骨料所释放出的离子与水泥颗粒间将会发生反应而形成化学黏结。因此，可溶性骨料与水泥浆所形成的过渡区较不溶性骨料的过渡区强度高。

➡ *2.4* 实践操作　混凝土拌合物和易性的测定

2.4.1　混凝土拌合物取样及试样制备

2.4.1.1　一般规定

① 混凝土拌合物试验用料应根据不同要求，从同一盘或同一车运送的混凝土中取出，或在试验室用机械或人工单独拌制。取样方法和原则按《混凝土结构工程施工质量验收规范》（GB 50204—2015）及《混凝土强度检验评定标准》（GB/T 50107—2010）有关规定

进行。

② 在试验室拌制混凝土进行试验时，拌和用的骨料应提前运入室内。拌和时试验室的温度应保持在（20±5）℃。

③ 材料用量以质量计，称量的精确度：骨料为±1%；水、水泥和外加剂均为±0.5%。混凝土试配时的最小搅拌量为：当骨集料最大粒径小于31.5mm时，拌制数量为15L；最大粒径为40mm时，拌制数量为25L。搅拌量不应小于搅拌机额定搅拌量的1/4。

2.4.1.2 主要仪器设备

① 搅拌机：容量75～100L，转速18～22r/min。

② 磅秤：称量50kg，感量50g；天平：称量5kg，感量1g。

③ 量筒：200mL、100mL各一只。

④ 拌板：1.5m×2.0m左右；拌铲、盛器、抹布等。

2.4.1.3 拌和方法

（1）人工拌和

① 按所定配合比备料，以全干状态为准。

② 将拌板和拌铲用湿布润湿后，将砂倒在拌板上，然后加入水泥，用铲自拌板一端翻拌至另一端，然后再翻拌回来，如此重复直至颜色混合均匀，再加入石子翻拌至混合均匀为止。

③ 将干混合料堆成堆，在中间做一凹槽，将已量好的水，倒入一半左右在凹槽中（勿使水流出），然后仔细翻拌，并徐徐加入剩余的水继续翻拌。每翻拌一次，用铲在混合料上铲切一次，直至拌和均匀为止。

④ 拌和时力求动作敏捷，拌和时间从加水时算起，应大致符合以下规定。

拌合物体积为30L以下时为4～5min。

拌合物体积为30～50L时为5～9min。

拌合物体积为51～75L时为9～12min。

⑤ 拌好后，根据试验要求，即可做拌合物的各项性能试验或成型试件。从开始加水至全部操作完必须在30min内完成。

（2）机械搅拌

① 按所定配合比备料，以全干状态为准。

② 预拌一次，即用配合比的水泥、砂和水组成的砂浆和少量石子，在搅拌机中涮膛，然后倒出多余的砂浆，其目的是使水泥砂浆先黏附满搅拌机的筒壁，以免正式拌和时影响混凝土的配合比。

③ 开动搅拌机，将石子、砂和水泥依次加入搅拌机内干拌均匀，再将水徐徐加入。全部加料时间不得超过2min。水全部加入后，继续拌和2min。

④ 将拌合物从搅拌机中卸出，倒在拌板上，再经人工拌和1～2min，即可做拌合物的各项性能试验或成型试件。从开始加水算起，全部操作必须在30min内完成。

2.4.2 混凝土拌合物和易性试验

采取定量测定流动性，根据直观经验判定黏聚性和保水性的原则，来评定混凝土拌合物的和易性。定量测定流动性的方法有坍落度和维勃稠度法两种。坍落度法适合于坍落度值不小于10mm的塑性拌合物；维勃稠度法适合于维勃稠度在5～30s之间的干硬性混凝土拌合物。要求骨料的最大粒径均不得大于 40mm。

2.4.2.1　坍落度法（GB/T 50080—2002）

这是一种采用最为普遍的方法，是混凝土拌合物的通用指标，具有操作简便，对用水量变化敏感等优点。

（1）试验目的　通过坍落度测定，确定试验室配合比，检验混凝土拌合物和易性是否满足施工要求，并制成符合标准要求的试件，以便进一步确定混凝土的强度。

（2）主要仪器设备

① 坍落度筒：截头圆锥形，由薄钢板或其他金属板制成，其形状和尺寸如图 2.10 所示。坍落度试验用模具为高 300mm，上口直径 100mm，下口直径 200mm 的圆锥筒。试验时将坍落度筒放在平整光洁的地面上，混凝土拌合物按规定方法填满筒内，经捣实、抹平，然后将圆锥筒垂直提起。混凝土拌合物在自重作用下，克服内部阻力而流动、坍落，其坍落的高度以 mm 计，即为拌合物的坍落度。

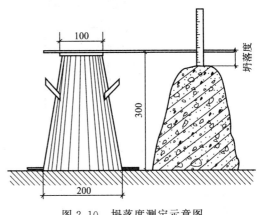

图 2.10　坍落度测定示意图

② 捣棒：端部应磨圆，直径 16mm，长度 650mm。

③ 平板：拌和用刚性不吸水平板，尺寸不宜小于 1.5m×2m。

④ 装料漏斗、小铁铲、钢直尺、抹刀等。

（3）试验步骤

① 湿润坍落度筒及其他用具，并把筒放在不吸水的刚性水平板上，然后用脚踩住两边的踏脚板，使坍落度筒在装料时保持位置固定。

② 把按要求取得的混凝土试样用小铲分三层均匀地装入坍落度筒内，使捣实后每层高度为筒高的 1/3 左右。每层用捣棒插捣 25 次、插捣应沿螺旋方向由外向中心进行，每次插捣应在截面上均匀分布。插捣筒边混凝土时，捣棒可以稍稍倾斜。插捣底层时，捣棒应贯穿整个深度；插捣第二层或顶层时，捣棒应插透本层至下一层的表面。浇灌顶层时，混凝土应灌到高出筒口。插捣过程中，如混凝土沉落到低于筒口，则应随时添加。顶层插捣完后，刮去多余的混凝土，并用抹刀抹平。

③ 清除筒边底板上的混凝土后，垂直平稳地提起坍落度筒，应在 5～10s 内完成；从开始装料至提起坍落度筒的整个过程应在 150s 内完成。

④ 提起坍落度筒后，测量筒高与坍落后混凝土试体最高点之间的高度差，即为该混凝土拌合物的坍落度值（以 mm 为单位，精确至 5mm）。坍落前后混凝土的高度差即为混凝土的坍落度。

2.4.2.2　维勃稠度法（GB/T 50080—2002）

（1）试验目的　测定混凝土拌合物的维勃稠度值用以评定混凝土拌合物坍落度在 10mm 以下混凝土的流动性。确定试验室配合比，检验混凝土拌合物和易性是否满足施工要求，并制成符合标准要求的试件，以便进一步确定混凝土的强度。

（2）主要仪器设备

① 维勃稠度仪（图 2.11）；

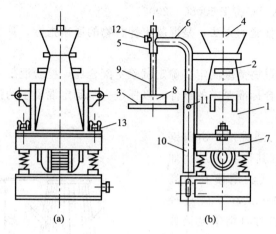

图 2.11　维勃稠度仪

1—容器；2—坍落度筒；3—透明圆盘；4—喂料斗；5—套筒；6—旋转架；

7—振动台；8—荷重；9—测杆；10—旋转架支柱；11—固定螺钉；12—测杆螺钉；13—固定螺钉

② 捣棒：直径 16mm、长 600mm 的钢棒，端部应磨圆。

（3）试验步骤

① 把维勃稠度仪放置在坚实水平的基面上，用湿布把容器、坍落度筒、喂料斗内壁及其他用具擦湿。

② 将喂料斗提到坍落度筒上方扣紧，校正容器位置，使其中心与喂料斗中心重合，然后拧紧固定螺钉。

③ 把按要求取得的混凝土试样用小铲分三层以喂料斗均匀地装入筒内，装料及插捣的方法同坍落度法的试验步骤。

④ 把喂料斗转离，小心并垂直地提起坍落度筒，此时并应注意不使混凝土试件产生横向的扭动。

⑤ 把透明圆盘转到混凝土台体顶面，放松测杆螺钉，小心地降下圆盘，使它轻轻接触到混凝土顶面。

⑥ 拧紧固定螺钉，并检查测杆螺钉是否已经完全放松。同时开启振动台和秒表，当振动到透明圆盘的底面被水泥浆布满的瞬间停下秒表，并关闭振动台。由秒表读出的时间即为混凝土拌合物的维勃稠度值。

2.4.3　泌水与压力泌水试验

2.4.3.1　泌水试验

本方法适用于骨料最大粒径不大于 40mm 的混凝土拌合物泌水测定。

（1）试验仪器

① 试样筒：符合本标准要求、容积为 5L 的容量筒并配有盖子。

② 台秤：称量为 50kg，感量为 50g。

③ 量筒：容量为 10mL、50mL、100mL 的量筒及吸管。

④ 振动台：应符合《混凝土试验用振动台》（JG/T 245—2009）中技术要求的规定。

⑤ 捣棒：应符合 JG/T 245—2009 标准第 3.1.2 条的要求。

（2）试验步骤

1）应用湿布湿润试样筒内壁后立即称量，记录试样筒的质量。再将混凝土试样装入试样筒，混凝土的装料及捣实方法有两种。

① 方法 A：用振动台振。将试样一次装入试样筒内，开启振动台，振动应持续到表面出浆为止，且应避免过振；并使混凝土拌合物表面低于试样筒筒口（30±3）mm，用抹刀抹平。抹平后立即计时并称量，记录试样筒与试样的总质量。

② 方法 B：用捣棒捣实。采用捣棒捣实时，混凝土拌合物应分两层装入，每层的插捣次数应为 25 次；捣棒由边缘向中心均匀地插捣，插捣底层时捣棒应贯穿整个深度，插捣第二层时，捣棒应插透本层至下一层的表面；每一层捣完后用橡皮锤轻轻沿容量外壁敲打 5～10 次，进行振实，直至拌合物表面插捣孔消失并不见大气泡为止；并使混凝土拌合物表面低于试样筒筒口（30±3）mm，用抹刀抹平。抹平后立即计时并称量，记录试样筒与试样的总质量。

2）在以下吸取混凝土拌合物表面泌水的整个过程中，应使试样筒保持水平、不受振动；除了吸水操作外，应始终盖好盖子；室温应保持在（20±2）℃。

3）从计时开始后 60min 内，每隔 10min 吸取 1 次试样表面渗出的水。60min 后，每隔 30min 吸 1 次水，直至认为不再泌水为止。为了便于吸水，每次吸水前 2min，将一片 35mm 厚的垫块垫入筒底一侧使其倾斜，吸水后平稳地复原。吸出的水放入量筒中，记录每次吸水的水量并计算累计水量，精确至 1mL。

（3）结果计算

① 泌水量应按下式计算：

$$B_a = \frac{V}{A}$$

式中　B_a——泌水量，mL/mm^2；

　　　V——最后一次吸水后累计的泌水量，mL；

　　　A——试样外露的表面面积，mm^2。

计算应精确至 0.01mL/mm^2。

泌水量取三个试样测值的平均值。三个测值中的最大值或最小值，如果有一个与中间值之差超过中间值的 15%，则以中间值为试验结果；如果最大值和最小值与中间值之差均超过中间值的 15% 时，则此次试验无效。

② 泌水率应按下式计算：

$$B = \frac{V_w}{(W/G)\,G_w} \times 100$$

$$G_w = G_1 - G_0$$

式中　B——泌水率，%；

　　　V_w——泌水总量，mL；

　　　G_w——试样质量，g；

　　　W——混凝土拌合物总用水量，mL；

　　　G——混凝土拌合物总质量，g；

　　　G_1——试样筒及试样总质量，g；

　　　G_0——试样筒质量，g。

计算应精确至 1%。泌水率取三个试样测值的平均值。三个测值中的最大值或最小值，如果有一个与中间值之差超过中间值的 15%，则以中间值为试验结果；如果最大值和最小值与中间值之差均超过中间值的 15% 时，则此次试验无效。

（4）试验记录与报告　混凝土拌合物泌水试验记录及其报告内容除应满足《普通混凝土拌合物性能试验方法标准》（GB/T 50080—2002）第 1.0.3 条要求外，还应包括以下内容。

① 混凝土拌合物总用水量和总质量；

② 试样筒质量；

③ 试样筒和试样的总质量；

④ 每次吸水时间和对应的吸水量；

⑤ 泌水量和泌水率。

2.4.3.2　压力泌水试验

本方法适用于骨料最大粒径不大于 40mm 的混凝土拌合物压力泌水测定。

（1）仪器设备

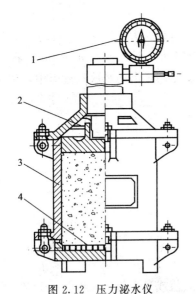

图 2.12　压力泌水仪

1—压力表；2—工作活塞；3—缸体；4—筛网

① 压力泌水仪：如图 2.12 所示，其主要部件包括压力表、缸体、工作活塞、筛网等。压力表最大量程 6MPa，最小分度值不大于 0.1MPa；缸体内径（125±0.02）mm，内高（200±0.2）mm；工作活塞压强为 3.2MPa，公称直径为 125mm；筛网孔径为 0.315mm。

② 捣棒：符合本规程的规定。

③ 量筒：200mL 量筒。

（2）试验步骤

① 混凝土拌合物应分两层装入压力泌水仪的缸体容器内，每层的插捣次数应为 20 次。捣棒由边缘向中心均匀地插捣，插捣底层时捣棒应贯穿整个深度，插捣第二层时，捣棒应插透本层至下一层的表面；每一层捣完后用橡皮锤轻轻沿容器外壁敲打 5～10 次，进行振实，直至拌合物表面插捣孔消失并不见大气泡为止；并使拌合物表面低于容器口以下约 30mm 处，用抹刀将表面抹平。

② 容器外表擦干净，压力泌水仪按规定安装完毕后应立即给混凝土试样施加压力至 3.2MPa，并打开泌水阀门同时开始计时，保持恒压，泌出的水接入 200mL 量筒里；加压至 10s 时读取泌水量 V_{10}，加压至 140s 时，读取泌水量 V_{140}。

（3）结果计算

$$B_v = \frac{V_{10}}{V_{140}} \times 100$$

式中　B_v——压力泌水率，%；

V_{10}——加压至 10s 时的泌水量，mL；

V_{140}——加压至 140s 的泌水量，mL。

压力泌水率的计算应精确至 1%。

（4）报告内容　混凝土拌合物压力泌水试验报告内容除应包括本标准规定的内容外，还应包括以下内容。

① 加压至 10s 时的泌水量 V_{10}，加压至 140s 时的泌水量 V_{140}。

② 压力泌水率。

思考与练习

1. 何谓混凝土工作性？它包括哪些内容？

2. 混凝土混合料工作性的测定方法有哪些？

3. 试通过水泥浆与骨料间的相对运动，论述水泥用量及水灰比对混凝土和易性的影响。

4. 什么是最大粒径？最大粒径对混凝土和易性有何影响？

5. 什么是砂率？砂率对混凝土质量有何影响？

6. 产生混凝土混合料离析的原因有哪些？如何减少离析的产生？

7. 泌水对混凝土有哪些有害影响？如何防止？

8. 通过对水泥石亚微观结构中固液气三相的变化，论述水泥石中对混凝土质量的影响。

9. 何谓混凝土的内分层？何谓外分层？试分述其成因。

10. 水泥石与骨料间是通过哪些作用黏结的？其黏结强度对混凝土质量有何影响？

11. 引起混凝土早期体积变形的主要原因是什么？

3 混凝土物理力学性能与检测

知识目标：掌握引起混凝土体积变形原因，了解体积变形对混凝土质量的影响，掌握混凝土裂缝的成因，了解混凝土的物理性能如密度、热工、声学等，掌握混凝土的强度理论，掌握影响混凝土强度的因素。

能力目标：会判断混凝土的各种体积变形，能根据裂缝的成因制定减少混凝土的措施，会修补混凝土的裂缝，能根据混凝土工程提出物理性能要求，会操作常用混凝土试验设备，能进行混凝土的力学性能检验。

3.1 混凝土的变形性能

教学任务：了解混凝土弹性性质及弹性模量的取值；分析混凝土的徐变及对质量的影响；分析混凝土各种收缩类型以及导致收缩的成因和影响混凝土收缩的因素，找出减少收缩的措施。

在混凝土的生产、施工使用过程中由于受到各种因素的影响，混凝土的体积会发生变形，混凝土的变形将对混凝土质量造成较大影响，导致混凝土裂缝的产生，并直接影响混凝土的强度和耐久性。混凝土的变形主要有以下三种形式。

（1）弹性变形 混凝土是一种多相复合材料，是弹塑性体，而不是真实的弹性材料。混凝土在静力受压时，其应力（σ）与应变（ε）之间的关系是非线性关系，这是由于混凝土的变形不可逆所致。

（2）收缩 混凝土收缩主要有以下五种：化学收缩、温度收缩、干燥收缩、自收缩和碳化收缩。另外，在混凝土硬化前，由于塑性阶段混凝土表面失水而产生的收缩，称为塑性收缩。

（3）徐变 混凝土在长期荷载作用下会发生徐变现象。混凝土徐变是指混凝土在恒定荷载长期作用下，随时间而增加的变形。

3.1.1 混凝土的弹性模量

3.1.1.1 应力-应变曲线

混凝土是一种多相复合材料，其在加荷和卸荷时的典型应力—应变曲线如图 3.1 所示。加荷时曲线达到图中 B 点，然后卸荷，变形将不会回到原点，而是沿着 BCD 的路线下降，留下残余变形 η。图中 δ 为总应变，ε 称为弹性变形，反复几次加荷与卸荷，且荷载应力不超过混凝土抗压强度的 $50\% \sim 60\%$，其残余变形将不再增加，在此荷载范围内的应力—应变曲线大体呈现直线。

3.1.1.2 静弹性模量

材料的弹性可以用弹性模量来表示，在弹性范围内，根据静载荷作用下的应力—应变曲线算出的弹性模量，称为静弹性模量。

根据在应力—应变曲线上的不同取值方法，弹性模量可以分为如下三类（图 3.2）。

初始切线弹性模量 $\qquad\qquad E_i = \tan\alpha$ $\qquad\qquad\qquad\qquad\qquad\qquad\qquad$ (3.1)

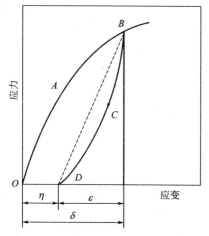

图 3.1 混凝土在加荷及卸荷时的应力—应变曲线图

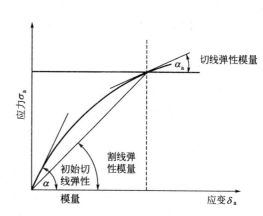

图 3.2 混凝土静弹性模量的分类

切线弹性模量 $\qquad E_t = \tan\alpha_a$ (3.2)

割线弹性模量 $\qquad E_h = \dfrac{\sigma_a}{\delta_a}$ (3.3)

初始切线弹性模量是应力—应变曲线原点上切线的斜率，不易测准，因而实用性不大。切线弹性模量是应力—应变曲线上任一点的切线斜率，仅适用于很小的荷载变化范围。割线弹性模量是应力—应变曲线上任一点与原点连线的斜率，它表示所选择点的实际变形，且易测准。通常所指的弹性模量如无说明即为割线模量。通常取 40%轴心抗压强度的应力以下的割线模量作为混凝土的静力弹性模量。此应力一般相当于结构中混凝土的允许应力。我国混凝土结构设计规范中还常根据抗压强度 f_c 进行计算。

$$E_c = \frac{10^5}{2.2 + 34.74/f_c} \ (\text{MPa})$$ (3.4)

由于受各种因素的影响，混凝土材料的弹性模量会有一定的变化。具体如下。

① 混凝土强度越高，则其弹性模量也越大。见表 3.1。

② 潮湿状态下的弹性模量比干燥时的大。

③ 骨料弹性模量越高，混凝土的 E_h 越大，轻骨料混凝土的弹性模量仅为相同强度普通混凝土的 40%～80%。

表 3.1　混凝土的弹性模量 E_h　　　　　　　　　　　　单位：MPa

序号	混凝土强度等级	弹性模量(×10⁴)	序号	混凝土强度等级	弹性模量(×10⁴)
1	C7.5	145	7	C35	3.15
2	C10	175	8	C40	3.25
3	C15	2.20	9	C45	3.35
4	C20	2.55	10	C50	3.45
5	C25	2.80	11	C55	3.55
6	C30	3.00	12	C60	3.60

注：表中数值可作为混凝土受压时的弹性模量，又可作为受拉时的弹性模量。

④ 在相同强度的情况下，早期养护温度较低的混凝土具有较高的弹性模量，湿热养护混凝土的弹性模量较具有相同强度的在正常温度、湿度条件下养护的混凝土低 10%。

3.1.1.3　动弹性模量

用动力学方法（共振法、超声法）在很小的应力状态下与周期性交变荷载下，测定的弹性模量称动弹性模量。动弹性模量较静弹性模量大。其原因在于进行静弹性模量实验时,混凝土试件承受荷载的时间较长,混凝土产生了塑性变形,结果使弹性模量变小。

根据英国混凝土规范,静弹性模量与动弹性模量有如下关系:

$$E_h = 1.25E_d - 19 \tag{3.5}$$

式中　E_d——动弹性模量($\times 10^2$MPa)。

上述公式适用于水泥用量大于 500kg/m^3 的混凝土及轻骨料混凝土。

混凝土的动弹性模量与抗压强度之间有如下关系:

$$E_d = 7.6f_c^{0.33} + 14 \tag{3.6}$$

式中　E_d——动弹性模量($\times 10^3$MPa)。

图 3.3 为动弹性模量与抗压强度的关系曲线。由于该曲线不受实验条件、养护方法、水泥品种等因素的影响,因而可利用这一曲线,并根据对现场混凝土用非破损检测方法测出的动弹性模量,来判断该混凝土的强度。此外,动弹模量还可用于检验混凝土在各种因素作用下内部结构的变化情况。

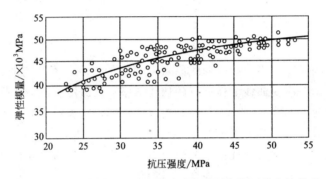

图 3.3　圆柱试件横向振动测定的弹性模量与抗压强度的关系

3.1.2　混凝土的徐变

3.1.2.1　徐变及其对混凝土的影响

混凝土在持续荷载作用下随着时间增长的变形称徐变。混凝土的徐变在加荷早期增长较快,然后逐渐减慢,而在若干年后则增加很少。承受持续荷载的混凝土试件,其变形随时间增大的曲线如图 3.4 所示。

由图 3.4(b)可知,混凝土在荷载作用下的变形包括:在加载瞬间发生的弹性变形、徐变、与徐变同时并存的干缩。要从试件中单独测定出徐变是比较困难的,为此,在实际应用中常假定干缩与徐变具有叠加性质。通过测定在同一环境状态下,同样形状尺寸的无荷载试件的变形,然后从受荷载试件量测出的干缩与徐变的总变形中减去无荷载试件的变形,即为徐变变形。

混凝土的徐变又包括基本徐变和干燥徐变[图 3.4(d)]。当周围介质没有湿度迁移时的徐变称基本徐变,由干燥引起的徐变称干燥徐变。

混凝土在持荷一定时间后,当荷载卸去时,卸荷载瞬间将有一部分变形恢复,称为徐变的瞬时恢复。此瞬时恢复的变形等于混凝土卸荷时的弹性变形,比加荷时的小,卸荷后 1~2 个月的时间,还可产生一部分徐变恢复,最后残留下不可恢复的变形称残余变形,如图 3.5 所示。

混凝土的徐变对混凝土及钢筋混凝土结构的应力和变形状态有很大的影响。徐变变形有

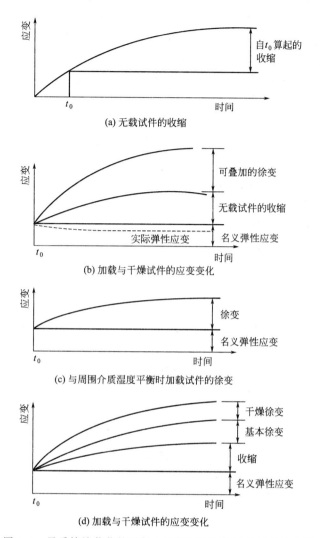

图 3.4 承受持续荷载的混凝土试件的变形随时间增长的曲线

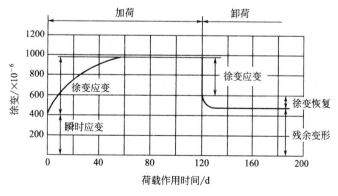

图 3.5 砂浆试件的徐变与恢复

时数倍于弹性变形，这对改变混凝土的应力状态是有利的。例如，在静不定结构中，徐变可以消除由于收缩、温度变化或支座移动引起的应力集中，在一些混凝土结构中，徐变能使因不均匀收缩引起的内应力减少，因而也能使裂缝减少。但就结构的正常使用而言，徐变的影响也可能是有害的。例如，庞大的涡轮机基础是一种超静定的结构，由于徐变将引起支座的不均匀沉陷，以及收缩引起的大梁倾角变化，就可能导致机器竖轴倾斜。另外，在预应力混凝土结构中，徐变还会导致预应力损失。

因此，在进行结构计算时，如果仅考虑弹性应变是不够的，还必须考虑混凝土的徐变，否则就不能得到正确的设计。

混凝土的徐变与作用应力的大小有关，在作用力小于混凝土强度的 $35\%\sim40\%$ 时，徐变 ε_c 与应力 σ 成正比，即

$$\varepsilon_c = c\sigma \tag{3.7}$$

式中，c 为比徐变，即单位应力时的徐变。徐变又与混凝土的弹性模量有关。因此有：

$$\varepsilon_c = \frac{\sigma}{E_h}\varphi \tag{3.8}$$

式中，φ 为徐变系数，它表示混凝土徐变的特性。

一般认为，当作用力超过混凝土强度的 75% 时，就会发生徐变破坏。

引起混凝土徐变的原因尚不十分清楚，一般认为徐变的根源是水泥石，是水泥石的黏性和水泥石与骨料间塑性性质的综合结果。即主要由于持续荷载作用使凝胶体中水分缓慢渗出，水泥石的黏性流动、微细空隙的闭合、晶体内部的滑动等各种因素的累加所造成的。

3.1.2.2 影响徐变的因素

(1) 水泥品种与水灰比 水泥品种对混凝土徐变的影响，与它对混凝土强度发展规律的影响有密切的联系。在一定龄期和施加相同应力的情况下，强度发展快的水泥徐变小，反之则徐变大。这是由于不同品种的水泥在同一龄期加荷时的水化程度不同引起的。在同一龄期内，水泥的水化程度越高，水泥石结构越密实，徐变就越小。混凝土的徐变与水灰比成正比，如图 3.6 所示。水灰比越大或水泥用量越多，徐变就越大。

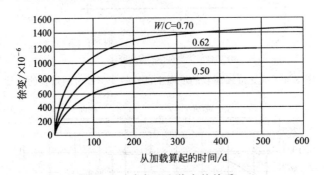

图 3.6　水灰比和徐变的关系

(试件尺寸 100mm×200mm，骨料最大粒径 20mm，28d 标准养护。28d 龄期时加荷 5.6MPa，在 21℃、相对湿度 50% 的空气中放置)

(2) 水泥石和骨料体积率 混凝土的徐变主要是水泥石的徐变，水泥石和骨料的相对体积含量，对混凝土的徐变影响较大，见式 (3.9)。

$$C = C_p(1-g-U)^a \tag{3.9}$$

式中　C——混凝土的徐变；

　　　C_p——水泥石的徐变；

　　　g——骨料的体积率；

　　　U——未水化水泥的体积率；

　　a——与材料的变形性能有关的指数。

　　由式（3.9）可知，骨料增加时，水泥石含量（$1-g$）减少，在配制混凝土时骨料的级配、最大粒径、颗粒形状等对混凝土中骨料的体积率有着直接或间接的影响。因此，这些性质对混凝土徐变的影响也主要体现在骨料体积率上。

　　另外，骨料的品种对混凝土徐变的影响也很大。骨料的弹性模量越大，其对水泥石徐变的约束也越大。不同岩石的骨料对混凝土徐变的影响如图 3.7 所示。

　　（3）外加剂　在混凝土中加入外加剂（如减水剂等），若在保持加水量不变的情况下可改善混凝土的和易性，但其徐变也往往增大。若掺入非引气型减水剂并减小水灰比，混凝土的徐变将有所减小。同样，掺入缓凝型减水剂的混凝土徐变也会减少。

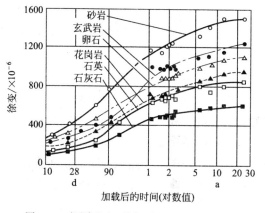

图 3.7　相同配比不同骨料混凝土的徐变

（加荷龄期 28d，试件置于 21℃，相对湿度 50% 的空气中，横坐标是对数标尺）

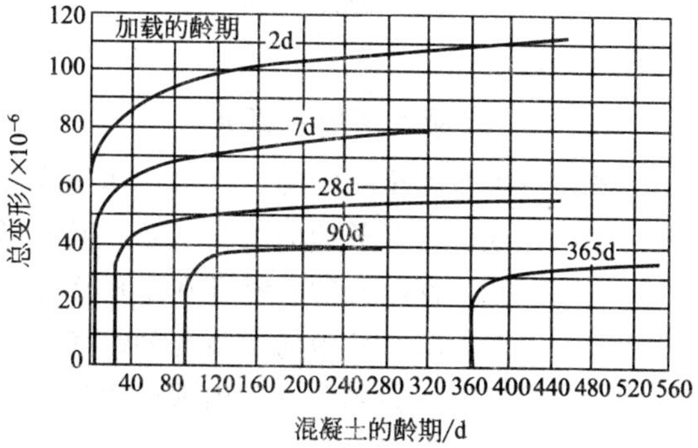

图 3.8　加荷龄期对徐变的影响

　　（4）尺寸效应　混凝土试件尺寸越大，徐变越小。这可能是由于试件尺寸大，增加了部分水分的迁移阻力，从而减少了水分的渗出。也可能是由于干缩的原因。由于干缩而使其表面的干燥徐变大于其内部，当干燥深入到内部时，内部的混凝土已充分水化而达较高强度，因而徐变较低。

　　（5）加荷龄期和持荷时间　加荷时混凝土的龄期越短，其徐变越大，如图 3.8 所示。

　　徐变可持续很长时间，但随时间的延长徐变增长率急剧降低，并趋于平缓。当持荷时间无限长时，可假定徐变趋向极限。

　　根据有关资料显示，20 年徐变的 18%～35%（平均 26%）在 2 周内完成；20 年徐变的40%～70%（平均 55%）在 3 个月内完成；20 年徐变的 64%～83%（平均 76%）在 1 年内完成。

　　如果取荷载下 1 年的徐变为 1，则后期徐变的平均值：2 年的徐变为 1.14，5 年的徐变为 1.20，10 年的徐变为 1.26，20 年的徐变为 1.33，30 年的徐变为 1.36。为方便计算，常假定极限徐变为 1 年的 4/3。

　　（6）环境湿度与温度　周围空气的相对湿度是影响徐变最重要的外部因素之一。对于给定的混凝土，相对湿度越低，则徐变越大，相对湿度 50% 的混凝土徐变可达相对湿度 100%的 2～3 倍，如图 3.9 所示。若试件施加荷载之前已与周围介质达到湿度平衡，则相对湿度对徐变的影响很小，甚至没有。

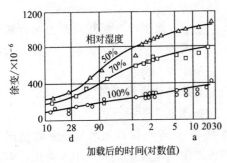

图 3.9 雾养 28d 后加载，置于不同相对湿度下的混凝土徐变（横坐标是对数标尺）

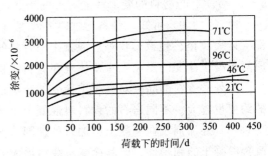

图 3.10 放置于不同温度下的混凝土徐变（应力/强度比＝0.7）

混凝土徐变随着温度升高而增大，如图 3.10 所示。在 20～70℃ 的范围内，徐变与温度大致成正比。

3.1.3 混凝土的收缩变形

若物体不是完全刚性的，当水从物体孔隙中流失后物体就产生收缩。混凝土不管是处于新拌状态，或是处于长期的硬化状态，其内部都有水分的运动，并且对混凝土的性能有一定的影响。因此，混凝土的收缩存在于从浇注到凝结硬化的整个阶段。收缩是混凝土的一个重要性能，它对混凝土及钢筋混凝土的性能有很大的影响。在一般使用条件下，由于混凝土的收缩引起的应力，会导致结构内部产生裂缝、变形等，从而降低混凝土的强度和耐久性。

3.1.3.1 收缩的类型

混凝土材料因物理化学作用而产生的体积缩小现象称为收缩。混凝土的收缩包括如下几种：

（1）塑性收缩 混凝土拌合物在刚浇注成型后，固体颗粒下沉，表面泌水而形成的混凝土体积减小的现象，称为塑性收缩。混凝土的塑性收缩值比较大，一般约为混凝土体积的 1％ 左右。当塑性收缩较大或受到水平钢筋、大颗粒骨料的阻碍时，将可能产生塑性收缩裂缝，如图 3.11 所示。

图 3.11 新拌混凝土的收缩裂缝

（2）化学收缩 水泥在密闭条件下（如大体积混凝土内部）水化，水分不蒸发，此时所引起的体积收缩，称化学收缩。水泥的水化温度越高、水泥用量越大以及水泥细度越细时，其收缩值就越大。一般混凝土的化学收缩值约在 $4 \times 10^{-6} \sim 100 \times 10^{-6}$ 之间。混凝土的化学收缩如图 3.12 所示。

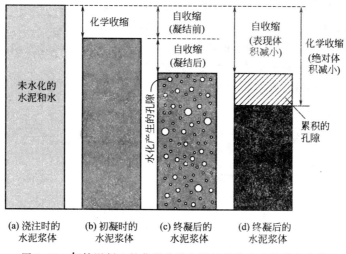

图 3.12 新拌混凝土的化学收缩和塑性收缩产生的体积变化

混凝土的塑性收缩和化学收缩均属于早期收缩。

（3）干燥收缩 混凝土置于未饱和的空气中，由于失水所引起的体积收缩，称为干燥收缩，简称干缩。引起混凝土干缩的主要原因是水分的蒸发。混凝土的蒸发干燥过程是由表及里进行的。因而整个混凝土的湿度和干燥变形是不均匀的，即表面收缩大，而内部收缩小。致使混凝土表面承受拉应力，内部承受压引力，当混凝土所受拉力超过其抗拉强度时，便产生裂缝。

造成混凝土的干燥收缩的机理是比较复杂的，但主要原因可能是因为混凝土内部毛细管失水所引起的毛细管压力所致。毛细管水的蒸发，使毛细管内水面的弯月面曲率半径变小，在表面张力作用下使毛细管内水的压力较外部小，其压力差：

$$\Delta p = \frac{2\sigma}{r} \tag{3.10}$$

或写成

$$\Delta p = \frac{2\sigma\cos\theta}{R} \tag{3.11}$$

式中 σ——水的表面张力，N/m；

r——水面的曲率半径，m；

θ——润湿角或接触角；

R——毛细孔半径，m。

随着空气湿度的降低，毛细孔中的负压逐渐增大，产生收缩力，使混凝土收缩。当毛细管中水分蒸发完后，若继续干燥，则水泥凝胶颗粒的吸附水就开始逸出，失去水膜的凝胶颗粒由于分子引力的作用，使粒子间的距离变小，甚至发生新的化学结合而收缩。

在浇注后若将水泥浆或混凝土立即置于水中进行养护，会产生质量增加和体积膨胀现象，称为湿胀。湿胀是由于水泥凝胶吸水引起的，水分破坏了胶体的凝聚力，迫使凝胶粒子分离，从而使混凝土体积膨胀。此外，水的浸入使凝胶体的表面张力减少，也产生了微小的膨胀。

水泥净浆的线膨胀（以浇注后 24h 的尺寸为基准）的典型数值如下：

100d 后，1300×10^{-6}

1000d 后，2000×10^{-6}

2000d 后，2200×10^{-6}

混凝土的膨胀要小得多，例如，水泥用量为 $300kg/m^3$ 的混凝土，在水中浸泡 6～12 个月，其线膨胀值仅为 $100×10^{-6}$～$150×10^{-6}$。以后的湿胀极其微小。

湿胀还会伴随着约为 1% 的质量的增加，质量的增加要比体积的增加大得多，这是由于浸入的水分还占据了因水泥水化体积的减少所形成的空间。

混凝土在空气中干燥后再将其在水中浸泡，质量虽基本上可回到原值，但长度则不能完全恢复，如图 3.13 所示。

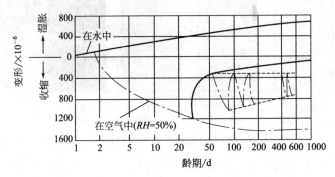

图 3.13　水泥砂浆交替贮存在水及相对湿度为 50% 的空气中的变形（循环周期为 28d）

（4）碳化收缩　在普通混凝土的长期收缩值中，一部分可能是由于碳化引起的，实际上干缩和碳化收缩是相伴发生的。

在潮湿条件下，暴露在大气中的混凝土，其内部的水化产物［如 $Ca(OH)_2$、水化铝酸盐、水化硅酸盐等］与空气中的 CO_2 作用，生成碳酸盐，使混凝土的碱度降低。这种现象称为混凝土的碳酸盐化，简称碳化。例如：

$$3CaO \cdot Al_2O_3 \cdot 3CaSO_4 \cdot 32H_2O + 3CO_2 + aq \longrightarrow$$
$$3CaCO_3 + 2Al(OH)_3 + 3CaSO_4 \cdot 2H_2O + aq$$

引起混凝土碳化收缩的原因，可能是由于 $CaCO_3$、硅胶和游离水的生成和溶出，在水泥石中形成了许多毛细孔。这些毛细孔在弯月面的表面张力作用下，以及水泥石内晶体因碳化而脱离的结晶接触点在范德华力的吸附下，使水泥石产生了收缩。

混凝土的碳化是由表及里进行的，且比较缓慢，但随着 CO_2 浓度的增加而加快，尤其是水灰比高的混凝土更是如此。碳化作用的速度与混凝土含水量及周围介质的相对湿度有关，如图 3.14 所示，相对湿度为 50% 左右时碳化作用最大，湿度过高（100%）或过低（25%）碳化作用都最小。这是因为过高的湿度使混凝土空隙中充满水，CO_2 不易扩散到水泥石中；也可能是从浆体中扩散出来的钙离子导致 $CaCO_3$ 沉淀，而堵塞了表面空隙。相反，过低的湿度，则水泥石空隙中的水不足以使 CO_2 形成碳酸，故碳化也不易进行。

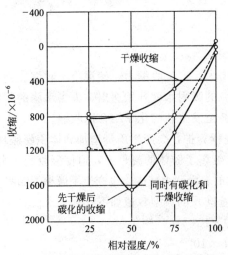

图 3.14　不同相对湿度下干缩与碳化收缩

混凝土的碳化深度 D 与碳化时间 t 的关系可表示如下：

$$D = \alpha\sqrt{t} \tag{3.12}$$

式中 α——碳化速度系数，体现了混凝土的抗碳化能力，它不仅与混凝土的水灰比、水泥品种、水泥用量、养护方法、气孔尺寸与分布有关，而且还与环境的相当湿度、温度及 CO_2 的浓度有关。

利用式 (3.12)，可根据快速碳化试验下测定的碳化深度，预测自然状态 CO_2 浓度下，某碳化龄期的碳化深度：

$$D_2 = D_1 \sqrt{\frac{t_2 C_2}{t_1 C_1}} \tag{3.13}$$

式中 D_2——某龄期自然碳化深度；

D_1——快速碳化试验碳化深度；

t_2——自然碳化龄期；

t_1——快速碳化时间；

C_2——预测对象的环境 CO_2 体积浓度，一般取 0.0003；

C_1——快速碳化时的 CO_2 浓度。

干燥与碳化的先后次序对总收缩值的影响很大，干燥与碳化同时进行产生的总收缩比先干燥后碳化的总收缩小（图 3.14）。

高压蒸气养护的混凝土其碳化收缩很小，这可能是因为经高压养护的混凝土形成了一些结晶度好、强度高、抗碳化性强的水化产物。

当混凝土在含有 CO_2 的空气中受干、湿交替循环时，由于碳化作用产生的收缩逐渐变得更加明显，而且其总收缩要比无 CO_2 空气中的干缩大。因此，碳化作用不仅增加了不可逆收缩部分的数量，并可能使混凝土表面产生裂缝。

影响混凝土抗碳化能力的主要因素是孔结构和碱度。混凝土越致密，水泥石和骨料的孔隙率越低，CO_2 和水就越难渗透到混凝土中，抗碳化能力就越强；碱度越高，混凝土的抗碳化能力越强。

当混凝土的上述各种收缩受到限制时就会产生裂缝，这不仅影响到混凝土表面美观，而且还会使混凝土更容易受到外部介质的侵蚀，进而影响耐久性。即使是没有受到限制，收缩也是有害的。如：紧密相邻的混凝土构件由于收缩而分离；对于预应力混凝土，由于收缩会导致预应力损失。为防止这种收缩的影响，可采用膨胀水泥。含有膨胀水泥的混凝土在浇注后数天内会产生膨胀，并且通过钢筋增加材料的限制而获得预应力，即钢筋处于拉力下，而混凝土处于压力下，这种混凝土称为补偿收缩混凝土。膨胀水泥还可以用于生产自应力混凝土。在自应力混凝土中，当大部分的收缩都发生后仍存在较高的受限膨胀，进而在混凝土中引起较高的压应力。

此外，膨胀水泥对一些防止开裂的混凝土结构也很重要，这些结构包括桥面板、路面板、储水罐等。但应注意的是，膨胀水泥并不能防止收缩的发展。如图 3.15 所示，早期的受限膨胀可以用于平衡后的正常收缩，通常仅需要较少的膨胀。因为当混凝土产生一定的压应力，就可防止收缩开裂。

3.1.3.2 影响混凝土收缩的主要因素

影响混凝土收缩的主要因素较多，主要有原材料的性质、配合比、养护条件、构件形状和尺寸、配筋率等。

（1）水泥 对纯熟料水泥，水泥净浆干缩率主要取决于它的矿物组成及细度。一般说来，C_3A 含量较高、细度较细的水泥收缩率大。不同品种的水泥其收缩率亦不相同。根据有关资料，

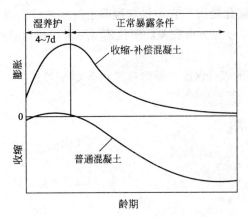

图 3.15　收缩-补偿混凝土长度变化示意图

不同品种水泥的收缩率有如下顺序：掺量多的矿渣水泥＞混合（硅质）水泥＞矿渣水泥＞普通水泥＞早强水泥＞中热水泥＞粉煤灰水泥。国外采用经电收尘获得的、含有大量球形颗粒的粉煤灰掺入水泥中，能减少水泥的需水性，这是粉煤灰水泥干缩较小的主要原因。图 3.16 为各种水泥的干缩率值。

细度较细的水泥，因其比表面积大而使其需水量增大，水泥石中毛细管增多，故一般收缩值较大。

（2）混凝土配合比　在原材料一定的条件下，混凝土配合比对于干缩的影响很大，由表 3.2 和图 3.17 可以看出，随单位用水量和水泥用量的变化，混凝土的干缩率有很大的变化，其中尤其以用水量的影响更大。在用水量一定的条件下，干缩随水泥用量的增加而增大，但范围比较小。在水灰比相同的情况下，干缩还随含砂率的增大而增大，见表 3.3。

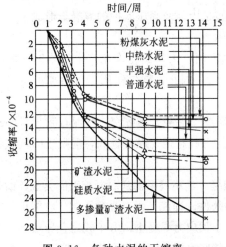

图 3.16　各种水泥的干缩率

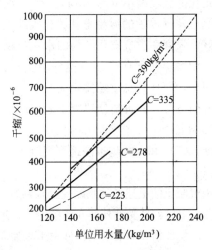

图 3.17　混凝土用水量与干缩的关系

表 3.2　水泥用量对混凝土干缩率的影响

用水量/(kg/m³)	水泥用量	水灰比	含砂率	灰骨比	150d 龄期的干缩率/×10⁻⁶
190	238	0.80	0.39	1：8.25	248
190	271	0.70	0.39	1：7.11	270
190	317	0.60	0.39	1：5.98	304
190	380	0.50	0.39	1：4.85	318
190	475	0.40	0.39	1：3.70	330

表 3.3　含砂率对混凝土干缩的影响

含 砂 率	水 灰 比	灰 骨 比	150d 龄期的干缩率/×10⁻⁶
0.32	0.60	1：6	280
0.36	0.60	1：6	288
0.39	0.60	1：6	302
0.42	0.60	1：6	328

由此可见，水泥用量较少的贫水泥混凝土、砂率低的干硬性混凝土，一般干缩都比较小。

（3）骨料　骨料在混凝土中起着抑制水泥收缩的作用，它的数量和弹性模量，对混凝土收缩的影响很大。混凝土收缩率与水泥收缩率之间的关系为：

$$S_c = S_p \ (1-V_a)^n = S_p V_p^n \tag{3.14}$$

式中　S_c——混凝土的收缩率；

　　　S_p——水泥石的收缩率；

　　　V_a——骨料的绝对体积；

　　　V_p——水泥石的绝对体积；

　　　n——经验系数，介于 1.2～1.7 之间。

由上式可知，骨料的体积增加，混凝土的收缩减少。例如，若骨料由占总体含量的 60% 提高到 80% 时，混凝土的收缩将减少到原来的 1/3。

骨料的弹性模量决定了它所能抑制水泥收缩的程度。弹性模量越高，对水泥石的抑制作用就越大，混凝土收缩越小。例如，钢骨料混凝土收缩约为普通骨料的 1/3；而膨胀页岩骨料的混凝土则比普通骨料混凝土的收缩值大 1/3。

即使是在普通骨料范围内，混凝土产生的收缩也有很大变化。如图 3.18 所示。产生收缩的骨料主要有粗晶玄武岩、玄武岩及其他一些沉积岩，如硬质砂岩和泥石岩等。而花岗岩、石灰石和石英砂岩等则不会产生收缩。由收缩性骨料生产的混凝土显示出较大的收缩量，并会使混凝土结构产生变形、翘起等现象，若收缩量较高时，将会导致混凝土开裂，进而影响到混凝土的耐久性。因此，应对可疑的骨料进行收缩性的测定。另外，骨料中若含有黏土，将使骨料对水泥石收缩的抑制作用减弱。同时，由于黏土本身也易收缩，因此，可使混凝土收缩增加达 70% 左右。

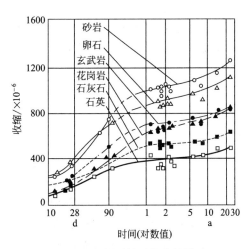

图 3.18　不同骨料对收缩的影响

（4）养护时间及条件　混凝土的收缩可持续很长时间（甚至 28 年后仍然能观察到一些变化），但收缩的速率却随时间而急剧减少，如图 3.19 所示，纵坐标数值是百分数，横坐标是对数标尺。但图中的一部分收缩可能是由于碳化作用引起的。延长潮湿养护期可推迟收缩的开始，但对收缩的大小影响甚微。

混凝土在水中养护约膨胀 $(100～200) \times 10^{-6}$。普通蒸气养护可减少混凝土的收缩。其 120d 的收缩值比标准养护的收缩值约低 20%；蒸压养护对减少混凝土的收缩更为显著，约可减少 50% 以上。

（5）构件尺寸及配筋率　因混凝土的干燥是由表及里逐步扩展的，所以收缩值与构件的形状、尺寸有一定的关系。尺寸较小的构件干燥较快，故其收缩率也较大尺寸构件为大，如图 3.20 所示。

一般认为配筋率越高，混凝土的收缩越小，但配筋率太高，则将因混凝土收缩应力增大

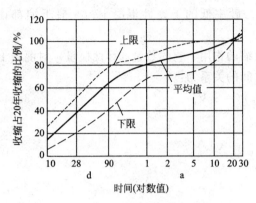

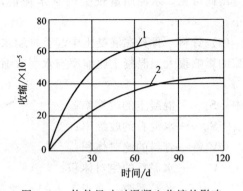

图 3.19 置于相对温度 50%~70%下不
同混凝土的收缩-时间曲线

图 3.20 构件尺寸对混凝土收缩的影响
1—（40×40）mm² 试件；2—（260×40）mm² 试件

而导致结构出现裂缝。因此，混凝土的配筋率一般应控制在 3%以下为宜。

3.2 混凝土常见裂缝的预防与修补

教学任务：分析常见混凝土裂缝的类型、成因和特征，掌握常见混凝土裂缝的主要预防措施和混凝土常见裂缝的修补方法。

混凝土在结构形成以后，其内部将会存在许多裂缝。导致形成这些裂缝的因素是多方面的，除外力的因素外，其他尚有诸如混凝土内外温差、干燥收缩、碳化等引起的裂缝，以及混凝土的碱骨料反应、各种化学侵蚀、冻融破坏、钢筋锈蚀等均能使混凝土产生裂缝。

3.2.1 常见裂缝与预防

3.2.1.1 沉降裂缝

沉陷裂缝的产生是由于结构地基土质不匀、松软，或回填土不实、浸水而造成不均匀沉降所致；或者因为模板刚度不足，模板支撑间距过大或支撑底部松动等导致，特别是在冬季，模板支撑在冻土上，冻土化冻后产生不均匀沉降，致使混凝土结构产生裂缝。此类裂缝多为深进或贯穿性裂缝，其走向与沉陷情况有关，一般沿与地面垂直或成 30°~45°角方向发展，较大的沉陷裂缝往往有一定的错位，裂缝宽度与沉降量成正比。地基变形稳定之后，沉陷裂缝也基本趋于稳定。如图 3.21 所示。

图 3.21 受地基的约束作用而产生的裂缝

主要预防措施：一是在结构工程施工前应对地基进行必要的夯实加固；二是保证模板有足够的强度和刚度，且支撑牢固，并使地基受力均匀；三是防止混凝土浇灌过程中地基被水浸泡；四是模板拆除的时间不能太早，且要注意拆模的先后次序。在冻土上搭设模板时要注意采取一定的预防措施。

3.2.1.2 塑性收缩裂缝

塑性收缩裂缝一般在干热或大风天气出现，裂缝多呈中间宽、两端细且长短不一，互不连贯状态。较短的裂缝一般长 20~

30cm，较长的裂缝可达 2～3m，宽 1～5mm。这种裂缝是在混凝土仍处于塑性状态时出现的。由于基础、模板的吸水或漏水、骨料的吸水或因高温、风力过大使混凝土表面失水过快等原因，造成毛细管中产生较大的负压而使混凝土体积急剧收缩，同时这种收缩又受到基础、骨料、钢筋等的约束而引起拉应力，此时因混凝土本身的抗拉强度很低，故混凝土在这种塑性收缩作用下易产生裂缝。

塑性收缩裂缝的预防措施。首先是在浇筑混凝土之前，将基层和模板浇水均匀湿透，应避免骨料、模板、基础过多吸水。其次是加强养护，并采取必要的防风措施，如覆盖塑料薄膜或者潮湿的草垫、麻片等，保持混凝土终凝前表面湿润，或者在混凝土表面喷洒养护剂等进行养护以防水分的过多蒸发。三是严格控制水灰比，掺加高效减水剂来增加混凝土的坍落度和和易性，减少水泥及水的用量。

3.2.1.3　干缩裂缝

干缩裂缝多出现在混凝土养护结束后的一段时间或是混凝土浇筑完毕后的一周左右。干缩裂缝出现于混凝土硬化后，由其内部的水泥石失水收缩而引起的。当水泥发生收缩时，由于骨料收缩小于水泥石而对其产生约束作用，并在水泥石中产生拉应力。当拉应力大于混凝土的抗拉强度时即产生裂缝。干缩裂缝多为表面性的平行线状或网状浅细裂缝，宽度多在 0.05～0.2mm 之间，大体积混凝土中平面部位多见，较薄的梁板中多沿其短向分布。

防止干缩裂缝的方法有：一是选用收缩较少的中低热水泥和粉煤灰水泥，或减少水泥的用量；二是降低水灰比，减少单位加水量或掺加合适的减水剂；三是加强养护措施并适当延长混凝土的养护时间，冬季施工时要适当延长混凝土保温覆盖时间，并涂刷养护剂养护。

3.2.1.4　温度裂缝

引起温度裂缝的原因有内部与外部之分。

内部原因是由于体积较大的混凝土因水泥水化热积蓄，造成与外界的温差过高，产生不均匀膨胀从而导致混凝土开裂。混凝土浇筑后，在硬化过程中，水泥水化产生大量的水化热。一般，当水泥用量在 350～550kg/m³ 时，能产生出 17500～27500kJ/m³ 的热量，使混凝土内部温度升高达 70℃ 以上。由于混凝土的体积较大，大量的水化热聚积在混凝土内部而不易散发，导致内部温度急剧上升，而混凝土表面散热较快，这样就造成较大的内外温差，由于内部与外部热胀冷缩的程度不同，使混凝土表面产生一定拉应力。当拉应力超过混凝土的抗拉强度极限时，混凝土表面就会产生裂缝，这种裂缝多发生在混凝土施工中后期。

外部原因主要是气候变化，冰霜作用引起的。当温差变化较大，或者是混凝土受到寒潮的袭击等，会导致混凝土表面温度急剧下降而产生收缩，表面收缩的混凝土受内部混凝土的约束，将产生很大的拉应力而产生裂缝，这种裂缝通常只在混凝土表面较浅的范围内产生。

温度裂缝有表层、深层和贯穿裂缝。表层裂缝走向无一定规律，大面积结构裂缝常纵横交错；梁板类长度尺寸较大的结构，裂缝多平行于短边。深层和贯穿性裂缝一般与短边方向平行或接近平行，裂缝沿着长边分段出现，中间较密。裂缝宽度受温度变化影响较为明显，冬季较宽，夏季较窄。高温膨胀引起的混凝土温度裂缝通常是中间粗两端细，而冷缩裂缝的粗细变化不太明显。

主要预防措施如下。

① 优先选用低热或中热水泥，如矿渣水泥、粉煤灰水泥或掺加粉煤灰或高效减水剂等来减少水泥用量，降低水化热。

② 改善混凝土的搅拌加工工艺，降低混凝土的浇筑温度。

③ 在混凝土中掺加一定量的具有减水、增塑、缓凝等作用的外加剂，改善混凝土拌合物的流动性、保水性，降低水化热，推迟热峰的出现时间。

④ 高温季节浇筑时可以采用搭设遮阳板等辅助措施控制混凝土的温升。

⑤ 对于大体积混凝土的温度应力与结构尺寸相关，混凝土结构尺寸越大，温度应力越大，因此要合理安排施工工序，分层、分块浇筑，以利于散热，减小约束。

⑥ 在大体积混凝土内部设置冷却管道，以降低混凝土的内外温差。

⑦ 加强混凝土养护。混凝土浇筑后，及时用湿润的草帘、麻片等覆盖，并注意洒水养护，适当延长养护时间，保证混凝土表面缓慢冷却。在寒冷季节，混凝土表面应设置保温措施，以防止寒潮袭击。

⑧ 混凝土中配置少量的钢筋或者掺入纤维材料将混凝土的温度裂缝控制在一定的范围之内。

为防止温度裂缝对混凝土的影响，一般对混凝土结构工程应留有一定的伸缩缝。

3.2.1.5　化学作用裂缝

引起这类裂缝的原因较多，如水泥安定性不良、碱骨料反应、钢筋锈蚀、各种介质对混凝土的有害侵蚀等均可导致混凝土的开裂。

相应的防止措施有：使用合格水泥；选用低碱水泥及惰性骨料；设置足够厚度的钢筋保护层；提高混凝土密实度；或采用抗蚀性外加剂或掺入一定量的矿物掺合料抑制碱骨料反应等；或是钢筋表层涂刷防腐涂料，以减少钢筋锈蚀。

3.2.1.6　应力裂缝

主要是由于超载、地基下沉或配筋量不足等，引起应力超过混凝土拉伸强度而产生裂缝。对此可通过正确设计、严格施工、合理使用等加以防止。

3.2.1.7　施工因素裂缝

引起此类裂缝的原因可能是：在混凝土尚未达到足够的强度时即进行过早的拆模、起吊或加载。因此只要严格施工，正确使用即可防范此类裂缝的产生。

3.2.2　裂缝处理

裂缝的出现不但会影响结构的整体性和刚度，还会引起钢筋的锈蚀、加速混凝土的碳化、降低混凝土的耐久性和抗疲劳、抗渗能力。因此根据裂缝的性质和具体情况应区别对待、及时处理，以保证建筑物的安全使用。

混凝土裂缝的修补措施主要有以下一些方法：表面修补法，灌浆、嵌缝封堵法，结构加固法，混凝土置换法，电化学防护法以及仿生自愈合法。

3.2.2.1　表面修补法

表面修补法包括表面涂抹法和表面贴补法两种，是一种简单、常见的修补方法，适用于稳定和对结构承载能力没有影响的表面裂缝的处理。表面涂抹法是在裂缝的表面涂抹水泥浆、环氧树脂、丙烯酸橡胶或在混凝土表面涂刷油漆、沥青等防腐材料。表面贴补法是用胶黏剂把橡皮、氯丁橡皮、塑料带、高分子土工防水材料等贴在裂缝部位的混凝土面上，达到密封裂缝、防止渗漏的目的。

3.2.2.2　灌浆、嵌缝封堵法

灌浆法主要适用于对结构整体性有影响或有防渗要求的混凝土裂缝的修补，分为化学灌浆和水泥灌浆两种，一般混凝土裂缝多采用化学灌浆，对宽度较大的稳定裂缝则采用水泥灌浆。它是利用压力设备将胶结材料压入混凝土的裂缝中，胶结材料硬化后与混凝土形成一个

整体，从而起到封堵加固的目的。化学灌浆的浆材有：环氧树脂、甲基丙烯酸酯、聚氨酯等化学材料。水泥灌浆材料主要是水泥浆并加入微膨胀剂、硅粉、碱水剂或其他添加剂以改善水泥浆的性能。

嵌缝法一般用于修补水平面上较宽的裂缝（＞0.3mm）。较宽的裂缝可直接向缝内灌入不同黏度的树脂。宽度小于0.3mm的裂缝通常是沿裂缝凿槽，在槽中嵌填塑性或刚性止水材料，以达到封闭裂缝的目的。常用的塑性材料有聚氯乙烯胶泥、塑料油膏、丁基橡胶等；常用的刚性止水材料为聚合物水泥砂浆。

3.2.2.3 结构加固法

当裂缝影响到混凝土结构的性能时，就要考虑采取加固法对混凝土结构进行处理。结构加固中常用的主要有以下几种方法。加大混凝土结构的截面面积，在构件的角部外包型钢、采用预应力法加固、粘贴钢板加固、增设支点加固以及喷射混凝土补强加固。

3.2.2.4 混凝土置换法

混凝土置换法是处理严重损坏混凝土的一种有效方法，此方法是先将损坏的混凝土剔除，然后再置换入新的混凝土或其他材料。常用的置换材料有：普通混凝土或水泥砂浆、聚合物或改性聚合物混凝土或砂浆。

3.2.2.5 仿生自愈合法

仿生自愈合法是一种新的裂缝处理方法，它模仿生物组织对受创伤部位自动分泌某种物质，而使创伤部位得到愈合的机能，在混凝土的传统组分中加入某些特殊组分（如含黏结剂的液芯纤维或胶囊），在混凝土内部形成智能型仿生自愈合神经网络系统，当混凝土出现裂缝时分泌出部分液芯纤维可使裂缝重新愈合。

3.3 普通混凝土的物理性能

教学任务：掌握密度与密实度的概念及计算；掌握混凝土的热工性能、基本热工参数。了解混凝土的声学性能。

混凝土的物理性能通常包括密度、密实度、孔隙率、硬度、热工性能、声学性能、力学性能等。它是混凝土配合比设计、混凝土结构设计与计算的主要参数，也是评价混凝土性能的重要指标。本任务主要探讨混凝土的密度、密实度、孔隙率、热工性能和声学性能。

3.3.1 密度与密实度

3.3.1.1 密度

材料在绝对密实状态下（内部不含任何孔隙），单位体积的质量称为密度，以 ρ 表示。计算式为：

$$\rho = \frac{m}{V} \tag{3.15}$$

式中 ρ——材料的密度，g/cm³；

m——材料在干燥状态下的质量，g；

V——材料在绝对密实状态下的体积，cm³。

材料在自然状态下，单位体积所具有的质量称为表观密度。通常所指混凝土的密度即为表观密度。其计算式为：

$$\rho_0 = \frac{m}{V_0} \tag{3.16}$$

式中　ρ_0——表观密度，kg/m³；

　　　m——材料的质量，kg；

　　　V_0——材料在自然状态下的体积，或称表观体积（m³），是指包含内部孔隙在内的体积。

混凝土的密度随骨料的密度、级配、最大粒径、混凝土配合比、含气量及干湿程度等因素而变化。其中影响最大的是骨料的密度，见表 3.4。

表 3.4　已硬化的混凝土平均干密度

骨料的最大粒径/mm	配合比			平均干密度/(kg/m³)				
	砂率/%	水泥/(kg/m³)	水/(kg/m³)	骨料密度/(kg/m³)				
				2.55	2.60	2.65	2.70	2.75
20	42	357	192	2199	2299	2259	2299	2329
40	39	312	176	2226	2256	2286	2336	2366
80	34	267	159	2244	2284	2324	2364	2404
150	26	223	132	2303	2333	2383	2413	2463

普通混凝土的密度一般在 2200～2450kg/m³ 范围内，钢筋混凝土的密度大约在 2450～2500kg/m³ 范围内。混凝土密度 ρ_0 的理论计算式为：

$$\rho_0 = 10 G_a (100 - \alpha) + C \left(1 - \frac{G_a}{G_c}\right) - W (G_a - 1) \tag{3.17}$$

式中　ρ_0——混凝土的密度；

　　　G_a——骨料混合平均密度（一般在 2.65g/cm³ 左右）；

　　　α——混凝土含气量；

　　　G_c——水泥密度（一般在 3.1g/cm³ 左右）；

　C, W——分别为混凝土中水泥和水的用量。

3.3.1.2　密实度

一定体积的混凝土中，其固体物质的填充程度称为密实度。可用下式表示：

$$D = \frac{V}{V_0} = \frac{\rho_0}{\rho} \tag{3.18}$$

式中　D——密实度。

绝对密实的混凝土是不存在的，混凝土中总是含有一定量的孔隙，$\rho_0 < \rho$，故混凝土的密实度 $D < 1$。混凝土的孔隙率 P 可按下式计算：

$$P = 1 - D = 1 - \frac{V}{V_0} = 1 - \frac{\rho_0}{\rho} \tag{3.19}$$

混凝土的绝对体积较难测定，在实际应用中，混凝土的密实度可采用下式计算：

$$D = V_c + V_s + V_g + V_w = \frac{W_c}{\rho_c} + \frac{W_s}{\rho_s} + \frac{W_g}{\rho_g} + \frac{\beta W_c}{1000} \tag{3.20}$$

式中　W_c, W_s, W_g——分别表示每立方米混凝土中水泥、细骨料、粗骨料用量，kg/m³；

　　　ρ_c、ρ_s、ρ_g——分别表示水泥、细骨料、粗骨料的密度，kg/m³；

　　　　　　β——结合水系数，表示一定龄期的混凝土中结合水占水泥质量的百分数，其值见表 3.5。

表 3.5 水泥不同龄期的结合水系数

水泥品种	β 值				
	3d	7d	28d	98d	360d
快硬硅酸盐水泥	0.14	0.16	0.20	0.22	0.25
普通硅酸盐水泥	0.11	0.12	0.15	0.19	0.25
矿渣硅酸盐水泥	0.06	0.08	0.10	0.15	0.23

混凝土的密实度几乎与混凝土所有的主要技术性能，如强度、抗渗性、隔音、隔热等有着密切的关系。但须指出的是，混凝土的密实度或孔隙率还不能完全说明混凝土的结构，因为它们不能反映混凝土中孔的结构特征，如孔径大小、形状、分布及密封程度等，而孔隙的这些特征是直接影响上述性能的主要因素之一。

3.3.2 热工性能

混凝土的热工性能是设计大体积混凝土及其在各种条件下长期使用时必须考虑的重要性质。例如，对因温度变化产生的应力可能导致混凝土开裂和变形、有特殊要求的结构工程、对绝热有特殊要求的建筑物，以及在大体积混凝土中由于水泥水化热引起的温度升高和扩散对混凝土产生的影响等，均必须进行热工计算，以便采取相应措施。

混凝土的热工性能包括的基本参数有比热容、热导率、热扩散系数、热膨胀系数等。

3.3.2.1 比热容

1g 材料温度升高 1K 时所吸收的热量，或降低 1K 时放出的热量，称为材料的比热容。可由下式计算：

$$c = \frac{Q}{m \ (T_2 - T_1)} \tag{3.21}$$

式中 c——材料的比热容，J/(g·K)；

Q——材料吸收或放出的热量，J；

m——材料的质量，g；

$T_2 - T_1$——材料受热或冷却前后的温差，K。

混凝土材料的比热容取决于其所采用的原材料和含水量。骨料与水泥石对混凝土比热容的影响可由下式表示：

$$c = c_p \ (1 - W_a) + c_a W_a \tag{3.22}$$

式中 c——混凝土的比热容，J/(g·K)；

c_p——水泥石的比热容，J/(g·K)；

c_a——骨料的比热容，约在 0.71~0.84J/(g·K)；

W_a——混凝土中骨料质量在混凝土总质量的百分数。

混凝土比热容的范围通常在 0.8~1.2J/(g·K) 之间。

3.3.2.2 导热性

材料传导热量的能力，称为导热性。材料导热能力的大小可以用热导率（λ）表示。热导率在数值上等于厚度为 1m 的材料，当其相对两侧的温度差为 1K 时，经单位面积单位时间所通过的热量。可用下式计算：

$$\lambda = \frac{Q\delta}{At \ (T_2 - T_1)} \tag{3.23}$$

式中 λ——热导率，W/(m·K)；

Q——传导的热量，J；

A——热传导面积，m^2；

δ——材料的厚度，m；

t——热传导时间，s；

T_2-T_1——材料两侧的温差，K。

热导率越小，材料的保温隔热性能就越好。

混凝土的导热性随骨料的品种、骨料用量、混凝土的含水量及本身的温度等不同而有所变化。表 3.6～表 3.8 列出了上述因素对热导率的影响。

表 3.6　不同骨料混凝土的热导率

骨料种类	混凝土密度/(kg/m³)	热导率/[W/(m·K)]
重晶石	3640	1.372
火成岩	2540	1.442
白云石	2560	3.674
轻混凝土(烘干)	480～1760	0.14～0.60

表 3.7　不同含水状态下混凝土的热导率

含水量(体积)/%	0	2	4	8
热导率/W/[(m·K)]	1.279	1.860	2.035	2.320

表 3.8　不同温度下混凝土的热导率

温度/℃	0	10	20	30
水中养护，在70℃下干燥的混凝土 λ/[W/(m·K)]	1.081	1.221	1.360	1.500
上述干燥的混凝土，吸水14%(体积)λ/[W/(m·K)]	1.709	1.919	2.110	2.326

空气的热导率非常小，为 0.026W/(m·K)，是水的热导率 0.605W/(m·K) 的 1/25，所以干燥的混凝土比含水状态的混凝土热导率小。同样，由于空气的热导率小，混凝土密度越小，热导率也越小，尤其是内部多孔的轻混凝土，影响更显著。

3.3.2.3　热扩散系数

热扩散系数是表示材料在加热和冷却时，各点达到同样温度的速率，是热导率和比热容的函数。热扩散系数越大，材料各点达到同样温度的速度越快。可由下式表示：

$$D=\frac{\lambda}{c\rho} \tag{3.24}$$

式中　c——材料的电热容，J/(g·K)；

　　　ρ——材料的密度，g/cm³；

　　　λ——热导率，W/(m·K)；

　　　D——材料的热扩散系数，m^2/s。

混凝土的热扩散系数一般在 0.002～0.007，m^2/h。

3.3.2.4　热膨胀系数

热膨胀是影响所有结构工程的一个重要因素，材料的热胀或冷缩以及结构各部位受热的不均匀性，将可能产生较大的温度应力使结构受到破坏。而发生在混凝土内部的热膨胀由于水泥石与骨料的不同膨胀，可能产生很高的内应力导致混凝土的开裂破坏。

混凝土的热膨胀系数可表示为水泥石与骨料热膨胀系数的加权平均值，即：

$$a_c=\frac{a_p E_p V_p + a_a E_a V_a}{E_p V_p + E_a V_a} \tag{3.25}$$

式中　a_c，a_p，a_a——分别为混凝土、水泥石、骨料的热膨胀系数；

E_p，E_a——水泥石、骨料的弹性模量；

V_p，V_a——水泥石、骨料的体积率，$V_a = 1 - V_p$。

但混凝土作为一种多相复合材料，其热膨胀系数不仅取决于水泥石和骨料，而且还取决于孔隙中的含水状态。有资料显示，当环境的相对湿度为70%时，水泥石的线膨胀系数最大，而在相对湿度为100%和0时为最小。

对大体积混凝土，由于水泥水化热可能使混凝土内部温度过高，从而导致因内外温差产生较大的膨胀应力，使混凝土开裂。为防止这种开裂，通常在大体积混凝土中应埋设冷却管以加速冷却。混凝土各组分的热工性能见表3.9。

表3.9　混凝土组分的热工性能

混凝土组分		热导率/[W/(m·K)]	比热容/[J/(kg·℃)]	线膨胀系数(×10⁻⁶)/℃
骨料	花岗岩	3.1	800	7~9
	玄武岩	1.4	840	6~8
	石灰石	3.1	—	6
	白云石	3.6	—	7~10
	砂岩	3.9	—	11~12
	石英岩	4.3	—	11~13
	大理石	2.7	—	4~7
水泥浆	$W/C = 0.4$	1.3	—	18~20
	$W/C = 0.5$	1.2	—	18~20
	$W/C = 0.6$	1.0	1600	18~20
混凝土		1.5~3.5	840~1170	7.4~13
水		0.5	4200	—
空气		0.03	1050	—
钢		120	460	11~12

3.4　普通混凝土的强度

教学任务：熟悉混凝土主要强度的指标及检测方法，分析混凝土在应力作用下的破坏过程及影响混凝土强度的主要因素，建立混凝土强度与W/C、水泥强度之间的关系式，为今后的配合比计算奠定了基础。

强度就是材料抵抗外力而不受破坏的能力。混凝土的强度是混凝土材料最重要的力学性质。混凝土的其他性能诸如抗冻性、抗渗性、耐磨性、耐腐蚀性等都与其有着密切的联系。混凝土材料的强度越高，上述的各种性能就越好。

混凝土的强度主要有抗压强度、抗拉强度、抗弯强度、抗剪强度及混凝土与钢筋的黏结强度等。其中混凝土的抗压强度最大，抗拉强度最小。因此，在进行混凝土结构设计时，一般应使混凝土承受压荷载，尽量避免承受拉荷载。当必须承受拉荷载时，结构须配钢筋。在钢筋混凝土中，拉应力和剪应力主要由钢筋承受。

3.4.1　混凝土的主要强度

3.4.1.1　抗压强度

混凝土的抗压强度是指其标准试件在压力作用下直到破坏时，单位面积所能承受的最大压力。混凝土抗压强度在诸强度中受到特别的重视。用标准试件测定的混凝土抗压强度值作为划分混凝土强度等级的标准，并以此作为评定混凝土质量的重要指标。混凝土抗压强度与其他几种强度及混凝土的变形性能等均具有良好的相关性，只要获得抗压强度值，就可推测该混凝土的其他强度、耐久性和变形性能等。在实际工程中提到的混凝土的强度一般就是指抗压强度。

根据国家标准《普通混凝土力学性能试验方法标准》(GB/T 50081—2002) 规定,以 150mm×150mm×150mm 的标准立方试件,在标准条件(温度 20℃±3℃、相对湿度 90%)下养护 28d,所测得的抗压强度值为混凝土立方抗压强度,以 f_{cu} 表示。混凝土强度等级是根据混凝土立方抗压强度标准值划分的。立方抗压强度标准值是用标准方法测得的具有 95% 强度保证率的立方抗压强度,以 $f_{cu,k}$ 表示。当骨料最大粒径较大或较小时,允许采用非标准尺寸的试件,但应将其抗压强度乘以换算系数(表 3.10)换算成标准试件尺寸的抗压强度。

表 3.10 试件不同尺寸的强度换算系数

骨料最大粒径/mm	试件尺寸/mm×mm×mm	强度换算系数
31.5 以下	100×100×100	0.95
40	150×150×150	1
60	200×200×200	1.05

根据我国《混凝土结构设计规范》(GB 50010—2011) 的规定,混凝土的立方体抗压强度标准值(以 N/mm² 或 MPa 计)划分为 C15、C20、C25、C30、C35、C40、C45、C50、C55、C60、C65、C70、C75、C80 共 14 个强度等级,混凝土垫层可有 C10 的混凝土。混凝土强度等级是混凝土结构设计时强度计算的取值依据,也是施工中控制混凝土质量和进行工程验收的重要依据。

实际工程中钢筋混凝土构件形状以棱柱体或圆柱体为多。为了使测得的混凝土强度接近于混凝土构件的实际情况,在混凝土构件计算中,多采用轴心抗压强度(f_{cp})作为设计计算依据。

根据《普通混凝土力学性能试验方法标准》(GB/T 50081—2002) 的规定,轴心抗压强度采用 150mm×150mm×300mm 的棱柱体作为标准试件进行抗压强度试验。如有必要,也可采用非标准尺寸的棱柱体试件,但其高宽比(h/a)应在 2~3 的范围内。轴心抗压强度值 f_{cp} 比同截面的立方抗压强度值 f_{cu} 小,棱柱体试件高宽比(h/a)越大,轴心抗压强度越小,但当 h/a 达到一定值后,强度不再降低。在立方体抗压强度 f_{cu} 为 10~55MPa 范围内,轴心抗压强度 $f_{cp}\approx$(0.70~0.80)f_{cu}。

3.4.1.2 抗拉强度

混凝土的抗拉强度比较低,一般只有抗压强度的 1/20~1/10,其拉压比值随混凝土强度等级的提高而降低。一般在普通钢筋混凝土结构设计中只考虑混凝土的抗压强度,但抗拉强度对混凝土的抗裂性起着重要作用。因此,对某些混凝土结构工程,如路面板、水槽、挡水坝等,除要求抗压强度外,混凝土的抗拉强度也是设计中要考虑的重要参数。

混凝土抗拉强度的测定方法,常采用轴向拉伸法和劈裂法两种。轴向拉伸试验使混凝土单纯受拉力,受力条件简单,但需要体积较大的试件和相应的拉力试验机。劈裂法试验方法简单,所需的试件较小,与抗压强度试验条件相似,除了简单的夹具和垫条外,无需增加其他设备,如图 3.22(a)所示。但它的断面上并不完全是拉应力,在受拉的同时还有一定的压应力,如图 3.22(b)所示。另外,加荷条件对试验也有一定影响。由劈裂法试验得出的混凝土抗拉强度称为混凝土的劈裂抗拉强度(f_{ts}):

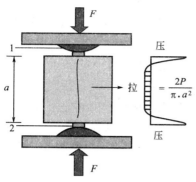

(a) 劈裂试验装置图
1—钢垫条；2—木质垫层

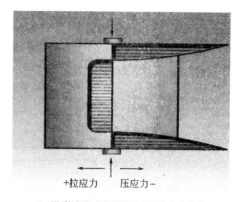

(b) 劈裂试验时垂直于受力面的应力分布

图 3.22　劈裂抗拉强度试验

$$f_{ts} = 0.637 \frac{P}{A} \tag{3.26}$$

式中　f_{ts}——混凝土劈裂抗拉强度，MPa；

　　　　P——破坏荷载，N；

　　　　A——试件劈裂面积，mm^2。

　　试验证明，在相同条件下混凝土用轴向拉伸法测得的抗拉强度，比劈裂法测得的抗拉强度略小，两者比值约为 0.90。混凝土劈裂抗拉强度与混凝土标准立方抗压强度之间的关系，可用如下经验公式计算：

$$f_{ts} = 0.35 f_{cu}^{\frac{3}{4}} \tag{3.27}$$

3.4.1.3　抗弯强度

　　混凝土材料在承受弯曲时，达到破坏前单位面积上的最大应力，称混凝土的抗弯强度，又称抗折强度。混凝土的抗弯强度是道路、飞机跑道等混凝土工程设计中的重要参数。

　　混凝土抗弯强度的试验方法主要有三等分加荷法和中心点加荷法。我国主要采用前者。根据《普通混凝土力学性能试验方法标准》 （GB/T 50081—2002）的规定，试件采用 $150mm \times 150mm \times 600mm$ （或 $550mm$）的棱柱体小梁作为标准试件，必要时也允许使用 $100mm \times 100mm \times 400mm$ 的棱柱体试件。但应乘以尺寸换算系数 0.85。

　　在试验时，将试件在试验机的支座上放稳对中，承压面应选择试件成型时的侧面。用对称的两点荷载向混凝土梁（无钢筋）施加弯折作用，直至破坏为止。由于加荷点位于跨中三分之一处，因此该试验被称为三等分加荷试验，如图 3.23 所示。混凝土的抗弯强度约为抗压强度的 $10\% \sim 20\%$，约为劈裂抗拉强度的 $1.5 \sim 3.0$ 倍。

　　混凝土的抗弯强度可通过下式计算：

$$R_w = \frac{PL}{bh^2} \tag{3.28}$$

式中　P——梁的最大荷载，N；

　　　　L——两支点间距离，mm；

　　　　b——梁的平均宽度，mm；

　　　　h——梁的平均高度，mm。

　　中心点加荷法是在梁的两支点的中心加荷。三等分加荷所得的抗弯强度值约为中心点加

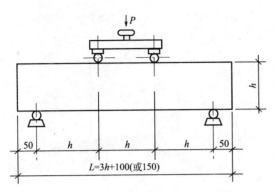

图 3.23 三等分加荷法抗弯强度试验

荷试验值的 0.75~0.8 倍。而且试验值的离差小。这是由于混凝土是不均匀的，三等分加荷时两个加荷点之间断面承受同样的最大弯矩，在最弱断面处发生破坏，中心点加荷则在中心弯矩最大处强制破坏。因而，三等分加荷的试验值较中心点加荷为小。

3.4.1.4 黏结强度

由于结构混凝土在大多数情况下都预埋有钢筋增强材料，混凝土与钢筋之间必须有适当的黏结强度。以使钢筋与混凝土能有效地协同工作。这种黏结强度主要来源于混凝土与钢筋之间的摩擦力、钢筋与水泥石之间的黏结力。若采用的是变形钢筋，则还存在着与水泥石间的机械啮合力。在混凝土结构中，黏结强度不仅受到混凝土性质的影响，还受到其他一些因素的影响。这些因素包括钢筋的尺寸、变形钢筋的种类；钢筋在混凝土中的位置（水平钢筋或垂直钢筋）；加载类型（受拉钢筋或受压钢筋）；以及干湿变化、温度变化等。

目前，还没有一种适当的标准试验能准确测定混凝土与钢筋的黏结强度。为了对比不同混凝土的黏结强度，美国材料试验学会提出了一种拔出试验方法：混凝土试件为边长 150mm 的立方体，其中埋入 ϕ19mm 的标准变形钢筋，试验时以不超过 34MPa/min 的加荷速度对钢筋施加拉力，直到钢筋发生屈服；或混凝土开裂；或加荷端钢筋滑移超过 2.5mm。记录出现上述三种中任一种情况时的荷载 P，用下式计算混凝土与钢筋的黏结强度：

$$f_N = \frac{P}{\pi d l} \tag{3.29}$$

式中　f_N——黏结强度，MPa；

　　　P——测定的荷载值，N；

　　　d——钢筋直径，mm；

　　　l——钢筋埋入混凝土中的长度，mm。

钢筋的黏结强度随混凝土抗压强度增加而提高，如图 3.24 所示。

经干燥收缩的混凝土，其与钢筋的黏结强度较潮湿条件下的混凝土高。

3.4.2 混凝土的破坏过程

混凝土是一种复杂的结构，在混凝土中分散存在着孔隙、水隙和微裂缝。当混凝土受荷载作用时，这些孔隙和裂缝就可能成为最先受到破坏的场所。通常把这些孔隙和裂缝称为混凝土的结构缺陷。结构缺陷越多，混凝土的强度就越低。

混凝土的破坏过程是渐变过程，在压应力作用下，加荷初期混凝土的一些微裂缝会由于荷载作用而闭合。而在一些拉应变高度集中的点上将会出现新的微裂缝，这些微裂

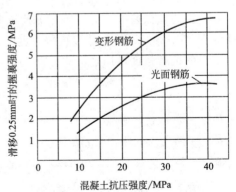

图 3.24 混凝土抗压强度对黏结强度的影响

缝将随荷载的增加而扩展。对于理想的脆性材料，当某一裂缝达到临界尺寸时，就会在材料中自发地扩展起来，以致断裂。对于像混凝土这样的非均质材料，裂缝会因扩展到阻力大的区域而停止，然后随着应力的增加再扩展。这样在应力—应变曲线上就表现为非线性的形式。

在加荷初期这种微裂缝的产生和扩展对混凝土的破坏是局部性的，试件尚能承受荷载的增加。此时，若保持应力不变，则裂缝的扩展也就停止。但若继续增加荷载，裂缝将进一步扩展，混凝土的破坏范围增大，裂缝数量也将不断增多并相互连通。最后，即使在荷载不再增加的情况下，裂缝也会扩展，使结构处于不稳定状态并带有突变性，从而失去承载能力。

在荷载作用下，混凝土的裂缝扩展会发生在如下几个地方：水泥石与骨料的界面上、水泥石或砂浆中、骨料颗粒内部。

混凝土的受力破坏形式、原因及可能性分析见表 3.11。

表 3.11 受力破坏形式、原因及可能性分析

破坏形式	原因	可能性
水泥石破坏	水泥等级低造成	经常出现
黏结面(界面)破坏	由于表面裂缝	经常出现
粗骨料破坏	正常情况下，$f_{岩石} > f_{cu}$	很少出现

通常普通混凝土的破坏与轻骨料混凝土有显著的不同：对于普通混凝土，骨料强度一般大于水泥石或砂浆强度，在荷载作用下，裂缝的扩展一般在水泥石或砂浆中进行而绕过骨料。而在轻骨料混凝土中，骨料强度一般低于水泥石或砂浆强度，裂缝会贯穿骨料而发展，如图 3.25 所示。对于高强混凝土也可能发生骨料颗粒破坏的情况。因此，轻骨料混凝土的破坏速度要较普通混凝土快。

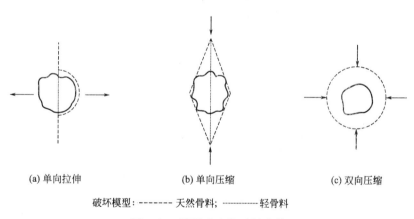

(a) 单向拉伸　　　　　(b) 单向压缩　　　　　(c) 双向压缩

破坏模型：------- 天然骨料；——— 轻骨料

图 3.25 混凝土中的破坏途径

3.4.3 影响混凝土强度的主要因素

混凝土承受外界应力的能力不仅取决于起所受应力的种类，而且还取决于诸如材料的品种、性能、配合比、成型及养护的条件等因素。研究这些因素对混凝土强度及其他性能产生的综合影响，将有利于找到提高混凝土强度及其他性能的途径。

3.4.3.1 水泥强度等级与水灰比

水泥强度等级和水灰比是影响混凝土强度的最主要的因素。水泥是混凝土中的活性组分，在水灰比不变的情况下，水泥强度等级愈高，硬化水泥石的强度愈大，对骨料的黏结力就愈强，配制的混凝土强度也就愈高。在水泥强度等级相同的条件下，混凝土的强度主要取

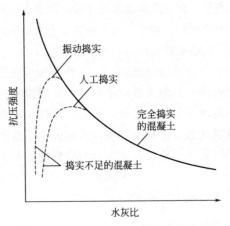

图 3.26 混凝土强度与水灰比的关系

决于水灰比。这是因为，虽然水泥水化的理论需水量只占水泥质量的 23% 左右，但在拌制混凝土拌合物时，为了获得施工所要求的流动性常需多加水。通常，混凝土的水灰比在 0.4~0.8 之间。当混凝土硬化后，多余的水分就残留在混凝土内部，蒸发后形成了许多气孔和通道，大大减少了混凝土抵抗荷载的有效断面，而且可能在孔隙周围引起应力集中，从而使混凝土强度降低。

1918 年 D·艾布拉姆斯（Abrams）提出了混凝土在充分密实状态下，其强度与水灰比的关系，即水灰比定理：

$$f_c = \frac{K_1}{K_2^{W/C}} \tag{3.30}$$

式中，W/C 表示水灰比，K_1、K_2 为经验常数。混凝土强度与水灰比的典型曲线如图 3.26 中实线所示。水灰比越小，混凝土强度越高。但是，如果水灰比过小，拌合物过于干稠，在一定的施工振捣条件下，混凝土不能被振捣密实，出现较多的蜂窝、孔洞，反而导致混凝土强度严重下降。

根据实践经验，可建立如下的混凝土强度与水胶比（W/B）、水泥强度等因素之间的经验公式：

$$W/B = \frac{\alpha_a f_b}{f_{cu,0} + \alpha_a \cdot \alpha_b \cdot f_b} \tag{3.31}$$

式中　W/B——混凝土水胶比；

α_a，α_b——回归系数，与骨料品种及水泥品种等因素有关，其数值通过多次试验求得，若无试验统计资料时，则可按《普通混凝土配合比设计规程》（JGJ 55—2011）提供的系数取用：

碎石　$\alpha_a = 0.53$；$\alpha_b = 0.20$

卵石　$\alpha_a = 0.49$；$\alpha_b = 0.13$

f_b——胶凝材料 28d 胶砂抗压强度，MPa，可实测；无实测值时，也可按下式确定：

$$f_b = r_f r_s f_{ce} \tag{3.32}$$

r_f，r_s——粉煤灰、粒化高炉矿渣影响因素，当两者掺量为 0 时，其影响因素分别为 1；

f_{ce}——水泥 28d 胶砂抗压强度实测值，MPa；当 28d 胶砂抗压强度（f_{ce}）无法实测时，可用下式计算：

$$f_{ce} = \gamma_c f_{ce,g}$$

式中　γ_c——水泥强度等级的富余系数（一般为 1.10~1.16）；

$f_{ce,g}$——水泥强度等级值，MPa。

以上经验公式一般只适用于流动性混凝土及低流动性混凝土，对于干硬性混凝土则不适用。利用混凝土强度公式，可根据所用的水泥强度和水灰比来估计所配制混凝土的强度，也可根据水泥强度和所要配制混凝土的强度等级，计算应采用的水灰比。

3.4.3.2 骨料

骨料对混凝土强度的影响主要有骨料强度、骨料的级配、粒径、形状及表面状态等。当骨料级配良好，砂率适当时，由于组成了紧密的骨架，有利于混凝土强度的提高。如果混凝土骨料中有害杂质较多、且骨料品质较差、级配不好时，所配制的混凝土强度就会降低。

骨料的形状和表面状态对其与水泥砂浆的黏结也有较大的影响。表面粗糙、多棱角的碎石骨料较表面光滑的卵石骨料与水泥砂浆有更高的黏结力，因而混凝土强度也较后者为高。例如，当 $W/C < 0.4$ 时，碎石混凝土比卵石混凝土的抗压强度约高 30% 以上。但随着水灰比的增大，这种影响逐渐减弱；当 $W/C = 0.65$ 时，两者的强度几乎无明显差别。骨料表面的粗糙程度对混凝土抗压强度的影响要较对抗拉及抗弯强度的影响小。另外，骨料的形状以接近球形或正多面体为好，若含有较多扁平或细长颗粒，将会使混凝土内部的孔隙率增大，增加混凝土的薄弱环节，导致混凝土强度下降。

骨料的强度对混凝土强度的影响也较大。一般骨料强度越高，所配制的混凝土强度也越高，尤其在低水灰比和配制高强混凝土时特别明显。

一般说来，骨料的颗粒粒径愈大，需要湿润的比表面积愈小。因此，增大骨料粒径可以降低混凝土的需水性，在混凝土和易性不变的情况下，可相应地降低水灰比，以提高混凝土的强度。

但也有研究表明，随骨料颗粒粒径的增大混凝土强度有下降的趋势，如图 3.27 所示。对此，A·内维尔（Nevlle）认为这是由于粗骨料粒径的增大，削弱了粗骨料与水泥砂浆的黏结力，减少了黏结面积，并造成了混凝土内部结构的不连续性所致。S·沙（Shah）通过试验也验证了这一点，并认为，混凝土干缩在粗骨料表面上产生的拉应力和剪应力，一般随骨料粒径的增大而增大。当拉应力和剪应力超过骨料与水泥砂浆界面间的黏结强度时，将出现裂缝使混凝土强度降低。这种混凝土强度随骨料粒径变化的现象称为粒径效应。粒径效应在富水泥（水泥用量 > 350kg/m³）混凝土中表现得较为明显，而在贫水泥（水泥用量 < 280 kg/m³）混凝土中采用大粒径的粗骨料则是有利的。

此外，骨料的润湿性也是一个值得注意的因素。如果骨料颗粒憎水而润湿不良，则有减少水化生产物与骨料共生物的可能，从而降低了水泥石与骨料过渡区的硬度。有资料表明，有些憎水的碎石，由于其与水泥石的黏结强度降低，还会使混凝土的弹性模量也降低 2%～15%，使混凝土的徐变变形在相同应力值时有所增加。所以，在配制混凝土时还要使用亲水性骨料。对于憎水性骨料，可掺入能改善其表面润湿性的外加剂，以提高骨料与水泥石的黏结强度。

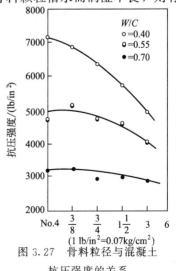

图 3.27　骨料粒径与混凝土
抗压强度的关系

3.4.3.3 搅拌、运输与振捣

在混凝土拌合物的制备过程中，因所采用的搅拌机类型、投料方式、搅拌时间、运输和成型方法的不同，对混凝土的强度也有影响。为了获得较好的搅拌效果，不同的混凝土拌合物采用的搅拌机也不同。例如，干硬性、半干硬性混凝土宜采用强制式搅拌机，塑性混凝土

宜采用鼓筒式搅拌机,而双锥式搅拌机则适合搅拌塑性、低流动性混凝土拌合物。

拌合物的投料方式不同,所获得的混凝土强度也不同,见表3.12。所谓常规法即一次投料法,就是将计量好的混凝土原材料水泥、粗细骨料、水、外加剂等一次投入到搅拌机中搅拌。其他几种方法均为分次投料。由此可以看出,分次投料法较常规方法搅拌的混凝土强度有较大提高。其原因主要是因为,分次投料法能使拌合物搅拌得更加均匀。粗骨料被水泥砂浆均匀地包裹住,各包裹层之间相互牢固地黏结在一起,减少了骨料的分层与沉降,而水分被封闭在包裹层的空隙中,也减少了拌合物的泌水。同时,骨料与水泥浆的黏结力也高。因此,混凝土的抗压强度也有所提高。

表3.12 分次投料搅拌工艺的强度平均增长率

投料方式	7d强度/%	28d强度/%	投料方式	7d强度/%	28d强度/%
常规法	0	0	裹石法	13.2	9.5
净浆法	12.2	6.7	裹砂石法	14.0	12.0
砂浆法	11.1	7.3	净浆裹石法	12.2	10.9
裹砂法	14.1	8.8			

在一定的时间内,混凝土拌合物的搅拌时间越长,拌合物越均匀,混凝土强度也越高。对于水泥用量较少或干硬性混凝土,搅拌时间应适当延长,以使水泥与水能充分接触。充分搅拌所需的时间,随搅拌机的类型和拌筒容量而不同。一般,强制式搅拌机的搅拌时间约为1min,鼓筒式搅拌机约在1.5min左右,具体可通过试验确定。

混凝土拌合物在运输过程中应保持拌合物的均匀性,尽量避免发生分层离析。应考虑拌合物的运输距离,以免影响拌合物的质量。通常,运输时间不得超过混凝土的初凝时间。混凝土拌合物运输延续时间的要求见表3.13。

表3.13 混凝土运输延续时间

混凝土种类	混凝土温度/℃	许可运输时间/h
普通混凝土	20~30	1.0
	10~19	1.5
	5~9	2
轻骨料混凝土	—	0.75

为获得结构密实的混凝土,混凝土拌合物在浇注后必须充分捣实。通常,振捣时间愈长,混凝土愈密实。但对于流动性较大的拌合物,过分振捣会产生分层离析,从而降低混凝土强度。所以,要有一个合适的振捣时间。表3.14为坍落度与振捣时间的关系。

表3.14 坍落度与振捣时间的关系

坍落度/cm	0~3	4~7	8~12	13~17	18~20	20以上
振捣时间/s	20~28	17~22	13~17	10~13	7~10	5~7
振动有效半径/cm	25	25~30		30~35	35~40	

注:采用直径为28mm的插入式振动棒。

3.4.3.4 养护

混凝土强度是一个渐进发展的过程,其发展的程度和速度取决于水泥的水化状况,而温度和湿度是影响水泥水化速度和程度的重要因素。养护的目的就是为混凝土提供一个适宜的温度和足够的湿度,以确保水泥水化的正常进行。

通常，对已成型的混凝土应使其处于饱水或接近██
很长，如果在早期终止湿润养护，混凝土的强度增长将██
凝土强度的影响。由此可以看出，早期湿润养护时间愈██
空气中养护，后再在潮湿状态下继续养护，则混凝土强度██
龄期有关，如图 3.29 所示。

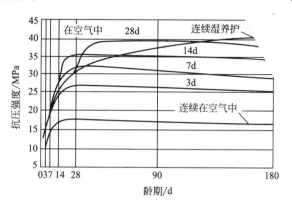

图 3.28　潮湿养护对混凝土强度的影响（$W/C = 0.5$）

养护温度对于混凝土强度的影响，随水泥品种、配合比等条件不同而异。通常，养护温度愈高，早期强度也愈高。早期养护温度低，则后期强度会不断增高。图 3.30 为 $W/C = 0.5$ 时的混凝土在各种温度的水中养护下的抗压强度的比较。由图 3.30 可以看出，大致在 4℃以下混凝土强度的增长比较缓慢，从 13～46℃、龄期为 28d 的混凝土，其强度几乎相同。如果早期养护温度低，一般后期强度发展比较好。这是因为提高养护温度，可增大水泥的初期水化速度，混凝土的早期强度也高。但这种急剧的初期水化会导致水化物的不均匀分布，水化物稠密程度低的区域成为水泥石的薄弱区，从而降低整体强度。

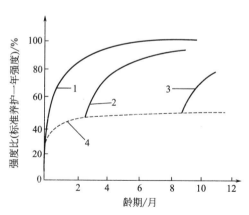

图 3.29　干燥放置后又重新潮湿养护时的混凝土抗压强度
1—标准养护（连续潮湿养护，21℃）；2—3 个月后潮湿养护；
3—9 个月后潮湿养护；4—空气中养护

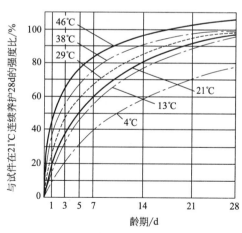

图 3.30　养护温度对抗压强度的影响

另外，水化物稠密程度高的区域包裹在水泥粒子周围，妨碍了水泥粒子的进一步水化，也使得水化产物减少。而在养护温度比较低的情况下，由于水化速度缓慢，使得水化产物有充分的扩散时间而得以均匀分布。一般夏天浇注的混凝土强度，要比同样配制、在冬天浇注的混凝土低。

强度的发展，通常采用湿热养护的方式，常用的有常压蒸气养护和高压
常压养护最重要的一个问题就是如何控制升温速度。一般认为，若自搅拌开
至49℃的时间少于2～3h，或升温至99℃的时间少于6～7h，则会对随后几小时的
发展产生不利影响。这是因为，极快的升温速度使水泥初始反应速度加快，不利于水化
产物的均匀分布，并可能阻碍水泥的进一步水化。有时这种影响造成的混凝土强度损失可达
室温养护的1/3。水灰比越大，这种影响也越大。因此，采用将浇注好的混凝土静置一段时
间后再进行高温养护，对混凝土的强度发展是比较有利的。

混凝土的常压蒸气养护制度与混凝土制品的类型有关。典型的养护制度为：静置期3～
5h；升温期应以22～33℃/h的升温速度升至最高温度；恒温期保持最高温度；最后为降温
期，以中等速度冷却至室温。总的养护时间（静置期除外）以不超过18h为佳。一般经高温
养护后的混凝土强度可达标准养护28d强度的70%～80%。若对混凝土进行高温高压养护
（压力达0.7～1.0MPa，温度为170～185℃），则能使混凝土达到高早强、高耐久性，并能
减少干缩。对掺硅质混合材的混凝土，用蒸压养护的效果更佳。

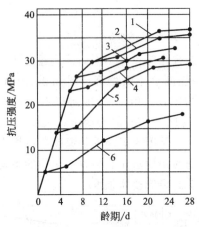

图3.31　早期冻结对混凝土强度的影响

1—无冻结的情况；2—龄期10d冻结；3—龄期7d冻结；

4—龄期5d冻结；5—龄期3d冻结；6—龄期1d冻结

与高温养护的情况相反，温度降低时水泥水化速度缓慢，混凝土强度发展也将延迟。当温度降至冰点以下时，则由于混凝土中的水分大部分结冰而使混凝土强度停止发展。同时，混凝土孔隙中的水分结冰会对孔壁产生很大压力，而使孔壁开裂，导致混凝土内部结构破坏。混凝土早期强度越低，越容易冻坏。所以，要特别防止混凝土早期受冻。图3.31为早期冻结对混凝土强度的影响。

3.4.3.5　龄期

混凝土强度随龄期的增长而逐渐提高。在正常养护条件下混凝土的强度发展有如下规律。早期强度发展快，一般28d即可达到设计强度的规定值。而后期发展较缓慢，甚至延续数十年之久。不同龄期的混凝土强度增长见表3.15。

表3.15　不同龄期混凝土强度的增长比率

水　泥	水灰比	不同龄期的相对强度/%						
		7d	28d	91d	6个月	1年	2年	3年
普通硅酸盐水泥	0.50	64	100	113	119	122	122	124
	0.65	53	100	118	123	126	126	127
早强硅酸盐水泥	0.50	80	100	109	115	113	117	118
	0.65	71	100	109	111	110	112	116
低热硅酸盐水泥	0.50	52	100	128	199	142	145	148
	0.65	43	100	148	157	160	160	165
矿渣水泥	0.50	50	100	121	129	134	134	134
	0.65	40	100	130	140	141	142	141
硅质水泥	0.50	67	100	115	121	123	126	128
	0.65	58	100	117	127	130	134	139
粉煤灰水泥	0.50	56	100	129	133	140	141	139
	0.65	56	100	143	164	174	174	173

混凝土的强度发展与龄期的关系，有如下的经验公式：

$$\frac{f_n}{f_{28}}=\frac{\lg n}{\lg 28} \tag{3.33}$$

式中　f_n——n 天龄期混凝土的抗压强度，MPa；

　　　f_{28}——28 天龄期混凝土的抗压强度，MPa；

　　　n——养护龄期，d，$n \geqslant 3$。

根据上式，可以由所测得的混凝土早期强度估算其 28d 龄期的强度。或者由混凝土 28d 强度，推算 28d 前混凝土达到某一强度需要养护的天数。但由于影响混凝土强度的因素很多，故按此式计算的结果仅作为参考。

由以上讨论可知，混凝土中水泥的水化程度随水化时间而增长，水化程度越高，混凝土强度也越高。而水泥的水化进程又与温度有关，温度升高，水化反应速度加快。混凝土的强度可以表达为时间间隔与温度乘积的单一函数，见式（3.34）。而把温度与时间的乘积称为成熟度。

$$\frac{f}{f_0}=A+B\lg M \tag{3.34}$$

式中　f——任意成熟度的混凝土抗压强度；

　　　f_0——标准成熟度（20℃、养护 28d）的混凝土抗压强度；

　A，B——与水泥有关的常数；

　　　M——成熟度，℃·h 或 ℃·d，$M=\Sigma \Delta t\,(T+10)$；

　　　Δt——水化时间，h 或 d；

　　　T——温度，℃。

其中用于成熟度计算的最低温度基准为 -10℃。这是因为，只要养护温度保持在 -10℃ 以上，混凝土强度也有一定增长。但要求是混凝土已经凝结、硬化，并且已具有一定的强度，否则在这种温度条件下会受到冻害。

上述经验公式只有在混凝土的初始温度为 16～27℃，并且在所经历的时间内不发生干燥失水的情况下，才能更好地适用。

3.4.3.6　外加剂与矿物掺合料

加入外加剂，如减水剂时，由于可使混凝土拌和水量减少、水泥颗粒的分散度提高，水泥的水化程度也相应提高，混凝土内部的结构缺陷减少。因而，混凝土强度有较大幅度提高，一般可提高 10%～30% 左右。在混凝土中加入引气剂，因混凝土中孔隙率的提高，改善了混凝土的耐久性，但其强度则会降低。掺入早强剂或缓凝剂可加速或延缓水泥的水化。但需要指出的是：过快的水化速度可能影响混凝土后期强度的进一步提高。

在混凝土中加入矿物掺合料可以改善硬化水泥浆体的结构。虽然掺入的矿物掺合料如粉煤灰、高炉矿渣等，可使混凝土的早期强度较未掺者低，后期强度则相差很小。而硅粉则主要用于生产高强混凝土，硅粉不仅能与 C_2S、C_3S 水化析出的氧化钙结合，而且还能填充水泥颗粒之间的空隙，从而减少了混凝土内部的结构缺陷，并使界面过渡区的孔隙率比不用掺合料的混凝土大大减少，混凝土强度得到大幅度提高。

3.5 实践操作 硬化混凝土物理力学性能试验

3.5.1 混凝土立方体抗压强度试验

3.5.1.1 试验目的

通过试验测定混凝土立方体抗压强度，以检验材料质量，确定、校核混凝土配合比，确定混凝土强度等级，作为评定混凝土质量的主要依据。

3.5.1.2 主要仪器设备

① 压力试验机：精度不低于±2%，试验时据试件最大荷载选择压力机量程。使试件破坏时的荷载位于全量程的20%~80%范围内。

② 振动台：频率（50±3）Hz，空载振幅约为0.5mm。

③ 混凝土标准养护室：温度应控制在20℃±3℃，相对湿度为90%以上。

④ 其他设备：搅拌机、试模、捣棒、抹刀等。

3.5.1.3 试验步骤

（1）试件制作

① 混凝土立方体抗压强度测定，以三个试件为一组。

② 混凝土试件的尺寸按骨料最大粒径选定，见表3.16。

表3.16 混凝土试件的尺寸

粗骨料最大粒径/mm	试件尺寸/mm×mm×mm	换算系数
31.5	100×100×100	0.95
40	150×150×150	1.00
60	200×200×200	1.05

③ 制作试件前，应将试模擦干净并在试模内表面涂一层脱模剂，再将混凝土拌合物装入试模成型。

④ 对于坍落度不大于70mm的混凝土拌合物，将其一次装入试模并高出试模表面，将试件移至振动台上，开动振动台振至混凝土表面出现水泥浆并无气泡向上冒时为止。振动时应防止试模在振动台上跳动。刮去多余的混凝土，用抹刀抹平。记录振动时间。

对于坍落度大于70mm的混凝土拌合物，将其分两层装入试模，每层厚度大约相等。用捣棒按螺旋方向从边缘向中心均匀插捣，次数一般每100cm² 应不少于12次。用抹刀沿试模内壁插入数次，最后刮去多余混凝土并抹平。

（2）试件养护 养护按照试验目的不同，试件可采用标准养护或与构件使用同条件养护。采用标准养护的试件成型后表面应覆盖，以防止水分蒸发，并在（20±5）℃的条件下静置1~2昼夜，然后编号拆模。拆模后的试件立即放入温度为（20±3）℃，湿度为90%以上的标准养护室进行养护，直至试验龄期28d。在标准养护室内试件应搁放在架上，彼此间隔为10~20mm，避免用水直接冲淋试件。当无标准养护室时，混凝土试件可在温度为（20±3）℃的不流动的水中养护。水的pH值不应小于7。

（3）立方体抗压强度测定

① 试件从养护室取出后应尽快试验。将试件擦拭干净，测量其尺寸（精确至 1mm），据此计算出试件的受压面积。如实测尺寸与公称尺寸之差不超过 1mm，则按公称尺寸计算。

② 将试件安放在试验机的下压板上，试件的承压面与成型面垂直。开动试验机，当上压板与试件接近时，调整球座，使其接触均匀。

③ 加荷时应连续而均匀，加荷速度为：当混凝土强度等级低于 C30 时，取 0.3～0.5MPa/s；高于或等于 C30 时，取 0.5～0.8MPa/s。当试件接近破坏而开始迅速变形时，停止调整试验机油门，直至试件破坏，记录破坏荷载 P（N）。

3.5.1.4 结果评定

① 混凝土立方体抗压强度 f_{cu} 按下式计算（MPa，精确至 0.01MPa）：

$$f_{cu} = \frac{P}{A} \tag{3.35}$$

式中　f_{cu}——混凝土立方体试件抗压强度，MPa；

　　　P——破坏荷载，N；

　　　A——试件受压面积，mm^2。

② 以标准试件 150mm×150mm×150mm 的抗压强度值为标准，对于非标准试件 100mm×100mm×100mm 和 200mm×200mm×200mm 的试件，需将计算结果乘以相应的换算系数换算为标准强度。换算系数见表 3.16。

③ 以 3 个试件强度值的算术平均值为该组试件的抗压强度代表值。3 个测值中的最大值或最小值中如有 1 个与中间值之差超过中间值的 15％时，则把最大值及最小值舍去，取中间值作为该组试件的抗压强度代表值；如最大值和最小值 2 个测值与中间值之差均超过中间值的 15％时，则该组试件的试验结果无效。

3.5.2 混凝土抗折强度试验

3.5.2.1 试验目的

通过试验测定混凝土的抗折强度，作为评定混凝土质量的依据之一。

3.5.2.2 主要仪器设备

① 试验机：抗折试验所用的试验机可采用抗折试验机、万能试验机或带有抗折试验架的压力试验机。所有这些试验机均应带有能使两个相等的荷载同时作用在小梁跨度三分点处的装置。试验机的精度（示值的相对误差）至少应为±2％。使试件破坏时的荷载位于全量程的 20％～80％范围内。

试验机与试件接触的两个支座和两个加压头应具有直径为 20～40mm 的弧形顶面，并应至少比试件的宽度长 10mm。其中的 3 个（一个支座及两个加压头）应尽量做到能滚动并前后倾斜。

② 振动台：频率（50±3）Hz，空载振幅约为 0.5mm。

③ 混凝土标准养护室：温度应控制在 20℃±3℃，相对湿度为 90％以上。

④ 其他设备：搅拌机、试模、捣棒、抹刀等。

3.5.2.3 试验步骤

(1) 试件制作与养护

① 采用 150mm×150mm×600（或 550）mm 小梁作为标准试件。制作标准试件所用混凝土中骨料的最大粒径不应大于 40mm。

必要时可采用 100mm×100mm×400mm 试件，此时混凝土中骨料的最大粒径不应大于 31.5mm。

② 其他制作与养护过程同抗压强度试验。

(2) 抗折强度测定

① 试件从养护地点取出后应及时进行试验。试验前，试件应保持与原养护地点相似的干湿状态。先将试件擦干净，测量尺寸，并检查其外观。试件尺寸测量精确至 1mm，并据此进行强度计算。

试件不得有明显的缺损。在跨中 1/3 梁的受拉区内，不得有表面直径超过 7mm 且深度超过 2mm 的孔洞。试件承压区及支撑区接触线的不平度应为每 100mm 不超过 0.05mm。

② 按图 3.23 的要求调整支撑架及压头的位置，其所有间距的尺寸偏差不应大于 ±1mm。

将试件在试验机的支座上放稳对中，承压面应选择试件成型时的侧面。开动试验机，当加压头与试件快接近时，调整加压头及支座，使接触均衡。如加压头及支座均不能前后倾斜，则各接触不良之处应予垫平。

试件的试验应连续而均匀地加荷，其加荷速度应为：混凝土强度等级低于 C30 时，取每秒 0.02～0.05MPa；强度等级高于或等于 C30 时，取每秒 0.05～0.08MPa。当试件接近破坏时，应停止调整油门，直至试件破坏，记录破坏荷载及破坏位置。

3.5.2.4 结果评定

试件破坏时如折断面位于两个集中荷载之间时，抗折强度应按下式计算：

$$f_f = \frac{LP}{hb^2} \tag{3.36}$$

式中　f_f——混凝土抗折强度，MPa；

　　　P——破坏荷载，N；

　　　L——支座间距即跨度，mm；

　　　b——试件截面宽度，mm；

　　　h——试件截面高度，mm。

以 3 个试件测值的算术平均值作为该组试件的抗折强度值。3 个测值中的最大值或最小值中如有一个与中间值的差值超过中间值的 15%，则把最大及最小值一并舍去，取中间值作为该组试件的抗折强度值。如有两个测值与中间值的差均超过中间值的 15%，则该组试件的试验结果无效。

3 个试件中如有一个其折断面位于两个集中荷载之外（以受拉区为准），则该试件的试验结果应予舍弃，混凝土抗折强度按另两个试件的试验结果计算。如有两个试件的折断面均超出两集中荷载之外，则该组试验无效。

采用 100mm×100mm×400mm 非标准试件时，取得的抗折强度值应乘以尺寸换算系数 0.85。

思考与练习

1. 指出各静弹性模量的计算方法。

2. 何谓徐变？引起混凝土徐变的原因有哪些？对混凝土有何影响？

3. 简述影响混凝土徐变的因素。

4. 如何测定混凝土的各项强度，并指出影响混凝土强度的因素？

5. 为什么说骨料的强度不同，混凝土的破坏也不相同？

6. 指出水灰比对混凝土质量的影响。

7. 温度对混凝土强度有何影响，为什么说养护温度越高，后期强度就越低？

8. 混凝土标准立方体抗压强度试件的养护条件有哪些规定？

9. 尺寸为 200mm×200mm×200mm 的某组混凝土试件，28d 测得破坏荷载分别为 560kN、600kN、580kN，试计算该组试件的混凝土立方体抗压强度。

10. 混凝土的收缩变形有哪些类型？各有何特征？

11. 试述混凝土的干缩机理，并指出影响混凝土干缩的因素。

12. 什么是碳化？碳化对混凝土有何影响？

13. 如何区分混凝土的干燥收缩与碳化收缩？

14. 什么是动弹模量？混凝土动弹模量有哪些应用？

15. 混凝土的非破损检验有哪些方法？

16. 根据混凝土中裂缝的成因，指出混凝土中存在哪些裂缝？

17. 试指出混凝土常用的裂缝修补方法。

4 混凝土的耐久性能及检验

知识目标：掌握混凝土冻融破坏机理，了解影响混凝土抗冻性的因素，了解渗透对混凝土的影响，掌握提高混凝土抗渗性的措施，掌握酸、碱、盐、海水等对混凝土腐蚀的原因，掌握碳化、钢筋锈蚀、高温、磨蚀等的破坏机理，掌握碱骨料反应对混凝土的破坏机理。

能力目标：能操作有关检测混凝土耐久性的设备，熟悉抗冻性的评价方法，会做混凝土抗冻性试验，熟悉抗渗性评价方法，会做混凝土抗渗性的试验，能根据工程要求制定混凝土抗化学腐蚀方案，熟悉混凝土抗碳化、抗锈蚀、耐高温、抗磨蚀的方法，会制定混凝土抗碱骨料反应方案。

4.1 普通混凝土的抗冻性

教学任务：了解混凝土抗冻性指标，分析混凝土在冻融作用下的破坏机理，掌握影响抗冻性的因素和提高抗冻性的措施。

混凝土结构物在实际使用环境中由于受干湿、冷热、冻融交替等的影响，将会使其受到不同程度的损害。混凝土抵抗环境及介质作用而保持其强度的能力，称为耐久性。耐久性差的混凝土极易遭受损害而导致破坏。

从长期的实践中得知，在各种影响耐久性的因素中，冻融循环是造成混凝土破坏的最主要的因素之一。因此，常将抗冻性作为评定混凝土耐久性的总指标。

4.1.1 混凝土的冻融破坏机理

硬化后的混凝土处于冻融温度交替条件下，易遭受冻融破坏。其作用机理一般认为主要是由于在某一冻结温度下，混凝土内部存在结冰的水和过冷水。水结冰产生体积膨胀，而过冷水则因发生迁移而产生较大的渗透压导致混凝土的结构被破坏。

水结冰时体积膨胀达 9%，即当某一密闭容器中水分占容积的 91.7% 时，水结冰时刚好充满整个容器而不对容器产生结冰压力，如图 4.1 所示。而当容器中水分大于 91.7% 时，则因结冰时的体积大于密闭容器的体积而对器壁产生压力。故把水与容器容积之比等于91.7% 视为密闭容器的临界饱和度。

混凝土的毛细孔可看作密闭容器，当其内部含水率超过临界饱和度时，则会因水的结冰对孔壁产生很大的压力而使毛细孔周围的混凝土遭受破坏。此压力的大小除决定于毛细孔的含水率外，还取决于结冰速度，以及尚未结冰的水向周围能容纳水的孔隙迁移的阻力。显然，迁移的通道越长、结冰的孔隙与能容纳水的孔隙间浆体渗透性越差，则结冰压力就越大，对混凝土的破坏就越严重。

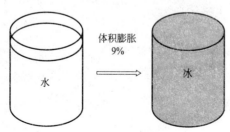

图 4.1　水的结冰膨胀

混凝土内部水的结冰是一个渐进的过

程，一方面是因为热量是以一定的速率向混凝土内部传递；另一方面则是因为尚未结冰的水中碱溶液浓度逐渐增加。根据稀溶液的性质，此时混凝土中水的冰点将低于纯水的冰点，冰点的降低值与溶液的浓度成正比，即：

$$T_0 - T = K_f b_B \tag{4.1}$$

式中 T_0——水的冰点；

  T——溶液的冰点；

  b_B——溶液的质量摩尔浓度；

  K_f——水的冰点下降常数。

同时水的冰点还因所处的孔隙尺寸而异。由式 $\Delta p = \dfrac{2\sigma}{r}$ 可知，毛细孔中曲面水的曲率半径愈小，其孔内的压力就愈大。压力的变化引起了相平衡温度的变化。根据克拉贝龙方程应用于冰-水系统的公式，即：

$$\ln \frac{T_2}{T_1} = \Delta p \, \frac{\Delta V}{\Delta H} = \frac{2\sigma \Delta V}{r \cdot \Delta H} \tag{4.2}$$

式中 ΔH——冰水相变热，J/mol；

  ΔV——冰水两相摩尔体积之差，L/mol。

结冰为放热过程，式（4.2）中 ΔH 为负值。由此可以看出，随着压力的增大，水的冰点降低。因此，混凝土中水的冻结是从最大孔隙中开始，并逐渐扩展到极小的孔隙中。凝胶孔的尺寸极小，一般在 1.5nm 左右。由上式计算得，形成冰核的温度在 $-73\sim-78℃$。也就是说，通常冻结温度下凝胶孔中的水是不结冰的，而是处于过冷状态。

过冷水的蒸气压 p_w 比同温度下冰的蒸气压 p_i 高，因而将发生凝胶水向毛细孔中冰的界面渗透，直至达到平衡。渗透压 Δp_s 与蒸气压之间的关系，由热力学推导得：

$$\Delta p_s = \frac{RT}{V} \ln \frac{p_w}{p_i} \tag{4.3}$$

式中 Δp_s——渗透压力；

  p_w——凝结水的蒸气压；

  p_i——毛细孔内冰的蒸气压；

  V——水的摩尔体积；

  R——通用气体常数。

经计算，当温度在 $-5℃$，$p_w=421.697Pa$，$p_i=401.699Pa$ 时，计算得渗透压力可达 5.85MPa。

由于渗透压达到平衡状态需要一定时间，所以水泥石即使保持一定的冻结温度，由渗透压力引起的水泥石的膨胀也将持续一段时间。这是凝胶水渗透所引起的膨胀的特点。由此可以看出，在结冰压力和渗透压力的共同作用下，混凝土内部产生的膨胀压力，不仅使混凝土发生直接的结构破坏，还由于冻融时的膨胀、收缩部分的不同，如骨料和水泥石部分的不同、表层混凝土与内部混凝土的不同，也会导致混凝土的结构破坏。从外观上看，混凝土会出现棱角及棱线变圆和表层砂浆剥落等现象。

混凝土在冻结膨胀后，即使融解后也不能恢复到原状，即膨胀有所残留。这是由于混凝土发生了塑性变形和内部部分结构破坏而造成的。膨胀残留使混凝土吸水性增大。若吸水则在下一次的冻融中会引起新的膨胀残留。由冻融循环逐渐积累的膨胀残留愈大，混凝土愈容易发生破坏。

4.1.2 混凝土的抗冻性评定方法

混凝土的抗冻性能是以经一定次数冻融循环后的混凝土质量指标的相对降低值来评定的。一般有如下几种评定方法。

4.1.2.1 抗冻等级

混凝土的抗冻等级是采用 28d 龄期的立方体试件，在标准试验方法下所能承受的冻融循环次数确定的。试验是在冷冻温度为 $-18\sim-20℃$，融解温度为 $18\sim20℃$ 的条件下进行反复冻融循环，最后以试件质量损失 5%、强度损失 25%（慢冻法）或相对动力弹性模量下降 60% 的冻融循环次数作为混凝土的抗冻等级。混凝土的抗冻等级划分见表 4.1。

表 4.1 混凝土抗冻性能等级划分

抗冻等级（快冻法）		抗冻标号（慢冻法）
F50	F250	D50
F100	F300	D100
F150	F350	D150
F200	F400	D200
>F400		>D200

4.1.2.2 耐久性系数

混凝土的抗冻性能也可以用试件的动力弹性模量变化率进行评价，这是一种非破损试验，对混凝土内部的结构破坏很敏感。混凝土经过若干次冻融破坏之后，动力弹性模量逐渐减小。由式（4.4）求得混凝土的相对动力弹性模量。

$$P_n=\frac{f_n^2}{f_0^2}\times100\%$$ (4.4)

式中　P_n——混凝土经 n 次冻融循环后的相对动力弹性模量，%；

　　　f_0——冻融前混凝土试件的自振频率；

　　　f_n——冻融后混凝土试件的自振频率。

再按下式计算耐久性系数：

$$K_n=\frac{P_nN}{300}$$ (4.5)

式中　K_n——试件的耐久性系数；

　　　P_n——N 次冻融循环的相对动力弹性模量百分数，通常以 60% 为准；若降不到 60%，则冻融循环次数持续到 300 次，并以实测的相对动力弹性模量百分数计算；

　　　N——相对动力弹性模量达到 60% 时的冻融循环次数，若降不到 60%，则以实际循环 300 次计算。

一般认为，耐久性系数 $K_n<0.40$ 的混凝土抗冻性不好；介于 $0.40\sim0.60$ 的混凝土抗冻性有疑问；$K_n>0.60$ 的混凝土抗冻性较好。

4.1.2.3 临界水饱和度法

国外有些国家还使用临界水饱和度法来评价混凝土的抗冻性。所谓水饱和度（S）是指材料的体积含水量与总孔隙率的比值：

$$S = \frac{W}{P} \tag{4.6}$$

式中　W——体积含水量；

　　　　P——总孔隙。

临界水饱和度（$S_{临}$）就是材料受冻破坏时水饱和度的临界值。若材料含水量超过此值，只要几次冻融循环，材料就被破坏。反之，材料虽经多次反复冻融循环也不会破坏。

试验时，需要测出材料的临界水饱和度 $S_{临}$ 和某一特定时间内的毛细孔吸水的实际水饱和度 $S_{实}$，则混凝土的抗冻性为

$$F = S_{临} - S_{实} \tag{4.7}$$

F 值愈大，表示混凝土材料的抗冻性愈好。

此外，也可用毛细孔吸水试验时，实际水饱和度 $S_{实}$ 达到临界水饱和度所需的时间 T，来衡量材料的抗冻性。T 值越大，抗冻性越好。材料的 $S_{实}$ 可用下式表示

$$S_{实} = K + L\lg T \tag{4.8}$$

式中，K 和 L 为毛细孔吸水试验常数。当用临界水饱和度 $S_{临}$ 代替上式中的 $S_{实}$ 时，即可求出 T 值

$$\lg T = \frac{S_{临} - K}{L} \tag{4.9}$$

4.1.3　影响混凝土抗冻性的因素

影响混凝土抗冻能力的因素很多，除自身的强度、饱和水程度、原材料性能外，还与混凝土所处的环境、施工方法、养护条件等有关。

4.1.3.1 水饱和度

由冻融破坏机理可知，混凝土的水饱和度对其冻融破坏有很大影响，如图 4.2 所示。水饱和度低于某一临界值时，混凝土就具有较高的抗冻融循环能力，而干燥的混凝土则不受冻融循环的影响。对于密闭的容器来说，发生冻结破坏的临界含水量为 91.7%。但混凝土的情况比较复杂，其临界水饱和度取决于水泥石的渗透性、冻结速度、气孔的结构与分布。所

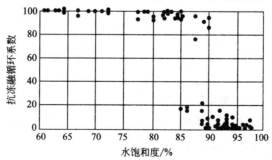

图 4.2　混凝土水饱和度对冻融循环的影响

以它不同于密闭容器，其临界水饱和度要高于 91.7%。如果水泥石中含有大量细小气孔，毛细水结冰时引起的膨胀压力使多余的水很容易渗透到周围的气孔中去，实际上就不存在临界值。这也就是引气剂能够提高混凝土抗冻性的原因。

4.1.3.2　水灰比与含气量

水灰比、单位用水量及含气量等对混凝土的抗冻性影响很大。混凝土中水的结冰，主要是在毛细孔或较大的空隙中进行的。毛细孔的大小和分布状态随水灰比、水泥的水化程度而异。水灰比越小、水泥水化程度越高，毛细孔孔径就越小，越不易结冰，吸水性也小，水泥石强度也越高，抵御冻害的能力越强，混凝土的抗冻性越高。如图 4.3 所示，随水灰比的增大，混凝土的耐久性能下降。

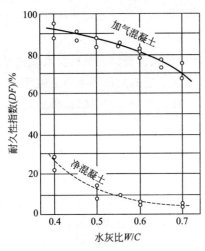

图 4.3　混凝土水灰比与耐久性的关系

混凝土单位用水量大，混凝土的空隙率将会增大，吸水率加大。导致混凝土中可冻结的水量增多，其抗冻性降低。使用引气剂可在混凝土中形成无数直径几微米至几毫米封闭的小气泡。在正常状态下，水不易渗入到气泡中。若这些气泡在水泥浆体中以适当的间隔分布，当邻近的孔隙中的水结冰时，能够缓解其膨胀压力，从而使混凝土的抗冻性提高。

4.1.3.3　原材料的影响

水泥品种及其矿物组成、细度等对混凝土抗冻性的影响不是很大。但水泥质量差、早期水化程度低的水泥则可能使混凝土的抗冻性降低。骨料在混凝土中所占的比例较大，其对混凝土抗冻性的影响也较大。

骨料的抗冻性与其本身的吸水率有关。骨料的孔隙率低，或是其毛细孔被中断，吸水率低，骨料一般不会受到冻融循环破坏。如果骨料的孔隙率高，吸水率大，由于骨料周围被渗透性较低的硬化水泥浆体所包围，可被认为是一种密闭的容器。当骨料颗粒的水饱和度超过91.7%时，在冻结时就会因骨料的膨胀对周围水泥石或砂浆产生破坏。骨料颗粒粒径越大，这种破坏越严重。这可能是粒径大的骨料在冻结时，多余的水分向外排除的通道长，产生的压力也大。

骨料由于冻结而破坏的最小尺寸称为临界尺寸。每一骨料颗粒存在一个与其指定冻结速度及岩石渗透性、强度和孔隙结构特征相对应的临界尺寸，可通过试验测定。凡属中等吸水、细孔结构、渗透性较低的岩石，受冻害的可能性较大，其临界尺寸较小。孔隙多而渗透性强的骨料，则因水在结冰时有足够的渗透空间，不易产生膨胀破坏，其临界尺寸可以很大。吸水率极低的骨料（如石英石等，其质量吸水率低于 0.5%），可冻结的水极少，冻结时无应力出现，骨料不受冻害影响，则无临界尺寸。

若骨料的粒度、形状不良导致混凝土单位加水量增大，则会对混凝土的抗冻性产生不利的影响。此外，骨料与水泥石的黏结性也对混凝土的抗冻性有很大影响，黏结性差，混凝土受冻害的程度也会增大。

4.1.3.4 环境因素的影响

混凝土处于低温、潮湿、多风、干湿交替等地区时较易受到冻害。特别是存在下列情况时更是如此：日温差大、晴天多、涨潮落潮使混凝土循环没于水中和暴露于空气中等。这些无疑增加了混凝土的冻融循环次数，减弱了混凝土的抗冻能力。而处于气干状态的硬化混凝土则不易发生冻害。

4.1.3.5 施工方法的影响

混凝土在搅拌、运输、浇注、成型、养护等过程中，若控制不当，就有可能在混凝土中产生空隙、裂缝等结构缺陷，使混凝土吸水性增加，从而加大了混凝土受冻融破坏的可能性。而对于过分干燥的混凝土，再次润湿时的吸水性也增大，若其后经历冻融作用，混凝土的破坏会更严重。

加强养护措施有助于提高混凝土的抗冻性。这是因为，随着混凝土龄期的增加，水泥不断水化，可被冻结的水不断减少。同时，融解于水中的盐的浓度增加，使混凝土中水的冰点也随龄期增长而降低。

4.1.4 提高混凝土抗冻性的措施

4.1.4.1 掺入适量的引气剂

使用引气剂是提高混凝土抗冻性的有效方法。引气剂的主要缺点是使混凝土的抗压强度降低。一般混凝土的含气量每增加1%，抗压强度将降低3%～5%。通常，为改善混凝土的抗冻性而引入的含气量以4%～5%宜。在冬季施工要求混凝土早强和节约水泥的情况下，往往限制引气剂的使用。为此，可以用某些早强剂如氯化钙、三乙醇胺等与减水剂复合使用，以弥补引气剂降低强度的不足。

含气量并不是控制混凝土抗冻性的唯一指标，还要注意气泡在混凝土中的大小与分布。含气量合乎要求的混凝土，若气泡尺寸和气泡间间距比较大（即单位体积水泥浆中气泡个数少），并不能有效地改善混凝土的抗冻性。混凝土气泡直径越小，气泡间的平均间隔越小，混凝土的抗冻性就越好。

4.1.4.2 严格控制混凝土的水灰比

严格控制混凝土的水灰比对于确保混凝土具有较高的抗冻性是有利的。这是因为在含气量相同的情况下，引气混凝土的气泡尺寸及其间距均随水灰比的增大而增大。同时，水泥浆中可冻结水的百分率也相应增大，从而导致混凝土抗冻性显著下降。反之，水灰比愈小，气泡平均尺寸及间距也随之减小。在含气量相同的情况下，气泡个数增多，大大提高了混凝土的抗冻性。因此，国内外技术规范中，均对有抗冻性要求的混凝土提出了最大水灰比的限制。

4.1.4.3 使用质量好的骨料和水泥

配制混凝土时应使用吸水量小、坚硬耐久的骨料。骨料的形状和粒径对抗冻性有很大影响，在选择骨料的形状与粒径时，应能使混凝土单位用水量尽可能小。

选用合适的水泥品种，对增强混凝土的抗冻性有很大作用。各种水泥抗冻性的递减次序如下，以供参考：抗硫酸盐水泥（引气）＞硅酸盐水泥（引气）＞矿渣硅酸盐水泥（引气）＞火山灰质硅酸盐水泥（引气）＞硅酸盐水泥＞矿渣硅酸盐水泥＞火山灰硅酸盐水泥。

4.1.4.4 注意控制施工质量

在混凝土施工过程中，首先要注意浇注方法，避免出现空隙、裂缝、蜂窝麻面等结构缺陷，以导致混凝土的吸水性增加。其次，在成型过程中可采用某些脱水方式（如真空脱水）

排除多余水分，使混凝土的密实度提高。最后，在养护过程中应注意不使混凝土产生温度应力裂缝、塑性收缩裂缝等，以避免使混凝土抗冻性降低。

4.1.4.5　其他注意事项

在混凝土使用过程中，为尽量减少冰冻对混凝土的影响，还应注意以下几方面的情况：

（1）在进行建筑物设计时，应考虑一定的防水措施，以减少水分渗透到混凝土内部。

（2）为减少冻融循环次数，要防止已冻结部位的温度上升，不使冻结水融化。例如，对于受到日照的混凝土部位，可用覆盖的办法遮挡阳光，或在混凝土表面刷白，以减少其对热量的吸收。试验表明，在日照时，当大气温度为 1℃ 时，未涂刷的混凝土表面温度可高达 20℃，而刷白的表面温度增加不大。

（3）对于温度不太低的温和地区的混凝土工程，也要注意抗冻性问题。这些地区由于季节变化和昼夜交替而引起混凝土热胀冷缩；以及由于晴雨和水位变动而引起的湿胀干缩等，都会使混凝土遭受破坏，尤其是大体积混凝土这种作用更加明显。因此，为使混凝土具有抵抗这些环境因素影响的能力，在设计和使用过程中，也应对其提出抗冻性要求，以保证结构物的耐久性。

4.2　普通混凝土的抗渗性

教学任务：了解混凝土抗渗性的各种评价方法，分析抗渗性对混凝土耐久性的影响，并据此找出提高抗渗性的措施。

混凝土的抗渗性是指混凝土抵抗有压介质（水、油、溶液等）渗透作用的能力。抗渗性差的混凝土由于水及其溶液的浸入，会加重混凝土的侵蚀和冻融破坏等作用。对于钢筋混凝土还可能引起钢筋的锈蚀和保护层的开裂及剥落，降低混凝土的耐久性。

4.2.1　混凝土的抗渗性评定方法

混凝土的抗渗性用抗渗等级（P）或渗透系数表示。

抗渗等级是以 28d 龄期的标准试件，在标准试验方法下所能承受的最大静水压力来表示。《混凝土质量控制标准》（GB 50164—2011）规定，根据混凝土试件在抗渗试验时所能承受的最大水压力，将其划分为 P4、P6、P8、P10、P12 和＞P12 六个等级。相应表示混凝土抗渗试验时，一组 6 个试件中 4 个试件未出现渗水的最大压力分别为 0.4MPa、0.6MPa、0.8MPa、1.0MPa、1.2MPa、＞1.2MPa。

用混凝土的抗渗等级评价混凝土的抗渗能力时比较直观、简单。但对于长龄期、抗渗性高的混凝土则不适用。同时该指标没有考虑混凝土长期在持续压力的抗渗能力。例如，抗渗等级为 P8 的混凝土，并不意味着混凝土能抵抗 0.8MPa 的水压力而永不渗透。如果混凝土结构物的厚度不够大，则在较长时间的水压作用下，混凝土还是有透水的可能。因此，对于此类混凝土还可采用渗透系数来评价其抗渗性能。

混凝土的渗透系数可通过测定恒压下水在混凝土内的渗水高度，并根据下式计算确定。

$$K = \frac{\omega D_\mathrm{m}^2}{2TH} \tag{4.10}$$

式中　K——渗透系数，m/h；

　　　D_m——平均渗透高度，m；

H——水压力，以水柱高度表示，m，$1mmH_2O=9.80665Pa$；

T——恒压持续时间，h；

ω——混凝土吸水率，一般小于10%。

渗透系数K反映了材料渗透能力的大小，K值越大，表示抗渗性越差；K值越小，则材料的抗渗性越强。由上式也可以看出，K值与D_m的平方成正比，即渗水高度增大，混凝土的渗透系数将随之急剧增大，抗渗性越差。此法特别适用于高抗渗性的混凝土。表4.2列出了混凝土抗渗等级与渗透系数的关系。

表4.2 混凝土抗渗等级与渗透系数的关系

抗渗等级	渗透系数/(m/s)	抗渗等级	渗透系数/(m/s)
P2	196×10^{-12}	P8	26×10^{-12}
P4	78×10^{-12}	P10	18×10^{-12}
P6	42×10^{-12}	P12	13×10^{-12}

4.2.2 影响混凝土抗渗性的因素

混凝土由于水泥水化、骨料本身的缺陷、拌合物的泌水、干缩等原因，造成其内部含有大小、形状各异的孔隙及裂缝，这些孔隙和裂缝约占混凝土体积的$8\%\sim10\%$。但只有在大于$1\mu m$的毛细孔中的自由水，在有压力差的作用下才能发生流动。小于$1\mu m$的毛细孔中的水，由于处在固体力场的作用下，黏度很大，流动困难。封闭的孔也不能成为水的通道。所以，混凝土的渗透性并不是它孔隙率的简单函数，而是受着诸多因素的影响。

4.2.2.1 水泥石与水灰比

在密实混凝土中，对混凝土的渗透性影响较大的是水泥石。而骨料颗粒由于处于水泥石的包裹之中，其对渗透性的影响较水泥石小。水泥石中凝胶孔和毛细孔的数量、形状和分布等将对水泥石的渗透性产生较大影响。在新拌的水泥浆体中，随水化的不断进行，浆体的渗透性迅速降低。这是因为水化产生的凝胶体不断地填充原来充水的孔隙之故。而完全硬化的水泥石，其渗透性则与凝胶体颗粒的尺寸、形状、数量以及毛细孔的连通性有关。见表4.3。

表4.3 养护龄期对水泥石渗透系数的影响

龄期/d	渗透系数/(m/s)	
新拌浆体	10^{-5}	与水灰比无关
1	10^{-8}	
3	10^{-9}	
4	10^{-10}	
7	10^{-11}	毛细孔连通
14	10^{-12}	
28	10^{-13}	
100	10^{-16}	
240(完全水化)	10^{-18}	毛细孔不连通

对相同水化程度的水泥石，其渗透系数取决于水灰比。因为较大的水灰比使水泥水化后留下较多的毛细孔。图4.4所示为水灰比与水泥石和混凝土渗透系数的关系。由于混凝土中水泥石与骨料界面间存在过渡区，以及因泌水而在骨料下形成的疏松层，其渗透系数一般为水泥石的100倍以上。

4.2.2.2 骨料

一般来说，骨料最大粒径愈大，混凝土的抗渗性愈差，见图4.5。这是因为骨料颗粒愈

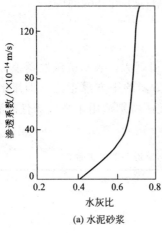

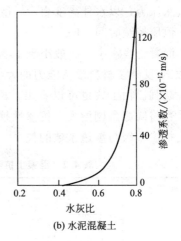

(a) 水泥砂浆　　　　　　　　(b) 水泥混凝土

图 4.4　水灰比对水泥石和混凝土渗透系数的影响

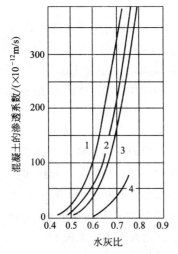

图 4.5　骨料最大粒径与水灰比对
混凝土渗透系数的影响

1～3—分别代表骨料最大粒径为
120mm、75mm、40mm 的混凝土；4—砂浆

大，其下部形成的空隙也愈大。与对混凝土抗压强度的影响不同，碎石混凝土的抗渗性较卵石混凝土低。这可能是因为，在相同和易性条件下，使用碎石比用卵石的单位加水量多。为防止抗渗性降低，可在混凝土中掺加减水剂或引气剂。使用天然轻骨料的混凝土抗渗性差，这是由于天然轻骨料孔隙多且相互连通，容易透水。对于人工轻骨料，因其有致密的表层，且轻骨料混凝土泌水小，所以抗渗性可达到普通混凝土的水平，甚至更高。

4.2.2.3　外加剂和混合材

在混凝土中掺入引气剂或减水剂，可显著降低混凝土拌合物的泌水率，减少单位加水量，从而使混凝土内部的毛细孔数量大大减少，提高了混凝土的抗渗性。

在混凝土中掺入磨细的粉煤灰也可提高抗渗性能，见表 4.4。未经磨细的粉煤灰对混凝土的抗渗性改善不明显。这是因为经磨细的粉煤灰活性大，其中的活性组分 SiO_2 能与水泥水化时析出的 $Ca(OH)_2$ 反应生成比较稳定的水化硅酸钙。这种水化产物不仅有助于混凝土后期强度的提高，而且由于其在生成后体积增大，并填充于混凝土的孔隙之中，使其结构更加密实，抗渗性提高。

表 4.4　掺粉煤灰对混凝土抗渗性的影响

编号	粉煤灰		水灰比	灰骨比	密度 /(kg/m³)	坍落度 /mm	砂率	平均渗透高度/cm	平均渗透面积/cm²	渗透系数 K/(10^{-12} m/s)
	种类	掺量/%								
1	—	—	0.50	1：5.7	2445	48	0.39	2.60	47	29.0
2	原状	30	0.50	1：4.8	2397	46	0.39	2.50	44.6	27.2
3	磨细	30	0.50	1：5.7	2418	35	0.39	1.80	32.1	14.1
4	磨细	30	0.40	1：4.8	2410	50	0.39	1.50	27.2	9.8

4.2.2.4 养护

若不间断地进行潮湿养护，由于水泥水化使砂浆中孔隙减少，将提高混凝土的抗渗性。若早期养护不良，则易在混凝土中产生裂缝而使抗渗性降低。若使混凝土处于干燥状态下硬化，则其抗渗性将会显著降低。例如，将水灰比为 0.5 的水泥浆进行 5 个月的充分潮湿养护，即使在不产生裂缝的情况下，在 3 年半的时间内尽量慢慢干燥，其渗透性也增大 70 倍左右。这主要是由于水泥颗粒间的凝胶体因干缩产生裂缝，使水易于扩散而降低了浆体的抗渗性。

因此，提高混凝土的抗渗性：一是提高混凝土的密实度，具体措施有降低水灰比，充分振捣、养护，选择级配良好的骨料等；二是改善混凝土的孔结构，减少连通孔隙，如加入引气剂形成大量封闭独立的小微孔，以阻断水的通道。

4.3 普通混凝土的抗蚀性

教学任务：分析环境因素如酸、碱、盐、CO_2、海水、地下水、电流、磨蚀的作用，以及高温、火灾等对混凝土的破坏，找出混凝土在上述侵蚀和破坏作用下提高混凝土耐久性的措施。

混凝土若长期处在酸、碱、盐、CO_2、海水、地下水、电流、磨蚀的作用，以及高温、火灾的影响下，将会使混凝土遭受破坏性侵蚀，并最终导致混凝土内部结构受损、耐久性降低、强度下降直至结构的崩溃。所谓抗侵蚀性就是指混凝土抵抗环境侵蚀性介质侵蚀的能力。

4.3.1 混凝土的抗化学侵蚀

混凝土受化学物质的侵蚀，主要是其内部的化学组分同侵蚀物质接触发生化学反应所造成的。表 4.5 为一些化学物质对混凝土的作用情况。由表可以看出，强酸对混凝土的侵蚀最严重，而碱或弱酸的侵蚀作用相对较低。

表 4.5 某些化学物质对混凝土的侵蚀作用

侵蚀速度	无机酸	有机酸	碱溶液	盐溶液	其他物质
快	盐酸 氢氟酸 硝酸 硫酸	醋酸 甲酸 乳酸		氯化铝	
中	磷酸	丹宁酸	钠碱 氢氧化物 >20%①	硝酸铝 硫酸铝 硫酸钠 硫酸镁 硫酸钙	溴(气体) 亚硫酸盐废液
慢	碳酸		氢氧化物 10%～20%①	氯化铝 氯化镁 氯化钠	氯(气体) 海水 软水
忽略不计		草酸 酒石酸	氢氧化物 <10%① 氢氧化氨	氯化钙 氯化钠 硝酸锌 铬酸钠	氨(气体)

① 应避免采用硅质骨料，因强氢氧化钠溶液对它侵蚀。

4.3.1.1 酸类的侵蚀

如表 4.6 所示,酸分为无机酸和有机酸。无机酸主要是一些工业产品或副产品,也可以是由一些气体溶入水中形成。由于废水或废气的排放,有些酸性物质会进入到土壤或水中。土壤或地下水中还可能会存在天然的酸性物质。有机酸种类比较多,广泛分布在自然界中,动、植物的活动都能产生一定量的有机酸,如由植物腐烂后生成的腐植酸等。

当混凝土与各种酸类接触时,混凝土内部的水化产物将与这些酸发生化学反应,生成可溶性或不溶性的钙盐而使其受到侵蚀。例如,1% 的硫酸或硝酸溶液在数月内对混凝土的侵蚀能达到很深的程度。这是因为他们和水泥中的 $Ca(OH)_2$ 作用,生成水和可溶性钙盐:

$$Ca(OH)_2 + 2H^+ \longrightarrow Ca^{2+} + 2H_2O$$

如果浓度高时,硅酸盐、铝酸盐也会被侵蚀,分解成硅胶或铝胶,从而破坏了水泥石中凝胶体的结构,使混凝土破坏。

$$3CaO \cdot 2SiO_2 \cdot 3H_2O + 6H^+ \longrightarrow 3Ca^{2+} + 2(SiO_2 \cdot nH_2O) + 6H_2O$$

如果酸对混凝土的侵蚀所形成的是可溶性钙盐,则侵蚀是严重的,而如果酸能形成不溶性钙盐,则在酸侵蚀过程中,这些不溶性钙盐堵塞在混凝土的毛细孔中,减缓了侵蚀速度,但混凝土强度则因水化矿物的不断分解而持续降低,直至最后破坏。表 4.6 列出了生成可溶性盐和不溶性盐的酸以及可能发生的地方。

表 4.6 混凝土的酸腐蚀

酸的名称		表达式	可能发生的地方
形成可溶性钙盐	盐酸	HCl	化学工业
	硝酸	HNO_3	肥料生产
	醋酸	CH_3CO_2H	发酵过程
	蚁酸	HCO_2H	食品处理和染色
	乳酸	$C_2H_4(OH)CO_2H$	奶制品工业
	丹宁酸	$C_{76}H_{52}O_{46}$	鞣皮工业、泥煤水
形成不溶性钙盐	磷酸	H_3PO_4	肥料生产
	酒石酸	$[CH(OH)CO_2H]_2$	酿酒

在排污管道内会产生硫化氢气体,这是在污水管中硫酸盐化合物被厌氧菌还原而形成的。硫化氢气体溶解于污水管上部的水膜中,并可被需氧菌氧化为硫酸盐化合物。以这种方式在局部地方可以形成高浓度硫酸,致使上部混凝土管很快被腐蚀。温度升高,微生物活动增强,产生的硫化氢气体量会增加,对混凝土管道的腐蚀也更强烈。使用石灰石骨料的混凝土比使用硅质骨料的混凝土抗腐蚀能力要强,前者的使用寿命可达后者的 3~5 倍。另外,加快污水排放速度,强制通风,在污水中加入石灰石等都可以减少硫化氢气体的产生,降低酸的侵蚀。

糖虽不是酸,但它是另一种不仅溶解氢氧化钙,而且也会慢慢侵蚀水化硅酸钙和水化铝酸钙的物质。因此,溶解的糖对混凝土的侵蚀性较强,故不应让其与混凝土长期直接接触。

使用高铝水泥的混凝土,对于浓度较低的盐酸、硝酸、硫酸等强酸,具有较强的抵抗能力,但对于浓度较高的酸仍会受到侵蚀。同时应注意的是,不论是哪一种化学侵蚀都必须有水的参与,否则将不会对混凝土造成危害。

用煤、沥青、橡胶、沥青漆等处理混凝土表面,可防止有机酸的侵蚀。对于预制混凝土制品,也可用 SiF_4 气体在真空条件下处理,这种气体与 $Ca(OH)_2$ 反应:

$$2Ca(OH)_2 + SiF_4 \longrightarrow 2CaF_2 + Si(OH)_4$$

生成难溶解的氟化硅和硅胶的耐蚀性保护层，使混凝土免遭破坏。

混凝土的抗侵蚀性与所用水泥的品种、混凝土的密实度、混凝土内部的孔结构等有关。密实度大及内部多为封闭的小微孔的混凝土，外部介质不易侵入，抗侵蚀能力高。因此，合理选择水泥品种；降低水灰比提高混凝土的密实度；改善混凝土内部的孔结构是提高混凝土抗侵蚀性的主要措施。

4.3.1.2　硫酸盐侵蚀

在一些地下水和工业污水中常含有硫酸盐，土壤尤其是黏土中也含有一定量的硫酸盐。经空气污染而形成的酸雨以及生物生长产生的硫酸盐等，也会使局部地区的硫酸盐浓度升高，硫酸盐更是海水的主要成分。当硫酸盐溶液如 Na_2SO_4、$CaSO_4$、$MgSO_4$ 等与混凝土接触或进入到混凝土内部后，会与水泥中的水化产物如 $Ca(OH)_2$ 及水化铝酸钙反应，生成石膏和硫铝酸钙，混凝土因体积膨胀而开裂，使结构遭到破坏。

(1) 硫酸盐侵蚀机理　虽然可溶性硫酸盐对混凝土都有侵蚀破坏作用，但不同的硫酸盐其侵蚀破坏机理对混凝土的破坏程度则略有不同。如硫酸钙主要与水化铝酸钙反应生成水化硫铝酸钙，而硫酸钠和硫酸镁的侵蚀则较为复杂。

硫酸钠与 $Ca(OH)_2$ 的反应如下：

$$Ca(OH)_2 + Na_2SO_4 \cdot 10H_2O \longrightarrow CaSO_4 \cdot 2H_2O + 2NaOH + 8H_2O$$

由于 $Ca(OH)_2$ 转变成二水石膏，体积增加了 1 倍。上述反应若在流水条件下，由于硫酸盐不断供给及氢氧化钙的不断溶解，反应可一直进行下去直至氢氧化钙反应完。但如果 $NaOH$ 积聚起来，上述反应就可达平衡。

生成的二水石膏和水化铝酸钙反应生成水化硫铝酸钙：

$$3CaO \cdot Al_2O_3 \cdot 6H_2O + 3(CaSO_4 \cdot 2H_2O) + 20H_2O \longrightarrow 3CaO \cdot Al_2O_3 \cdot 3CaSO_4 \cdot 32H_2O$$

此反应伴有固体体积增加 55%，引起混凝土内部体积膨胀。

硫酸镁比其他硫酸盐对混凝土的侵蚀更强，硫酸镁除能与氢氧化钙及水化铝酸钙反应外，还能对水化硅酸钙产生侵蚀：

$$3CaO \cdot 2SiO_2 \cdot nH_2O + MgSO_4 \cdot 7H_2O \longrightarrow 3(CaSO_4 \cdot 2H_2O) + 3Mg(OH)_2 + 2SiO_2 \cdot nH_2O$$

$Mg(OH)_2$ 的溶解度很低，此反应可以进行完全，导致水化硅酸钙的不断分解。氢氧化镁还会与硅胶进一步反应，生成水化硅酸镁。相对于硅胶，水化硅酸镁的黏结性能更低。因此，水化硅酸镁的出现，意味着混凝土受硫酸镁侵蚀的最后阶段，混凝土已遭受了严重的破坏，失去了相应的功能。不过此反应过程相对较长。

硫酸盐的侵蚀速度随溶液浓度的提高而加快，见表 4.7。

表 4.7　含有各种浓度硫酸盐的土壤、水对混凝土的侵蚀

硫酸盐作用程度	土壤中可溶性硫酸盐(SO_4^{2-})/%	水溶液中硫酸盐(SO_4^{2-})/10^{-6}
可忽略	0.00～0.10	0～150
轻微	0.10～0.20	150～1000
严重	0.20～0.50	1000～2000
非常严重	0.50 以上	2000 以上

混凝土一侧若处于硫酸盐水的压力作用而发生渗流，则与混凝土作用而消耗掉的硫酸盐将会不断得到补充，此时的侵蚀速度将更大。干湿交替能加快对混凝土的侵蚀。

（2）硫酸盐侵蚀的控制

1）选用 C_3A 含量低的水泥。硫酸盐对混凝土的侵蚀，主要是硫酸盐与水泥石中的水化铝酸钙反应，导致混凝土体积膨胀开裂，因此可采用 C_3A 含量较低的水泥。C_3A 含量越低，水泥的抗硫酸盐侵蚀能力越强。一般有轻微侵蚀时，应采用 C_3A 含量不大于 6% 的中热水泥；有相当大程度侵蚀时，应采用 C_3A 含量不大于 4% 的抗硫酸盐水泥或采用有相当抗硫酸盐能力的火山灰质水泥；非常严重时，除采用抗硫酸盐水泥外，再适当掺加一定量的火山灰质混合材。因为火山灰与 $Ca(OH)_2$ 反应生成水化硅酸钙，使游离的 $Ca(OH)_2$ 减少，并在易被侵蚀的水化铝酸钙表面形成保护层。不同品种水泥的抗硫酸盐性能见表 4.8。由表可知，掺入 40% 矿渣的混合水泥的抗硫酸盐侵蚀性能较差，这可能是由于矿渣的氧化铝含量较高所致。

表 4.8　不同品种水泥的抗硫酸盐侵蚀性能

抗硫酸盐侵蚀性能 水泥品种	硫酸盐溶液 $MgSO_4(0.35\% \ SO_3)$	$MgSO_4(1.5\% \ SO_3)$	$Na_2SO_4(1.5\% \ SO_3)$
硅酸盐水泥	差	差	很差
抗硫酸盐水泥	好	中	好
80%硅酸盐水泥和20%粉煤灰	好	较差	好
60%抗硫酸盐水泥和40%矿渣	不稳定	差	不稳定

注：不同水泥试件置于硫酸盐溶液 5 年后的侵蚀破坏情况。

2）采用高压蒸汽养护。另一种防止混凝土遭受硫酸盐侵蚀的方法是对混凝土进行高压蒸气养护。有研究表明，混凝土在 175℃ 下蒸养 6h 可明显提高抗硫酸盐能力。通过这种方法养护的混凝土在长达 17 年的时间内几乎没有发生硫酸盐侵蚀破坏。其原因是经蒸压养护的混凝土，其中的 $Ca(OH)_2$ 显著减少，C_3S、C_2S 形成了稳定的水化产物，C_3A 的水化物活性也降低，从而提高了混凝土的抗硫酸盐能力。

但若混凝土采用高温养护（养护温度 70～100℃），可能对含有硫酸盐的混凝土是有害的，这是因为延迟钙矾石生成造成的。延迟钙矾石生成（简称 DEF）的研究始于 20 世纪 80 年代初期对高温养护的预制混凝土制品（如铁路轨枕）的过早开裂现象的研究。研究表明，水泥水化早期由 C_3A 和 SO_3 反应生成的初始钙矾石（AFt）在高温养护条件下不稳定，转变为单硫型水化硫铝酸钙、SO_4^{2-}、Ca^{2+}、Al^{3+}，被 C-S-H 凝胶吸附。在混凝土使用过程中，这些离子或单硫型水化硫铝酸钙会重新生成钙矾石，并伴有相应的体积膨胀。这种膨胀导致在临近的骨料颗粒处形成粗大结晶的钙矾石，当膨胀应力超过水泥石的应力极限，将导致水泥石或混凝土结构的开裂破坏。这种形式的硫酸盐侵蚀，叫做延迟钙矾石生成。延迟钙矾石生成通常仅限于水泥中的 SO_3 与 Al_2O_3 质量之比超过 0.5 并且混凝土处于足够湿度的环境下。通过控制水泥的组成、使用火山以及同时限制最高养护温度（<70℃）和湿度，即可降低发生延迟钙矾石生成的可能性。

3）使用引气剂。引气剂的掺入提高了混凝土的孔隙率，使其内部形成了大量均匀分布且封闭的小孔。这些小孔的存在提高了混凝土的抗渗性，使硫酸盐溶液不易侵入。同时，对于因硫酸盐侵蚀作用而生成的水化矿物（如二水石膏、钙矾石等）可进入这些小孔中，大大减小了混凝土的体积膨胀。如图 4.6 所示。此外，在混凝土表面敷涂氟硅酸盐、硅酸钠、亚麻仁油等，也可以抵抗硫酸盐的侵蚀。

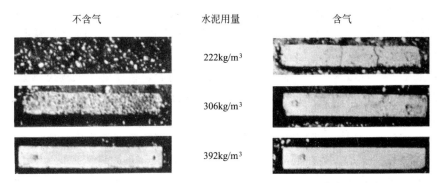

图 4.6　引气剂及水泥用量对暴露在硫酸盐土壤中混
凝土性能的影响（水泥用量少混凝土破坏严重，随水泥
用量和含气量的增加，混凝土性能得到改善）

4.3.1.3　碱类的侵蚀

由于水泥石本身就具有很高的碱性，有很强的抗碱侵蚀能力，故碱对混凝土的影响一般很小。只有像 NaOH 这类强碱在浓度比较高的时候才可能对混凝土产生侵蚀。

NaOH 对混凝土的侵蚀主要有化学侵蚀和结晶侵蚀两种。化学侵蚀是碱溶液与水泥石组分之间发生反应，生成胶结力不强的产物：

$$2CaO \cdot SiO_2 \cdot nH_2O + 2NaOH \longrightarrow 2Ca(OH)_2 + Na_2SiO_2 + mH_2O$$

$$3CaO \cdot Al_2O_3 \cdot 6H_2O + 2NaOH \longrightarrow 3Ca(OH)_2 + Na_2O \cdot Al_2O_3 + 4H_2O$$

结晶侵蚀是由于碱渗入到混凝土孔隙中，与空气中的 CO_2 作用形成含 10 个结晶水的碳酸钠晶体析出，体积比原有的 NaOH 增加 2.5 倍，并产生很大的结晶应力而引起水泥石结构破坏。

高铝水泥的抗碱侵蚀能力较低，当 KOH、NaOH 的浓度大于 10％时即能对混凝土产生较大的侵蚀。

4.3.1.4　海水的侵蚀

海水是一种成分复杂的液体，海水中平均总盐量为 35g/L，其中 NaCl 占总盐量的 77.2％，$MgCl_2$ 占 12.8％，$MgSO_4$ 占 9.4％，K_2SO_4 占 2.55％，还有一部分其他微量成分。

对于结构物的不同部位，海水对混凝土的侵蚀是不同的：处于高潮线以上的混凝土不直接与海水接触，只是暴露于含海盐的大气中。这一部分的破坏主要是由于钢筋锈蚀及冻融破坏引起的；位于潮汐涨落区内的混凝土，其破坏是由于干湿交替、冻融循环、钢筋锈蚀、水化产物的分解及波浪、砂、冰及悬浮物的冲击磨损所致；在低潮线以下的混凝土主要发生化学分解，而冻结和钢筋锈蚀的作用则较小。海水对混凝土的侵蚀包括了化学侵蚀、物理侵蚀、机械磨损和钢筋的锈蚀等综合结果。

海水的化学侵蚀作用主要是氯盐和硫酸盐的侵蚀，这些盐与水泥石中的 $Ca(OH)_2$ 反应生成易溶性的 $CaCl_2$ 及石膏。海水中高浓度的 NaCl 能增加石膏的溶解度，并阻碍了它的快速结晶。同样，NaCl 溶液也提高了 $Ca(OH)_2$ 及 $Mg(OH)_2$ 的溶解度，使其不断析出。

在有 $Ca(OH)_2$ 参与的情况下，硫酸镁能与铝酸钙作用生成硫铝酸钙，使混凝土膨胀开裂。但也有人认为这个反应的速度在有 $NaCl$ 存在的条件下减少。并由于石膏和硫铝酸钙的溶解度提高而很少呈膨胀性破坏，常常是使混凝土失去某些成分的浸析性破坏。但随着 $Mg(OH)_2$ 沉淀，减少了混凝土的透水性，这种浸析也会逐渐减弱。因此，海水的化学侵蚀要比一般盐溶液浓度所预计的要小。

对于钢筋混凝土，海水中的氯离子渗透到混凝土内后，将使处于低潮位以上反复干湿的混凝土中的钢筋产生严重的锈蚀，造成混凝土体积膨胀开裂。因此，海水对钢筋混凝土的侵蚀比对素混凝土更为严重。

处于高低潮位间的混凝土除上述侵蚀外，由于其内部的毛细管作用，使海水在混凝土内上升并不断被蒸发，于是盐类在混凝土内不断结晶、聚集，并最终造成混凝土的膨胀开裂。干湿交替将加速这种破坏。完全浸在海水中的混凝土，特别是没有水压差的情况下，这种侵蚀影响很小。

另外，海浪及悬浮物对混凝土造成的机械磨损和冲击作用，以及处于寒冷地区的混凝土遭受冻融循环作用等，均会使侵蚀加重。

根据混凝土所处的部位，可制定如下措施以防止海水的侵蚀：

处于高低潮位间的混凝土，由于干湿交替而同时遭受化学侵蚀和盐的结晶破坏，在严寒地区还受到冻融破坏，因此，这个部位的混凝土必须充分密实，水灰比要小，水泥用量应适当增加，并可采用引气混凝土。

对浸没在海水中的混凝土，主要考虑防止化学侵蚀。因此，除了要求混凝土有足够的密实度外，可考虑采用矾土水泥、抗硫酸盐水泥、矿渣硅酸盐水泥、火山灰质水泥。

4.3.1.5 淡水的侵蚀

淡水在与混凝土的长期接触中，往往也会对混凝土造成侵蚀，这主要是因为水泥石中的 $Ca(OH)_2$ 的不断溶解，使水泥石液相中 CaO 浓度低于某些水泥水化产物稳定存在的极限浓度。这时水化产物随即发生分解，直至形成没有黏结力的 $SiO_2 \cdot nH_2O$ 和 $Al_2O_3 \cdot mH_2O$，使混凝土强度降低。而如果水中溶解有 CO_2 时，碳酸会与混凝土的钙或镁化合，生成可溶性的碳酸盐，往往会使混凝土遭受更显著的破坏。

上述侵蚀只发生在水可以不断渗透进混凝土时，否则可以忽略不计。在混凝土中掺入粉煤灰、矿渣等混合材，可以吸收游离 $Ca(OH)_2$，对改善混凝土的抗蚀性是有效的。

4.3.2 钢筋的腐蚀

使用硅酸盐水泥的混凝土其液相中具有较高的碱性，pH 值＞12。钢筋在这种碱性介质中表面会生成一层难溶的 Fe_2O_3 和 Fe_3O_4 钝化膜，其厚度约为 $200 \sim 1000 \mu m$。阻止了钢筋的锈蚀。钢筋的生锈是一种电化学过程。当 CO_2、氯离子等腐蚀介质侵入时，混凝土的 pH 值降低。当碳化或氯离子侵入深度超过混凝土保护层到达钢筋表面时，在氧与水存在的条件下，钝化膜被破坏，使钢筋生锈。钢筋的锈蚀过程可表示为：

阳极反应：

$$Fe \longrightarrow Fe^{2+} + 2e$$

阴极反应：

$$\frac{1}{2}O^2 + H_2O + 2e \longrightarrow 2OH^-$$

在阳极表面二次化学过程，生成氢氧化亚铁：

$$Fe^{2+} + 2(OH)^- \longrightarrow Fe(OH)_2$$

氢氧化亚铁会迅速反应生成铁锈：

$$Fe(OH) + \frac{1}{2}H_2O + \frac{1}{4}O_2 \longrightarrow Fe(OH)_3$$

钢筋一旦生锈，体积就会增大，因膨胀应力而导致沿钢筋方向产生裂缝，使水和空气更容易进入混凝土内，并将加速锈蚀过程。

钢筋锈蚀与混凝土液相中的 pH 值有很大关系，当 pH 值大于 11.8 时，钢筋处于钝化膜的保护状态；pH 值小于 11.8 时，钢筋的钝化膜不稳定，并逐渐被破坏，钢筋开始生锈。pH 值大于 10 时，钢筋锈蚀速度很小，而 pH 值小于 4 时，锈蚀速度急剧增加。如图 4.7 所示。

由铁的锈蚀过程可以看出，如果没有 O_2，尽管在碱性较低的水中钢筋也不会生锈。如果水中 O_2 的溶解量增大，锈蚀速度也要增大。但含氧量超过一定限度（约 15mL/L，25℃），在铁的表面就生成氧化铁薄膜，则使锈蚀速度减慢。

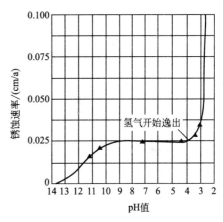

图 4.7　pH 值对铁的锈蚀速度的影响

较之碳化对钢筋锈蚀的影响，氯离子所造成的危害可能更加严重。氯离子对钢筋的腐蚀机理有以下几方面：

（1）破坏钝化膜　即使在高碱度下，其对钢筋钝化膜的破坏也有特殊的能力。氯离子进入混凝土到达钢筋表面，吸附于局部钝化膜处时，可使该处的 pH 值迅速降低至 4 以下，破坏了钢筋表面的钝化膜。

（2）形成腐蚀电流　无论是混凝土碳化还是氯离子侵蚀，都可以引起钢筋部分腐蚀。由于钝化膜破坏常发生在局部，与尚完好的钝化膜区域形成电位差，有电流产生。大面积钝化膜区域作为阴极，铁基体作为阳极而受腐蚀。腐蚀电流作用的结果使得钢筋表面产生蚀坑；同时，由于大阴极对应于小阳极，蚀坑的发展速度十分迅速，这种现象称为局部腐蚀钢筋的"边缘效应"。

（3）氯离子导电作用　混凝土中氯离子的存在强化了离子通道，大大降低了阴、阳极之间的欧姆电阻，提高了腐蚀电流的效率，从而加速了钢筋的电化学腐蚀过程。

（4）去极化作用　氯离子不仅促成了钢筋表面的腐蚀电流，而且加速了电流的作用过程。其阳极反应为：

$$Fe \longrightarrow Fe^{2+} + 2e$$

如果生成的 Fe^{2+} 不能及时搬运而积累于阳极表面，则阳极反应就会受阻。相反，如果生成的 Fe^{2+} 能及时搬走，则阳极反应就会顺利进行甚至加速进行。Cl^- 与 Fe^{2+} 相遇发生反应：

$$Fe^{2+} + 2Cl^- \longrightarrow FeCl_2$$

生成了可溶性的 $FeCl_2$。因此，氯离子能使 Fe^{2+} 消失而加速阳极过程。通常把阳极过程受阻称作阳极极化过程，而把加速阳极过程称为阳极去极化过程。

当其向混凝土内部扩散遇到氢氧根离子时，会立即生成 $Fe(OH)_2$ 而沉淀，并进而氧化成 $Fe(OH)_3$，即铁锈。

$$FeCl_2 + 2OH^- \longrightarrow Fe(OH)_2 + 2Cl^-$$

由上式可知，在锈蚀过程中氯离子只起到了搬运作用，而不被消耗，即进入混凝土中的氯离子会周而复始地起到破坏作用，这也是氯盐危害的特点之一。

氯离子对混凝土侵蚀是上述几种作用的综合结果。为防止氯离子的侵蚀，应严格控制混凝土原材料中氯离子的含量，一些重点工程要求原材料带入的氯离子含量不得大于水泥质量的 0.1% 甚至 0.06% 以下，特别是预应力钢筋混凝土的限制更为严格。

综上所述，钢筋的锈蚀是混凝土结构耐久性降低的最主要因素之一。要提高混凝土耐久性，减轻钢筋的腐蚀作用，首先，要提高混凝土的密实度，降低孔隙率，减少环境中的 CO_2、氯离子、水、氧向混凝土渗透。其次，增加混凝土保护层厚度。通常钢筋的保护层厚度约在 3cm 以上，而在一些海港工程中，钢筋保护层厚度可达 5～7cm。加入阻锈剂如铬酸盐、磷酸盐、亚硝酸盐，或在钢筋表面用环氧树脂等进行涂层处理，均能有效地防止钢筋的锈蚀。另外，严格的施工管理，防止因施工不当而造成的裂缝，也是防止钢筋过早出现锈蚀的措施之一。

4.3.3 混凝土的抗磨蚀性与气蚀性

路面、桥墩、水工结构物（溢流坝坝面、渠道的陡坡段、输水隧洞、溢洪道等），因经常受到车辆、行人、水流夹带的泥沙的摩擦、冲刷作用而磨损、剥蚀。而高速流动的水流，则又可能同时对混凝土产生气蚀性破坏。

混凝土磨损的结果是使表面粗骨料突出。因此，混凝土的抗磨损性主要取决于水泥石的抗磨性。一般混凝土强度越高，抗磨性越好。在一定坍落度下，降低水泥用量可以提高混凝土的抗磨性。而在一定水泥用量条件下，混凝土的抗磨性则随坍落度的降低而改善。要提高混凝土的抗磨性，就必须减少因泌水而造成的浮浆，提高混凝土表面的密实度。在有泌水时，必须推迟表面的修整时间，让水分充分蒸发。

气蚀所造成的危害是比较严重的，甚至是高质量的混凝土也可能发生气蚀现象。气蚀是由于水流的流速急剧改变的情况下发生的，根据伯努利方程：

$$H + \frac{p}{\rho} + \frac{v^2}{2g} = 常数 \tag{4.11}$$

式中 H——单位质量流体具有的位能；

p——绝对压力；

ρ——流体密度；

v——流速。

由上式可以看出，当水的流速变大时，压力就会降低。水的沸点温度由水的压力决定。压力低，水的沸点温度也低。当沸点温度低于环境温度时，水就要吸热而气化，产生大量的气泡（即气穴）。气穴被水流带到压力较大的区域时就会立即崩溃，从而在混凝土表面产生一个局部的高能量冲击。气穴破裂产生的压力可达 700MPa，这足以对最硬的金属造成损害。显然，对混凝土也会产生严重的破坏。

解决气蚀的最好办法是在设计、施工和使用等方面从根本上消除产生气蚀的因素。比如消除水中的紊流现象，降低流速等。此外，还可采用如下措施改善混凝土的抗气蚀性。

（1）采用高强度高密实度的混凝土。

（2）因粒径大的骨料容易剥落，所以应选择较小粒径的骨料。有资料认为，最大粒径在20mm以下，坚硬、并与水泥石有较高黏结力的骨料，对提高混凝土的抗气蚀性是有利的。

（3）严格控制施工质量和表面平整度，凡可能会引起气蚀的凹凸部分必须研磨和修整，以满足质量要求。

（4）加强养护措施，在某些情况下可喷洒薄膜养护剂以提高养护效能，改善混凝土的抗磨蚀和气蚀性。

（5）必要时可采用聚合物混凝土。

4.3.4 混凝土的耐火性

混凝土本身是不会燃烧的，可以认为具有良好的耐火性。但是在高温下，由于混凝土各组分的物理化学变化，使混凝土体积变形，严重时可导致开裂。

普通混凝土在 $100 \sim 110℃$ 的温度下，游离水脱除，并因为受热蒸发产生蒸气压力。此时可加速水泥的水化，有利于混凝土强度的增长。但温度继续升高将可能发生水泥水化产物的脱水、水泥浆体与骨料产生热性能不匹配、骨料的物理化学损坏，并导致高热应力、开裂及混凝土结构的力学性能损失等。例如，$149℃$ 以上，C-S-H 凝胶脱水，超过 $500℃$ 时，脱水的凝胶发生龟裂。水化铝酸钙在 $540 \sim 570℃$、$Ca(OH)_2$ 在 $560 \sim 590℃$ 脱水分解，晶格受到破坏。水化产物的脱水将使水泥石发生体积收缩，而同时混凝土中的骨料受热则发生体积膨胀。这两种相反作用的结果，将使包裹着骨料的水泥石开裂。在高温脱水的 $Ca(OH)_2$，当混凝土温度降至常温时在有水存在的条件下，又会再次与水反应生成 $Ca(OH)_2$，并伴随有 14％的体积膨胀。

改善胶结材的组成或选择耐火性好的胶结材，可提高混凝土的耐火性。例如，加入适量的粉煤灰或矿渣等掺合料，一是可以用来分散水泥水化产生的凝胶，减少骨料间凝胶层的平均厚度。掺合料越细，这种作用越明显，整个水泥石的收缩就越小。降低了高温下因水泥石和骨料间生热性能不匹配而造成的破坏作用。二是这些掺合料中的 Al_2O_3、SiO_2 与水泥水化产物 $Ca(OH)_2$ 的脱水产物 CaO 反应，生成耐热性好的无水硅酸钙和无水铝酸钙，避免了因 $Ca(OH)_2$ 再次生成引起的体积变化。高铝水泥也具有很好的耐火性，但是由于其水化产物在常温下易发生转变，一般不适宜用于结构混凝土。通常，普通混凝土的使用温度在 $200 \sim 250℃$ 以下。当加入掺合料及采用耐火骨料，混凝土的耐火温度可提高到 $700℃$。而采用铝酸盐水泥可配制在 $1300℃$ 以上工作的混凝土。

普通混凝土耐火性差的另一个原因是，采用的一些骨料如石灰石、石英砂等在高温下会发生较大的体积变形，如含有石英的骨料，在 $573℃$ 时发生晶型转变，由低温型石英转变为高温型石英，体积可膨胀为原来的 $1.3 \sim 1.5$ 倍。还有一些含碳酸盐的骨料在高温下会发生分解，这些都直接导致混凝土结构的破坏。因此，对于有耐高温要求的混凝土，应选用在高温下体积变化较小，又不会发生化学分解，并且在常温和高温下均具有较高强度的骨料。目前，常采用碎黏土砖、黏土熟料、碎高铝耐火砖作耐火骨料。一些骨料的耐火度按下列顺序递减：膨胀矿渣、页岩、板岩、黏土、气冷矿渣、碱性火成岩、钙质或硅质骨料。

对于钢筋混凝土来说，高温对混凝土破坏可能更严重。首先是因为钢筋良好的热膨胀性

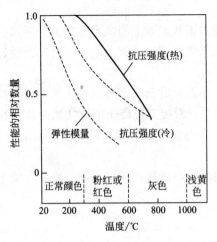

图 4.8 高温对混凝土强度和弹性模量的影响

和热传导性所致。和骨料一样，钢筋与周围水泥石热膨胀性能的不匹配导致水泥石开裂。而良好的导热性，使钢筋的温度迅速升高，周围的水泥石先于其他部位产生脱水，造成与钢筋的黏结强度下降。其次，钢筋的屈服强度会随着温度的升高而降低，有资料显示，温度在 370℃ 时，屈服强度约减少 15%。593℃ 时，屈服强度约降低 50%，而在 760℃ 时，屈服强度仅为原始强度的 20%。严重的强度损失，将造成混凝土结构的变形甚至倒塌。

混凝土受热，在低于 300℃ 时，温度的升高对强度的影响比较小，但超过 300℃，混凝土抗压强度将有显著降低，见图 4.8。对于用含硅质或石灰岩的骨料配制的混凝土，随温度升高将发生颜色的变化。因此，在高温火灾时，混凝土所经受最高温度和强度损失可近似地从颜色上加以估计。一般，混凝土变成粉红色时就值得怀疑了，变成灰色时，混凝土可能变脆和多孔了。

4.4 混凝土的碱—骨料反应

教学任务：分析导致混凝土碱—骨料反应的机理，了解碱—骨料反应对混凝土的破坏，掌握几种控制碱—骨料反应的措施。

当混凝土中含碱量较高，而骨料又为活性骨料时，混凝土中的碱和骨料中的活性物质在水的作用下就会发生化学反应，使混凝土发生不均匀膨胀，造成开裂的现象，称为碱—骨料反应（简称 AAR）。

自从 1940 年美国首先发现并证实碱—骨料反应对混凝土工程的危害以来，世界各地相继出现了各种工程破坏的事例，包括大坝、桥梁、公路、机场、港口及工业与民用建筑等。在此之前普遍认为骨料是惰性的，不会发生反应。不过碱—骨料反应一般进行得比较缓慢，由它引起的破坏往往经若干年后才表现出来。我国自 20 世纪 90 年代开始，也陆续在立交桥、机场或铁路轨枕中发现了碱—骨料反应的实例。

4.4.1 碱—骨料反应的类型与作用机理

按有害矿物的种类不同，碱—骨料反应可分为碱—硅酸反应（简称 ASR）和碱—碳酸盐反应（简称 ACR）。

4.4.1.1 碱—硅酸反应（ASR）

当混凝土所采用的骨料中含有活性 SiO_2，而水泥中的碱含量按（$Na_2O+0.658\ K_2O$）% 计算要大于 0.6% 时，就会在骨料界面处发生化学反应，生成碱性硅酸盐凝胶：

$$SiO_2 + 2NaOH \longrightarrow Na_2SiO_3 + H_2O$$

在骨料与水泥石的界面处首先形成的是含氧化钙的碱性硅酸盐凝胶的半透膜，这种半透膜只允许水分和碱性氢氧化物的离子和分子通过，不允许碱性的硅酸络盐通过。于是在骨料表面不断形成碱性硅酸盐，并从水泥浆中吸水使其体积膨胀（体积可增大 3 倍）。这种膨胀产生的压力及生成物堆积于骨料颗粒上形成的渗透压力（渗透压可达 3～4MPa），将使混凝土产生结构性破坏。

当水泥石中碱和氧化钙的比值较低时，CaO 可以迅速透过半透膜接触含硅酸的骨料颗粒表面，不断形成含 CaO 的碱性硅酸盐即 CaO-R-SiO_2（这里 R 指 K、Na 和 Li，为水泥中的碱性成分），这种凝胶是不膨胀的。因此，低碱水泥（$Na_2O+0.658 K_2O<0.6\%$）同活性骨料所发生的反应对混凝土没有影响，甚至可提高界面强度。

发生此类反应的骨料有：蛋白石、鳞石英、方石英、酸性或中性玻璃体的隐晶质火成岩，其中蛋白石的 SiO_2 活性最大。

在碱—骨料反应的分类中曾有过碱—硅酸盐反应一类。其主要特征是：反应异常缓慢，几乎看不到反应环，碱性硅酸盐凝胶渗出也很少。但反应及由反应造成的体积膨胀却在持续不断地进行，并最终导致混凝土破坏。根据近来的研究认为，碱—硅酸盐反应实质上仍是碱—硅酸反应，而膨胀的快慢决定于石英的晶体尺寸、晶体缺陷以及微晶石英在岩石中的分布状态。当微晶试验分散分布于其他矿物之中，则 Na^+、K^+、Li^+ 及 OH^- 必须通过更长的通道和受到更大的阻力才能到达活性颗粒表面，从而延缓了反应。出现此类反应的骨料主要有沉积岩或变质岩中的某些硅酸盐岩石，如硬砂岩、粉砂岩、泥质板岩、泥质石英岩、板岩、页岩、云英片等。

4.4.1.2　碱—碳酸盐反应

碱—碳酸盐反应主要表现在骨料中的某些微晶或隐晶的碳酸盐石（如某些方解石质的白云岩和白云质的石灰岩等）与水泥石中的碱性物质和水反应，使碳酸盐石去白云化。其反应式为：

$$CaMg(CO_3)_2+2ROH \longrightarrow Mg(OH)_2+CaCO_3+R_2CO_3$$

$$R_2CO_3+Ca(OH)_2 \longrightarrow 2ROH+CaCO_3$$

上述反应中生成的 ROH 将使去白云石反应继续进行，不断侵蚀白云石晶体。反应所生成的水镁石及方解石，由于晶体的生长是在受限的空间中进行的，其所产生的结晶应力导致了碱—碳酸盐反应体积膨胀。有资料显示，某些白云石晶体在浸入碱液 14 天后体积膨胀达 2.5%，这足以使混凝土遭受破坏。溶液的 pH 值对白云石的膨胀有很大影响，pH 值越高，去白云化反应速率越快，岩石的膨胀越大。当 pH 值低于 12 时岩石基本不发生膨胀。

发生碱—骨料反应的混凝土有如下特征：

(1) 混凝土表面有无序的网状裂缝，碱—碳酸盐反应的裂纹呈地图状。不过应注意混凝土与收缩裂缝的区别，因为混凝土的收缩裂缝也会出现网状裂缝，但出现时间较早，多在施工后若干天内。而碱—骨料反应裂缝出现较晚，多在施工后数年甚至一二十年后。收缩裂缝环境愈干燥裂缝愈扩大，而碱—骨料反应裂缝随环境湿度增大而增大。另外，碱—骨料反应在开裂时会出现局部膨胀，以致裂缝的两边缘出现不平状态。这些都是碱—骨料反应裂缝所特有的现象。如图 4.9 所示。

(2) 碱—硅酸反应会在骨料周围形成一个深色的薄层，称为反应环，有时活性骨料会有一部分被反应掉。同时，在骨料界面凝胶中的 Na^+、K^+ 浓度也较高。但碱—碳酸盐反应则无反应环，空隙中主要是 $CaCO_3$、$Ca(OH)_2$ 及水化硫铝酸钙晶体。

(3) 混凝土内部有裂缝。碱—骨料反应裂缝是由于骨料的膨胀引起的，当骨料因反应造

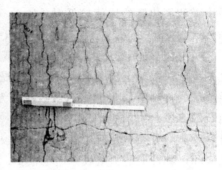

图 4.9 碱—骨料反应产生的裂纹

成的膨胀应力超过水泥石及骨料的极限应力时，在混凝土中就形成与骨料相连的网状裂缝。这也是区分由其他因素如冻融破坏、化学侵蚀、干缩、碳化、荷载造成裂缝的重要特征，因为上述因素裂缝一般不会使骨料开裂，除非使用质量较差的骨料。

4.4.2 碱—骨料反应的防治

混凝土中发生碱—骨料反应必须具备如下三个条件：

① 混凝土中碱含量高，水泥中碱含量按（$Na_2O+0.658K_2O$）计大于 0.6%，或混凝土中的碱含量在 $3.0kg/m^3$ 以上。

② 使用了活性骨料，如蛋白石、鳞石英、方石英、白云岩等。

③ 有水的存在，碱—骨料反应必须有水的参与才能进行。

针对上述条件，在实际工程中为防止碱骨料反应的发生，可采取如下几种措施：

（1）选用非活性骨料 使用非活性骨料是防止碱—骨料反应最安全的措施，但由于活性骨料特别是硅质活性骨料的分布比较广泛，要完全不用将很难做到。

（2）控制混凝土中碱含量 当水泥中总的碱含量低于 0.6%。或混凝土碱量低于 $3.0kg/m^3$ 时，混凝土液相中的 Na^+、K^+ 和 OH^- 浓度便低于临界值，碱—骨料反应便难以发生或反应程度较轻，不足以使混凝土开裂。但碱含量的控制并非是一定的，还与骨料的活性有关。骨料活性高，混凝土的碱含量即便低于 $3.0kg/m^3$ 也会发生严重的碱—骨料反应。有专家建议混凝土中的碱含量可按表 4.9 控制。

表 4.9 骨料具有碱硅活性时混凝土的碱含量　　　　　　　单位：kg/m^3

环境条件	一般工程	重要工程	特殊工程
干燥环境	不限制	不限制	<3.0
潮湿环境	<3.5	<3.0	<2.1
含碱环境	<3.0	用非活性骨料	

（3）使用矿物掺合料 在混凝土中加入某些磨细的活性混合材如粉煤灰、火山灰、硅灰、高炉矿渣等，不仅能缓和或抑制碱—骨料反应，而且对混凝土的其他性能也有一定改善，同时有利于节约资源、保护环境。其原因是活性掺合料与混凝土中的

Ca(OH)$_2$作用，使体系中的 Ca(OH)$_2$ 含量减少，密实度提高，所生成的 Ca/Si 的水化产物吸附、滞留了混凝土中的碱，从而抑制了碱—骨料反应。在掺用粉煤灰或火山灰质材料时，它们对水泥的取代率应控制在 25％～40％ 以内，磨细矿渣对水泥的取代率在 40％～50％ 之间。

（4）使用化学外加剂　使用化学外加剂与使用非活性骨料、使用掺合料一样，也是抑制混凝土中碱—骨料反应的有效措施之一。如 LiOH、LiNO$_3$、Li$_2$CO$_3$ 等能够有效地抑制碱—硅酸反应所引起的膨胀。原因是与 Na$^+$（K$^+$）相比，Li$^+$ 具有特别小的离子半径、更高的电荷密度，生成的硅酸锂较硅酸钠、硅酸钾有更强的离子结合力，导致 Li$^+$ 取代 Na$^+$（K$^+$）优先形成了非膨胀性的反应产物 L-S-H，这些更致密的产物包裹在骨料周围，同时也阻止了 Na$^+$（K$^+$）对骨料进一步侵蚀。在锂盐中 Li$_2$CO$_3$ 对碱—硅酸反应的抑制作用更有效。此外，钙盐如 Ca(NO$_2$)$_2$ 等也能抑制碱—硅酸膨胀，原因是 Ca^{2+} 取代 Na$^+$（K$^+$）生成了非膨胀性的含钙碱硅酸化合物 Ca—N（K）—S—H。在混凝土中加入引气剂，使其内部含有大量均匀分布的微小气泡，以减轻因碱—骨料反应产生的膨胀压和渗透压，也能减缓碱—骨料反应造成的破坏。

（5）防止水的渗入　碱—骨料反应的另一个条件是水，因此，防止外界水分的渗入，保持混凝土的干燥，可以减轻反应造成的危害。

4.5 实践操作　混凝土耐久性检验

4.5.1 混凝土抗渗性能试验（JGJ/T 55—2000）

4.5.1.1 试验目的

通过试验测定普通混凝土的抗渗性能等级，以确定混凝土是否达到工程设计要求的抗渗等级要求。

4.5.1.2 主要仪器设备

① 混凝土抗渗仪：混凝土渗透仪（见图 4.10）或能使水压按规定制度稳定地作用在试件上的渗透装置（包括试件套模）。

② 螺旋加压器：其压力以能把试件套内为宜。

③ 其他装置：烘箱、电炉、钢丝刷等。

图 4.10　混凝土抗渗仪

4.5.1.3 试验步骤

（1）试件制作及养护

1）试件制作。抗渗试验采用顶面直径为175mm，底面直径为185mm，高度为150mm的圆台体试件，或直径与高度均为150mm的圆柱体试件。以6个试件为一组。

2）试件养护。试件成型后24h拆模，用钢丝刷刷去两端面水泥浆膜，然后送入标准养护室养护。试件一般养护至28d龄期进行试验，如有特殊要求可在其他龄期进行试验。

（2）抗渗性能测试

1）试件养护至试验前1d取出，将表面晾干，然后将试件侧面涂一层熔化的密封材料（如加热熔化的石蜡松香液），但需防止在试件的顶面和底面有密封材料。随即在螺旋或其他加压装置上将试件压入经烘箱预热过的试件套中，稍冷却后即可解除压力。

2）排出抗渗仪管路系统中的空气，将密封好的试件安装在抗渗仪上，检查密封情况。

3）试验时起始水压为0.1MPa，以后每隔8h增加水压0.1MPa，并随时注意观察试件端面渗水情况。

4）当六个试件中有三个试件端面出现渗水时，即停止试验。记下此时的水压H。在试验过程中如发现水从试件周边渗出，则应停止试验，重新密封。

4.5.1.4 结果评定

混凝土抗渗等级P以每组六个试件中四个试件未出现渗水时的最大水压力计算。计算式为：

$$P = 10H - 1 \tag{4.12}$$

式中　P——抗渗等级；

　　　H——六个试件中三个渗水时的水压力，MPa。

4.5.2 混凝土抗冻性能试验（JGJ/T 55—2000）

4.5.2.1 试验目的

通过试验测定普通混凝土的抗冻性能等级，以确定混凝土是否达到工程设计要求的抗冻性等级。

4.5.2.2 主要仪器设备

（1）混凝土抗冻试验机：见图4.11。主要由下列部件构式。

1）低温箱：装有试件后能使箱内温度保持在-15～-20℃的范围以内。

2）融解水槽：装有试件后能使水温保持在15～20℃的范围以内。

（2）框篮：用钢筋焊成，其尺寸应与所装的试件相适应。

（3）案秤：称量10kg，感量5g。

（4）压力试验机：精度至少为±2%，其量程应能使试件的预期破坏荷载值位于全量程的20%～80%。

试验机上、下压板及试件之间可各垫以钢垫板，钢垫板两承压面均应机械加工。

与试件接触的压板或垫板的尺寸应

图4.11　混凝土抗冻试验机

大于试件承压面，其不平度应为每100mm不超过0.02mm。

4.5.2.3 试验步骤

（1）试件制作及养护

1）试件制作。试件制作按照粗骨料的最大粒径及规定方法，制作相应尺寸的混凝土立方体试件，制作方法同混凝土抗压强度试验，以三块试件为一组。抗冻等级低于F50时，需成型抗冻及对比试件各一组；抗冻等级高于F50时，需制作抗冻及对比试件各二组。

2）试件养护。试件养护方法同混凝土抗压强度试验。如无特殊要求，试件应在28d进行冻融试验。试验前4d，将冻融试件放在15～25℃的水中浸泡4昼夜，水面至少高出试件20mm。对比试件在标准养护室内养护，与冻融试件一起进行抗压强度对比试验。

（2）检测步骤

1）将抗冻试件从水中取出，用湿布擦去表面水分，称量后放入框篮内，然后置于冷冻设备低温箱内，各试件周围均应留有20mm间隙。

2）冻融制度：冻结温度为−15～−20℃，每次冻结时间按立方体试件尺寸而定，边长小于或等于150mm的试件不应少于4h；边长为200mm的试件不应少于6h。冻结时间应从放入试件后，低温箱内温度降至−15℃时起开始计算，冻结过程不得中断。冻结结束后，立即将试件置于15～20℃的恒温水槽中进行融解，融解时间应不少于4h，至此为一次冻融循环。如此反复进行。

3）应经常对试件进行外观检查。发现有严重破坏时应进行称量，若试件的平均失重率超过5%，即可停止其冻融循环试验。

4）混凝土试件达到规定的冻融循环次数时，取出冻融试件，擦干表面后称量，并立即测定其抗压强度。同时从养护室中取出对比试件测定其抗压强度。

4.5.2.4 结果评定

（1）混凝土冻融试验后的强度损失率 Δf_c 按下式计算（精确至1%）：

$$\Delta f_c = \frac{f_{co} - f_{cn}}{f_{co}} \times 100\% \qquad (4.13)$$

式中 Δf_c——N次冻融循环后的混凝土强度损失率，%，以3个试件的平均值计算；

f_{co}——对比试件的抗压强度平均值，MPa；

f_{cn}——经N次冻融循环后的3个试件抗压强度平均值，MPa。

（2）混凝土冻融试件冻融循环后的质量损失率 Δm 按下式计算（精确至1%）：

$$\Delta m = \frac{m_o - m_n}{m_0} \times 100\% \qquad (4.14)$$

式中 Δm——N次冻融循环后的质量损失率，%，以3个试件的平均值计算；

m_0——冻融循环试验前的试件质量，kg；

m_n——N次冻融循环后的试件质量，kg。

（3）混凝土的抗冻等级，以同时满足强度损失率不超过25%，质量损失率不超过5%时的最大循环次数来表示。

在测试过程中，如发现两个以上峰值时，宜采用以下方法测出其真实的共振峰：

1）将输出功率固定，反复调整仪器输出频率，从指示电表上比较幅值的大小，幅值最大者为真实的共振峰。

2）把接收换能器移至距端部 0.224 倍试件长处，此时如指示电表示值为零，即为真实的共振峰值。

4.5.2.5　结果评定

（1）用敲击法测量混凝土动弹性模量时，用击锤激振。敲击时敲击力的大小以能激起试件振动为度，击锤下落后应任其自由弹起，此时即可从仪器数码管中读出试件的基频振动周期，试件的基频振动频率应按下式计算：

$$f = \frac{1}{T} \times 10^6 \tag{4.15}$$

式中　f——试件横向振动时的基振频率，Hz；

　　　T——试件基频振动周期，μs，取 6 个连续测值的平均值。

（2）混凝土动弹性模量应按下式计算：

$$E_d = 9.46 \times 10^{-4} \frac{WL^3 f^2}{a^4} \times K \tag{4.16}$$

式中　E_d——混凝土动弹性模量，MPa；

　　　a——正方形截面试件的边长，mm；

　　　L——试件的长度，mm；

　　　W——试件的重量，kg；

　　　f——试件横向振动时的基振频率，Hz；

　　　K——试件尺寸修正系数：

$L/a = 3$ 时，$K = 1.68$；

$L/a = 4$ 时，$K = 1.40$；

$L/a = 5$ 时，$K = 1.26$。

混凝土动弹性模量以 3 个试件的平均值作为试验结果，计算精确到 100MPa（1000N/cm²）。

思考与练习

1. 试解释混凝土的冻融破坏机理。
2. 评价混凝土抗冻性的指标有哪些？简述影响混凝土抗冻性的因素。
3. 如何评价混凝土的抗渗性能？提高抗渗性的措施有哪些？
4. 导致混凝土化学侵蚀的原因有哪几类？各有什么特点？
5. 试述硫酸盐侵蚀对混凝土的破坏过程。并指出防止硫酸盐侵蚀的措施。
6. 海水对混凝土有哪些破坏作用？如何防治？
7. 淡水为什么会对混凝土造成侵蚀？如何防治？
8. 何谓碳化？碳化对混凝土的侵蚀有何影响？
9. 简述氯离子对钢筋的锈蚀机理。如何防止钢筋的锈蚀？
10. 简述混凝土受火灾或高温影响时的破坏过程。
11. 什么是气蚀？什么是磨蚀？如何提高混凝土的耐气蚀和磨蚀性？
12. 试述碱—硅酸反应的机理及其特征。如何防止碱—骨料反应？

5 混凝土配合比设计与生产质量控制

知识目标：掌握普通混凝土、有特殊要求的混凝土如抗渗、抗冻等混凝土的配合比设计原则、方法和步骤；掌握混凝土的强度统计方法；掌握混凝土质量控制理论；了解混凝土的非破损检测方法；掌握混凝土生产工艺流程；掌握混凝土拌合物的搅拌机理；掌握混凝土的密实成型原理；掌握混凝土养护的方法。

能力目标：能进行普通混凝土配合比试配、调整及确定；能对混凝土质量进行检验、评定及控制；会用统计法计算混凝土强度；会操作混凝土拌合物的搅拌设备，并能根据不同拌合物选择搅拌设备；会使用常用密实成型设备；能根据不同的工程选择密实成型方法；能制定混凝土工程养护方法。

建筑工程的质量离不开混凝土质量的保障。配合比设计是实现混凝土材料性能的一个重要过程，是混凝土质量控制的首要问题，是向客户交付满足合同要求产品的关键环节之一，也是判定产品是否经济合理的基本依据之一。表面上看，是根据原材料情况进行计算、试配、调整。实际上，与其他环节有千丝万缕的联系。对上游，设计所提出的性能指标是混凝土配合比设计的重要依据，所配制的混凝土必须满足设计要求，它也可以反过来作用于设计，为设计提供一些性能参数；对中游，混凝土配合比设计用于指导生产，同时又可以反服务于生产；对于下游，配制出的混凝土必须满足施工要求。

混凝土从原料选择、生产、施工、养护、硬化是一系列的过程。对于现代化生产，由于种种因素，即便在正常的生产条件下，混凝土的质量总会有一定的波动，因此，要获得优质的混凝土，必须在这个过程中贯彻全面的质量控制与管理。

5.1 普通混凝土的配合比设计

教学任务：掌握普通混凝土配合比设计的方法与步骤。了解特征混凝土的配合比选择，并能根据工程实例，设计该工程所需要的配合比。

混凝土配合比设计的含义可概括为"按照工程要求，挑选合适的混凝土基本材料，然后运用混凝土结构形成和性能变化的规律，以及权衡混凝土性能的得失和经济效益的影响等有关的科学知识和实践经验，通过合理估算和试验验证、校正，最终确定混凝土各种成分的最佳组合"。

5.1.1 混凝土配合比设计的基本原则

混凝土配合比设计时，应遵循如下的基本原则：

(1) 保证工程结构设计所要求的混凝土强度等级；

(2) 保证混凝土拌合物具有良好的工作性，以满足施工条件的要求；

(3) 保证混凝土具有良好的耐久性，满足抗冻、抗渗、抗腐蚀等要求，从而使混凝土达到经久耐用的使用目的；

(4) 在满足上述质量和施工方便的前提下，所设计的混凝土配合比应尽量节约水泥，合理使用原材料，从而降低工程成本，取得良好的经济效益。

关于配合比的经济性，其最有效的方法就是尽量减少水泥用量，同时，水泥用量的减少还有利于降低水化热或减少因水泥浆体收缩引起裂缝的危险性。合理选择水泥的品种、强度等级以及骨料的质量、品种、粒径和砂率等，均能有效地减少水泥用量。

此外，施工条件对混凝土配合比的经济性也有较大影响。如果拌合物的工作性与施工条件不相适应，就会大大影响生产进程，增加施工难度，使生产费用增加；另一方面，如果在生产中质量控制不严，即使在混合料工作性适宜的情况下也会造成强度波动性增大，以至不能达到结构设计对混凝土最低强度的要求，也会造成质量事故和经济上的损失。

5.1.2 混凝土配合比设计的基本资料

在进行混凝土配合比设计之前，必须详细掌握下列基本资料。

5.1.2.1 工程要求和施工条件

掌握工程设计要求的混凝土强度等级、混凝土流动性要求，工程所处环境对混凝土耐久性的要求，工程特征（结构构件断面尺寸、钢筋配置、钢筋最小净距），混凝土施工方法及管理水平。

5.1.2.2 原材料的性能指标

掌握原材料的性能指标，包括水泥的品种、强度等级、密度；砂、石骨料的品种、表观密度、堆积、级配密度、石子的最大粒径、含水率；拌和用水的水质情况；外加剂的品种、性能、适宜掺量、与水泥的相容性及掺入方法；矿物掺合料的品种、性能、级别等。

5.1.3 混凝土配合比设计的步骤

《混凝土结构工程施工质量验收及规范》（GB 50204—2011）要求，混凝土应按国家现行标准《普通混凝土配合比设计规程》（JGJ 55—2011）的有关规定，根据混凝土的强度等级、耐久性和工作性等要求进行配合比设计。

（1）计算初步配合比

根据原材料资料、工程要求和施工条件，按我国现行的配合比设计方法，通过经验公式、经验表格，确定出三个重要参数：水胶比、砂率和单位用水量，计算出初步配合比。

（2）得出基准配合比

根据初步配合比，经试拌、检验，到混凝土拌合物的工作性满足要求时，得出基准配合比。

（3）确定试验室配合比

以基准配合比为基础，增加和减少水胶比，拟定几组（通常为三组）适合工作性要求的配合比，通过制备试块，测定强度，确定既符合强度和又适合工作性要求（如有其他耐久性能要求，则做相应的检测项目）的试验室配合比。

（4）换算施工配合比

根据现场原材料的实际含水率，将试验室配合比换算为施工配合比。

5.1.3.1 初步配合比的确定

（1）确定配制强度

1）当混凝土设计强度等级小于 C60 时，普通混凝土的配制强度（$f_{cu,0}$）应按下式进行确定：

$$f_{cu,0} \geqslant f_{cu,k} + 1.645\sigma \tag{5.1}$$

式中 $f_{cu,0}$——混凝土的配制强度，MPa；

$f_{cu,k}$——混凝土设计强度等级值，MPa；

σ——混凝土强度标准差，MPa。

在正常情况下，上式可采用等号。但在现场条件与试验条件有显著差异时，或重要工程对混凝土工程有特殊要求时，或 C30 级以上强度混凝土在工程验收可能采用非统计方法评定时，则应采用大于号。

混凝土强度标准差宜根据同类混凝土统计资料计算确定，并应符合下列规定：

① 强度标准差是检验混凝土搅拌部门生产质量水平的标准之一。混凝土配合比设计引入标准差，目的是使所配制的混凝土强度有必需的保证。当具有近 1～3 个月的同一品种、同一强度等级混凝土的强度资料，且试件组数不小于 30 时，其强度标准差 σ 应按下式计算：

$$\sigma = \sqrt{\frac{\sum\limits_{i=1}^{n} f_{cu,i}^2 - n m_{f_{cu}}^2}{n-1}} \qquad (5.2)$$

式中 $f_{cu,i}$——统计周期内第 i 组混凝土试件的立方体抗压强度，MPa；

n——统计周期内相同强度等级的混凝土试件组数，不得小于 30 组；

$m_{f_{cu}}$——统计周期内混凝土试件立方体抗压强度的平均值。

对于强度等级不大于 C30 的混凝土，当强度标准差计算值不小于 3.0MPa 时，应按式 (5.2) 计算结果取值；当强度标准差计算值小于 3.0MPa 时，应取 3.0MPa。

对于强度等级大于 C30 且小于 C60 的混凝土，当强度标准差计算值不小于 4.0MPa 时，应按式 (5.2) 计算结果取值；当强度标准差计算值小于 4.0MPa 时，应取 4.0MPa。

② 当没有近期的同一品种、同一强度等级混凝土的强度资料时，其强度标准差值可按表 5.1 取值。

表 5.1 标准差 σ 值 单位：MPa

混凝土强度等级	≤C20	C25～C45	C50～C55
σ	4.0	5.0	6.0

2) 当混凝土设计强度等级不小于 C60 时，规程明确规定，强度等级为 C60 及其以上的称为高强混凝土。高强混凝土的配制强度 ($f_{cu,0}$) 应按下式进行确定：

$$f_{cu,0} \geqslant 1.15 f_{cu,k} \qquad (5.3)$$

（2）确定水胶比（W/B）　当混凝土强度等级小于 C60 时，按试配强度计算出所要求的水胶比（W/B），混凝土水胶比（W/B）可按下式计算：

$$W/B = \frac{\alpha_a f_b}{f_{cu,0} + \alpha_a \cdot \alpha_b \cdot f_b} \qquad (5.4)$$

式中 W/B——混凝土水胶比；

α_a，α_b——回归系数，宜按下列规定取值：

① 回归系数 α_a 和 α_b 应根据工程所使用的原材料，通过试验建立的水胶比与混凝土强度关系式确定；

② 当不具备上述试验统计资料时，其回归系数可按表 5.2 选用；

表 5.2　回归系数 α_a 和 α_b

粗骨料品种 系数	碎石	卵石
α_a	0.53	0.49
α_b	0.20	0.13

f_b——胶凝材料 28d 胶砂抗压强度，MPa，可实测。无实测值时，也可按下式确定：

$$f_b = r_f r_s f_{ce} \tag{5.5}$$

式中　r_f，r_s——粉煤灰影响系数和粒化高炉矿渣粉影响系数，可按表 5.3 选用。

表 5.3　粉煤灰影响系数和粒化高炉矿渣粉影响系数

种类 掺量/%	粉煤灰影响系数 γ_f	粒化高炉矿渣粉影响系数 γ_s
0	1.00	1.00
10	0.85～0.95	1.00
20	0.75～0.85	0.95～1.00
30	0.65～0.75	0.90～1.00
40	0.55～0.65	0.80～0.90
50	—	0.70～0.85

注：1. 采用 I 级、II 级粉煤灰宜取上限值。

2. 采用 S75 级粒化高炉矿渣粉宜取下限值，采用 S95 级粒化高炉矿渣粉宜取上限值，采用 S105 级粒化高炉矿渣粉可取上限值加 0.05。

3. 当超出表中的掺量时，粉煤灰和粒化高炉矿渣粉影响系数应经试验确定。

f_{ce}——水泥 28d 胶砂抗压强度，MPa，可实测；无实测值时，也可按下式确定：

$$f_{ce} = r_c f_{ce,g} \tag{5.6}$$

式中　r_c——水泥强度等级值的富余系数，可按实际统计资料确定；当缺乏实际统计资料时，也可按表 5.4 选用；

$f_{ce,g}$——水泥强度等级值，MPa。

表 5.4　水泥强度等级值的富余系数 γ_c

水泥强度等级值	32.5	42.5	52.5
富余系数	1.12	1.16	1.10

水泥强度等级可按表 5.5 选择。

表 5.5　水泥强度等级选择　　　　　　　　　　　　单位：MPa

混凝土强度等级	C15～C25	C30～C40	≥C45
混凝土配制强度 $f_{cu,0}$	21.6～33.2	38.2～49.9	≥54.9
水泥等级强度 $f_{ce,g}$	32.5～42.5	42.5～52.5	52.5～62.5

按《混凝土结构设计规范》(GB 50010—2010) 规定，将混凝土结构所处的环境类别划分为表 5.6。为了保证混凝土必要的耐久性，混凝土的最大水胶比应符合《混凝土结构设计规范》规定，如表 5.7 所示。若计算得到的水胶比值大于规定的最大水胶比值时，应按表 5.7（设计年限为 50 年结构混凝土材料的耐久性基本要求）中规定的最大水胶比取值。

表 5.6　混凝土结构的环境类别

环境类别	条件
一	室内干燥环境;无侵蚀性静水浸没环境
二 a	室内潮湿环境;非严寒和非寒冷地区的露天环境; 非严寒和非寒冷地区与无侵蚀性的水或土壤直接接触的环境; 寒冷和严寒地区的冰冻线以下与无侵蚀性的水或土壤直接接触的环境
二 b	干湿交替环境;水位频繁变动环境;严寒和寒冷地区的露天环境; 严寒和寒冷地区的冰冻线以上与无侵蚀性的水或土壤直接接触的环境
三 a	严寒和寒冷地区冬季水位变动区环境;受除冰盐影响环境;海风环境
三 b	盐渍土环境;受除冰盐作用环境;海岸环境
四	海水环境
五	受人为或自然的侵蚀性物质影响的环境

注:1. 室内潮湿环境是指构件表面经常处于结露或湿润状态的环境。

2. 严寒和寒冷地区的划分应符合现行国家标准《民用建筑热工设计规范》(GB 50176)的有关规定。

3. 海岸环境和海风环境宜根据当地情况,考虑主导风向及结构所处迎风、背风部位等因素的影响,由调查研究和工作经验确定。

4. 受除冰盐影响环境是指受到除冰盐盐雾影响的环境;受除冰盐作用环境是指被除冰盐溶液溅射的环境以及使用除冰盐地区的洗车房、停车楼等建筑。

5. 暴露的环境是指混凝土结构表面所处的环境。

表 5.7　结构混凝土材料的耐久性基本要求

环境等级	最大水胶比	最低强度等级	最大氯离子含量/%	最大碱含量/(kg/m³)
一	0.60	C20	0.30	不限制
二 a	0.55	C25	0.20	3.0
二 b	0.50(0.55)	C30(C25)	0.15	
三 a	0.45(0.50)	C35(C30)	0.15	
三 b	0.40	C40	0.10	

注:1. 氯离子含量系指其占胶凝材料总量的百分比。

2. 预应力构件混凝土中的最大氯离子含量为 0.06%;其最低混凝土强度等级宜按表中的规定提高两个等级。

3. 素混凝土构件的水胶比及最低强度等级的要求可以适当放松。

4. 有可靠工程经验时,二类环境中的最低混凝土强度等级可降低一个等级。

5. 处于严寒和寒冷地区二 b、三 a 类环境中的混凝土应使用引气剂,并可采用括号中的有关参数。

6. 当使用非碱活性骨料时,对混凝土中的碱含量可不做限制。

(3) 确定混凝土的单位用水量(m_{w0})和外加剂用量(m_{a0})　混凝土的用水量将直接影响混凝土的性能,用水量的多少又与骨料的品种、粒径、结构物及施工所要求的坍落度有关。混凝土坍落度的选择如表 5.8 所示。

表 5.8　混凝土浇筑时的坍落度

结构种类	坍落度/mm
基础或地面等的垫层、无配筋的大体积结构(挡土墙、基础等)或配筋稀疏的结构	10~30
板、梁和大型及中型截面的柱子等	30~50
配筋密列的结构(薄壁、斗仓、筒仓、细柱等)	50~70
配筋特密的结构	70~90

注:1. 本表是采用机械振捣混凝土时的坍落度,当采用人工捣实时坍落度可适当增大。

2. 当需要配置大坍落度混凝土时,应掺用外加剂。

3. 曲面或斜面结构混凝土的坍落度应根据实际需要另行选定。

4. 泵送混凝土的入泵坍落度不宜小于 100mm。

1) 干硬性或塑性混凝土的用水量的确定

① 混凝土水胶比在 0.40～0.80 范围时，根据粗骨料的品种、粒径及施工要求的混凝土拌合物的稠度，其用水量可按表 5.9、表 5.10 选取。

② 混凝土水胶比小于 0.40，可通过试验确定。

表 5.9　干硬性混凝土的用水量　　　　　　　　　　　单位：kg/m³

拌合物稠度		卵石最大公称粒径/mm			碎石最大公称粒径/mm		
项目	指标	10	20	40	16	20	40
维勃稠度/S	16～20	175	160	145	180	170	155
	11～15	180	165	150	185	175	160
	5～10	185	170	155	190	180	165

表 5.10　塑性混凝土的用水量　　　　　　　　　　　单位：kg/m³

拌合物稠度		卵石最大公称粒径/mm				碎石最大公称粒径/mm			
项目	指标	10	20	31.5	40	16	20	31.5	40
坍落度/mm	10～30	190	170	160	150	200	185	175	165
	35～50	200	180	170	160	210	195	185	175
	55～70	210	190	180	170	220	205	195	185
	75～90	215	195	185	175	230	215	205	195

注：1. 本表用水量系指采用中砂时的取值。如采用细砂时，每立方米混凝土用水量可增加 5～10kg，采用粗砂时，可减少 5～10kg。

2. 掺用外加剂或矿物掺合料时，用水量相应增减。

3. 混凝土的坍落度大于 100mm 时，用水量按各地现有经验或经试验取用。

4. 本表不适用水灰比小于 0.4 或大于 0.8 的混凝土。

2) 流动性或大流动性混凝土（掺外加剂）的用水量的确定

① 以表 5.10 中坍落度 90mm 的用水量为基础，按坍落度每增大 20mm，用水量增加 5kg/m³ 来计算，当坍落度增大到 180mm 以上时，随坍落度相应增加的用水量可减少，推定出未掺外加剂时混凝土的用水量。

② 掺外加剂时，流动性或大流动性混凝土的用水量（m_{w0}）可按下式计算：

$$m_{w0} = m_{w0'}(1-\beta) \tag{5.7}$$

式中　m_{w0}——计算配合比每立方米混凝土的用水量，kg/m³；

　　　$m_{w0'}$——未掺外加剂时每立方米混凝土用水量，kg/m³；

　　　β——外加剂的减水率，%，应经混凝土试验确定。

3) 外加剂用量（m_{a0}）。每立方米混凝土中外加剂用量（m_{a0}）应按下式计算：

$$m_{a0} = m_{b0}\beta_a \tag{5.8}$$

式中　m_{a0}——计算配合比每立方米混凝土中外加剂用量，kg/m³；

　　　m_{b0}——计算配合比每立方米混凝土中胶凝材料用量，kg/m³，应符合本节的每 m³ 混凝土中胶凝材料用量计算；

　　　β_a——外加剂掺量，%，应经混凝土试验确定。

（4）每 m³ 混凝土中胶凝材料、矿物掺合料和水泥用量

1）胶凝材料用量（m_{b0}）。每立方米混凝土的胶凝材料用量（m_{b0}）应按式（5.9）计算，并应进行试拌调整，在拌合物性能满足的情况下，取经济合理的胶凝材料用量。

$$m_{b0} = \frac{m_{w0}}{W/B} \tag{5.9}$$

式中　m_{b0}——计算配合比每立方米混凝土中胶凝材料用量，kg/m³；

　　　m_{w0}——计算配合比每立方米混凝土中水的用量，kg/m³；

　　　W/B——混凝土水胶比。

除配制 C15 及其以下强度等级的混凝土外，混凝土的最小胶凝材料用量应符合表 5.11 的规定。

表 5.11　混凝土的最小胶凝材料用量

最大水胶比	最小胶凝材料用量/(kg/m³)		
	素混凝土	钢筋混凝土	预应力混凝土
0.60	250	280	300
0.55	280	300	300
0.50	320		
≤0.45	330		

2）矿物掺合料用量（m_{f0}）。每立方米混凝土的矿物掺合料用量（m_{f0}）应按下式计算：

$$m_{f0} = m_{b0}\beta_f \tag{5.10}$$

式中　m_{f0}——计算配合比每立方米混凝土中矿物掺合料用量，kg/m³；

　　　β_f——矿物掺合料掺量，%，可参照表 5.12、表 5.13 确定。

矿物掺合料在混凝土中的掺量应通过试验确定。钢筋混凝土中矿物掺合料最大掺量宜符合表 5.12 的规定；预应力钢筋混凝土中矿物掺合料最大掺量宜符合表 5.13 的规定。规定矿物掺合料最大掺量主要是为了保证混凝土耐久性能。

表 5.12　钢筋混凝土中矿物掺合料最大掺量

矿物掺合料种类	水胶比	最大掺量/%	
		采用硅酸盐水泥时	采用普通硅酸盐水泥时
粉煤灰	≤0.40	45	35
	>0.40	40	30

续表

矿物掺合料种类	水胶比	最大掺量/%	
		采用硅酸盐水泥时	采用普通硅酸盐水泥时
粒化高炉矿渣粉	≤0.40	65	55
	>0.40	55	45
钢渣粉	—	30	20
磷渣粉	—	30	20
硅灰	—	10	10
复合掺合料	≤0.40	65	55
	>0.40	55	45

注：1. 采用其他通用硅酸盐水泥时，宜将水泥混合材掺量 20％以上的混合材量计入矿物掺合料。

2. 复合掺合料各组分的掺量不宜超过单掺时的最大掺量。

3. 在混合使用两种或者两种以上矿物掺合料时，矿物掺合料总掺量应符合表中复合掺合料的规定。

表 5.13 预应力钢筋混凝土中矿物掺合料最大掺量

矿物掺合料种类	水胶比	最大掺量/%	
		采用硅酸盐水泥时	采用普通硅酸盐水泥时
粉煤灰	≤0.40	35	30
	>0.40	25	20
粒化高炉矿渣粉	≤0.40	55	45
	>0.40	45	35
钢渣粉	—	20	10
磷渣粉	—	20	10
硅灰	—	10	10
复合掺合料	≤0.40	55	45
	>0.40	45	35

注：1. 采用其他通用硅酸盐水泥时，宜将水泥混合材掺量 20％以上的混合材量计入矿物掺合料。

2. 复合掺合料各组分的掺量不宜超过单掺时的最大掺量。

3. 在混合使用两种或者两种以上矿物掺合料时，矿物掺合料总掺量应符合表中复合掺合料的规定。

3）水泥用量（m_{c0}）。每立方米混凝土中水泥用量（m_{c0}）应按下式确定：

$$m_{c0} = m_{b0} - m_{f0} \qquad (5.11)$$

式中　m_{c0}——计算配合比每立方米混凝土水泥的用量，kg/m^3。

（5）确定合理砂率（β_s）　砂率是指砂在骨料总量中的百分率。砂率对混凝土强度影响不大，但对新拌混凝土的稠度、黏聚性和保水性有一定影响。同时，砂率也受下列因素影响：粗骨料粒径大，则砂率小；细砂的砂率应小，粗砂的砂率应大；粗骨料为碎石，则砂率大；粗骨料为卵石，则砂率小；水胶比大则砂率大，水胶比小则砂率小；胶凝材料用量大则砂率小，胶凝材料用量小则砂率大。

砂率应根据骨料的技术指标、混凝土拌合物性能和施工要求，参考既有历史资料确定。

当缺乏砂率的历史资料时，混凝土砂率的确定应符合下列规定：

① 坍落度小于 10mm 的混凝土（干硬性混凝土），其砂率应经试验确定。

② 坍落度为 10～60mm 的混凝土，其砂率可根据粗骨料品种、最大公称粒径及水胶比按表 5.14 选取。

③ 坍落度大于 60mm 的混凝土，其砂率可经试验确定，也可在表 5.14 的基础上，按坍落度每增大 20mm、砂率增大 1% 的幅度予以调整。

表 5.14 混凝土的砂率   单位：%

水胶比（W/B）	碎石最大公称粒径/mm			卵石最大公称粒径/mm		
	16.0	20.0	40.0	10.0	20.0	40.0
0.40	30～35	29～34	27～32	26～32	25～31	24～30
0.50	33～38	32～37	30～35	30～35	29～34	28～33
0.60	36～41	35～40	33～38	33～38	32～37	31～36
0.70	39～44	38～43	36～41	36～41	35～40	34～39

注：1. 本表中数值系中砂的选用砂率。对细砂或粗砂，可相应地减少或增加砂率。

2. 采用人工砂配制混凝土时，砂率可适当增大。

3. 只用一个单粒级粗骨料配制混凝土时，砂率可适当增大。

（6）计算粗、细骨料的用量，定出供试配的初步配合比 在已知砂率的情况下，粗、细骨料的用量计算有两种方法：质量法和体积法。

1）质量法。质量法计算配合比的依据是假定混凝土的总质量等于所投放材料的总质量。其表达式为：

$$\begin{cases} m_{c0}+m_{f0}+m_{g0}+m_{s0}+m_{w0}=m_{cp} \\ \beta_s=\dfrac{m_{s0}}{m_{s0}+m_{g0}}\times100\% \end{cases} \tag{5.12}$$

式中 m_{c0}——每立方米混凝土的水泥用量，kg/m³；

m_{f0}——每立方米混凝土的矿物掺合料用量，kg/m³；

m_{g0}——每立方米混凝土的粗骨料用量，kg/m³；

m_{s0}——每立方米混凝土的细骨料用量，kg/m³；

m_{w0}——每立方米混凝土的用水量，kg/m³；

m_{cp}——每立方米混凝土拌合物的假定总重量，kg，其值可按表 5.15 选用；

β_s——砂率，%。

解联立方程即可求出 m_{g0}、m_{s0}。

表 5.15 普通混凝土的假定质量

混凝土强度等级	≤C15	C20～C35	≥C40
假定每立方米总量/kg	2360	2400	2450

2）体积法。体积法是假定混凝土拌合物的体积等于可组成材料绝对体积和混凝土拌合物中所含空气体积的总和。用公式表示：

$$\begin{cases} \dfrac{m_{c0}}{\rho_c}+\dfrac{m_{f0}}{\rho_f}+\dfrac{m_{g0}}{\rho_g}+\dfrac{m_{s0}}{\rho_s}+\dfrac{m_{w0}}{\rho_w}+0.01\alpha=1 \\ \beta_s=\dfrac{m_{s0}}{m_{s0}+m_{g0}}\times100\% \end{cases} \tag{5.13}$$

式中 ρ_c——水泥密度，可取 $2900\sim3100\text{kg/m}^3$；

ρ_f——矿物掺合料密度，kg/m^3；

ρ_{0g}——粗骨料的表观密度，kg/m^3；

ρ_{0s}——细骨料的表观密度，kg/m^3；

ρ_w——水的密度，kg/m^3，可取 1000kg/m^3；

α——混凝土含气量百分数，%，在不使用引气剂或引气型外加剂时，α 可取为 1。

解联立方程即可求出 m_{g0}、m_{s0}。

通过上述步骤，各种材料的用量得出后，通常按一定次序列出，得到初步配合比（m_{c0}、m_{f0}、m_{w0}、m_{s0}、m_{g0}、m_{a0}）。

5.1.3.2 基准配合比的确定

初步配合比多是借助于经验公式计算出来的，或是利用经验资料查得的，因而不一定能够符合实际工程和易性要求，必须经过试验拌和调整，直到混凝土拌合物的和易性满足要求为止。

（1）试配 试配的作用是检验配合比是否与设计要求相符，如不符合，应进行调整。

试配工作应注意以下几点：

1）所用的设备及工艺方法应与生产时的条件相同；

2）所使用的粗细骨料应处于干燥状态；

3）每盘的拌合量：当粗骨料粒径 $\leqslant31.5\text{mm}$ 时，试配量应 $\geqslant0.015\text{m}^3$；最大粒径为 40mm 时，试配量应 $\geqslant0.025\text{m}^3$；

4）材料的总量应不少于所用搅拌机容量的 25%；

5）在初步配合比的基础上进行试拌，以检查拌合物的性能。当试拌得出的拌合物坍落或维勃稠度不能满足要求，或黏聚性和保水性不好时，应调整，直到混凝土拌合物性能符合设计和施工要求。然后修正计算配合比，提出基准配合比。

（2）调整与确定

1）稠度的检验与调整。稠度的检测应从检测的三个项目入手。一是黏聚性，二是泌水性，三是坍落度。

按试配要求拌好拌合物后，可先观测前两个项目：随意取少量拌合物置于手掌内，两手用力将之捏压成不规则的球状物，放手后如拌合物仍成团不散不裂，则黏聚性好。如有水分带有水泥微粒流出，则表示泌水性大。

坍落度试验，可用坍落度筒法，当坍落度筒垂直平稳提起时，筒内拌合物向下坍落，将有 4 种不同形态出现，如图 5.1 所示。图 5.1（a）为无坍落度或坍落度很少；图 5.1（b）为有坍落度，用直尺测量其与坍落度筒顶部的高差，为坍落度值，如与设计值相符，便视为合格；图 5.1（c）则表示砂浆少、黏聚性差；图 5.1（d）如不是有意拌制大流动性混凝土，则可能坍落度过大。

可对已坍落拌合物的黏聚性进行观测，用捣棒轻轻敲击试体的两侧，如试体继续整体下沉，则黏聚性良好；如试体分块、崩落或出现离析，表示黏聚性不够好；对已坍落的试体，可同时作泌水性观测：如有含细颗粒的稀浆水自试体表面流出，则是泌水性较大。根据的坍

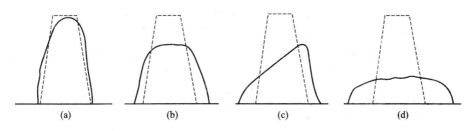

图 5.1 混凝土坍落度的形状

落度、黏聚性和泌水性对混凝土拌合物做如表 5.16 调整。

表 5.16 混凝土和易性的调整方法

试拌混凝土情况	调整方法
混凝土较稀、坍落度过大	保持水胶比不变,减少水和胶凝材料, 按比例补充粗、细骨料
混凝土较稠、坍落度过小	保持水胶比不变,增加水和胶凝材料, 按比例减少粗、细骨料
砂浆过多,坍落度过大	降低砂率,增加粗骨料
砂浆不足,难以包裹石子,引起离析, 严重泌水	加大砂率,减少粗骨料

进行调整时,每次调幅应以 1% 为限。一次未能解决,则多次逐步进行,直至符合要求。调整时,应按前述流程重新计算用量。

2)强度的检验。经过和易性调整得出的基准配合比,其强度是否符合要求,需进一步进行混凝土的强度检验。

检验混凝土强度时,应注意以下几点:

① 应采用三个不同的配合比,其中一个应为基准配合比,另外两个配合比的水胶比较基准配合比分别增加和减少 0.05,用水量应与基准配合比相同,砂率可分别增加和减少 1%。

② 进行混凝土强度试验时,拌合物性能应符合设计和施工要求。

③ 进行混凝土强度试验时,每个配合比应至少制作一组(三块)试件,并应标准养护到 28d 或设计规定龄期时试压。一般制作 7d、28d 两组试件;也可按《早期推定混凝土强度试验方法》(JGJ/T 15—2008)推定。

④ 制作强度试件时,应按石子最大粒径选用试模:

当石子最大粒径为 31.5mm 时,用 100mm×100mm×100mm 试模;

当石子最大粒径为 40mm 时,用 150mm×150mm×150mm 试模;

当石子最大粒径为 63mm 时,用 200mm×200mm×200mm 试模。

试件强度经检测部门检测后,根据其 28d 龄期的抗压强度值 f_1、f_2、f_3,绘制强度和胶水比的线性关系图,或插值法确定略大于配制强度对应的胶水比(B/W)。其检测结果还可按下列情况处理:

① 强度满足 $f_{cu,0}$ 的要求,可选强度稍高于 $f_{cu,0}$ 的一组为强度调整后的试验室胶水比。

② 强度低于 $f_{cu,0}$,按强度较高的一组用降低水胶比的方法进行调整。如强度已比较接近,水胶比减低值可能较少;如强度相差较大,则水胶比值可减低 0.05,再制作 3 组试件试验。此时,应同时检测和易性,如和易性已符合要求,则不必减水,但按比例加水泥。直至强度满足要求。

③ 强度过高时，如超强幅度不大，就不必调整，即以稠度调整后基准配合比为强度调整后配合比。如超强幅度过大，则用加大水胶比方法进行调整。调整幅度视超强幅度多少而定。如稠度已符合要求，则不加水，按比例减少胶凝材料，按比例补回砂、石，直至强度接近或稍高于 $f_{cu,0}$。

3）混凝土用料的调整

① 在试拌配合比的基础上，用水量（m_w）和外加剂用量（m_a）应根据确定的水胶比作调整。

② 胶凝材料用量（m_b）应以用水量乘以确定的胶水比计算得出。

③ 粗骨料和细骨料用量（m_g 和 m_s）应根据用水量和胶凝材料用量进行调整。

④ 经过和易性和强度的检测后，混凝土的配合比便可确定，算出混凝土的表观密度计算值，即

$$\rho_{c,c}=m_w+m_c+m_s+m_g+m_f \ (kg/m^3) \tag{5.14}$$

但混凝土成型后的表观密度实测值与计算值可能不一致。当出现差异时，应进行调整。其校正系数如下式：

$$\delta=\frac{\rho_{c,t}}{\rho_{c,c}} \tag{5.15}$$

式中　$\rho_{c,t}$——混凝土表观密度实测值，kg/m^3；

　　　$\rho_{c,c}$——混凝土表观密度计算值，kg/m^3；

　　　　δ——校正系数。

实测值与计算值之差的绝对值不超过计算值的 2% 时，配合比可维持不变；当二者之差超过 2% 时，应将得到的各项材料用量（m_w、m_c、m_f、m_s、m_g）均乘以校正系数 δ 即可得到最终定出的试验室配合比。

对耐久性有设计要求的混凝土应进行相关耐久性试验验证。

5.1.3.3　施工配合比的确定

上述经试验得出的配合比是以干燥材料为基准的，而实际施工中使用的砂、石均含有一定的水分，并且其含水率随环境湿度而变化，故使用时应根据现场砂、石含水情况把最后采用的配合比换算成施工配合比。

若实测砂的含水率为 $a\%$，石子含水率为 $b\%$，则施工配合比为：

$$\begin{cases} m'_c=m_c \ (kg) \\ m'_b=m_b \ (kg) \\ m'_s=m_s \ (1+a\%) \ (kg) \\ m'_g=m_g \ (1+b\%) \ (kg); \\ m'_w=m_w-m_s \cdot a\%-m_g \cdot b\% \ (kg) \end{cases} \tag{5.16}$$

生产单位可根据常用材料设计出常用的混凝土配合比备用，并应在启用过程中予以验证或调整。遇有下列情况之一时，应重新进行配合比设计：

① 对混凝土性能有特殊要求时；

② 水泥、外加剂或矿物掺合料等原材料品种、质量有显著变化时。

5.1.4　混凝土配合比设计实例

【例 5.1】某室内现浇钢筋混凝土梁，混凝土设计强度等级为 C25，施工要求坍落度为

35～50mm，混凝土为机械搅拌和机械振捣，该施工单位无历史统计资料。采用原材料情况如下：

　　水泥：强度等级为 42.5 的普通水泥，密度 $\rho_c = 3.1\text{g/cm}^3$；

　　中砂：级配合格，细度模数 2.7，表观密度 $\rho_{0s} = 2650\text{kg/m}^3$，堆积密度为 $\rho'_{0s} = 1450\text{kg/m}^3$；

　　碎石：级配合格，最大粒径为 40mm，表观密度 $\rho_{0g} = 2700\text{kg/m}^3$，堆积密度为 $\rho_{0g}' = 1520\text{kg/m}^3$；

　　水：当地的自来水。

　　试求：

　　(1) 该混凝土的设计配合比（试验室配合比）。

　　(2) 施工现场砂的含水率为 3%，碎石的含水率为 1% 时，求混凝土的施工配合比。

　　解：本实例为四组分原料，故用水灰比（W/C）。

　　(1) 确定初步配合比

　　1) 配制强度（$f_{cu,0}$）的确定

　　查表 5.1，当混凝土强度等级为 C25 时，取 $\sigma = 5.0\text{MPa}$，根据式（5.1），代入相关参数得：

$$f_{cu,0} = f_{cu,k} + 1.645\sigma = 25 + 1.645 \times 5.0 = 33.23 \text{（MPa）}$$

　　2) 计算水灰比（W/C）

　　水泥的富余系数据表 5.4 取 $r_c = 1.16$，根据式（5.6）：

$$f_{ce} = 1.16 \times 42.5 = 49.3 \text{（MPa）}$$

　　查表 5.2 将 α_a 和 α_b 各值代入式（5.4），得：

$$\frac{W}{C} = \frac{0.53 \times 49.3}{33.23 + 0.53 \times 0.20 \times 49.3} = 0.68$$

　　查表 5.7 在室内干燥环境下，最大水灰比为 0.60，可取水灰比为 0.60。

　　3) 确定单位用水量（m_{w0}）

　　根据混凝土坍落度为 35～50mm，砂子为中砂，石子为 5～40mm 的碎石，查表 5.10，可选取单位用水量 $m_{w0} = 175\text{kg}$。

　　4) 确定水泥用量（m_{c0}）

　　由公式（5.9），得每立方米混凝土水泥用量

$$m_{c0} = \frac{C}{W} \times m_{w0} = \frac{175}{0.60} = 292 \text{（kg）}$$

　　查表 5.11 得，最小水泥用量应大于 280kg，可取水泥用量为 292kg。

　　5) 确定砂率

　　查表 5.14，水灰比取 0.60，碎石粒径为 40.0mm，确定本题的砂率为 35%。

　　6) 分别用质量法及体积法计算

　　① 质量法：假定每立方米混凝土的质量为 2400kg，根据式（5.12），可得

$$\begin{cases} 292 + 175 + m_{g0} + m_{s0} = 2400 \\ \dfrac{m_{s0}}{m_{s0} + m_{g0}} \times 100\% = 35\% \end{cases}$$

　　解上述方程得：

每立方米混凝土砂子用量：

$$m_{s0} = 0.35 \times 1933 = 676 \text{ (kg)}$$

每立方米混凝土石子用量：

$$m_{g0} = 1933 - 676 = 1257 \text{ (kg)}$$

按质量法配合比计算结果，每立方米混凝土用量列出如下：

$$m_{w0} = 175\text{kg}; \quad m_{c0} = 292\text{kg}; \quad m_{s0} = 676\text{kg}; \quad m_{g0} = 1257\text{kg}$$

初步计算配合比为：

$$m_{w0} : m_{c0} : m_{s0} : m_{g0} = 175 : 292 : 676 : 1257 = 0.6 : 1 : 2.31 : 4.30$$

② 体积法：根据式（5.13）：

$$\begin{cases} \dfrac{292}{3100} + \dfrac{175}{1000} + \dfrac{m_{g0}}{2670} + \dfrac{m_{s0}}{2650} + 0.01\alpha = 1 \\ \dfrac{m_{s0}}{m_{s0} + m_{g0}} \times 100\% = 35\% \end{cases}$$

设 $\alpha = 1$ 代入上式，计算得：

每立方米混凝土砂的用量：

$$m_{s0} = 672\text{kg}$$

每立方米混凝土石子的用量：

$$m_{g0} = 1251\text{kg}$$

初步计算配合比为：

$$m_{w0} : m_{c0} : m_{s0} : m_{g0} = 175 : 292 : 672 : 1251 = 0.60 : 1 : 2.30 : 4.28$$

下面的计算以体积法的计算结果为准。

（2）基准配合比的确定

按初步配合比试拌 25L 混凝土，各材料用量为：

水泥：$0.025 \times 292 = 7.3$ （kg）；

水：$0.025 \times 175 = 4.38$ （kg）；

砂：$0.025 \times 672 = 16.8$ （kg）；

碎石：$0.025 \times 1251 = 31.27$ （kg）。

拌和均匀后，测得坍落度为 20mm，低于施工要求的坍落度（35～50mm），黏聚性和保水性均好。保持水灰比不变，增加水泥浆量 4%（增加水泥 0.292kg，水 0.175kg），测得坍落度为 40mm，新拌混凝土的黏聚性和保水性良好。经调整后各项材料用量为：

水泥 7.592kg；水 4.555kg，砂 16.8kg，碎石 31.27kg，其总量为 60.217kg。并测得拌

和的湿表观密度为：$\rho_{c,t}=2390\text{kg/m}^3$。因此，基准配合比为：

$$m_{c基}=\frac{7.592}{60.217}\times2390=301\ （kg）$$

$$m_{w基}=\frac{4.555}{60.217}\times2390=180\ （kg）$$

$$m_{s基}=\frac{16.8}{60.217}\times2390=667\ （kg）$$

$$m_{g基}=\frac{31.27}{60.217}\times2390=1241\ （kg）$$

（3）确定试验室配合比

以基准配合比为基础，采用水灰比为0.55、0.60和0.65的三个不同配合比，制作强度试验试件。其中，水灰比为0.55和0.65的两组用水量应与基准配合比相同，砂率可分别减少和增加1%，保证满足施工要求的和易性；同时，测得其表观密度。如表5.17混凝土配合比的试配结果。

表5.17　混凝土配合比的试配结果

编号	混凝土配合比					混凝土实测性能		
	水灰比/灰水比	水泥/kg	水/kg	砂/kg	石/kg	坍落度/mm	表观密度/(kg/m³)	28d抗压强度/MPa
1	0.55/1.81	327	180	644	1249	45	2400	38.0
2	0.60/1.67	300	180	668	1241	40	2398	34.0
3	0.65/1.54	277	180	699	1244	40	2394	30.0

由表5.17可得满足配制强度$f_{cu,0}=33.23\text{MPa}$所对应的水灰比可取$W/C=0.60$，因此，调整后的配合比为：水泥300kg、水180kg、砂668kg、石子1241kg，计算表观密度$\rho_{c,c}=300+180+668+1241=2389\ （kg/m^3）$。

由以上定出的配合比，混凝土的实测表观密度$\rho_{c,t}=2398\text{kg/m}^3$，由于$\rho_{c,c}-\rho_{c,t}<\rho_{c,c}\times2\%$，故不修正。

混凝土试验室配合比为：

$$m_c=300\text{kg}，m_s=668\text{kg}，m_g=1241\text{kg}，m_w=180\text{kg}。$$

（4）施工配合比

$$m'_c=m_c=300\ （kg）；$$
$$m'_s=m_s（1+a\%）=688\ （kg）；$$
$$m'_g=m_g（1+b\%）=1253\ （kg）；$$
$$m'_w=m_w-m_s\cdot a\%-m_g\cdot b\%=147\ （kg）。$$

掺粉煤灰混凝土简称粉煤灰混凝土，可用于普通混凝土、泵送混凝土、大体积混凝土、抗渗混凝土、抗硫酸盐和软水侵蚀混凝土、蒸养混凝土、地下或水下混凝土、压浆混凝土、碾压混凝土等的无筋的、钢筋的和预应力混凝土。粉煤灰混凝土根据工程需要，也可与其他外加剂（常用矿粉）掺用，称为双掺混凝土。

【例5.2】某室内现浇钢筋混凝土梁，混凝土掺粉煤灰设计强度等级为C30，施工要求混凝土坍落度为 180mm，泵送浇筑，现场搅拌。根据施工单位历史资料统计，混凝土强度标准差 $\sigma=3.0$MPa。所用原材料情况如下：

水泥：强度等级为 42.5 普通硅酸盐水泥，水泥密度为 3.10g/cm³，水泥强度等级的富余系数为 1.16；

砂：中砂，级配合格，砂子表观密度 $\rho_{0s}=2600$kg/m³，堆积密度为 $\rho'_{0s}=1450$kg/m³；

碎石：级配合格，最大粒径为 31.5mm，表观密度 $\rho_{0g}=2650$kg/m³，堆积密度为 $\rho_{0g}'=1520$kg/m³；

HSP 高效减水剂：1.0% 掺量，减水率：20%；

粉煤灰：Ⅰ级，表观密度 $\rho_{0f}=2200$kg/m³，堆积密度为 $\rho'_f=1000$kg/m³。

试求：粉煤灰混凝土初步配合比。

解：

(1) 确定混凝土配制强度（$f_{cu,0}$）

据公式 (5.1)，代入相关参数得：

$$f_{cu,0}=f_{cu,k}+1.645\sigma=30+1.645\times3.0=34.9\ (\text{MPa})$$

(2) 确定水胶比（W/B）

根据式 (5.5)、式 (5.6)，因Ⅰ级粉煤灰，掺量 $\beta_f=20\%$，故取影响系数 $r_f=0.85$，代入参数可得：

$$f_b=r_f r_c f_{ce,g}=0.85\times1.16\times42.5=41.9\ (\text{MPa})$$

查表 5.2 将 α_a 和 α_b 各值代入式 (3.4)，得：

$$W/B=\frac{\alpha_a f_b}{f_{cu,0}+\alpha_a\alpha_b f_b}=\frac{0.53\times41.9}{34.9+0.53\times0.20\times41.9}=0.56$$

查表 5.7 在室内干燥环境下，最大水胶比为 0.60，可取水胶比为 0.56。

(3) 确定单位用水量（m_{w0}）

根据混凝土坍落度为 180mm，砂子为中砂，石子为 31.5mm 的碎石，查表 5.10，可选取未来掺减水剂单位用水量 $m_{w0'}=225$kg。

掺减水剂单位用水量 m_{w0}，据式 (5.7)，代入参数可得：

$$m_{w0}=m_{w0'}\ (1-\beta)=225\times\ (1-20\%)=180\ (\text{kg})$$

(4) 粉煤灰（m_{f0}）、水泥用量（m_{c0}）和外加剂用量（m_{a0}）

据公式 (5.9)，经济合理的胶凝材料用量。

$$m_{b0}=\frac{m_{w0}}{W/B}=\frac{180}{0.56}=321.4\ (\text{kg})$$

查表 5.11 得，最小胶凝材料用量应大于 280kg（泵送混凝土胶凝材料用量不宜小于 300kg/m³），可取胶凝材料用量为 321.4kg。

查表 5.12，单掺粉煤灰最大掺量为 30%，取 $\beta_f=20\%$，故据式 (5.10)，代入参数可得粉煤灰（m_{f0}）用量：

$$m_{f0}=m_{b0}\beta_f=321.4\times20\%=64.3\ (\text{kg})$$

据公式 (5.11)，可得水泥用量（m_{c0}）：

$$m_{c0}=m_{b0}-m_{f0}=321.4-64.3=257.1\ (\text{kg})$$

据公式 (5.8)，代入参数可得外加剂用量（m_{a0}）：

$$m_{a0} = m_{b0}\beta_a = 321.4 \times 1\% = 3.21 \text{ (kg)}$$

（5）确定砂率

查表 5.13，水胶比 0.56，碎石粒径设计为 31.5mm，确定砂率为 37%。

（6）用质量法计算

假定每立方米粉煤灰混凝土的质量为 2450kg，根据式（5.12），代入可得：

$$\begin{cases} 257.1 + 64.3 + m_{g0} + m_{s0} + 180 = 2450 \\ \dfrac{m_{s0}}{m_{s0} + m_{g0}} = 0.37 \end{cases}$$

解得：

$$m_{s0} = 722\text{kg}, \quad m_{g0} = 1227\text{kg}$$

（7）确定初步配合比

由此得每立方米粉煤灰混凝土的材料用量为：

$m_{w0} = 180\text{kg}$；$m_{f0} = 64.3\text{kg}$；$m_{c0} = 257.1\text{kg}$；$m_{s0} = 722\text{kg}$；$m_{g0} = 1227\text{kg}$；$m_{a0} = 3.21\text{kg}$。

5.2　特种混凝土的配合比设计

目前我国普通混凝土的定义是按干表观密度范围确定的，即干表观密度在 2400kg /m³～2800kg/m³ 的抗冻混凝土、抗渗混凝土、高强混凝土、泵送混凝土和大体积混凝土等均属于普通混凝土的范畴。故有特殊要求的混凝土配合比设计的计算方法和试验步骤，均与普通混凝土配合比设计相同。

5.2.1　抗冻混凝土

抗冻混凝土不同于冬季施工混凝土。抗冻混凝土是指抗冻等级不低于 F50 的混凝土。冬季施工混凝土是指在施工时能抵抗一定的低温而继续发展其强度。抗冻混凝土有在冬季施工的，也有不在冬季施工的。

设计抗冻混凝土时，应按抗冻混凝土要求进行配合比设计。

5.2.1.1　抗冻混凝土所用原材料要求

（1）水泥应选用硅酸盐水泥或普通硅酸盐水泥；

（2）宜选用连续级配的粗骨料，其含泥量不得大于 1.0%，泥块含量不得大于 0.5%；

（3）细骨料含泥量不得大于 3.0%，泥块含量不得大于 1.0%；

（4）粗骨料和细骨料均应进行坚固性试验，并应符合现行行业标准《普通混凝土用砂质量标准及检验方法》（JGJ 52—2012）的规定；

（5）抗冻等级不小于 F100 的抗冻混凝土宜掺用引气剂；

（6）在钢筋混凝土和预应力混凝土中不得掺用含有氯盐的防冻剂；在预应力混凝土中不得掺用含有亚硝酸盐或碳酸盐的防冻剂。

5.2.1.2　配合比设计

（1）抗冻混凝土配合比设计的计算方法和试验步骤，均与普通混凝土配合比设计相同，但应注意下列几点：

① 供试配用的最大水胶比和最小胶凝材料用量应符合表 5.18 的规定。

表 5.18 最大水胶比和最小胶凝材料

设计抗冻等级	最大水胶比		最小胶凝材料 /(kg/m³)
	无引气剂时	掺引气剂时	
F50	0.55	0.60	300
F100	0.5	0.55	320
F150 及以上	—	0.55	350

② 复合矿物掺合料应符合表 5.19 的规定；其他矿物掺合料宜符合表 5.12 的规定。

③ 掺用引气剂的抗冻混凝土最小含气量应符合表 5.20 的规定。长期处于潮湿或水位变动的寒冷和严寒环境及盐冻环境最大含气量不宜超过 7.0%。

表 5.19 复合矿物掺合料最大掺量

水胶比	最大掺量/%	
	采用硅酸盐水泥时	采用普通硅酸盐水泥时
≤0.40	60	50
>0.40	50	40

注：1. 采用其他通用硅酸盐水泥时，宜将水泥混合材掺量 20% 以上的混合材量计入矿物掺合料。

2. 复合掺合料各组分的掺量不宜超过表 5.12 单掺时的限量。

表 5.20 混凝土最小含气量

粗骨料最大公称粒径 /mm	混凝土最小含气量/%	
	潮湿或水位变动的寒冷和严寒环境	盐冻环境
40.0	4.5	5.0
25.0	5.0	5.5
20.0	5.5	6.0

注：含气量为气体占混凝土体积的百分比。

④ 除按普通混凝土配合比设计进行和易性、强度等检测试配外，还应进行抗冻性试验。

(2) 抗冻性试验   抗冻性能试验主要是抗冻融循环次数和含气量的检测。

抗冻性能试验方法分慢冻法和快冻法。我国建筑工程采用慢冻法，水工、港工多采用快冻法。

5.2.2 抗渗混凝土

抗渗混凝土又称防水混凝土。其考核指标是抗渗等级，以 P 表示。普通混凝土的抗渗能力一般可以满足 P6 级以下。当混凝土的抗渗等级≥P6 时，就应按抗渗混凝土考虑其配合比。为了提高混凝土的抗渗性，通常采用合理选择原材料、提高混凝土的密实程度以及改善混凝土内部孔隙结构等方法来实现。

抗渗混凝土的分类以其所用的材料划分，分为普通抗渗混凝土、外加剂抗渗混凝土、膨胀水泥抗渗混凝土等。这里主要介绍普通抗渗混凝土。

一般抗渗混凝土配合比设计时，要考虑以下两点。

(1) 普通混凝土配合比设计的主要指标是和易性和强度，抗渗混凝土还要考虑抗渗指标；

(2) 抗渗混凝土要考虑砂浆体积应稍有富余，即其体积应稍大于石子的空隙率，设计时要考虑胶砂比指标。

5.2.2.1 材料选用

(1) 水泥

① 水泥品种宜选用普通硅酸盐水泥；

② 掺有混合材较多的水泥，需水量大，对抗渗混凝土不利，不宜使用。如采用泌水率较高的水泥，应掺用外加剂以降低泌水率。

（2）骨料

① 粗骨料宜采用连续级配，其最大粒径不宜大于 40mm，含泥量不得大于 1.0%，泥块含量不得大于 0.5%；

② 细骨料采用中砂，含泥量不得大于 3.0%，泥块含泥量不得大于 1.0%。

（3）掺合料　为填充混凝土中微细孔隙，普通抗渗混凝土可掺入细掺料，如磨细粉煤灰、磨细砂；粉煤灰等级应为Ⅰ级或Ⅱ级。

（4）外加剂　宜采用防水剂、膨胀剂、引气剂、减水剂或引气减水剂。

5.2.2.2　配合比设计

普通抗渗混凝土配合比所用水泥的计算方法和步骤，应与前面相同。但应符合下列规定：

① 每立方米混凝土胶凝材料用量，不宜小于 320kg。

② 砂率不宜过小，一般为 35%～45%，也可参考表 5.21。此外，抗渗混凝土的胶砂比一直规定为 1∶2.0～1∶2.5，但近年来由于混凝土强度等级不断提高，合理胶砂比的范围有所变化，尤其对水泥用量较大的高强混凝土，胶砂比有时达到 1∶1.0，而且这类混凝土的抗渗性能很好。当抗渗试验不合要求时，可考虑加大砂率调整胶砂比。

表 5.21　砂率选用表

砂的细度模数和平均粒径		石子空隙率/%				
细度模数 M_k	平均粒径/mm	30	35	40	45	50
0.70	0.25	35	35	35	35	35
1.18	0.30	35	35	35	35	36
1.62	0.35	35	35	35	36	37
2.16	0.40	35	35	36	37	38
2.71	0.45	35	36	37	38	39
3.25	0.50	36	37	38	39	40

注：1. 本表是按石子平均粒径为 5～30mm 计算的，若采用 5～20mm 石子时，砂率可增加 2%。

2. 施工条件如钢筋很密，预埋件很多，厚度较小，不易浇捣时可适当提高砂率。

③ 供试配用的最大水胶比应符合表 5.22 的规定。

表 5.22　抗渗混凝土最大水胶比

抗渗等级	最大水胶比	
	C20～C30	C30 以上
P6	0.60	0.55
P8～P12	0.55	0.50
＞P12	0.50	0.45

5.2.2.3　配合比的检验

抗渗混凝土的试配、调整与普通混凝土相同。但应增加抗渗试验，规定如下：

① 试件的选用，可采用水胶比最大的一组试件作抗渗试验。如达到要求，水胶比较小的试件可以免检。

② 试件尺寸，圆台形试件，台面直径 175mm，底面直径 185mm，高度 150mm。

③ 抗渗试件以 6 个为一组。

④ 龄期按标准养护 28d 或按设计要求进行试验。

⑤ 试配要求的抗渗水压值应比设计值提高 0.2MPa；其抗渗等级按下式计算：

$$P_t \geqslant \frac{p}{10} + 0.2 \qquad (5.17)$$

式中　P_t——6 个试件中比少于 4 个未出现渗水时的最大水压值，MPa；

　　　p——设计要求的抗渗等级。

⑥ 掺用引气剂的混凝土还应进行含气量试验，其结果应符合含气量控制在 3.0%～5.0%范围内。

5.2.3　大体积混凝土配合比设计

大体积混凝土是指混凝土结构物实体最小几何尺寸不小于 1m 的部位，或预计会因混凝土中胶凝材料水化引起的温度应力导致有害裂缝产生的混凝土。在建筑上多用于高层建筑物的基础底板、大型设备基础、大型柱、转换层的大梁、机场跑道等。

大体积混凝土由于截面尺寸一般较大，内部水泥水化所释放的水化热散失较慢，而混凝土外部硬化冷却发生收缩。这种温差引起的变形，加上混凝土体积的收缩，将发生不同程度的拉应力而出现裂缝，成为大体积混凝土的隐患。

为避免或控制这种裂缝的出现，在配合比设计时要尽量选择水化热低的水泥；掺用能降低水化热的掺合料；掺用缓凝外加剂；选用低空隙率的骨料。在施工时，搅拌站按照现场条件，降低拌合物的温度；浇筑时加强措施使混凝土密实，减少其收缩变形。

5.2.3.1　大体积混凝土原材料要求

① 水泥宜选用中、低热硅酸盐水泥或低热矿渣硅酸盐水泥，水泥的 3d 和 7d 水化热应符合现行国家标准《中热硅酸盐水泥　低热硅酸盐水泥　低热矿渣硅酸盐水泥》(GB 200—2003) 规定。当采用硅酸盐水泥或普通硅酸盐水泥时，应掺矿物掺合料，胶凝材料的 3d 和 7d 水化热分别不大于 240kJ/kg 和 270kJ/kg。水化热的试验方法应按现行国家标准《水泥水化热测定方法》(GB/T 12959—2008) 执行。

② 粗骨料宜采用连续级配，最大公称粒径不宜小于 31.5mm，含泥量不应大于 1.0%。

③ 细骨料宜选用中砂，含泥量不应大于 3.0%。

④ 宜掺用矿物掺合料和缓凝型减水剂。

5.2.3.2　大体积混凝土配合比

大体积混凝土配合比设计规定如下：

① 当采用混凝土 60d 或 90d 龄期的设计强度时，宜采用标准尺寸试件进行抗压试验。

② 水胶比不宜大于 0.55，每立方米混凝土用水量不宜大于 175kg。

③ 在保证混凝土性能要求的前提下，宜提高每立方米混凝土中的粗骨料用量；砂率宜为 38%～42%。

④ 在保证混凝土性能要求的前提下，应减少胶凝材料中水泥用量，提高矿物掺合料掺量，矿物掺合料掺量应符合表 5.12 和表 5.13。

⑤ 在配合比试配和调整时，控制混凝土绝热温升不宜大于 50℃。

⑥ 大体积混凝土配合比应满足施工对混凝土凝结时间的要求。

5.2.4　高强混凝土

高强混凝土指强度等级不小于 C60 的混凝土。高强混凝土以其抗压强度高、抗震性能好、抗变形能力强、密度大、孔隙率低的优越性，在高层建筑结构、大跨度桥梁结构以及某些特种结构中得到广泛的应用。

5.2.4.1　高强混凝土的原材料要求

① 水泥应选用硅酸盐水泥或普通硅酸盐水泥；

② 粗骨料宜采用连续级配，其最大公称粒径不宜大于 25.0mm，针片状颗粒含量不宜大于 5.0%；含泥量不应大于 0.5%，泥块含量不应大于 0.2%；

③ 细骨料的细度模数宜为 2.6～3.0，含泥量不应大于 2.0%，泥块含量不应大于 0.5%；

④ 宜采用减水率不小于 25% 的高性能减水剂；

⑤ 宜复合掺用粒化高炉矿渣粉、粉煤灰和硅灰等矿物掺合料；粉煤灰等级不应低于 Ⅱ 级；对强度等级不低于 C80 的高强混凝土宜掺用硅灰。

5.2.4.2　高强混凝土配合比

高强混凝土配合比应经试验确定，在缺乏试验依据的情况下，高强混凝土配合比设计宜符合下列要求：

① 水胶比、胶凝材料用量和砂率可按表 5.23 选取，并应经试配确定；

表 5.23　高强混凝土水胶比、胶凝材料用量和砂率

强度等级	水胶比	胶凝材料用量/(kg/m³)	砂率/%
≥C60,<C80	0.28～0.34	480～560	
≥C80,<C100	0.26～0.28	520～580	35～42
C100	0.24～0.26	550～600	

② 外加剂和矿物掺合料的品种、掺量，应通过试配确定；矿物掺合料掺量宜为 25%～40%；硅灰掺量不宜大于 10%；

③ 水泥用量不宜大于 500kg/m³。

5.2.4.3　高强混凝土配合比试配

① 在试配过程中，应采用三个不同的配合比进行混凝土强度试验，其中一个可为依据表 5.24 计算后调整拌合物的试拌配合比，另外两个配合比的水胶比，宜较试拌配合比分别增加和减少 0.02。

② 高强混凝土设计配合比确定后，尚应用该配合比进行不少于三盘混凝土的重复试验，每盘混凝土应至少成型一组试件，每组混凝土的抗压强度不应低于配制强度。

③ 高强混凝土抗压强度宜采用标准试件，使用非标准尺寸试件时，尺寸折算系数应经试验确定。

④ 配合比试配应采用工程实际使用的原材料，进行混凝土拌合物性能、力学性能和耐久性能试验，试验结果应满足设计和施工的要求。

⑤ 大体积高强混凝土配合比试配和调整时，宜控制混凝土绝热温升不大于 50℃。

⑥ 高强混凝土设计配合比应在生产和施工前进行适应性调整，应以调整后的配合比作为施工配合比；高强混凝土生产过程中，应及时测定粗、细骨料的含水率，并应根据其变化

情况及时调整称量。

5.2.5 泵送混凝土

泵送混凝土指可在施工现场通过压力泵及输送管道进行浇筑的混凝土。所谓泵送性能，就是混凝土拌合物具有能顺利通过输送管道、不阻塞、不离析、黏塑性良好的性能。泵送混凝土输送量大，速度快，效率高，加快了施工速度；它可以同时完成水平和垂直运输，是发展较快的一种混凝土运输方法，工业与民用建筑施工皆可应用，特别是应用于大体积混凝土和采用现浇、滑模施工。

利用混凝土泵进行混凝土运输，要求混凝土在运输过程中保持均匀性，避免产生分离、泌水、砂浆流失、流动性减小等现象，要求浇筑工作能够连续进行，保证管道通畅，在混凝土初凝之前浇筑完毕。因此，对原材料、配合比要严格控制，要组织严密，采用科学的方法进行管理。

5.2.5.1 泵送混凝土所采用的原材料要求

① 泵送混凝土宜选用硅酸盐水泥、普通硅酸盐水泥、矿渣硅酸盐水泥和粉煤灰硅酸盐水泥；

② 粗骨料宜采用连续级配，其针片状颗粒含量不宜大于 10%；粗骨料的最大公称粒径与输送管径之比宜符合表 5.24 的规定；

表 5.24 粗骨料的最大公称粒径与输送管径之比

粗骨料品种	泵送高度/m	粗骨料最大公称粒径 与输送管径之比
碎石	<50	≤1∶3.0
	50~100	≤1∶4.0
	>100	≤1∶5.0
卵石	<50	≤1∶2.5
	50~100	≤1∶3.0
	>100	≤1∶4.0

③ 细骨料宜采用中砂，其通过公称直径 $315\mu m$ 筛孔的颗粒含量不宜少于 15%；

④ 泵送混凝土应掺用泵送剂或减水剂，并宜掺用矿物掺合料。

5.2.5.2 泵送混凝土配合比试配

① 泵送混凝土的水胶比不宜大于 0.6；

② 胶凝材料用量不宜小于 $300kg/m^3$；

③ 泵送混凝土的砂率宜为 35%~45%；

④ 泵送混凝土的外加剂的品种和掺量由试验确定，不得随意使用；

⑤ 掺用引气型外加剂，含气量不宜大于 4%；

⑥ 泵送混凝土入泵坍落度不宜小于 100mm，对于各种入泵坍落度不同的混凝土，其泵送高度不宜超过表 5.25 的规定；

表 5.25 混凝土入泵坍落度与泵送高度的关系

入泵坍落度/cm	100~140	140~160	160~180	180~200	200~220
最大泵送高度/m	30	60	100	400	400 以上

⑦ 泵送混凝土试配时应考虑坍落度经时损失；

$$T_t = T_p + \Delta T \tag{5.18}$$

式中　T_t——试配时要求的坍落度值；

T_p——入泵时要求的坍落度值；

ΔT——试验测得在预计时间内的坍落度经时损失值。

⑧ 泵送混凝土的可泵性，一般 10s 时的相对压力泌水率 S_{10} 不宜超过 40%。

据《混凝土泵送技术规程》（JGJ 10—2011）规定：泵送混凝土配合比，除满足混凝土设计强度和耐久性的要求外，还应满足可泵性要求；根据混凝土原材料、运输距离、泵送距离、混凝土泵与混凝土输送管径、气温等具体施工条件试配；必要时，通过试泵送来确定混凝土配合比。

5.3　普通混凝土的质量检验与控制

教学任务：分析混凝土的强度统计方法；掌握混凝土质量控制程序，学习混凝土质量合格性检验评价标准；了解混凝土的非破损检验方法。

质量检验是指借助于某种手段或方法来测定产品的一个或多个质量特性，然后把测得的结果同规定的产品质量标准进行比较，从而对产品作出合格或不合格判断的活动。质量控制，也称品质控制，即为达到质量要求所采取的作业技术和活动。混凝土质量管理是生产过程的全面质量管理，每一个环节都会影响混凝土质量。加强普通混凝土的质量检验与控制有着很重要的意义：保证混凝土的合格率；保证工程施工顺利进行；满足建筑物结构对混凝土性能的要求；降低生产成本。

5.3.1　混凝土的强度检验评定

质量合格的混凝土，应能满足设计要求的技术性质、具有良好的均匀稳定性且达到规定的保证率。由于抗压强度的变化能较好地反映混凝土的质量变化，因此，通常以抗压强度作为评定混凝土质量的主要技术指标。由于受多种因素的影响，其质量是不均匀的。即使是同一种混凝土，它也受原材料质量的波动、施工配料精度的影响、拌制条件和气温变化等因素的影响。在正常施工条件下，这些因素都是随机的。因此，混凝土的质量也是随机的，对于随机变量，可用数理统计方法来进行评定。

混凝土强度应分批进行检验评定。同一检验批的混凝土应由强度等级相同、试验龄期相同、生产工艺条件和配合比基本相同的混凝土组成，对施工现场的现浇混凝土，应按单位工程的验收项目划分检验批，每个验收项目应按照现行国家标准《建筑工程施工质量验收统一标准》（GB 50300—2011）确定，对同一检验批的混凝土强度，应以同批内标准试件的全部强度代表值来评定。

混凝土强度检验依据《混凝土强度检验评定标准》（GB/T 50107—2010），检验评定混凝土采用统计方法和非统计方法。预拌混凝土厂、预制混凝土构件厂和采用现场集中搅拌混凝土的施工单位应按统计方法进行评定；零星生产预制构件的混凝土或现场集中搅拌的批量不大的混凝土，可按非统计方法进行。统计和非统计方法分三种情况进行。

5.3.1.1　标准差已知的统计方法

标准差已知统计方法的应用是在混凝土生产条件在较长时间保持一致，且同一品种、同一强度等级混凝土的强度变异性能保持稳定，由能提供前一个检验期（不超过 3 个月）的同一品种混凝土强度的已知标准差 σ_0 的混凝土生产单位进行评定。固定式商品混凝土搅拌站和预制构件厂一般采用这种方法。

标准差已知统计评定分两大过程。一是前一个检验期试验数据的处理，二是对本批混凝土的检查评定工作。

(1) 前一个检验期的标准差的计算　前一个检验期内同一品种混凝土试件的强度数据，标准差按下列公式确定：

$$\sigma_0 = \sqrt{\frac{\sum\limits_{i=1}^{n} f_{cu,i}^2 - nm_{f_{cu}}^2}{n-1}} \qquad (5.19)$$

式中　σ_0——检验批混凝土立方体抗压强度的标准差，MPa，精确到 0.01MPa；当检验批混凝土强度标准差计算值小于 2.5MPa 时，应取 2.5MPa；

　　$m_{f_{cu}}$——同一验收批混凝土立方体抗压强度的平均值，MPa，精确到 0.1MPa；

　　$f_{cu,i}$——前一检验期内同一品种、同一强度等级的第 i 组混凝土试件的立方体抗压强度代表值，MPa，精确到 0.1MPa；该检验期不应少于 60d，也不得大于 90d；

　　n——前一检验期内的样本容量，在该期间内样本容量不应少于 45。

(2) 本批混凝土的检查评定　一个检验批的样本容量应为连续的 3 组试件，其强度应同时满足下列要求：

$$m_{f_{cu}} \geqslant f_{cu,k} + 0.7\sigma_0 \qquad (5.20)$$

$$f_{cu,min} \geqslant f_{cu,k} - 0.7\sigma_0 \qquad (5.21)$$

当混凝土强度等级不高于 C20 时，其强度最小值应符合下式要求：

$$f_{cu,min} \geqslant 0.85 f_{cu,k} \qquad (5.22)$$

当混凝土强度等级高于 C20 时，其强度最小值尚应符合下式要求：

$$f_{cu,min} \geqslant 0.90 f_{cu,k} \qquad (5.23)$$

式中　$f_{cu,k}$——混凝土立方体抗压强度标准值，MPa；

　　$f_{cu,min}$——同一检验批混凝土立方体抗压强度的最小值 MPa，精确到 0.1MPa。

5.3.1.2　标准差未知的统计方法

当混凝土的生产条件在较长时间内不能保持一致，且混凝土强度变异不能保持稳定时，或在前一检验期内的同一品种混凝土没有足够的强度数据用以确定检验批混凝土立方体抗压强度标准差时，应由不少于 10 组的试件组成一个检验批，其强度应同时满足下列要求：

$$m_{f_{cu}} \geqslant f_{cu,k} + \lambda_1 \cdot S_{f_{cu}} \qquad (5.24)$$

$$f_{cu,min} \geqslant \lambda_2 \cdot f_{cu,k} \qquad (5.25)$$

同一检验批混凝土立方体抗压强度的标准差应按下式计算：

$$S_{f_{cu}} = \sqrt{\frac{\sum\limits_{i=1}^{n} f_{cu,i}^2 - nm_{f_{cu}}^2}{n-1}} \qquad (5.26)$$

式中　$S_{f_{cu}}$——同一检验批混凝土立方体抗压强度的标准差，MPa，精确到 0.01MPa；当 $S_{f_{cu}}$ 的计算值小于 2.5MPa 时，应取 2.5MPa；

　　λ_1，λ_2——合格判定系数应按表 5.26 取用；

$f_{cu,i}$——本检验批内第 i 组混凝土试件的立方体抗压强度值，MPa；

n——本检验期内混凝土试件的样本容量总组数。

表 5.26 混凝土强度合格判定系数

试件组数	10～14	15～19	≥20
λ_1	1.15	1.05	0.95
λ_2	0.90	0.85	

5.3.1.3 非统计方法

对零星生产或现场搅拌批量不大的混凝土，由于缺乏采用统计法评定的条件（既无前期已知的标准差，验收批强度数据又不足，$n<10$ 组），此时可采用非统计法评定。

按非统计法评定混凝土强度时，其强度同时满足下列要求时，该检验批混凝土强度为合格。

$$m_{f_{cu}} \geqslant \lambda_3 \cdot f_{cu,k} \tag{5.27}$$

$$f_{cu,min} \geqslant \lambda_4 \cdot f_{cu,k} \tag{5.28}$$

式中 λ_3，λ_4——合格评定系数，应按表 5.27 取用。

表 5.27 混凝土强度的非统计法合格评定系数

混凝土强度等级	<C60	≥C60
λ_3	1.15	1.10
λ_4	0.95	

5.3.1.4 实例

【例 5.3】某混凝土构件厂生产的预应力空心板，设计强度等级 C30，某月 8 批混凝土强度数据见表 5.28，该厂前一检验期 16 批混凝土强度数据见表 5.29：

表 5.28 8 批混凝土强度数据

检验批	1	2	3	4	5	6	7	8
强度代表值/MPa	34.1	29.5	32.0	33.0	31.5	34.5	37.0	34.5
	32.0	31.0	37.0	32.0	33.5	33.0	32.0	30.5
	32.0	33.0	30.0	36.0	34.6	29.5	31.0	31.6

表 5.29 前一检验期 16 批混凝土强度数据

检验批	1	2	3	4	5	6	7	8
强度代表值/MPa	33.0	31.0	32.0	32.5	37.0	33.5	35.2	31.0
	32.0	36.2	30.0	32.0	35.0	35.5	32.0	36.0
	35.0	34.0	36.0	33.0	33.0	31.0	34.0	32.0
检验批	9	10	11	12	13	14	15	16
强度代表值/MPa	34.7	34.0	37.5	38.8	38.0	32.0	31.0	32.0
	30.5	36.0	32.0	34.0	32.0	37.0	39.0	37.0
	33.0	30.0	33.0	35.0	34.0	34.0	34.0	30.0

评定：预应力空心板某月 8 批强度的合格性。

解：（1）计算标准差：据式（5.19）标准差计算：

$$m_{f_{cu}}=33.78\text{MPa}, \quad \sigma_0=2.35\text{MPa}, \quad 取 \sigma_0=2.50\text{MPa}$$

（2）计算验收界限：

据式（5.20）、式（5.21）、式（5.23）：

$$[m_{f_{cu}}] = f_{cu,k} + 0.7\sigma_0 = 30 + 0.7 \times 2.5 = 31.8 \text{（MPa）}$$

$$[f_{cu,min}] = f_{cu,k} - 0.7\sigma_0 = 30 - 0.7 \times 2.5 = 28.3 \text{（MPa）}$$

$$[f_{cu,min}] = 0.90 f_{cu,k} = 30 \times 0.90 = 27 \text{（MPa）}$$

（3）评定结果如表5.30所示。

表5.30　评定结果

检验批	1	2	3	4	5	6	7	8
强度代表值/MPa	34.1	29.5	32.0	33.0	31.5	34.5	37.0	34.5
	32.0	31.0	37.0	32.0	33.5	33.0	32.0	30.5
	32.0	33.0	30.0	36.0	34.6	29.5	31.0	31.6
平均值	32.7	31.2	33.0	33.7	33.2	32.3	33.3	32.2
评定结果	合格	不合格	合格	合格	合格	合格	合格	合格

【例5.4】某混凝土搅拌站生产的C30混凝土，给某工程留标养试件，本批共留标养试件27组，强度数据见表5.31。

表5.31　标养试件27组强度代表值

标养试件强度代表值/MPa								
33.8	40.3	39.7	29.5	31.6	32.4	32.1	31.8	30.1
37.9	36.7	30.4	32.0	29.5	30.4	31.2	34.2	36.7
41.9	36.9	31.4	30.7	31.4	30.5	30.7	30.9	32.1

评定：此批混凝土强度是否合格。

解：（1）计算批的平均值和标准差：

$m_{f_{cu}} = 33.2 \text{MPa}$，$S_{f_{cu}} = 3.69 \text{MPa}$

（2）找出最小值：$f_{cu,min} = 29.5 \text{MPa}$

（3）选定合格判断系数：

查表5.27，$n > 20$ 时，$\lambda_1 = 0.95$，$\lambda_2 = 0.85$

（4）计算验收界限：

据式（5.33）、式（5.34）：

$$[m_{f_{cu}}] = 30 + 0.95 \times 3.69 = 33.5 \text{（MPa）}$$

$$[f_{cu,min}] = 0.85 \times 30 = 25.5 \text{（MPa）}$$

（5）结果评定：

$$m_{f_{cu}} = 33.2 \text{MPa} < [m_{f_{cu}}] \text{（平均值不合格）}$$

$$f_{cu,min} = 29.5 \text{MPa} > [f_{cu,min}] \text{（最小值合格）}$$

此批混凝土强度评定为不合格。

5.3.2　混凝土强度的合格性评定

当检验结果满足上述5.3.1.1或5.3.1.2或5.3.1.3的规定时，则该批混凝土强度应评定为合格；当不能满足上述规定时，该批混凝土强度应评定为不合格。

对评定为不合格的混凝土，可按国家现行的《混凝土结构工程施工质量验收规范》（GB 50204—2011）标准进行处理。当混凝土结构施工质量不符合要求时应按下列规定进行处理：

① 经返工返修或更换构件部件的检验批，应重新进行验收；

② 经有资质的检测单位检测鉴定，达到设计要求的检验批，应予以验收；

③ 经有资质的检测单位检测鉴定，达不到设计要求，但经原设计单位核算，并确认仍

可满足结构安全和使用功能的检验批，可予以验收；

④ 经返修或加固处理，能够满足结构安全使用要求的分项工程，可根据技术处理方案和协商文件进行验收。

5.3.3　混凝土生产的质量控制

混凝土的质量是影响混凝土结构可靠性的重要因素，在实际工程中，由于原材料、施工条件和试验条件等许多复杂因素的影响，必然会造成混凝土质量的波动。为保证建筑结构的可靠性和安全性，必须从混凝土原材料开始到混凝土施工过程及养护后全过程进行必要的质量检验和控制。混凝土生产的质量控制以现行《混凝土质量控制标准》（GB 5064—2011）为依据。

5.3.3.1　原材料进场的质量检验和控制

原材料进场时，应按规定批次验收检验报告、出厂检验报告或合格证等质量证明文件，外加剂产品还应具有使用说明书。

混凝土原材料进场时应进行检验，检验样品应随机抽取。混凝土原材料的检验批量应符合以下规定：

1）散装水泥应按每 500t 为一个检验批；袋装水泥按每 200t 为一个检验批；粉煤灰或粒化高炉矿渣粉等矿物掺合料应按每 200t 为一个检验批；硅灰应按每 30t 为一个检验批；砂、石骨料应按每 400m³ 或 600t 为一个检验批；外加剂应按每 50t 为一个检验批；水应按同一水源不少于一个检验批。

2）当符合下列条件之一时，可将检验批量扩大一倍。

① 对经产品认证机构认证符合要求的产品

② 来源稳定且连续三次检验合格。

③ 同一厂家的同批出厂材料，用于同时施工且属于同一工程项目的多个单位工程。

3）不同批次或非连续供应的不足一个检验批量的混凝土原材料应作为一个检验批。

（1）水泥　水泥应按不同厂家、不同品种和强度等级分批存储，并应采取防潮措施；出现结块的水泥不得用于混凝土工程；水泥出厂超过 3 个月（硫铝酸盐水泥超过 45d），应进行复检，合格者方可使用。

水泥质量主要控制项目有安定性、凝结时间、胶砂强度、氧化镁和氯离子含量，碱含量低于 0.6% 的水泥主要控制项目还应包括碱含量，中、低热硅酸盐水泥或低热矿渣硅酸盐水泥主要控制项目还应包括水化热。

在混凝土工程中，根据设计、施工要求以及工程所处环境合理选用水泥是十分重要的。硅酸盐水泥或普通硅酸盐水泥胶砂强度较高并掺加混合材较少，适合配制高强度混凝土，可掺用较多的矿物掺合料来改善高强混凝土的施工性能；由于掺加混合材较少，有利于配制抗冻混凝土。有预防混凝土碱骨料反应要求的混凝土工程，采用碱含量不大于 0.6% 的低碱水泥是基本要求。采用低水化热的水泥，有利于限制大体积混凝土由温度应力引起的裂缝。

（2）骨料　粗、细骨料堆场应有遮雨设施；并应符合有关环境保护的规定；粗、细骨料应按不同品种、规格分别堆放，不得混入杂物。

粗骨料质量主要控制项目应包括颗粒级配、针片状含量、含泥量、泥块含量、压碎值指标和坚固性，用于高强混凝土的粗骨料主要控制项目还应包括岩石抗压强度。

细骨料质量主要控制项目应包括颗粒级配、细度模数、含泥量、泥块含量、坚固性、氯离子含量和有害物质含量；海砂主要控制项目除应包括上述指标外尚应包括贝壳含量；人工砂主要控制项目应包括上述指标外尚应包括石粉含量和压碎值指标，人工砂主要控制项目可不包括氯离子含量和有害物质含量。

（3）拌和水　混凝土用水应符合现行行业标准《混凝土用水标准》（JGJ 63—2006）有关规定。混凝土用水主要控制项目应包括 pH 值、不溶物含量、可溶物含量、硫酸根离子含量、氯离子含量、水泥凝结时间差和水泥胶砂强度比。当混凝土骨料为碱活性时，主要控制项目还应包括碱含量。

混凝土用水的应用应符合以下规定：

1）未经处理的海水严禁用于钢筋混凝土和预应力钢筋混凝土。

2）当骨料具有碱活性时，混凝土用水不得采用混凝土企业生产设备洗刷水。

符合国家标准的生活饮用水可以拌制混凝土，当采用不符合国家标准的生活饮用水或对水质有疑义时，应按规定采集水样进行检验，达到符合要求时，方可使用。

（4）矿物掺合料　粉煤灰的主要控制项目应包括细度、需水量比、烧失量和三氧化硫含量，C 类粉煤灰的主要控制项目还应包括游离氧化钙含量和安定性；粒化高炉矿渣粉主要控制项目应包括比表面积、活性指数和流动度比；钢渣粉的主要控制项目应包括比表面积、活性指数、流动度比、游离氧化钙含量、三氧化硫含量、氧化镁含量和安定性；磷渣粉的主要控制项目应包括细度、活性指数、流动度比、五氧化二磷含量和安定性；硅灰的主要控制项目应包括比表面积和二氧化硅含量。矿物掺合料的主要控制项目还应包括放射性。

矿物掺合料的应用应符合下列规定：

1）掺用矿物掺合料的混凝土，宜采用硅酸盐水泥和普通硅酸盐水泥。

2）在混凝土中掺用矿物掺合料时，矿物掺合料的种类和掺量应经试验确定。

3）矿物掺合料宜与高效减水剂同时使用。

4）对于高强混凝土或有抗渗、抗冻、抗腐蚀、耐磨等其他特殊要求的混凝土，不宜采用低于 II 级的粉煤灰。

5）对于高强混凝土和耐腐蚀要求的混凝土，当需要采用硅灰时，宜采用二氧化硅含量不小于 90% 的硅灰。

矿物掺合料存储时，应有明显标记，不同矿物掺合料以及水泥不得混杂堆放，应防潮防雨，并应符合有关环境保护的规定；矿物掺合料存储期超过 3 个月时，应进行复检，合格者方可使用。

（5）外加剂　外加剂的送检样品应与工程大批量进货一致，并应按不同的供货单位、品种和牌号进行标识，单独存放；粉状外加剂应防止受潮结块，如有结块，应进行检验，合格者应经粉碎至全部通过 600μm 筛孔后方可使用；液态外加剂应贮存在密闭容器内，并应防晒和防冻，如有沉淀等异常现象，应经检验合格后方可使用。

外加剂质量主要控制项目应包括掺外加剂混凝土性能和外加剂匀质性两方面。混凝土性能方面的主要控制项目应包括减水率、凝结时间差和抗压强度比；外加剂匀质性方面的主要控制项目应包括 pH 值、氯离子含量和碱含量；引气剂和引气减水剂还应包括含气量；防冻剂还应包括含气量和 50 次循环冻融强度损失率比；膨胀剂还应包括凝结时间、限制膨胀率和抗压强度。

5.3.3.2　混凝土质量的生产控制

（1）计量　原材料计量宜采用电子计量设备。计量设备的精度应满足现行国家标准《混凝土搅拌站（楼）技术条件》（GB 10171—2005）的有关规定，应具有法定计量部门签发的有效检定证书，并应定期校验。混凝土生产单位每月应自检 1 次；每一工作班开始前，应对计量设备进行零点校准。

每盘混凝土原材料计量按质量计的允许偏差应符合表 5.32 的规定，原材料计量偏差应每班检查 1 次。对于原材料计量，应根据粗、细骨料含水率的变化，及时调整粗、细骨料和拌和用水的称量。

表 5.32　各种原材料计量的允许偏差（按质量计，%）

原材料种类	计量允许偏差	原材料种类	计量允许偏差
胶凝材料	±2%	拌合用水	±1%
粗、细骨料	±3%	外加剂	±1%

（2）搅拌　搅拌机应符合《混凝土搅拌机》（GB/T 9124—2000），混凝土搅拌宜采用强制式搅拌机。原材料投料方式应满足混凝土搅拌技术要求和混凝土拌合物质量要求。混凝土搅拌的最短时间可按表 5.33 采用；当搅拌高强混凝土时，搅拌时间应适当延长；采用自落式搅拌机时，搅拌时间宜延长 30s。对于双卧轴强制式搅拌机，可在保证搅拌均匀的情况下适当缩短搅拌时间。混凝土搅拌时间应每班检查 2 次。

表 5.33　混凝土搅拌的最短时间（s）

混凝土坍落度/mm	搅拌机机型	搅拌机出料量/L		
		<250	250~500	>500
≤40	强制式	60	90	120
>40 且<100	强制式	60	60	90
≥100	强制式	60		

注：混凝土搅拌的最短时间系指全部材料装入搅拌筒中起，到开始卸料止的时间。

同一盘混凝土的搅拌匀质性应符合以下规定：

1）混凝土中砂浆密度两次测值的相对误差不应大于 0.8%；

2）混凝土稠度两次测值的差值不应大于表 5.34 规定的混凝土拌合物稠度允许偏差的绝对值。

表 5.34　混凝土拌合物稠度允许偏差

拌合物性能		允许偏差		
坍落度/mm	设计值	≤40	50~90	≥100
	允许偏差	±10	±20	±30
维勃稠度/S	设计值	≥11	10~6	≤5
	允许偏差	±3	±2	±1
扩展度/mm	设计值	≥350		
	允许偏差	±30		

注：混凝土拌合物在满足施工要求的前提下，尽可能采用较小的坍落度；泵送混凝土拌合物坍落度设计值不宜大于 180mm。

冬期施工搅拌混凝土时，宜优先采用加热水的方法提高拌合物温度，也可同时采用加热骨料的方法提高拌合物温度。当拌和用水和骨料加热时，拌和用水和骨料的加热温度不应超过表 5.35 的规定：当骨料不加热时，拌和用水可加热到 60℃以上。应先投入骨料和热水进行搅拌，然后再投入胶凝材料等共同搅拌。

表 5.35　拌和用水和骨料的最高加热温度（℃）

采用的水泥品种	拌和用水	骨料
硅酸盐水泥和普通硅酸盐水泥	60	40

（3）运输　在运输过程中，应控制混凝土不离析、不分层，并应控制混凝土拌合物性能满足施工要求。

当采用机动翻斗车运输混凝土时，道路应平整。当采用搅拌罐车运送混凝土拌合物时，搅拌罐在冬期应有保温措施。当采用搅拌罐车运送混凝土拌合物时，卸料前应采用快挡旋转搅拌罐不少于 20s；因运距过远、交通或现场等问题造成坍落度损失较大而卸料困难时，可采用在混凝土拌合物中掺入适量减水剂并快挡旋转搅拌罐的措施，减水剂掺量应有经试验确定的预案。当采用泵送混凝土时，混凝土运输应保证混凝土连续泵送，并应符合现行行业标准《泵送混凝土施工技术规程》（JGJ/T 10—2011）的有关规定。混凝土拌合物从搅拌机卸出至施工现场接收的时间间隔不宜大于 90min。

（4）浇筑成型　浇筑前应检查支模质量；清除模板内及垫层上的杂物；表面干燥的地基土、垫层、木模板应浇水湿润。

当夏季天气炎热时，混凝土拌合物入模温度不应高于 35℃，宜选择晚间或夜间浇筑混凝土；现场温度高于 35℃时，宜对金属模板进行浇水降温，但不得留有积水。并宜采取遮挡措施避免阳光照射金属模板。当冬期施工时，混凝土拌合物入模温度不应低于 5℃，并应有保温措施。

混凝土振捣宜采用机械振捣。当施工无特殊振捣要求时，可采用振捣棒进行捣实，插入间距不应大于振捣棒振动作用半径的一倍，连续多层浇筑时，振捣棒应插入下层拌合物约 50mm 进行振捣；当浇筑厚度不大于 200mm 的表面积较大的平面结构或构件时，宜采用表面振动成型。振捣时间宜按拌合物稠度和振捣部位等不同情况，控制在 10～30s 内，当混凝土拌合物表面出现泛浆，基本无气泡逸出，可视为捣实。

混凝土拌合物从搅拌机卸出后到浇筑完毕的延续时间不宜超过表 5.36 的规定。

表 5.36　混凝土从搅拌机卸出到浇筑完毕的延续时间（min）

混凝土生产地点	气温	
	≤25℃	>25℃
预拌混凝土搅拌站	150	120
施工现场	120	90
混凝土制品厂	90	60

在混凝土浇筑同时，应制作供结构或构件出池、拆模、吊装、张拉、放张和强度合格评定用的同条件养护试件，并应按设计要求制作抗冻、抗渗或其他性能试验用的试件。在混凝土浇筑及静置过程中，应在混凝土终凝前对浇筑面进行抹面处理。混凝土构件成型后，在强度达到 1.2MPa 以前，不得在构件上面踩踏行走。

（5）养护　养护是水泥水化及混凝土硬化正常发展的重要条件，混凝土养护不好往往会使前功尽弃。在工程中，制定施工养护方案或生产养护制度应作为必不可少的规定，并应有实施过程的养护记录，供存档备案。养护应同时注意湿度和温度，原则是：湿度要充分，温度应适宜。

混凝土施工可采用浇水、覆盖保湿、喷涂养护剂、冬季蓄热养护等方法进行养护。混凝土成型后立即用塑料薄膜覆盖可预防混凝土早期失水和被风吹，是比较好的养护措施。对于难以潮湿覆盖的结构立面混凝土，可采用养护剂进行养护，但养护效果应通过实验验证。

对于采用硅酸盐水泥、普通硅酸盐水泥和矿渣硅酸盐水泥配制的混凝土，采用浇水和潮湿覆盖的养护时间不得少于7d；粉煤灰硅酸盐水泥、火山灰水泥和复合水泥配制的混凝土，或掺加缓凝剂的混凝土以及大掺量矿物掺合料混凝土中胶凝材料水化速度慢，达到性能要求的水化时间长，因此，相应需要的养护时间不得少于14d。

对于大体积混凝土应进行温度控制，混凝土内部和表面温差不宜超过25℃，表面与外界温差不宜大于20℃。

对于冬季施工的混凝土，养护应符合下列规定：

① 日均气温低于5℃时，不得采用浇水自然养护方法；

② 混凝土受冻前强度不得低于5MPa；

③ 模板和保温层应在混凝土冷却到5℃方可拆除，或在混凝土表面温度与外界温度相差不大于20℃时拆模，拆模后的混凝土应及时覆盖，使其缓慢冷却；

④ 混凝土强度达到设计强度等级的50%时，方可撤除养护措施。

5.3.3.3 配合比控制

混凝土配合比应满足混凝土施工性能要求，强度以及其他力学性能和耐久性能应符合设计要求。对首次使用、使用间隔时间超过三个月的配合比应进行开盘鉴定，开盘鉴定应符合下列规定：

① 生产使用的原材料应与配合比设计一致；

② 混凝土拌合物性能应满足施工要求；

③ 混凝土强度评定应符合设计要求；

④ 混凝土耐久性能应符合设计要求。

在混凝土配合比使用过程中，应根据混凝土质量的动态信息及时调整。

5.3.3.4 拌合物的质量检验和控制

在生产施工过程中，应在搅拌地点和浇筑地点分别对混凝土拌合物进行抽样检验。搅拌地点检验为控制性自检，浇筑地点检验为验收检验；凝结时间检验可以在搅拌地点进行。

混凝土拌合物的检验频率应符合以下规定：

(1) 混凝土坍落度取样检验频率应符合现行国家标准《混凝土强度检验评定标准》(GB/T 50107—2010) 的有关规定：

① 每100盘，但不超过100m³ 的同配合比混凝土，取样次数不应少于一次；

② 每一工作班拌制的同配合比的混凝土，不足100盘和100m³ 时其取样次数不应少于一次；

③ 当一次连续浇筑同配合比混凝土超过1000m³ 时，每200m³ 取样不应少于一次；

④ 对房屋建筑，每一楼层、同一配合比的混凝土，取样不应少于一次。

(2) 同一工程、同一配合比、采用同一批次水泥和外加剂的混凝土的凝结时间应至少检验1次。

(3) 同一工程、同一配合比的混凝土的氯离子含量应至少检验1次；同一工程、同一配合比和采用同一批次海砂的混凝土的氯离子含量应至少检验1次。

混凝土拌合物性能应满足设计和工程施工要求，有良好的和易性，并不得离析或泌水。

5.3.3.5　硬化混凝土的质量检验和控制

硬化混凝土的质量控制，主要是检验混凝土的抗压强度，同时根据工程要求还有耐久性的检验。对混凝土的强度检验有两种方法，即预留试块检测（破损检测）和在结构本体上进行检测（无破损检测）。

混凝土的力学性能应满足设计和施工的要求，混凝土耐久性能应满足设计要求。评定按我国现行标准《混凝土强度检验评定标准》（GB/T 50107—2010）和《混凝土耐久性检验评定标准》（JGJ/T 193—2009）进行。

5.3.3.6　混凝土生产控制水平

混凝土质量波动直接反映在强度上，通过对混凝土强度的管理就能控制住整个混凝土工程质量。

（1）混凝土强度概率的正态分布　混凝土强度的分布规律，不但与统计对象的生产周期和生产工艺有关，而且与统计总体的混凝土配制强度和试验龄期等因素有关，大量的统计分析和试验研究表明：同一等级的混凝土，在龄期相同、生产工艺和配合比基本一致的条件下，其强度的概率分布可用正态分布来描述。在正常的施工条件下，对工艺条件相同的同一批混凝土进行随机取样，测定其强度，以强度为横坐标，某一强度出现的概率为纵坐标，可绘制出强度-概率密度分布曲线，见图 5.2，该曲线分布的特点如下：

① 曲线呈钟形，两边是对称的，对称轴就在强度平均值处，钟形的最高峰就出现在这里。这表明强度的测定值越接近平均强度，出现的概率越大。离对称轴越远，即强度测定值越高或越低，出现的概率越小，并逐渐趋于零。

② 曲线和横坐标之间的面积为概率的总和，等于100％。对称轴两边出现的概率相等。

③ 在对称轴两侧的曲线上各有一拐点，两拐点之间的曲线向下弯曲，拐点以外的曲线向上弯曲，并以横坐标为渐近线。

正态分布曲线愈宽而矮，表示强度数据离散程度愈大，说明施工控制水平越差；反之，分布曲线愈窄而高，表示强度数据分布愈集中，说明施工控制水平越高，图 5.3 为强度平均值相同而离散程度不同的两条分布曲线，可以看出施工控制不良时，即强度离散程度较大时，曲线上的拐点离开对称轴的距离较大。

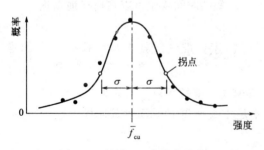

图 5.2　混凝土正态分布曲线

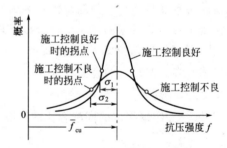

图 5.3　离散程度不同的两条分布曲线

（2）混凝土强度均匀性评定　混凝土均匀性的评定参数有：强度平均值、标准差、变异系数、强度保证率

1）强度平均值 $\overline{f}_{cu}$

$$\overline{f}_{cu} = \frac{1}{n} \sum_{i=1}^{n} f_{cu,i} \quad (\text{MPa}) \tag{5.29}$$

式中　$\overline{f}_{cu}$——统计周期内 n 组混凝土立方体试件抗压强度的平均值，MPa；

n——统计周期内相同强度等级混凝土强度的组数，不应小于 30；

$f_{cu,i}$——统计周期内第 i 组混凝土立方体试件抗压强度，MPa。

该值与生产该批混凝土的配制强度基本相等，它只能反映该批混凝土的总体强度水平，而不能反映混凝土强度的波动情况。

2）标准差 σ，标准差又称均方差，在数值上等于曲线上拐点至对称轴间的距离，是评定混凝土质量均匀性的一种指标。

$$\sigma = \sqrt{\frac{\sum\limits_{i=1}^{n} f_{cu,i}^2 - n\,\overline{f}_{cu}^2}{n-1}} \qquad (5.30)$$

标准差 σ 值小，强度分布曲线越窄而高，说明强度值分布集中，则混凝土质量均匀性好，混凝土施工质量控制较好；标准差 σ 值大，强度分布曲线越宽而矮，说明强度值分布分散，则混凝土质量波动大，混凝土施工质量控制较差。

混凝土强度标准差是反映混凝土质量波动的极其重要的参数，是混凝土强度验收和评定的重要指标，同时也是确定混凝土配制强度的一个重要参数。

3）变异系数 C_v

$$C_v = \frac{\sigma}{\overline{f}_{cu}} \times 100\% \qquad (5.31)$$

变异系数也是评定混凝土质量均匀性的一种指标，值越小，说明混凝土质量越均匀，施工管理水平越高。

4）混凝土的强度保证率 P（%）与生产控制水平。混凝土的强度值必须符合结构设计要求，并达到一定合格率，即强度保证率。强度保证率是指在混凝土强度总体中，大于设计强度等级 $f_{cu,k}$ 的强度值出现的概率 P，如图 5.4 在正态分布曲线上以阴影面积占概率总和的百分率表示。由图 5.4 可知，低于强度等级的概率，为不合格率，即阴影部分以外的面积。

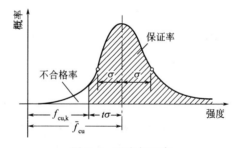

图 5.4 强度保证率

$$t = \frac{\overline{f}_{cu} - f_{cu,k}}{\sigma} \qquad (5.32)$$

式中 t——概率度，又称保证率系数。

强度保证率 P 随 t 的改变而变化，见表 5.37。因而可通过查表求得 P%。

表 5.37 不同 t 值的保证率 P

t	0.000	0.80	1.00	1.20	1.40	1.645	1.88	2.05	2.50	3.00
$P/\%$	50.0	78.8	84.1	88.5	91.9	95.0	97.0	98.0	99.4	99.87

实测强度达到强度标准值组数的百分率 P 可按下式求得：

$$P = \frac{n_0}{n} \times 100\% \qquad (5.33)$$

式中 P——统计周期内实测强度达到强度标准值组数的百分率；

$\qquad n_0$——统计周期内相同强度等级混凝土达到强度标准值的试件组数。

根据《混凝土质量控制标准》（GB 5064—2011），预拌混凝土搅拌站和预制混凝土构件厂的统计周期可以取一个月；施工现场搅拌站统计周期可根据实际情况确定，但不宜超过三个月。

混凝土强度标准差和实测强度达到强度标准值组数的百分率 P 是表征生产控制水平的重要指标，其中重点是强度标准差指标。若混凝土生产单位的混凝土强度标准差符合表5.38，且实测强度达到强度标准值组数的百分率 P 不小于95%，则生产管理水平为"优良"。

表 5.38   混凝土强度标准差

生产场所	混凝土强度标准差		
	<C20	C20～C40	≥C45
预拌混凝土搅拌站 预制混凝土构件厂	≤3.0	≤3.5	≤4.0
施工现场搅拌站	≤3.5	≤4.0	≤4.5

（3）混凝土的配制强度   配制的混凝土平均强度等于设计要求的强度等级标准值时，由表5.37知，其强度保证率只有50%。因此，为了使混凝土符合设计要求的强度等级合格率，必须使其配制强度高于所设计的强度等级值。

令混凝土的配制强度等于平均强度，即 $f_{cu,0}=\overline{f}_{cu}$，则有

$$f_{cu,0} \geqslant f_{cu,k}+t\sigma \qquad (5.34)$$

由上式可知，设计要求的混凝土强度保证率越大，配制强度就要越高；当混凝土强度质量稳定性越差时，其配制强度也就提高得越多。

我国目前规定《混凝土结构工程施工质量验收规范》（GB 50204—2011），设计要求的混凝土强度保证率为95%，由表5.37查得 $t=1.645$，则配制强度为：

$$f_{cu,0}=f_{cu,k}+1.645\sigma \qquad (5.35)$$

5.3.4 混凝土的非破损检验

混凝土强度非破损检测技术是应用电子学、物理学为基础的测试仪器，直接在材料试件或结构物上，无破损地测量材料的力学性能以及与结构质量有关的物理量，以此来确定或评价材料的非弹性性质、均匀性与密度、强度以及性能变化过程的一种新型的测试方法。

当对混凝土试件强度评定不合格或试件与结构中混凝土质量不一致或供检验用的试件数量不足时，可采用非破损检验方法或从结构、构件中钻取芯样的方法，并按国家现行有关标准，对结构构件中的混凝土强度进行推定，作为判断结构是否需要处理的依据。目前，这类非破损检验混凝土质量的方法有回弹法、拔出法、超声波法、反射波法、红外线法、电位差法、射线照相法、雷达波法等。但这些方法不能代替混凝土标准试件作为混凝土强度的合格评定。以下简单介绍常用的两种方法。

5.3.4.1 回弹法

回弹法检测是指以在结构或构件混凝土上测得的回弹值和碳化深度来评定结构或构件混凝土强度的方法。回弹法是一种测量混凝土表面硬度的方法，回弹仪是用冲击动能测量回弹锤撞击混凝土表面后的回弹量，确定混凝土表面硬度，用试验方法建立表面硬度与混凝土强度的关系曲线，从而推断混凝土的强度值。这种方法受混凝土的表面状况影响较大。例如混

凝土的碳化情况，干湿情况，甚至粗骨料对表面的影响都很大，所以测出的强度需要进行校准。

通常，在对试块试验有疑问时，作为混凝土强度检验的依据之一。采用回弹法检测不会对结构和构件的力学性质和承载能力产生不利影响，因而被广泛应用于工程验收的质量检测。我国已制定了回弹仪测试混凝土强度的技术标准：《回弹法检测混凝土抗压强度技术规程》（GBJ/T 23—2011）。

5.3.4.2　超声波法

用超声波检测仪，从一侧发射一列超声脉冲波进入混凝土中，在另一侧接收经过混凝土介质传送的超声脉冲波，同时测定其声速、振幅、频率等参数，判断混凝土的质量。超声波法可以测定混凝土的强度。混凝土的强度与声速的相关性受混凝土组成材料的品种、骨料粒径、湿度等影响，需要用该种混凝土的试件或取芯法的芯样来确定强度与声波的关系。超声波还可以探测混凝土内部的缺陷、裂缝、灌浆效果、结合面质量等，是目前检测混凝土缺陷使用最普遍的方法，国内已制定出技术规程。

回弹法主要反映的是混凝土表面质量情况，而超声波可以探测到混凝土的内部质量。超声波与回弹法结合评定混凝土强度，称为超声回弹综合法。超声回弹综合法正是利用两种方法的各自优点，可以减少或抵消某些影响因素对单一方法测定强度的误差，以提高检测精度。

5.3.4.3　取芯法

取芯法是一种半破损的混凝土强度检测方法，利用专用钻机，它通过在结构物上钻取芯样并在压力试验机测得被测结构的混凝土强度值。取芯法检测混凝土强度，无需进行某种物理量与强度之间的换算，该方法结果准确、直观，但对结构有局部损坏。

5.4　普通混凝土拌合物的制备工艺

教学任务：了解混凝土拌合物的制备工艺，分析各种密实成型工艺原理和类型，通过实践进一步了解混凝土从原材料选择、配比搅拌、运输、浇注、密实成型、养护、成品检验的全过程。

混凝土拌合物的制备是混凝土配合比设计的实现，为使制备的混凝土拌合物达到规定的质量要求，必须建立完整的质量保证体系和相应的质量管理制度，而管理制度应建立在良好的生产工艺和设备的基础上。

普通混凝土拌合物的制备工艺，通常包括原料储存、称量配料、搅拌、拌合物输送等工序，这里主要介绍单阶式商品混凝土搅拌站。

图 5.5 为单阶式商品混凝土搅拌站混凝土拌合物制备工艺流程。此工艺是先将原材料一次提升到搅拌楼最高点的储料斗中，再经称量配料和搅拌直至混凝土拌合物制成，均依物料自重，由上而下形成一个垂直生成工艺系统，该工艺的优点是产量高、占地小，工艺布置紧凑，称量准确度高，便于自动控制，利于城市环保。

5.4.1　原材料的储存和计量

5.4.1.1　原材料的储存

为保证普通混凝土拌合物制备的正常进行，除堆场具有足够的原材料储备外，还要在搅拌楼本身设置可供应最小限度容量材料的储备设备——料仓。

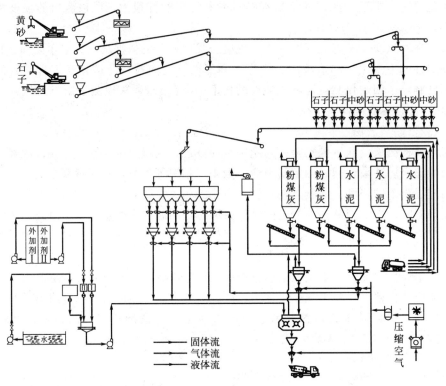

图 5.5　商品混凝土搅拌站混凝土制备工艺流程图

搅拌楼一般不少于 6 个骨料和水泥的储仓，即粗骨料仓 2 个、细骨料仓 2 个、水泥仓 2 个，必要时还应设 1 个粉煤灰仓以满足不同品种、不同规格原材料的储备需要。其形状有矩形、正方形、圆形、六角形等。

储料仓大部分采用钢结构或钢筋混凝土结构，要充分考虑其承受材料质量、自重、地震及其他外力作用的强度和刚度。料仓底部一般用钢做成锥体。锥体部分的斜度，要考虑物料的安息角和对仓壁的摩擦角，一般钢结构料仓取 55°以上，混凝土结构料仓取 60°以上。水泥料仓还要考虑防潮防水。料仓中需设置料位指示器和破拱装置。

储仓出料口的各种给料器因物料而异，并在各储料仓给料器上端，设置手动插板闸，使骨料避免结拱，调节下料量，保护侧板，还可以在检修时，用来封闭仓口。此外，必要时可在骨料储仓、水或其他液状物料的容器中设置预热装置。常采用的是蒸汽排管预热的方式。

5.4.1.2　原料的称量

原料称量的准确度对混凝土的质量影响很大，它是混凝土拌合物制备过程中的一个重要环节。原料称量一般以质量计，其称量偏差极限见表 5.39。

表 5.39　水泥混凝土原材料称量偏差极限（%）

水泥	水	外加剂溶液	骨料	外掺混合材料
±2	±2	±2	±3	±2

原料称量的常用设备有自动杠杆秤和应变电子秤。应变电子秤具有结构紧凑、体积小、灵敏、精确、可靠，便于自动操作和程序控制以及耐震等优点。

原料称量方式一般都是各种材料分别单独称量。但对骨料而言，在骨料品种较多时也可分成细骨料、粗骨料两套称量装置，进行累计替换称量。为了提高外加剂的称量精度，一般不和水一起混合称量。

骨料和水泥在称量时，为了提高称量准确度，一般采用粗称和精称两个步骤。即在称量时由给料器控制下料量，先是粗称，称量材料的 $90\%\sim95\%$，然后调整给料器给料量，微量调节进行精称，直到需用量的 100%。

原料的自动称量是由供料设备、称量设备、卸料设备三部分组成。为使原料称量自动化，必须使供料、称量、卸料装置的联锁系统符合以下要求：

① 给料器必须在卸料门关闭后才能开启；

② 称量时，在所称质量尚未达到之前，给料器不能自行关闭；

③ 卸料门必须在各种物质称量完毕，并停止给料后，才能开启；

④ 卸料门必须在物料卸完后才能闭合；

⑤ 卸料门未关闭，上部料仓上料系统不能启动。上料相应的启动，必须在给出预警铃后，按序启动。

目前称量设备较多，较先进的计量系统均采用光电信号传递，将操作台指令提供给计量控制阀，控制阀通过气压或液压控制方式，进行粗计量和微计量，以达到指定的质量值或体积值。

5.4.2 混凝土拌合物的搅拌及运输

混凝土拌合物的搅拌一是涉及混凝土拌合物中有固、液、气三相物质参与搅拌；二是物料相互间的化学和物理化学的变化，所以搅拌工艺是一个非常复杂的问题。评价搅拌工艺的优劣除了混凝土搅拌均匀性质量指标外，还要考虑混凝土的结构形成。因而混凝土搅拌目的除了考虑均匀性外，还必须考虑搅拌强化的问题。

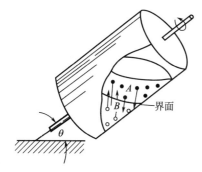

图 5.6 重力机理示意图

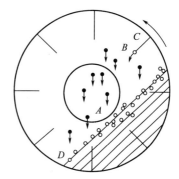

图 5.7 鼓筒形搅拌机的物料运动轨迹示意图

5.4.2.1 搅拌理论

(1) 重力机理 如图 5.6 所示，在一个圆筒形容器中有不同颗粒的两种物料 A 和 B。假设 B 物料在下，A 物料在上，当圆筒以倾斜轴旋转时，A、B 两种物料也随之运动，并在重力作用下，力求达到最稳定的状态，各自越过原始接触面，进入原由另一种物料所占有的空间，最后其相互接触面达到最大程度，也就是平常所说的达到了均匀混合。此类搅拌机有鼓筒形搅拌机、双锥式搅拌机。

鼓筒形搅拌机主要就是根据这一机理设计的（图 5.7）。物料刚投入搅拌机时，各物料间相互接触面小，随着鼓筒转动，将物料提升到一定高度，然后由于中立作用自由落下而相互混合。有些物料未被叶片带动，只是在重力作用下沿拌合物的倾斜表面自动滚下；有些物料处于叶片与鼓筒内壁的夹角处，当物料重力的径向分力足以克服物料与筒壁的黏结力和物

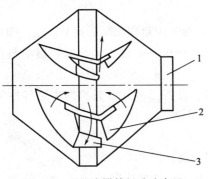

图 5.8 双锥式搅拌机叶片布置

1—进出料口；2—送料叶片；3—搅拌叶片

料与叶片的黏滞摩擦力时，才能最后自由下落，由于各种物料颗粒的下落时间、落点及滚动距离的不同，使物料颗粒间相互穿插、翻拌、混合从而逐步达到均化。鼓筒式搅拌机容量不能太大，也不能用提高转速的办法来提高单位内翻拌次数。黏度较大的拌合物，此类搅拌机也不能使用。

双锥式搅拌机也是根据重力机理设计的。这种搅拌机由搅拌筒每旋转一周，物料在筒中可以翻拌数次，从而提高了搅拌效率。并可制成大容量搅拌机，克服了鼓筒式搅拌机容量较小的缺点（图 5.8）。

（2）剪切机理 剪切作用的机理是使搅拌的物料在某一部位产生强烈的相对剪切并叠合翻拌，而使拌合物达到搅拌均匀的目的。此类搅拌机有强制搅拌机。当物料加入强制式搅拌机搅拌时，其不同位置、不同角度的叶片使物料克服摩擦力，强制物料产生环向、径向、竖向运动，使物料间产生剪切位移叠合翻拌及轨道交叉而达到混合均匀的目的，如图 5.9、图 5.10 所示。

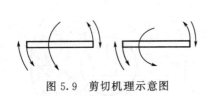

图 5.9 剪切机理示意图

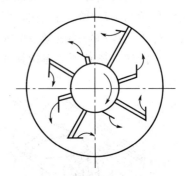

图 5.10 强制式搅拌机叶片布置及物料流向示意图

（3）对流机理 如图 5.11 所示为在搅拌筒受搅拌器的作用而形成对流混合机理的示意图。物料在垂直圆筒中被搅拌器搅拌时，它是通过对流作用达到均匀混合的。如加气混凝土料浆搅拌筒，就是按对流原理设计的。为了使物料在搅拌中混合更均匀及避免筒底死角，可在壁筒内侧设置直立挡板，这样能使物料形成竖向对流，同时还使两个相邻直立挡板间的扇形区内沿筒底形成局部环流，消除了底部死角，强化了搅拌效果。实际上，混凝土拌合物在各种搅拌机中是受多种搅拌机理的综合作用的。不同的搅拌机，只是意味着占主导作用的搅拌机理不同。

5.4.2.2 搅拌强化

所谓搅拌强化就是指能够用以改变搅拌工艺效果而加速胶凝材料水化反应，从而提高混凝土早期或后期强度的方法，皆称为搅拌强化。其有三种基本方法。

（1）均匀强化 普通搅拌机中，只能使拌合物达到宏观均匀。而不能使细小颗粒和拌和水均匀分布。但在搅拌的同时加以振动，即能使水泥颗粒处于颤动状态，使水泥颗粒与水分

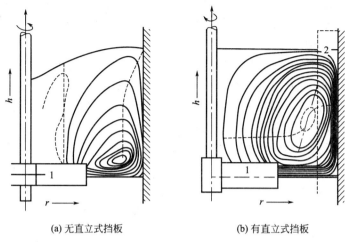

(a) 无直立式挡板　　　　　　　　　(b) 有直立式挡板

图 5.11　在筒形搅拌器中对流机理

1—搅拌叶片；2—直立挡板

均匀分布，并增大水泥颗粒运动速度，加速水泥水化。振动搅拌的第二个作用是净化骨料表面，从而增大水泥石和骨料间的黏结力，因而不但改善了混凝土的流动性，也有效地提高了混凝土的强度。

（2）粉碎强化　超声波是粉碎强化的一种办法。它是先以超声波发生器活化搅拌水泥砂浆，再用这种砂浆在普通搅拌机中与骨料混合。由于超声波作用使水泥颗粒进一步粉碎，而加速水化反应。超声活化对过期水泥有更明显的效果。

（3）加热强化　采用加热强化，合理提高搅拌时的料温，不但利于加速水泥水化，并且还可以消除混凝土在养护过程中升温期对混凝土结构造成的破坏作用。用加热强化来缩短混凝土制品的养护周期，提高早期强度是常用的一种强化方法，特别是在冬季施工效果更为明显。

综合运用以上三种方法，可取得更好的效果。

5.2.2.3　影响混凝土搅拌质量的原因

影响混凝土拌合物搅拌质量的有原材料性质、配合比、搅拌设备及操作过程。但在某一地区，原材料供应比较稳定、材料性质变化不太大、混凝土配合比也比较固定，在这种情况下，搅拌机的类型及工艺参数就成为影响搅拌质量的主要因素。

（1）搅拌机类型　我国当前常用的搅拌机有鼓筒搅拌机、双锥搅拌机、梨形搅拌机和强制式搅拌机等。

不同稠度的混凝土宜用相适应的搅拌机。如搅拌塑性混凝土可选用鼓筒形搅拌机；搅拌塑性和低流动性混凝土可选用双锥或梨形搅拌机，而干硬性及半干硬性混凝土最适宜的是强制式搅拌机。

（2）工艺因素

1）转速。为保证混凝土质量，搅拌速度不宜过快。鼓筒式搅拌机的转速一般取 $n \approx 15/\sqrt{R}$，式中，R 为搅拌筒半径（m）；强制式搅拌机的转速一般为 1.3～1.8m/s 为宜。

2）投料顺序。为不同密度的物料进行混合搅拌时，一般是先投密度小的物料，然后将密度大的物料逐步投入密度小的物料中边倒边搅拌。当搅拌几种物料的混合数量之比相差较大时应先投数量多的物料，然后投入数量少的物料等。

决定投料顺序的因素首先是为了提高混凝土拌合物的均匀度来提高混凝土的强度；其二是减少骨料对搅拌机叶片及拌合物与搅拌筒的黏结；三是降低能耗，提高生产率，以及减少粉尘污染，改善工作环境等来考虑。

3）搅拌时间。搅拌时间与搅拌机型和拌合物的和易性、流动性有关。当用鼓筒式搅拌机时，混凝土抗压强度随搅拌时间的延长而增加，并在 $2\sim3\mathrm{min}$ 内增长较快；用可倾式搅拌机时，拌合物的匀质性随搅拌时间的延长而趋于稳定，一般在 50s 以前就能达到规定值的要求；而用强制式搅拌机时其匀质性很快达到规定值。

4）加水方法。混凝土拌合物在搅拌时加水方法也是影响混凝土强度的因素，特别是强制式搅拌机，其加水方法影响较为明显。如向搅拌筒整个空间均匀供水时，只需 30s 即可搅拌均匀，若集中一处供水，不但搅拌时间长，而且强度变异系数大。所以，当强制搅拌机中环形供水管损坏改为人工供水时，必须延长搅拌时间。

5.4.2.4　混凝土拌合物的运输

混凝土拌合物和运输是混凝土生产环节中的一个重要组成部分。在混凝土的整个生产过程中，除了计量、搅拌等一整套设备外，运输设备则是将搅拌均匀的混凝土，在符合质量要求的前提下，提供到施工场地的工具。根据条件和要求的不同，所采用的运输工具也不相同。

混凝土的运输，按运送的距离和要求不同可分为两大类：现场运输和远距离运输。

现场运输是指在施工现场或预制制品工厂内的运输，往往是固定点位之间的运输，方法较多，主要有双轮翻斗车、机动翻斗车、自卸汽车、电动运料车、吊机吊斗、滑槽、皮带运输、现场管道泵送等方式。

远距离运输是指预拌混凝土工厂（混凝土搅拌站）将混凝土从工厂通过移动运输工具，运送至施工现场的运送方式。远距离运输最常用的运输工具是混凝土搅拌车。

为了避免在运输过程中造成混凝土拌合物的分层离析，必须注意以下几个问题：

① 将混凝土拌合物运送至浇灌地点浇灌入模时间不得超过混凝土的初凝时间。

② 大风、寒冷或炎热天气时，运输过程中应采取相应有效的保温、隔热、防风、防雨的措施。

③ 运输过程应平稳，当用车辆运输时，道路应平坦，行车要平稳。若在运输过程造成混凝土拌合物的分层离析，则应在浇灌前进行第二次搅拌。

④ 运转次数尽量减少。垂直运输时，自由落差不得超过 2m，否则应加设分级溜管、溜槽，溜管倾角不得小于 60°，卸料斜槽倾角不得小于 55°。

⑤ 拌合物运输设备的选择应满足以下要求：a. 混凝土拌合物运输设备容量应大于搅拌机容量和混凝土拌合物储料斗的容量；b. 运输设备在运输过程中保证混凝土拌合物不漏浆、不分层离析；c. 运输设备的接料周期必须考虑搅拌机的搅拌周期和满足工艺要求。

5.4.3　混凝土的密实成型工艺

由搅拌制得的混凝土拌合物，在浇灌入模之后必须密实成型，才能赋予混凝土制品一定的外形和内部结构。

混凝土拌合物的成型和密实是属于两个不同的概念。成型是混凝土拌合物在模型内流动并充满模型（外部流动），从而获得所需的外形。密实是混凝土拌合物向其内部空隙流动（内部流动），填充空隙而达到结构密实。对密实混凝土来说，密实和成型是同时进行的，即拌合物在向模型四周流动的同时，也向其内部空隙流动。因此，混凝土成型工艺的目的在于使混凝土拌合物按一定的要求成型并达到结构密实。

混凝土的密实成型工艺基本上有以下几种方法：振动密实成型工艺、离心脱水密实成型工艺、真空脱水密实成型工艺、其他密实成型工艺。

5.4.3.1 振动密实成型工艺

利用机械措施迫使混凝土拌合物的颗粒发生振动，从而使不易流动的拌合物液化，以达到密实成型的目的。此工艺方法设备简单，密实效果好，不仅在预制混凝土构件密实成型过程中，而且在现浇混凝土构件的密实成型过程中得到广泛应用。

(1) 振动密实成型工艺原理 经搅拌，还未成型的混凝土拌合物，水泥的水化反应尚处初期，生成的凝胶体还不丰富，拌合物内主要是粗细不匀的固体骨料和水分，且混有大量的空气。因此，混凝土拌合物的结构非常松散，骨料颗粒间常呈不连续状态。在这种情况下，当振动机械通过某种方式将一定频率、振幅和激振力的振动能量传递给混凝土拌合物时，混凝土拌合物中的所有骨料颗粒便处于强迫振动中，即骨料颗粒不断受到振动冲击力的作用而引起颤动。此时，拌合物内的颗粒颤动并非同时同向进行，而是在不同的时间内此起彼落，当振动源传递出的振动能量达到一定程度使其颤动足以克服骨料颗粒间原有的黏结力和机械、啮合力（即内阻力）时，拌合物颗粒的接触点便松开而使得混凝土拌合物的内阻力大大减小，从而最后导致混凝土拌合物部分或全部液化。这时，骨料颗粒犹如悬浮在液体中，在其自重作用下，纷纷沉落滑移并趋于紧密排列的稳定位置，其中水泥砂浆包裹石子并填充在石子的空隙间，而水泥净浆包裹砂子并填充于砂子的空隙间。在这个过程中，原来存在于拌合物中的大部分空气也被同时排除，从而使骨料和水泥浆在模具中得到致密地排列和充分地填充，致使原来的松散堆聚结构变为密实堆聚结构。

(2) 振动成型设备 混凝土拌合物的振动成型设备多为电振动设备，另外还有气动和电磁振动等振动设备。这里只介绍电振动设备。

按对混凝土拌合物作用方式，振动成型设备大致可分为如图 5.12 四种类型。

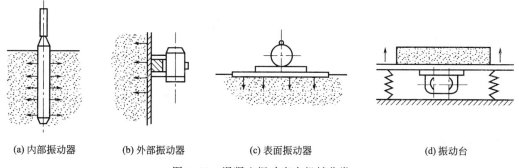

(a) 内部振动器 (b) 外部振动器 (c) 表面振动器 (d) 振动台

图 5.12 混凝土振动密实机械分类

1) 内部振动器。又称插入式振动器，作业时将振动器插入混凝土拌合物中进行振捣。

内部振动器的工作部件是一个棒状空心圆柱体，其内安装偏心振动子。在动力源的驱动下，偏心振动子的振动使整个棒体产生高频微幅的机械振动。作业时，将其插入混凝土拌合物中，通过棒体振动波直接传递给混凝土骨料，一般只需 10～20s 的振动时间即可把棒体周围 10 倍于棒径范围内的混凝土拌合物密实。图 5.13 为 ZX50 型电动软轴行星插入式内部振动器的外形。它主要由电动机、传动软轴和振动棒组成。

2) 外部振动器。又称附着式振动器，将其安设在成型模板外侧，通过模板将振动作用传递给混凝土拌合物。外部振动器是将电动机与偏心块部件连接为一整体，利用螺栓或钳型

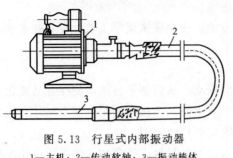

图 5.13 行星式内部振动器

1—主机；2—传动软轴；3—振动棒体

夹具固定在模具模板外侧。电动机启动时，偏心块产生的离心惯性力使其产生机械振动并通过模板传递给混凝土拌合物。

3）表面振动器。又称平板式振动器，作业时将振动器安放在混凝土拌合物的表面上，通过振动器的振动作用传递给混凝土拌合物。

表面振动器是放在混凝土表面上进行作业的一种机械，在外部振动器下面装设一个底板，即构成表面振动器。如图 5.14 所示，主要由底板、外壳、电动机定子、转子轴和偏心块组成。表面振动器适用于表面积大而平整的结构和构件，如空心楼板、屋面板等薄壁构件的振动成型，在小型露天构件厂中被广泛采用。

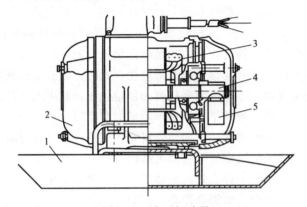

图 5.14 表面振动器

1—底板；2—外壳；3—定子；4—转子轴；5—偏心块

4）振动台。作业时将成型模具安放在振动台上，通过底面将振动器的振动作业传递给混凝土拌合物。它是混凝土制品工厂的主要设备。振动台由台架、激振器、传动装置、支承弹簧及模具固定装置等组成。在激振器作用下，台架连同模具及拌合物一起振动，使拌合物振动密实成型。

振动台有较大适应性和稳定的工作制度，故是混凝土制品厂的主要密实成型设备，适用于空心板、平板、轨枕以及厚度不大的梁柱等构件。图 5.15 为垂直定向振动台工作示意图。振动台台面下装有相同偏心块的两平行轴，以相等的角速度作相反方形旋转时，由于激振能力水平分力的相互抵消，故仅作垂直定向振动。

5.4.3.2 离心脱水密实成型工艺

利用模型在离心机上高速旋转，模型内的混凝土拌合物受离心力的作用，脱去部分多余水分而密实成型。离心密实成型是流动性混凝土拌合物成型工艺中的一种机械脱水密实成型工艺，其特点是由离心力将拌合物挤向模壁，从而排出拌合物中的空气和多余水分（20%～30%），使拌合物密实并获得较

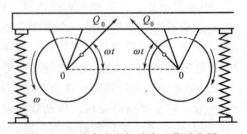

图 5.15 垂直定向振动台工作示意图

高的强度。此种工艺适用于制造不同直径及长度的环状制品，如管材、电线杆及管桩等。

（1）离心脱水密实成型工艺原理 当管模以一定角速度自转而产生的离心力足以克服管模中的混凝土拌合物本身重力和骨料颗粒间的黏结力及机械啮合力时，混凝土拌合物中的粗、细骨料和水泥粒子便沿离心力方向运动，此时可视为向管壁沉降，其结果是把混凝土拌合物中的多余水分挤压出来和提高混凝土的密实度，形成一定厚度外径等于管模内径的环状制品，此种密实成型过程称离心脱水密实成型。

（2）离心密实成型设备 混凝土离心成型机按钢模支承方法可分为托轮式、车床式和胶带式三种。托轮式离心机又可分为单管机和多管机，以同时离心的管模数区分。

图5.16为 $\Phi200\sim400$ 托轮式多管离心机的构造图。它主要由传动系统、托轮组及机架等组成。管模8、9、10自由地放置在托轮上，在机架1上装有四组从动托轮2和一组主动托轮3。主动托轮带动管模10旋转，从而带动从动托轮及管模8、9旋转。主动托轮组3由安装在滑轨上的电动机通过三角胶带4驱动。

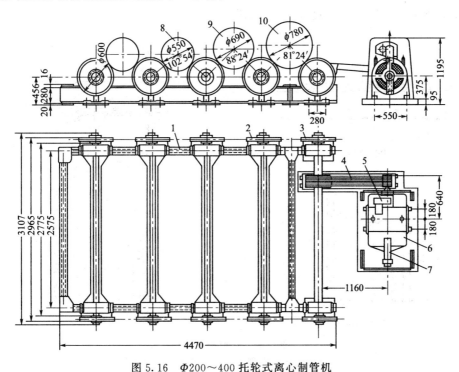

图5.16 $\Phi200\sim400$ 托轮式离心制管机

1—机架；2—从动托轮组；3—主动托轮组；4—三角胶带；5—鼓风机；
6—电动机；7—调速机构；8—$\Phi200$ 管模；9—$\Phi300$ 管模；10—$\Phi400$ 管模

车床式离心机不用托轮支承管模，而用车床两端的卡盘将管模两端夹牢，电动机带动卡盘，使管模高速旋转。车床式离心机传动系统如图5.17所示。

5.4.3.3 真空脱水密实成型工艺

真空脱水密实成型属机械脱水密实成型工艺之一。这种工艺可采用原始水灰比较大的流动性混凝土拌合物，利用真空作用排出多余水分，即便于浇灌和制作厚度较小形状复杂的制品，又可在脱水密实成型后获得较高的初始结构强度，以利快速脱模。硬化后的混凝土密实度较高，耐久性及耐磨性较好。在实际生产中，常将真空脱水与振动密实成型工艺配合使用，效果更佳。

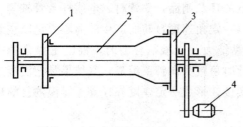

图 5.17　车床式离心机传动系统

1—前卡盘；2—管模；3—后卡盘；4—电动机

（1）真空脱水密实原理　真空脱水处理是将入模成型后的混凝土拌合物的某一部分形成负压，即在此部分形成真空，使大气压力作用于另一部分，形成压力差，部分多余水分及空气即在此压力差的作用下被排出，使制品密实。随着真空处理时间的延续，其压力差向混凝土深处传播。压力差所产生的向混凝土真空方向的挤压力如同离心挤压力迫使混凝土拌合物中的水分脱除（当然两者挤压原理并不一致）。显然，真空度越大，其压力差也越大，混凝土所受的原理也越大。当真空度为 80kPa 时，每平方米混凝土约受到 80kN 压力作用。

（2）真空脱水的分类　根据结构构件种类及真空脱水装置的不同，真空脱水有上吸法、下吸法、侧吸法及内吸法四种脱水方法（见图 5.18）。

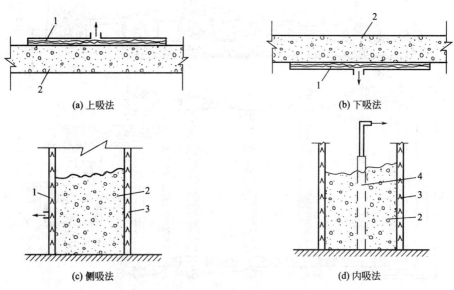

(a) 上吸法　　　　　　　　　　(b) 下吸法

(c) 侧吸法　　　　　　　　　　(d) 内吸法

图 5.18　真空脱水方法

1—真空吸垫；2—混凝土；3—模板；4—内吸管

上吸法是将真空脱水装置的真空腔安装在混凝土上面进行真空脱水。此法除可用于预制混凝土构件外，还可用于现浇楼板、地面、机场坪道、停车场等。

下吸法在结构构件底面设置真空腔，从下部进行脱水，此法适用于预制构件生产，此法必须配备脱模装置以提高真空底板周转率。

侧吸法用于柱墙等现浇垂直构件，用真空腔板作为构件侧模板，当构件断面大时，可以两面或数面进行真空脱水。

内吸法是将一组包有滤布的真空芯管埋在混凝土中进行真空脱水，每组芯管距 45～90cm，芯管应略有锥度，以便拔出，拔出后的孔洞用混凝土或砂浆堵塞。此法可用于截面形状简单的现浇框架、预制梁柱以及大体积结构。

5.5 混凝土的养护

教学任务：介绍几种常用的混凝土养护方法，分析不同养护方式对混凝土强度发展的影响，并能根据不同工程选择养护方法。

混凝土拌合物经浇注振捣密实后，逐步硬化并形成内部结构，为使已成型的混凝土能正常完成水泥的水化反应，获得所需的物理力学性能及耐久性指标的工艺措施称为混凝土的养护工艺。足够的湿度和适宜的温度是混凝土硬化所必需的条件，也是保证工程质量的基本要素。在夏季，如果不采取适当的养护措施，混凝土表面的水分就会不断蒸发，出现塑性裂缝；在冬季，如果不采取适当的养护措施，当温度低于标准温度时，水泥水化就会减慢甚至停止。因此，混凝土浇注密实后的养护十分重要，养护过程中主要应建立水化或水热合成反应所需要的介质温度及湿度条件。并力求降低能耗。

混凝土养护可分为标准养护、自然养护和快速养护。

5.5.1 标准养护

标准养护是指在温度为（20±3）℃，相对湿度为90％以上的潮湿环境或水中的条件下进行的养护，这是目前试验室常用的方法。

5.5.2 自然养护

在自然气候条件（平均气温高于＋5℃）下，于一定时间内采取浇水润湿或防风防干、保温防冻等措施养护，称为自然养护。自然养护主要有覆盖浇水养护和表面密封养护两种。

覆盖浇水养护：在混凝土表面覆盖草垫等遮盖物，并定期浇水以保持湿润。浇水养护简单易行、费用少，是现场最普遍采用的养护方法。表面密封养护：利用混凝土表面养护剂在混凝土表面形成一层养护膜，从而阻止自由水的蒸发，保证水泥充分水化。这种方法主要适用于不易浇水养护的高耸构筑物或大面积混凝土结构，可以节省人力。

5.5.2.1 自然条件下温、湿度对混凝土硬化过程的影响

在其他条件一定的情况下，自然养护混凝土强度主要取决于水泥的标号、品种以及外界环境的平均温度。在炎热区域，高温下新拌混凝土坍落度的损失增大，初凝提前，易因振捣不良而形成孔隙、麻面与蜂窝；早凝、表面易干燥、用水量增多，均易导致干缩裂缝；白昼浇捣及养护时，以及夜间环境降温后的内外温差，易导致温度裂缝。在寒冷地区，当温度低于4℃时，水的体积膨胀，冻结后其体积增大9％。解冻后，混凝土孔隙率增加15％～16％，强度下降10％。冻结还使骨料与水泥石的黏结力受到损害，若黏结力完全丧失，其强度降低13％。冻结和解冻过程中，混凝土内水分的迁移、体积变化及组分体积膨胀系数的差异，均将导致结构的开裂。同时，温度的降低使混凝土强度的增长速度明显减慢，这是因为混凝土中水的冰点约为－0.5～－2.5℃，温度降至－3℃时，混凝土中只有10％的液相存在，水化反应极为缓慢。

5.5.2.2 自然养护的措施

自然养护时，通常采用覆盖浇水、保温防冻、喷膜保水等措施。

（1）覆盖浇水 覆盖浇水时，一般采用纤维质吸水保温材料，如麻袋、草垫等，水质应符合拌和水的要求。就开始覆盖和浇水的时间而言，塑性混凝土应不迟于成型后的6～16h，干硬性混凝土应不迟于1～2h，炎热及大风时，应不迟于2～3h。每日浇水次数取决于气候

条件及覆盖物的保湿能力。一般气温（约 15℃）时，成型后三天内，白天应每隔 2～3h 浇水一次，夜间不得少于两次，以后随气温的不同，按表 5.40 所示的次数浇水。高强度等级的水泥水化热高，水分蒸发较快，浇水次数应适当增加，干燥气候下也是如此。气温低于 5℃时，为防止气温骤降而使混凝土受冻，不易浇水。覆盖天数随气温不同一般不得低于表 5.41 的数值。

表 5.40　自然养护温度及浇水次数

正午气温/℃	10	20	30	40
浇水次数/(次/日)	2～3	4～6	6～9	8～12

表 5.41　自然养护时混凝土制品最少覆盖天数

水泥品种	正午气温/℃			
	10	20	30	40
普通水泥	5	4	3	2
火山灰或矿渣水泥	7	5	4	3

自然养护时间取决于水泥品种、用量及混凝土强度。通常，普通水泥和矿渣水泥混凝土不少于 7 天；掺有缓凝剂或有抗渗要求的混凝土不得少于 14 天。

（2）喷膜保水　即表面密封养护，适用于不易洒水养护的高耸构筑物和大面积混凝土结构，它是将养护剂喷涂在混凝土表面上，溶液挥发后在混凝土表面形成一层塑料薄膜，以增强热反射系数；在冬季宜采用暗色薄膜，以提高吸热能力。同时，薄膜在湿润的混凝土薄膜要有较好的分散性，不得含有氯化物、硫酸盐和酸等物质。

5.5.3　快速养护

随着建筑施工技术的发展，自然养护已满足不了需要。对于混凝土制品生产而言，加速混凝土强度的增长，具有重要意义，因此，凡是能加速混凝土强度发展过程的工艺措施，均属于快速养护。快速养护时，在确保产品质量和节约能源的条件下，应满足不同生产阶段对强度的要求，如脱模强度、放张强度等。快速养护在混凝土制品生产中占有重要地位，是继搅拌及密实成型之后，保证混凝土内部结构和性能指标的决定性工艺环节。采用快速养护有利于缩短生产周期，提高设备的利用率，降低产品成本。快速养护按其作用的实质可分为热养护法、化学促硬法、机械作用法及复合法等。

① 热养护是利用外界各种热源对成型的混凝土制品加热硬化的方法。热养护法又可分为湿热养护、干热养护和干湿热养护三种。湿热养护法，以相对湿度 90% 以上的热介质加热混凝土，升温过程中冷凝而无蒸发过程发生。随着介质压力的不同，湿热养护有常压、无压、微压及高压湿热养护等。干热养护时，制品不可与热介质直接接触，或以低湿介质升温加热，升温过程中则以蒸发过程为主。热养护是快速养护的主要方法，效果显著，但能耗较大。

② 化学促硬法是用化学外加剂（如早强减水剂、化学促硬剂）或早强快硬水泥来加速混凝土强度的发展过程，简便易行，节约能源。

③ 机械作用法则是以活化水泥浆、强化搅拌混凝土拌合物、强制成型低水灰比干硬性

混凝土及机械脱水密实成型促使混凝土早期的方法。该方法设备复杂，能耗较大。

在实际操作应用中，提倡将多种工艺措施合理综合运用，如热养护和促硬剂、热拌热膜和外加剂等，力求获得最大技术经济效益。

5.5.3.1 湿热养护

湿热养护是指在湿热介质作用下，引起混凝土一系列物理、化学和力学的变化，从而加速混凝土内部结构的形成，获得早强快硬的效果。

由于蒸汽的凝结放热系数很高，故用加热混凝土进行湿热养护。常压湿热养护时，介质温度不超过 100℃，相对湿度不低于 90％，又称蒸汽养护。若制品在 100℃、相对湿度为100％的纯饱和蒸汽中养护，且窑内外介质无压力差，即为无压蒸汽养护。微压养护时，则使严格密封的窑内湿热介质工作压力比混凝土的温升超前增至 0.03MPa，以抑制其结构破坏过程。高压养护在表压为 0.8MPa、温度为 174℃ 以上的纯饱和蒸汽中进行，又称压蒸养护。

结构形成和结构破坏是贯穿各种热养护过程中的一对主要矛盾，各种热养护制度的确定和热养护混凝土的性能均取决于这对矛盾的正确解决。湿热养护混凝土的性能与标准养护混凝土相比，有明显的区别。蒸养硅酸盐水泥混凝土的 28d 抗压强度比标准养护时低 10％～15％，养护温度越高，升温速度越快，相差越大。例如，快速升温至 100℃ 的蒸养混凝土28d 强度可能损失 30％～40％。蒸养混凝土的弹性模量比强度相同的标准养护混凝土低5％～10％，其耐久性也有所降低。这一切均表明，湿热养护在加速混凝土结构形成的同时，也造成了其结构损伤。

5.5.3.2 干热养护和干—湿热养护

湿热养护能够加速混凝土强度的增长，却忽视了湿热膨胀的结构破坏作用，因而，又不得不以限制升温、变速升温及预养等措施力求强对换热过程进行消极的反限制。

干热和干—湿热养护突破传统思路，以低湿介质进行升温，削弱结构破坏作用，有利于结构的形成。干热养护是指升温过程中混凝土不增湿或少增湿，甚至以水分蒸发过程为主的养护方法，通常以热空气为介质。低湿介质对混凝土的破坏作用小，因此混凝土结构的表面质量好。但是，干热养护却存在混凝土失水过多，水泥水化不充分、后期强度损失较大、降温效果较差等弊端。干—湿热养护是指在升温、恒温阶段用干热介质，在降温阶段补充湿介质的养护方法。这种方法除具有低湿介质升温的一般优点外，还具有混凝土结构致密、水泥水化条件较合理、降温效果好、养护后混凝土无严重失水现象等优点。

湿热养护混凝土的结构破坏主要发生在升温期，而干热及干—湿热养护混凝土的主要特点就在于，低湿介质升温可以削弱结构破坏过程，使混凝土的变形随介质相对湿度的降低而大幅度减小。热养护时混凝土的结构破坏过程随介质相对湿度的降低而减弱的主要原因在于混凝土的加热速度减缓，最高温度有所降低，从而有利于形成较为密实的结构。同时，混凝土内部气相剩余压力降低，以及早期干缩变形抵消了部分湿热膨胀变形。

5.6 实践操作 混凝土非破损检验

5.6.1 混凝土强度回弹法检测

5.6.1.1 试验目的

通过试验根据混凝土的表面硬度与强度的关系，估算混凝土的抗压强度，作为检测混凝土质量的一种辅助手段。

5.6.1.2　主要仪器设备

(1) 中型回弹仪：见图 5.19，标称动能为 2.207J。

图 5.19　混凝土回弹仪

(2) 钢钻：洛氏硬度 HRC 为 60±2。

5.6.1.3　试验步骤

(1) 回弹仪率定：将回弹仪垂直向下在钢钻上弹击，取三次的稳定回弹值进行平均，弹击杆应分四次旋转，每次旋转 90°，弹击杆每旋转一次的率定平均值应符合 80±2 的要求，否则不能使用。

(2) 混凝土构件测区预测面布置：对长度不小于 3m 的构件，其测区数应不小于 10 个；长度小于 3m 且高度低于 0.6m 的构件，其测区数量可以适当减少，但不少于 5 个。相邻两测区间距不超过 2m。测区应均匀分布，并具有代表性，宜选在侧面为好。每个测区宜有两个相对的测面，每个测面约 200mm×200mm。

(3) 测面应平整光滑：必要时可用砂轮作表面加工，测面应自然干燥。每个测面上布置 8 个测点。若一个测区只有一个测面应选 16 个测点，测点应均匀分布。

(4) 回弹仪垂直对准混凝土表面轻压回弹仪：使弹击杆伸出、挂钩挂上弹击锤；将回弹仪弹击杆垂直对准测试点，缓慢均匀地施压，待弹击锤脱钩后冲击弹击杆后，弹击锤带动指针向后移动直至到达一定位置时，读出回弹值（精确至 1）。

5.6.1.4　结果评定

(1) 回弹值计算：从测区的 16 个回弹值中分别剔除 3 个最大值和 3 个最小值，取其余 10 个回弹值的算术平均值，计算至 0.1，作为该测区水平方向测试的混凝土平均回弹值。

(2) 回弹值测试角度及浇注面修正：若测试方向为非水平方向、浇注面或底面时，按有关规定先进行角度修正，然后再进行浇注面修正。

(3) 碳化深度修正：混凝土表面碳化后其硬度提高，回弹值增大。当碳化深度大于 0.5mm 时，其回弹值应按有关规定进行修正。

(4) 求测区混凝土强度值：根据室内试验建立的强度与回弹值关系曲线，查得构件测区混凝土强度值。在无专用测强曲线和地区测强曲线时，可按标准《回弹法检验混凝土抗压强度技术规程》(JGJ/T 23—2001) 中的统一测强曲线，由回弹值与碳化深度求得测区混凝土强度值。

(5) 测定值评定：计算构件混凝土强度平均值（精确至 0.1MPa）和强度标准差（精确至 0.01MPa），最后计算出构件混凝土强度推定值（MPa，精确至 0.1MPa）。

5.6.2　混凝土超声波强度检测

5.6.2.1　试验目的

通过试验根据超声波在混凝土中的传播速度与混凝土之间的相关性，估测混凝土强度或评定混凝土的均匀性。

5.6.2.2　主要仪器设备

(1) 混凝土超声波检测仪：见图 5.20，声时范围为 0.5～9999μs，精确度为 0.1μs。

（2）换能器：频率在 50～100kHz。

图 5.20 混凝土超声波检测仪

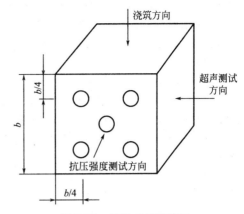

图 5.21 试件的测试位置

5.6.2.3 试验步骤

（1）超声仪零读数校正：在测试前需校正超声波传播时间的零点 t_0。一般用附有标定传播时间 t_1 的标准块，测读超声波通过标准块的时间 t_2，则 $t_0 = t_2 - t_1$，对于小功率换能器，当仪器性能允许时，可将发、收用黄油或凡士林耦合剂直接耦合，调整零点或读取初读数 t_0。

（2）建立混凝土强度—波速曲线：制作一批不同强度的混凝土立方体试件，数量不少于30 块，试件边长为 150mm，可采用不同龄期或不同配合比的混凝土试件。

每个试件的测试位置如图 5.21 所示。将收、发换能器的圆面上涂一层耦合剂，紧贴在试件两测面的相应测点上。调节衰减与增益，使所有被测试件接收信号首波的波幅调至相同的高度，并将时标点调至首波的前沿，读取声时值。每个试件以 5 个点测值的算术平均值作为该混凝土试件中超声传播时间 t 的测试结果。

沿超声波传播方向量试件边长，精确至 1mm。取 4 处边长平均值作为传播距离 L。将测试波速的混凝土试件立即进行抗压强度试验，求得抗压强度 f_{cu}（MPa）。计算波速 v，并由 f_{cu} 及 v 建立 f_{cu}—v 曲线。

（3）现场测试：在混凝土构件的相对两面均匀地划出网格。网格的边长一般为 20～100cm，网格的交点即为测点，相对两测点的距离即为超声波传播路径的长度。

测试各相对两测点超声波时，计算波速。

按比例绘制出被测件的外形及表面网格分布图，将测试波速标于图中各测试点处，数值偏低的部位可以加密测点，进行补测。

根据构件中钢筋分布及含水率等对波速进行修正。

5.6.2.4 结果评定

（1）根据室内建立的混凝土强度与波速的专用曲线，换算出各测点处的混凝土强度值。

（2）按数理统计方法计算出混凝土强度平均值、标准差和变异系数三个统计特征值，用以比较混凝土各部位的均匀性。

思考与练习

1. 某室内现浇钢筋混凝土梁，混凝土设计强度等级为 C30，现场机械搅拌，机械振捣成型，混凝土坍落度要求为 70～90mm，并根据施工单位的管理水平和历史统计资料，混凝土强度标准差取 4.0MPa。所用原材料如下：

  水泥：普通硅酸盐水泥 42.5 级，密度 $\rho_c = 3.1g/cm^3$；

  砂：河砂细度模数为 2.6，Ⅱ级配区，表观密度 $\rho_{0s} = 2650kg/m^3$，堆积密度为 $\rho'_{0s} = 1450kg/m^3$；

  石子：碎石，最大粒径为 40mm，表观密度 $\rho_{0g} = 2700kg/m^3$，堆积密度为 $\rho'_{0g} = 1520kg/m^3$；

  水：自来水。

  求：混凝土初步配合比。

  2. 接上题求得的混凝土初步配合比，若掺入减水率为 18% 的高效减水剂，并保持混凝土坍落度和强度不变，求掺减水剂后混凝土的配合比。1m³ 混凝土节约水泥多少千克？

  3. 某多层钢筋结构混凝土框架综合楼，板、梁、楼梯混凝土设计强度等级为 C35。施工要求混凝土坍落度为 160～180mm，泵送浇筑，温度 17℃。预计搅拌站到施工现场用时 1 小时。试求泵送混凝土配合比。施工单位无历史资料统计。所用原材料情况如下：

  水泥：42.5 普通硅酸盐水泥，水泥 28d 实测强度 50.0MPa；

  砂：中砂，通过 0.315mm 筛孔砂含量 18%，砂子表观密度 $\rho_{0s} = 2600kg/m^3$，堆积密度为 $\rho'_{0s} = 1400kg/m^3$；

  碎石：最大粒径为 25mm，针片状含量 5.8%，表观密度 $\rho_{0g} = 2700kg/m^3$，堆积密度为 $\rho_{0g}' = 1520kg/m^3$；

  粉煤灰：烧失量 3.74%，0.045mm 方孔筛筛余百分含量为 10.6%，需水量比 93%，Ⅰ级，掺量 20%；

  FS-G-Ⅲ 高效减水泵送剂：1.0% 掺量，对钢筋无锈蚀，压力泌水率比为 28%，减水为 20%；

  水：自来水。

  4. 何谓泵送混凝土的可泵性，何谓坍落度经时损失，坍落度经时损失与哪些因素有关？

  5. 混凝土站某一个月 C30 混凝土强度统计表如表 5.42 所示：

表 5.42

序号	$f_{cu,i}$	序号	$f_{cu,i}$	序号	$f_{cu,i}$	序号	$f_{cu,i}$
1	40.1	16	36.7	31	42.5	46	40.3
2	38.2	17	37.2	32	44.3	47	37.6
3	36.5	18	36.4	33	39.5	48	38.5
4	37.0	19	37.5	34	40.0	49	36.5
5	41.3	20	41.1	35	37.5	50	35.6
6	34.6	21	40.0	36	34.2	51	31
7	35.2	22	39.6	37	33.9	52	44.8
8	34.6	23	35.6	38	39.6	53	37.8
9	38.6	24	38.4	39	37.1	54	40.0
10	37.5	25	37.6	40	40.0	55	41.2
11	41.1	26	41.2	41	33.8	56	39.4
12	39.5	27	39.6	42	40.1	57	34.2
13	38.2	28	42.0	33	45.0	58	38.9
14	36.9	29	38.5	44	37.9	59	44.0
15	40.2	30	41.3	45	44.2	60	37.9

  评价：该混凝土搅拌站生产质量控制水平。

  6. 混凝土生产企业生产的 C30 混凝土，给某工程某部位混凝土结构留取标养试件 27 组，其强度代表值列于表 5.43 中。评定该批混凝土是否合格。

表 5.43

序号	1	2	3	4	5	6	7	8	9
$f_{cu,i}$/MPa	33.8	40.3	39.7	29.5	31.6	32.4	32.1	31.8	30.1
序号	10	11	12	13	14	15	16	17	18
$f_{cu,i}$/MPa	37.9	36.7	30.4	32.0	29.5	30.4	31.2	34.2	36.7
序号	19	20	21	22	23	24	25	26	27
$f_{cu,i}$/MPa	41.9	36.9	31.4	30.7	31.4	30.5	30.7	30.9	32.1

7. 某施工现场拌制的 C30 混凝土，留取标养试件 6 组，其强度代表值为 35.0MPa、32.0MPa、34.0MPa、27.0MPa、30.0MPa 和 34.0MPa。评定该批混凝土是否合格。

8. 简述混凝土拌合物的工艺流程。

9. 什么是重力机理？什么是剪切机理？什么是对流机理？并指出所对应的搅拌机的类型。

10. 影响混凝土搅拌质量的因素是什么？

11. 什么是密实？什么是成型工艺？常用的密实成型工艺有哪些？

12. 试述振动密实成型工艺的原理，常用的振动密实成型设备有哪些？

13. 什么是养护？常用的养护方法有哪些？各有何特点？

14. 冬季施工的混凝土，养护注意事项有哪些？

6 轻质混凝土的设计与生产

知识目标：了解轻质混凝土的概念，掌握各种轻质混凝土对原材料的要求，掌握轻质混凝土的应用与性能要求，掌握各种轻质混凝土结构形成与影响因素，掌握轻质混凝土的配合比设计，了解轻质混凝土的生产工艺过程。

能力目标：能根据工程要求制定轻质混凝土的应用方案，能对轻质混凝土的原材料进行检测，会计算或选择轻质混凝土的配合比，能根据需求选择轻质混凝土的外加剂，并初步掌握轻骨料混凝土的质量检验常规方法。

凡密度小于 $1900kg/m^3$ 的混凝土称作轻质混凝土，轻质混凝土主要用作保温隔热材料，也可以作为结构材料使用。一般情况下，密度较小的轻质混凝土，其强度也较低，但保温隔热性能较好；密度较大的轻质混凝土强度也较高，可以用作结构材料。轻质混凝土目前主要有 4 种类型。

(1) 轻骨料混凝土　是一种以密度较小的轻粗骨料、轻砂（或普通砂）水泥和水配制成的混凝土。这种轻骨料混凝土的密度为 $700\sim1900kg/m^3$，强度可达 $5\sim50MPa$。

(2) 多孔混凝土　是在混凝土砂浆或净浆中引入大量气泡而制得的混凝土。根据引气的方法不同，又分为加气混凝土和泡沫混凝土两种。多孔混凝土的干密度为 $300\sim800kg/m^3$，是轻质混凝土中密度最小的混凝土。但由于其强度也较低，一般干态强度为 $5.0\sim7.0MPa$，主要作为墙体或屋面的保温材料。

(3) 轻骨料多孔混凝土　是在轻骨料混凝土和多孔混凝土基础上发展起来的一种轻质混凝土，即在多孔混凝土中掺加一定比例的轻骨料，该混凝土干密度在 $950\sim1000kg/m^3$ 时，强度可达 $7.5\sim10.0MPa$。

(4) 大孔混凝土（或无砂大孔混凝土）　这是一种由粒径相近的粗骨料、水泥和水为原料配制成的混凝土。由于粗骨料粒径相近而又无细骨料（砂），或仅有很少细骨料对粗骨料之间形成的空隙进行填充，适当控制水泥浆的数量使其只对粗骨料起黏结作用而无多余的水泥浆填充空隙，使混凝土内部形成很多大孔，从而降低密度，增加保温隔热性能。无砂大孔混凝土根据所用的骨料是轻骨料还是普通骨料，密度可在 $1000\sim1900kg/m^3$ 之间，强度一般为 $5.0\sim15.0MPa$。

6.1 轻骨料混凝土

教学任务：了解轻质混凝土及轻骨料混凝土的种类、组成。分析轻骨料对混凝土性能的影响及其破坏特征，学习并掌握轻骨料混凝土的配合比设计方法。

6.1.1 轻骨料混凝土的定义及分类

凡是用轻质粗骨料、轻质细骨料（或普通砂）、水泥和水配制而成的混凝土，其干密度不大于 $1900kg/m^3$ 者，均可称为轻骨料混凝土。

轻骨料混凝土的用途较广，品种繁多，为了便于使用，通常按照以下几种方法进行分类。

6.1.1.1 按混凝土的用途分类

按混凝土用途可将轻质混凝土分为三大类，见表 6.1。

表 6.1 轻骨料混凝土按用途分类

类 别	混凝土强度等级合理范围	混凝土密度等级合理范围 /(kg/m³)	用 途
保温轻骨料混凝土	LC5.0	≤800	用于保温的围护结构或热工构筑物保温
结构保温轻骨料混凝土	LC5.0 LC7.5 LC10 LC15	800~1400	用于既承重又需保温的围护结构
结构轻骨料混凝土	LC15 LC20 LC25 LC30 LC35 LC40 LC45 LC50 LC55 LC60	1400~1900	用于承重构件或构筑物

注："LC"为轻质混凝土强度等级代号。

6.1.1.2 按混凝土中所用轻骨料的种类分类

(1) 天然轻骨料混凝土 用天然形成的多孔岩石（如浮石、火山渣、多孔凝灰岩等），经简单加工而成的轻骨料制成的混凝土。

(2) 人造轻骨料混凝土 以地方材料为原料，通过一定的加工工艺制成的轻骨料，如黏土陶粒、页岩陶粒（见图 6.1）、膨胀珍珠岩，以及用有机轻骨料等制成的混凝土。

(3) 工业废渣轻骨料混凝土 以工业废渣为原料加工制成的轻骨料，如粉煤灰陶粒，自燃煤矸石陶粒等制成的混凝土。

图 6.1 轻骨料（左为黏土陶粒，右为膨胀页岩）

6.1.1.3 按细骨料品种分类

(1) 全轻骨料混凝土（简称全轻混凝土），即粗细骨料全部是用轻骨料。

（2）砂轻骨料混凝土（简称砂轻混凝土），即粗骨料为轻骨料，而细骨料为普通砂。

（3）无砂轻骨料混凝土，只含轻粗骨料不含轻细骨料的轻骨料混凝土。

6.1.2 轻骨料混凝土的原料组成

6.1.2.1 水泥

轻骨料混凝土本身对水泥无特殊要求。选择水泥品种和水泥的强度等级仍要根据混凝土强度、耐久性的要求。由于轻骨料混凝土的强度可以在一个很大的范围内（5～50MPa），一般说不宜用高强度等级的水泥配制低强度等级的轻骨料混凝土，以免影响混凝土拌合物的和易性。一般情况下，如果轻骨料混凝土的强度为 $f_{cu,L}$ 时，水泥强度为 f_{ce}，则

$$f_{ce} = (1.2～1.8) f_{cu,L} \tag{6.1}$$

如因各种原因限制，必须用高强度等级的水泥配制低强度等级的轻骨料混凝土时，可以通过掺加粉煤灰来进行调节。

6.1.2.2 轻骨料

凡堆积密度小于或等于 1200kg/m³ 的人工或天然多孔材料，具有一定力学强度且可以用作混凝土骨料的材料都称之为轻骨料。

（1）轻骨料的分类

1）按粒径分类

① 粒径大于或等于 5mm，堆积密度小于或等于 1000kg/m³ 的轻骨料为轻粗骨料。

② 粒径小于 5mm，堆积密度小于或等于 1200kg/m³ 的轻骨料为轻细骨料（也称轻砂）。

2）按骨料来源分类

① 天然轻骨料　主要有浮石（一种火山爆发岩浆喷出后，由于气体作用发生膨胀冷却后形成的多孔岩石），经破碎成一定粒度即可作为轻质骨料。

② 人造轻骨料　主要有陶粒和膨胀珍珠岩等。

陶粒是一种由黏土质材料（如黏土、页岩、粉煤灰、煤矸石）经破碎、粉磨等工序制成生料，然后加适量水成球，经 1100℃ 煅烧形成具有陶瓷性能的多孔球粒，粒径 d 一般为2～20mm，其中 $d<5$mm 的可称为陶砂，$d\geqslant5$mm 的称为陶粒。

膨胀珍珠岩是由天然珍珠岩矿经加热膨胀而成的多孔材料。密度很小，仅为 200～300kg/m³，是一种优良的保温隔热材料，但强度较低，用作骨料时，不能用于配制结构用轻质混凝土。

③ 工业废渣轻骨料　主要有矿渣、膨胀矿渣珠、自燃煤矸石等。

（2）轻骨料的技术要求

1）结构表面特征及颗粒形状。轻骨料的结构应符合两个基本要求：一是要多孔；二是要有一定强度。多孔才能使轻骨料密度小（最大不大于 1900kg/m³），有一定的强度才能作为混凝土骨料抵抗荷载。

表面特征是指轻骨料表面的粗糙程度和开口孔隙的多少。表面粗糙，有利于硬化水泥浆体与骨料界面的物理黏结；开口孔多，会增加轻骨料的吸水率，且可能消耗更多的水泥浆，但开口孔隙从砂浆中吸取水分后又能提高骨料界面的黏结力，降低骨料下缘聚集的水分量，使轻骨料混凝土的抗冻性和抗渗性及强度都得到一定的改善。

轻骨料的颗粒形状主要有球形和碎石形。从轻骨料受力的角度和对混凝土拌合物和易性的影响，球形较好。但从与水泥浆体黏结力的角度看，碎石形较球形好。另外，在拌制混凝

土时，由于骨料表面棱角较多，颗粒之间的内摩擦力较大，而又易互相牵制。

在选择轻骨料时可根据工程要求和轻骨料上述特征进行选择。黏土陶粒、粉煤灰陶粒主要形状为球形，表面粗糙度低，开口孔隙少。而浮石、煤矸石、矿渣为碎石形，表面粗糙度高，开口孔隙也较多。

2）颗粒级配及最大粒径。和普通混凝土一样，轻骨料的级配和最大粒径同样对混凝土的强度等一系列性能有重要影响。轻粗骨料级配是用标准筛余值控制的，而且用途不同，级配要求也不同，同时还要控制最大粒径。级配要求及最大粒径要求见表 6.2。

各种轻骨料的颗粒级配应符合表 6.2 的要求，但人造轻粗骨料的最大粒径不宜大于20.0mm。轻粗骨料的细度模数宜在 2.3～4.0 范围内。

表 6.2　轻骨料的级配要求

编号	骨料种类	级配类别	公称粒级/mm	各号筛的累计筛余（按质量计）/%										
				筛孔尺寸/mm										
				40.0	31.5	20.0	16.0	10.0	5.0	2.5	1.25	0.630	0.315	0.160
1	细骨料	—	0～5					0	0～10	0～35	20～60	30～80	65～90	75～100
2	粗骨料	连续级配	5～40	0～10	—	40～60	—	50～85	90～100	95～100				
3			5～31.5	0～5	0～10	—	40～75		90～100	95～100				
4			5～20	—	0～5	0～10	—	40～80	90～100	95～100				
5			5～16		—	0～5	0～10	20～60	85～100	95～100				
6			5～10		—	—	0	0～15	80～100	95～100				
7		单粒级配	10～16		—	0	0～15	85～100	90～100					

3）堆积密度。也称松散密度，是指轻骨料在某一级配条件下（通常是指自然级配）自然堆积状态时单位体积的质量。该体积包括骨料的内部孔隙和颗粒之间的空隙。

堆积密度与轻骨料的表观密度、粒径、粒型及颗粒级配有关，同时还与轻骨料的含水率有关。在颗粒级配和粒型相同的情况下，轻骨料的松散密度基本上与颗粒密度成比例；一般情况下，轻骨料的堆积密度约为表观密度的 1/2。

轻骨料粒径不同，堆积密度也不同；粒径越大，堆积密度越小，原因是在其他因素相同时，粒径大的骨料间空隙和内部孔隙都较大。

颗粒形状对堆积密度也有一定影响；呈圆球形的轻骨料，由于骨料间空隙较小，堆积密度较大；而碎石型轻骨料堆积密度较小。在其他条件均相同的情况下，颗粒级配较好的轻骨料堆积密度较大。

堆积密度能较好地反映轻骨料的强度。骨料的堆积密度越大，强度越高；因此，堆积密度较低的轻骨料（<300kg/m³）只能配制非承重的、保温用的轻骨料混凝土。堆积密度为 300～500kg/m³ 的轻骨料，宜配制强度等级 LC13 以下的结构保温轻骨料混凝土。结构用的高强轻骨料混凝土需采用堆积密度 500kg/m³ 以上的轻骨料。轻骨料的密度等级见表 6.3。

4）强度及强度等级。轻骨料的强度不是以单粒强度来表征的，而是以筒压强度和强度等级来衡量轻骨料的强度。

① 轻骨料的筒压强度。测定筒压强度的装置如图 6.2 所示。该装置包括一个规格为

Φ115mm×100mm 的带底钢筒和一个规格为 Φ113mm×70mm 的钢制压头。测定时将经过筛分的 10～20mm 的轻粗骨料放入钢筒中，然后在轻骨料上放上钢制压头，施加压力。当压头压入深度为 20mm 时读取抗压试验机的压力读数值 P（单位为 N），压头截面积为 A（单位为 mm²），则筒压强度 f_t 为：

表 6.3 轻骨料密度等级

密度等级		堆积密度范围/(kg/m³)
轻粗骨料	轻细骨料	
200	—	110～200
300	—	210～300
400	—	310～400
500	500	410～500
600	600	510～600
700	700	610～700
800	800	710～800
900	900	810～900
1000	1000	910～1000
1100	1100	1010～1100
—	1200	1110～1200

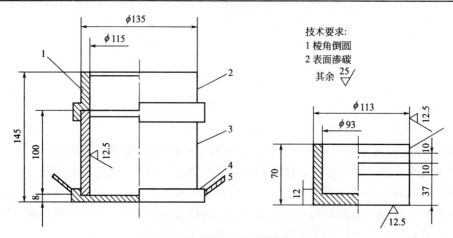

图 6.2 轻骨料筒压装置测定装置
1—冲压模；2—导向筒；3—筒体；4—筒底；5—把手

$$f_t = \frac{P}{A} \tag{6.2}$$

由于压头截面积：

$$A = 0.785 \times 113^2 \approx 1.00 \times 10^4 \quad (mm^2)$$

所以：
$$f_t = P \times 10^{-4}$$

筒压强度与轻骨料的堆积密度有密切关系，经试验研究，筒压强度与堆积密度的关系式为：

$$f_t = 0.48 \rho'_1 \tag{6.3}$$

式中　ρ'_1——为轻骨料的堆积密度，kg/m³。

轻骨料筒压强度与堆积密度的关系见表 6.4。

表 6.4 轻骨料筒压强度 单位：MPa

轻骨料品种		密度等级	筒压强度		
			优等品	一等品	合格品
超轻骨料	黏土陶粒 页岩陶粒 粉煤灰陶粒	200	0.3		0.2
		300	0.7		0.5
		400	1.3		1.0
		500	2.0		1.5
	其他超轻骨料	≤500	—		
普通轻骨料	黏土陶粒 页岩陶粒 粉煤灰陶粒	600	3.0		2.0
		700	4.0		3.0
		800	5.0		4.0
		900	6.0		5.0
	浮石 火山渣 煤渣	600	—	1.0	0.8
		700	—	1.2	1.0
		800	—	1.5	1.2
		900	—	1.8	1.5
	自燃煤矸石 膨胀矿渣珠	900	—	3.5	3.0
		1000	—	4.0	3.5
		1100	—	4.5	4.0

② 轻骨料的筒压强度等级。筒压强度反映了轻骨料颗粒总体的强度水平。配制成轻骨料混凝土后，由于骨料界面黏结及其他各种因素，轻骨料颗粒与硬化水泥浆体一起承受荷载时的强度与筒压强度有较大的差别。为此常用轻骨料的合理强度来反映轻骨料的强度性能。不同密度等级高强轻粗骨集料的筒压强度和强度标号均应不低于表 6.5 的规定。

表 6.5 高强轻粗骨料的筒压强度和强度等级

密度等级	筒压强度/MPa	强度等级/MPa
600	4.0	25
700	5.0	30
800	6.0	35
900	6.5	40

③ 轻骨料的破坏特征。在轻骨料承受荷载破坏时，其破坏特征与普通混凝土不同，对于普通混凝土，一般骨料强度大于水泥硬化浆体（水泥石）的强度。混凝土的破坏首先是水泥石与骨料界面处破坏，而后水泥石破坏，骨料有缺陷或水泥石强度接近骨料强度会使骨料也随之破坏，因此普通混凝土的强度可近似地认为与水泥石强度相等。其关系如图 6.3 中的直线 OA 所示。

对于轻骨料混凝土，由于轻骨料本身的强度往往较低，在承受荷载破坏时可能会出现以下几种情况。

a. 当混凝土强度较低时，有可能水泥石的强度低于轻骨料的强度。这与普通混凝土类似，混凝土的强度取决于水泥石的强度，混凝土的强度与水泥石强度的关系如图 6.3 中直线 OA 所示。

b. 当混凝土的强度超过 A 点相应的强度时，水泥石的强度增加，而轻骨料强度与水泥石的强度接近或稍低。混凝土承受到压力荷载时，由于水泥石的弹性模量大于轻骨料的弹性模量，水泥石破坏裂纹达到轻骨料表面并对轻骨料产生压应力时，骨料开始破坏，并使整个混凝土结构破坏。此时水泥石强度与混凝土强度关系为图 6.3 中曲线 *ADE* 所示。

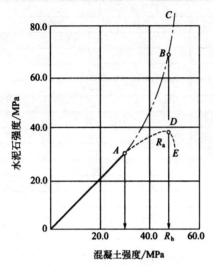

图 6.3 混凝土强度与水泥石强度的关系
R_a—骨料强度；R_h—混凝土合理强度

c. 当混凝土的强度达到或超过 *B* 点时，早在荷载达到混凝土强度前，一部分骨料就先已破裂。在这种情况下，水泥石的强度实际上比混凝土强度高得多，骨料没有起到实际作用。

根据混凝土强度和相应的水泥石强度，可以计算求得混凝土破坏瞬间骨料所承担的应力值（如图 6.3 中曲线 *ADE* 所示，*D* 点值即为骨料在混凝土中承受的应力值）。由于此值接近于水泥石的强度，所以称为骨料的有效强度。与 R_a 相对应的混凝土强度 R_h 即为混凝土的合理强度，并以此值作为轻骨料的强度等级。

5）轻骨料的吸水率与软化系数。轻骨料的孔隙率很高，因此吸水率比普通骨料大得多。不同轻骨料由于孔隙率及孔隙特征的差别，吸水率也往往相差较多。由于轻骨料的吸水率会影响混凝土拌合物的水灰比、工作和硬化后的强度，所以必须控制。轻骨料的吸水率见表 6.6。

表 6.6 轻骨料的吸水率

类别	轻骨料品种	密度等级	吸水率/%
超轻骨料	黏土陶粒 页岩陶粒 粉煤灰陶粒	200	30
		300	25
		400	20
		500	15
普通轻骨料	黏土陶粒页岩陶粒	600～900	10
	粉煤灰陶粒	600～900	22
	煤渣	600～900	10
	自燃煤矸石	600～900	10
	膨胀矿渣珠	900～110	15
	天然轻骨料	—	不作规定
高强轻骨料	黏土陶粒 页岩陶粒	600～900	8
	粉煤灰陶粒	600～900	15

软化系数 *K* 则反映了材料在水中浸泡后抵抗溶蚀的能力。*K* 可以由式（6.4）计算。

$$K = \frac{f_w}{f_g} \tag{6.4}$$

式中　f_w——饱和吸水后的强度；

　　　f_g——干燥状态下的强度。

人造轻粗骨料和工业废料轻粗骨料的软化系数应不小于 0.8；天然轻粗骨料的软化系数应不小于 0.7。

6）粒型系数。颗粒形状对轻骨料在混凝土中的强度起着重要作用，轻骨料理想的外形应是球状颗粒。形状越细长，其在混凝土中的强度越低，故要控制轻骨料的颗粒形状偏差。粒型系数就是用以反映轻粗骨料中软弱颗粒情况的指标。其测试方法如下：

随机选取 50 粒轻粗骨料，用游标卡尺测量每个颗粒的长向最大尺寸 D_{max} 与中间截面最小尺寸 D_{min}，以计算每一颗的粒型系数 k'_e。

$$k'_e = \frac{D_{max}}{D_{min}} \tag{6.5}$$

再根据式（6.6）计算该种轻粗骨料的平均粒型系数 k_e，以两次试验的平均值作为测定值。

$$k_e = \frac{\sum_{i=1}^{n} k'_e}{n} \tag{6.6}$$

不同粒型轻骨料的粒型系数应符合表 6.7 的规定。

表 6.7　轻粗骨料的粒型系数

轻骨料粒型	平均粒型系数		
	优等品	一等品	合格品
圆球形	1.2	1.4	1.6
普通型	1.4	1.6	2.0
碎石型	—	2.0	2.5

6.1.2.3　掺合料

为改善轻骨料混凝土拌合物的工作性，调节水泥强度，配制混凝土时可以掺入一些具有一定火山灰活性的掺合料，如粉煤灰、矿渣粉等。其中粉煤灰最常用，效果也较好。

6.1.2.4　拌和水

轻骨料混凝土对拌和水的要求与普通混凝土相同。

6.1.2.5　外加剂

在必要时，配制轻骨料混凝土时，可以掺加减水剂、早强剂及抗冻剂等各种外加剂。

6.1.3　轻骨料混凝土的性能

6.1.3.1　力学性能

（1）强度和强度等级　和普通混凝土一样，轻骨料混凝土的强度等级也是以 150mm×150mm×150mm 立方体 28d 抗压强度标准值作为强度标准的，而且与普通混凝土对应，划分有 LC5.0、LC7.5、LC10、LC15、LC20、LC25、LC30、LC35、LC40、LC45、LC50、LC55、LC60 13 个等级。

不同强度等级的轻骨料混凝土与轴心抗压强度、弯曲抗压强度、轴心抗拉强度及抗剪强度的关系见表 6.8。

轻骨料混凝土强度增长规律与普通混凝土相似，但又有所不同。当轻骨料混凝土强度较低时（强度等级小于或等于 LC15），强度增长规律与普通混凝土相似。而强度越高，早期强度与用同种水泥配制的同标号普通混凝土相比也更高。例如 LC30 的轻骨料混凝土的 7d 抗压强度即可达到 28d 抗压强度的 80% 以上。

表 6.8　结构轻骨料混凝土的强度标准值（MPa）

强度种类	轴心抗压强度	轴心抗拉强度
符号	f_{uk}	f_{tk}
混凝土强度等级 LC15	10.0	1.27
LC20	13.4	1.54
LC25	16.7	1.78
LC30	20.1	2.01
LC35	23.4	2.20
LC40	26.8	2.39
LC45	29.6	2.51
LC50	32.4	2.64
LC55	35.5	2.74
LC60	38.5	2.85

（2）密度和密度等级　轻骨料混凝土按表观密度可分为 12 个等级（见表 6.9）。某一密度等级的轻骨料混凝土密度标准值可取该密度等级干表观密度范围内的上限值。

表 6.9　轻骨料混凝土密度等级

密度等级	干表观密度的变化范围 /(kg/m³)	密度等级	干表观密度的变化范围 /(kg/m³)
600	560～650	1300	1260～1350
700	660～750	1400	1360～1450
800	760～850	1500	1460～1550
900	860～950	1600	1560～1560
1000	960～1050	1700	1660～1750
1100	1060～1150	1800	1760～1850
1200	1160～1250	1900	1860～1950

6.1.3.2　变形性能

（1）弹性模量　混凝土的弹性模量大小决定于混凝土的骨料和硬化水泥浆体的弹性模量及胶集比，由于轻骨料的弹性模量比砂石低，所以轻骨料混凝土的弹性模量普遍比普通混凝土低。根据轻骨料的种类、轻骨料混凝土强度及轻骨料在混凝土中的配比不同，一般比普通混凝土低 25%～65%。而且强度越低，弹性模量比普通混凝土的就低得越多。另外，轻骨料的密度越小，弹性模量也越小。

轻骨料混凝土的弹性模量可由式（6.7）计算

$$E_{LC} = 0.62\rho_s' \sqrt{10f_{cu}} \tag{6.7}$$

式中　E_{LC}——轻骨料混凝土的弹性模量，MPa；

ρ_s'——轻骨料的堆积密度，kg/m³；

f_{cu}——轻骨料混凝土的强度，MPa。

表 6.10 列出了黏土陶粒及粉煤灰陶粒配制的轻骨料混凝土弹性模量与强度等级及密度等级的关系。

表 6.10　轻骨料混凝土的弹性模量 E_{LC}（$\times 10^2\,MPa$）

强度等级	密度等级							
	1200	1300	1400	1500	1600	1700	1800	1900
LC15	94	102	110	117	125	133	141	149
LC20	—	117	126	135	145	154	163	172
LC25	—	—	141	152	162	172	182	192 210
LC30	—	—	—	166	177	188	199	
LC35	—	—	—	—	197	203	215	227
LC40	—	—	—	—	—	217	230	243
LC45	—	—	—	—	—	230	244	257
LC50	—	—	—	—	—	243	257	271
LC55	—	—	—	—	—	—	267	285
LC60	—	—	—	—	—	—	280	297

注：用膨胀矿渣珠或自燃煤矸石作粗骨料的混凝土，其弹性模量值可比表列数值提高20%。

（2）徐变　对混凝土徐变的影响因素与对弹性模量的影响因素基本相似。一般情况下，弹性模量较大的混凝土，相应的徐变较小，所以轻骨料混凝土的徐变要比普通混凝土大些。据试验测定，强度等级在 LC20～LC40 的轻骨料混凝土的徐变值比强度等级为 C20～C40 的普通混凝土约大 15%～40%。

如果轻骨料的粒径、形状和表面特征不合适，造成水泥用量增加，则徐变值还将随之增大。在水泥用量相同的情况下，则两种混凝土的徐变相近。轻骨料混凝土的徐变随强度的提高而减小，甚至可以达到同普通混凝土相等的程度。

轻骨料混凝土的徐变与负荷状态有关，加荷等级在 60kPa 之内，其徐变变形值与所加应力成正比，所以轻骨料混凝土的徐变可以用叠加原理进行计算。

加荷龄期对轻骨料混凝土的徐变也有影响，早期加荷比晚期加荷徐变更大，其原因是轻骨料混凝土早期强度增长快的缘故。

其他还有很多因素也影响轻骨料混凝土的徐变，如经过蒸气养护的轻骨料混凝土强度值显著增长；采用高强陶粒以及用普通砂代替轻砂等，均可降低轻骨料混凝土的徐变。轻骨料混凝土的徐变值一般在 2～5 年后达到最终值。

（3）收缩变形　轻骨料混凝土的水泥用量较大，弹性模量较低和限制水泥不收缩变形能力小，以及轻骨料颗粒粒形和表面特征导致轻骨料混凝土水量增多等原因，都导致轻骨料混凝土收缩增加。在气干条件下，轻骨料混凝土的最终收缩值约为 0.4～1mm/m，是同等强度普通混凝土收缩值的 1～1.5 倍。

试验结果证明，轻骨料混凝土的最终收缩值都大于普通混凝土。由于多孔骨料吸收有大量水分，在早期逐渐释放出来，补偿了试件表面蒸发的水分。因此，轻骨料混凝土的早期收缩比普通混凝土小，直到后期才逐渐赶上和超过普通混凝土。全轻混凝土的收缩略高于砂轻混凝土，而砂轻混凝土的收缩又高于无砂轻骨料混凝土。另外，轻骨料混凝土在热养护条件下可以减少收缩。

（4）温度变形　由于轻骨料的弹性模量比砂、石小，所以轻骨料对水泥硬化浆体温度变形的约束力也比砂、石小。按此推测，轻骨料混凝土的温度变形应该比普通混凝土大。另外，轻骨料本身的温度变形又小于砂、石，这就导致了轻骨料混凝土的温度变形与相同强度等级的普通混凝土相差无几。当温度为 0～100℃时，轻骨料混凝土的温度线膨胀

系数为 $7\times10^{-6}\sim10\times10^{-6}/{}^{\circ}\!C$，而普通混凝土的线膨胀系数为 $6\times10^{-6}\sim9\times10^{-6}/{}^{\circ}\!C$。

6.1.3.3 热物理性能

由于轻骨料混凝土常被用作保温隔热材料，因此其热物理性能是很重要的性能，轻骨料混凝土的热物理性能主要有以下几方面。

(1) 热导率 λ　是反映材料热传导能力的一个参数。由于轻骨料具有许多封闭的孔隙，故轻骨料混凝土热导率小。热导率主要随孔隙率和含水率而变化。轻骨料混凝土的总孔隙率大约为 $30\%\sim60\%$，而普通混凝土的总孔隙率大约为 $10\%\sim20\%$。因此，轻骨料混凝土的热导率大大低于普通混凝土，是较理想的保温材料。

轻骨料混凝土的热导率，一般用干燥状态下轻骨料混凝土平均热导率 $\overline{\lambda}_d$ 来表示。

$$\overline{\lambda}_d=0.0843e^{0.00128}\cdot\rho_s^0 \tag{6.8}$$

式中　$\overline{\lambda}_d$——轻骨料混凝土的平均热导率，$W/(m\cdot K)$；

ρ_s^0——轻骨料混凝土的表观密度，kg/m^3。

必须指出，在相同密度下，由于轻骨料的品种不同，热导率仍有一个波动范围，一般情况下为 $\pm10\%$ 左右，这主要是由于骨料孔隙的大小和形状不同引起的。

试验还表明，轻骨料混凝土的热导率随湿度的提高而增大。质量湿度每增加 1%，热导率可增加 $3\%\sim6\%$。

温度在 $20\sim60{}^{\circ}\!C$ 范围内，轻骨料混凝土的热导率受温度影响不大。

(2) 蓄热系数 S　是反映材料蓄热能力的技术参数。轻骨料混凝土蓄热系数可按式 (6.9) 计算。

$$S=\sqrt{\overline{\lambda}_d\times c\times\rho_s^0\times2\pi/T} \tag{6.9}$$

式中　S——轻骨料混凝土的蓄热系数，$W/(m\cdot K)$；

$\overline{\lambda}_d$——轻骨料混凝土的平均热导率，$W/(m\cdot K)$；

c——比热容 $kJ/(kg\cdot K)$；一般用干燥状态下的比热容，如已知含水状态的比热容 c_w，干燥时轻骨料混凝土的比热容为 c_d，则

$$c_d=\frac{c_w}{\delta_c\times\omega} \tag{6.10}$$

式中　δ_c——质量含水率增加 1% 时比热容的增加值，一般情况下，全轻混凝土取 0.027，砂轻混凝土取 0.029；

ω——轻骨料混凝土的含水率，$\%$。

(3) 导温系数 α　是表示材料在冷却或加热过程中各点达到相同温度所需要的时间，是衡量材料传递热量快慢的一个指标。导温系数可由式 (6.11) 求得。

$$\alpha=\lambda/c\rho_s^0 \tag{6.11}$$

式中　α——材料导温系数，m^2/h；

c——材料的比热容，$kJ/(kg\cdot K)$；

ρ_s^0——材料的表观密度，kg/m^3。

因为轻骨料混凝土往往作为保温隔热材料，因此上述热物理性能在实际应用中有着十分重要的意义。研究表明，影响轻骨料混凝土热物理性能的主要因素，是轻骨料混凝土的组成

材料、化学成分、结构和含水状况。轻骨料混凝土中水泥硬化浆体的组成及结构相差不大，主要差别是轻骨料的组成、结构及轻骨料在混凝土中的比例。一般来说，轻骨料混凝土在干燥条件下和在平衡含水率条件下的各种热物理系数计算值应满足表 6.11 的要求。

表 6.11 轻骨料混凝土的热物理系数

密度等级	热导率 /[W/(m·K)]		比热容 /[kJ/(kg·K)]		导温系数 /[m²/h]		蓄热系数 /[W/(m·K)]	
	λ_d	λ_c	C_d	C_c	α_d	α_c	S_{d24}	S_{c24}
600	0.18	0.25	0.84	0.92	1.28	1.63	2.56	3.01
700	0.20	0.27	0.84	0.92	1.25	1.50	2.91	3.38
800	0.23	0.30	0.84	0.92	1.23	1.38	3.37	4.17
900	0.26	0.33	0.84	0.92	1.22	1.33	3.73	4.55
1000	0.28	0.36	0.84	0.92	1.20	1.37	4.10	5.13
1100	0.31	0.41	0.84	0.92	1.23	1.36	4.57	5.62
1200	0.36	0.47	0.84	0.92	1.29	1.43	5.12	6.28
1300	0.42	0.52	0.84	0.92	1.38	1.48	5.73	6.93
1400	0.49	0.59	0.84	0.92	1.50	1.56	6.43	7.65
1500	0.57	0.67	0.84	0.92	1.63	1.66	7.19	8.44
1600	0.66	0.77	0.84	0.92	1.78	1.77	8.01	9.30
1700	0.76	0.87	0.84	0.92	1.91	1.89	8.81	10.20
1800	0.87	1.01	0.84	0.92	2.08	2.07	9.74	11.30
1900	1.01	1.15	0.84	0.92	2.26	2.23	10.70	12.40

注：1. 轻骨料混凝土的体积平衡含水率取 6%。

2. 膨胀矿渣混凝土的热导率可比表列数值降低 25% 取用或通过试验确定。

6.1.3.4 抗冻性

轻骨料混凝土的抗冻性应满足表 6.12 的要求。

表 6.12 轻骨料混凝土的抗冻性要求

使用条件	抗冻标号	使用条件	抗冻标号
非采暖地区	D15	潮湿或相对湿度大于 60%	D35
采暖地区		水位变化的部分	D50
干燥或相对湿度小于 60%	D25		

注：非采暖地区是指最冷月份的平均气温高于 −5℃ 的地区。

6.1.3.5 抗碳化性

轻骨料混凝土的抗碳化性是通过快速碳化试验方法来检验的，其 28d 碳化深度应符合表 6.13 的要求。

表 6.13 轻骨料混凝土碳化技术指标

等级	使用条件	碳化深度值/mm	等级	使用条件	碳化深度值/mm
1	正常湿度,室内	≤40	3	潮湿,室外	≤30
2	正常湿度,室外	≤35	4	干湿交替	≤25

注：1. 正常湿度是指相对湿度为 55%~65%。

2. 潮湿是指相对湿度为 65%~80%。

3. 碳化深度值相当于在正常大气条件下 [CO_2 的体积浓度为 0.03%、温度为 (20±3)℃ 环境条件下] 自然碳化 50 年轻骨料混凝土的碳化深度。

6.1.4 轻骨料混凝土的配合比

轻骨料混凝土的配合比设计主要应满足设计要求的强度、密度和拌合物施工的工作性，并能合理使用原材料，特别是应尽量节省水泥。

由于轻骨料品种多，性能差异大，强度往往低于普通混凝土所使用的砂、石等骨料，所以配合比设计不能完全与普通混凝土一样，例如，其强度也不完全符合普通混凝土的鲍罗米强度公式，水泥用量及用水量的确定也与普通混凝土不同。虽然其设计步骤可以参考普通混凝土，但很多参数的选择仍需根据经验选取。

6.1.4.1 确定试配强度 $f_{cu,0}$

$$f_{cu,0} = f_{cu,k} + 1.65\sigma_0 \tag{6.12}$$

式中　$f_{cu,0}$——轻骨料混凝土的试配强度，MPa；

　　　$f_{cu,k}$——轻骨料混凝土的设计强度或要求的强度等级，MPa；

　　　σ_0——轻骨料混凝土的强度标准差，可参照表 6.14 选取。

混凝土强度标准差应根据同品种、同强度等级轻骨料混凝土统计资料计算确定。计算时强度试件组数不应少于 25 组，当无统计资料时，强度标准差可按表 6.14 的 σ_0 取值。

表 6.14　强度标准差 σ_0 取值表

强度等级	低于 LC20	LC20~LC35	高于 LC35
σ_0	4.0	5.0	6.0

轻骨料混凝土配合比中的轻粗骨料宜采用同一品种的轻骨料。结构保温轻骨料混凝土及其制品掺入煤（炉）渣轻粗骨料时其掺量不应大于轻粗骨料总量的 30%，煤炉渣含碳量不应大于 10%。为改善某些性能而掺入另一品种粗骨料时，其合理掺量应通过试验确定。

在轻骨料混凝土配合比中加入化学外加剂或矿物掺合料时其品种掺量和对水泥的适应性必须通过试验确定。

6.1.4.2 确定水泥强度等级、品种及用量 C_0

根据经验，轻骨料混凝土水泥用量主要与混凝土的强度及密度有关。表 6.15 列出了每立方米轻骨料混凝土所需的水泥量与混凝土强度等级及密度等级的关系。

表 6.15 中横线以上为采用 32.5 级水泥时水泥用量值，横线以下为采用 42.5 级水泥时的水泥用量值。表 6.15 中下限值适用于圆球形和普通型轻粗骨料，上限值适用于碎石型轻粗骨和全轻混凝土。考虑到混凝土的变形，最高水泥用量不大于 $550kg/m^3$。

表 6.15　轻骨料混凝土的水泥用量

混凝土试配强度/MPa	轻骨料密度等级/(kg/m³)						
	400	500	600	700	800	900	1000
<5.0	260~320	250~300	230~280				
5.0~7.5	280~360	260~340	240~320	220~300			
7.5~10		280~370	260~350	240~320			
10~15			280~370	260~350	240~330		
15~20			300~400	280~380	270~370	260~360	250~350
20~25				330~400	320~390	310~380	300~370
25~30				380~450	370~440	360~430	350~420
30~40				420~500	390~490	380~480	370~470
40~50					430~530	420~520	410~510
50~60					450~550	440~540	430~530

6.1.4.3 确定拌合水用量 W_0

轻骨料混凝土配合比中的水灰比应以净水灰比表示。配制全轻混凝土时可采用总水灰比表示但应加以说明。轻骨料混凝土最大水灰比和最小水泥用量的限值应符合表 6.16 的规定。

表 6.16 轻骨料混凝土的最大水灰比和最小水泥用量

混凝土所处的环境	最大水灰比	最小水泥用量/(kg/m³)	
		配筋混凝土	素混凝土
不受风雪影响混凝土	不作规定	270	250
受风雪影响的露天混凝土;位于水中及水位升降范围内的混凝土和潮湿环境中的混凝土	0.5	325	300
寒冷地区位于水位升降范围内的混凝土和受水压或除冰盐作用的混凝土	0.45	375	350
严寒和寒冷地区位于水位升降范围内和受硫酸盐、除冰盐等腐蚀的混凝土	0.4	400	375

注:1. 严寒地区指最寒冷月份的月平均温度低于 $-15℃$ 者;寒冷地区指最寒冷月份的月平均温度处于 $-5\sim-15℃$ 者。

2. 水泥用量不包括掺合料。

3. 寒冷和严寒地区用的轻骨料混凝土应掺入引气剂,其含气量宜为 $5\%\sim8\%$。

拌合水用量根据施工要求的和易性(维勃稠度或坍落度)确定,可参照表 6.17 选取。

表 6.17 轻骨料混凝土净水用量参照表

混凝土用途	和易性		净水用量
	维勃稠度/s	坍落度/mm	/(kg/m³)
预制混凝土构件			
(1)振动台加压成型	10～20	—	45～140
(2)振动台成型	5～10	0～10	140～180
(3)振动棒或平板振动器成型	—	30～80	165～215
现浇混凝土			
(1)机械振捣		50～100	180～225
(2)人工振捣(或钢筋较密)		≥80	200～230

选取时应注意表中"净水用量"是未考虑轻骨料吸水的用量。对于球型和普通型轻骨料(如黏土陶粒、煤灰陶粒等),由于吸水率相对较低,所以"净水用量"即可以作为拌合水用量;而对于碎石型轻骨料,相对吸水率较高,一般应在净水用量的基础上增加 $10kg/m^3$。另外,表 6.17 净水用量仅适用于粗骨料为轻骨料,细骨料为普通砂的"砂轻混凝土"。如果细骨料也为轻骨料,应在净水用量的基础上附加轻砂 1h 所吸收的水量。粗骨料是否预湿也影响混凝土的实际用水量。轻骨料混凝土的附加用水量可参照表 6.18 计算。

表 6.18 附加用水量计算参照表

项　　目	附加水量
粗骨料预湿,细骨料为普砂	$m_{wa}=0$
粗骨料不预湿,细骨料为普砂	$m_{wa}=m_a \cdot \omega_a$
粗骨料预湿,细骨料为轻砂	$m_{wa}=m_s \cdot \omega_s$
粗骨料不预湿,细骨料为轻砂	$m_{wa}=m_a \cdot \omega_a+m_s \cdot \omega_s$

注:1. 表中 ω_a、ω_s 分别为粗、细轻骨料 1h 吸水率。

2. 当轻骨料含水时,应从附加水量中扣除自然含水量。

6.1.4.4 砂率的确定

由于轻骨料的堆积密度相差很大,且有"全轻"和"砂轻"之分,故砂率用密实状态的"体积砂率"。砂率选择可参见表 6.19。

表 6.19 轻骨料混凝土砂率

用途	细骨料类型	体积砂率/%
预制构件	轻砂	35～50
	普通砂	30～40
现浇混凝土用	轻砂	-
	普通砂	35～45

注：1. 当细骨料采用轻砂和普通砂一起混合使用时宜取中间值，并按轻砂与普通砂的混合比进行插入计算。

2. 采用圆球形轻粗骨料时，宜取表中下限值；采取碎石型时，则取上限。

6.1.4.5 计算轻细骨料或砂的用量

砂轻混凝土和全轻混凝土宜采用松散体积法进行配合比计算，砂轻混凝土也可采用绝对体积法。配合比计算中粗细骨料用量均应以干燥状态为基准。

（1）松散体积法 采用松散体积法计算应按下列步骤进行：

1）根据设计要求的轻骨料混凝土的强度等级、混凝土的用途、确定粗细骨料的种类和粗骨料的最大粒径。

2）测定粗骨料的堆积密度、筒压强度和1h吸水率，并测定细骨料的堆积密度。

3）计算混凝土试配强度，按表 6.15 选择水泥用量，并根据施工要求和用途按表 6.17 和表 6.19 选择净用水量和松散体积砂率。

4）当采用松散体积法设计配合比时，粗细骨料松散状态的总体积可按表 6.20 选用。

表 6.20 粗细轻骨料总体积

轻粗骨料粒型	细骨料类型	粗细骨料总体积/m³
圆球形	轻砂	1.25～1.50
	普通砂	1.10～1.40
普通型	轻砂	1.30～1.60
	普通砂	1.10～1.50
碎石型	轻砂	1.35～1.65
	普通砂	1.10～1.60

并按下列公式计算每立方米混凝土的粗细骨料用量：

$$V_s = V_t \times S_p \tag{6.13}$$

$$m_s = V_s \times \rho_{1s} \tag{6.14}$$

$$V_a = V_t - V_s \tag{6.15}$$

$$m_a = V_a \times \rho_{1a} \tag{6.16}$$

式中 V_s, V_a, V_t——分别为每立方米细骨料、粗骨料和粗细骨料的松散体积，m³；

m_s, m_a——分别为每立方米细骨料和粗骨料的用量，kg；

S_p——砂率，%；

ρ_{1s}, ρ_{1a}——分别为细骨料和粗骨料的堆积密度，kg/m³。

5）根据净用水量和附加水量的关系，按下式计算总用水量：

$$m_{wt} = m_{wn} + m_{wa} \tag{6.17}$$

式中 m_{wt}——每立方米混凝土的总用水量，kg；

m_{wn}——每立方米混凝土的净用水量，kg；

m_{wa}——每立方米混凝土的附加水量（见表 6.18），kg。

6）密度调整，按下式计算混凝土干表观密度，并与设计要求的干表观密度进行对比，如其误差大于 2% 则应按下式重新调整和计算配合比。

$$\rho_{cd}=1.15m_c+m_a+m_s \tag{6.18}$$

式中　ρ_{cd}——轻骨料混凝土的干表观密度，kg/m³。

（2）绝对体积法　采用绝对体积法计算应按下列步骤进行：

1）根据设计要求的轻骨料混凝土的强度等级、密度等级和混凝土的用途，确定粗细骨料的种类和粗骨料的最大粒径。

2）测定粗骨料的堆积密度、颗粒表观密度、筒压强度和吸水率，并测定细骨料的堆积密度和相对密度。

3）计算混凝土试配强度、选择水泥用量。

4）根据制品生产工艺和施工条件要求的混凝土稠度指标按表 6.17 确定净用水量。

5）根据轻骨料混凝土的用途，按表 6.19 选用砂率。

按下列公式计算粗、细骨料的用量：

$$V_s=\left[1-\left(\frac{m_c}{\rho_c}+\frac{m_{wn}}{\rho_w}\right)\div 1000\right]\times S_p \tag{6.19}$$

$$m_s=V_s\times\rho_s \tag{6.20}$$

$$V_a=\left[1-\left(\frac{m_c}{\rho_c}+\frac{m_{wn}}{\rho_w}+\frac{m_s}{\rho_s}\right)\div 1000\right] \tag{6.21}$$

$$m_a=V_a\times\rho_{ap} \tag{6.22}$$

式中　V_s——每立方米轻骨料混凝土中细骨料的绝对体积，m³；

m_c——每立方米混凝土水泥用量，kg；

ρ_c——水泥的相对密度，可取 $\rho_c=2.9\sim3.1$；

ρ_w——水的密度，可取 $\rho_w=1.0$；

V_a——每立方米混凝土的轻粗骨料绝对体积，m³；

ρ_s——细骨料或砂的密度，kg/m³，如采用轻砂时 ρ_s 为轻砂的表观密度，如采用普通砂时 ρ_s 取 2600kg/m³；

ρ_{ap}——轻粗骨料的颗粒表观密度，kg/m³。

6）根据净用水量和附加水量的关系，按公式（6.17）计算总用水量。

7）按式（6.18）计算混凝土干表观密度，并与设计要求的干表观密度进行对比。当其误差大于 2%，则应重新调整和计算配合比。

6.1.4.6　根据上述计算结果进行试配和调整

1）以计算的混凝土配合比为基础，再选取与之相差 ±10% 的相邻两个水泥用量，用水量不变，砂率相应适当增减，分别按三个配合比拌制混凝土拌合物。测定拌合物的稠度，调整用量，以达到要求的稠度为止。

2）按校正后的三个混凝土配合比进行试配，检验混凝土拌合物的稠度和振实湿表观密度，制作确定混凝土抗压强度标准值的试块，每种配合比至少制作一组。

3）标准养护 28d 后，测定混凝土抗压强度和干表观密度。最后，以既能达到设计要求的混凝土配制强度和干表观密度又具有最小水泥用量的配合比作为选定的配合比。

4）对选定配合比进行质量校正。其方法是先按公式（6.23）计算出轻骨料混凝土的计算湿表观密度，然后再与拌合物的实测振实湿表观密度相比。按公式（6.24）计算校正系数。

$$\rho_{cc}=m_a+m_s+m_c+m_f+m_{wt} \tag{6.23}$$

$$\eta=\frac{\rho_{c0}}{\rho_{cc}} \tag{6.24}$$

式中 η——校正系数；

ρ_{c0}——混凝土拌合物的实测振实湿表观密度，kg/m^3；

ρ_{cc}——按配合比各组成材料计算的湿表观密度，kg/m^3；

m_a，m_s，m_c，m_f，m_{wt}——分别为配合比计算所得的粗骨料、细骨料、水泥、粉煤灰用量和总用水量，kg/m^3。

选定配合比中的各项材料用量均乘以校正系数即为最终的配合比设计。

6.1.5 轻骨料混凝土的施工

由于轻骨料混凝土中轻骨料表观密度小，孔隙大，吸水性强，在施工过程中应注意如下问题。

（1）为使轻骨料混凝土拌合物的和易性和 W/C 相对稳定，拌制前最好先将轻骨料进行预湿，预湿方法是将轻骨料在水中浸泡 1h 后，捞出晾至表干无积水即可。在投料搅拌前，应先测定骨料含水率。

（2）为防止轻骨料拌制过程中上浮，可采取如下措施。

1）以适宜掺量的掺合料等量代替部分水泥可以增加水泥浆体的黏度。掺合料最好是硅灰，天然沸石粉，其次是粉煤灰。

2）尽量采用强制式搅拌机搅拌。搅拌时先加粗细骨料、水泥及掺合料，干拌 1min 后，加 1/2 拌和用水，再搅拌 1min 后，加剩余的 1/2 水，断续搅拌 2min 以上即可出料。如掺外加剂，可将外加剂溶入到后加的 1/2 水中。

3）在保证不影响浇筑的前提下，采用小坍落度。

（3）为防止拌合物离析，除在配料设计中采取措施外，应尽量缩短拌合物的运输距离，如在浇筑前发现已严重离析，应重新进行搅拌。

（4）尽量采用机械振捣进行捣实，如坍落度小于 10mm，应采用加压振动方式进行捣实。

（5）应特别注意养护早期的保温，表面应盖草毡并洒水，常温养护时间视水泥品种不同应不少于 7～14d，采用蒸汽养护升温速度应控制在 2℃/min 以下，如采用热拌工艺，升温速率可适当加快。

6.1.6 轻骨料混凝土的应用

由于轻骨料混凝土有着很多优良的性能，特别是随着混凝土科技的发展，可以使轻骨料混凝土的密度更低，保温隔热性更好，强度也可以更高。目前用作保温隔热材料的轻骨料混凝土热导率可低至 0.23W/（m·K），而用作结构材料的轻骨料混凝土在表观密度为 1600～1700kg/m³ 时，强度可达 55MPa 以上。目前国外已研制出表观密度 1700kg/m³ 左右、强度高达 70MPa 以上的轻骨料混凝土。因此，轻骨料混凝土的应用越来越广泛。

目前，轻骨料混凝土主要用于以下几个方面。

（1）制作预制保温墙板、砌块 一般屋面板预制墙板厚度 6～8cm，用 $\Phi 6$～$\Phi 8$mm 钢筋作增强材料，表观密度 1200～1400kg/m³，强度等级 LC5.0～LC7.5。

预制陶粒混凝土砌块有普通砌块和空心砌块两种。普通砌块强度等级 LC10～LC15，可用于多层建筑的承重墙砌筑，空心砌块强度等级为 LC5.0～LC7.5，主要用于框架结构建筑的保温隔热填充墙体的砌筑。

（2）预制式现浇保温屋面板 用作屋面的保温隔热。保温屋面板厚度一般为 10～12cm，强度等级为 LC7.5～LC10.0 用 $\Phi 8$～$\Phi 10$mm 钢筋作增强材料。

（3）现浇楼板材料 对于一些高层建筑、利用轻骨料混凝土作楼板材料，可以大大降低建筑物的自重。

（4）浇制钢筋轻骨料混凝土剪力墙 在用作结构的同时，还可以起保温隔热隔声作用。

由于轻骨料混凝土徐变较大，抗拉强度及弹性模量偏低，所以直接用作梁、柱等重要结构尚不多见。如何提高轻骨料混凝土的弹性模量和抗拉强度，降低徐变，是目前研究的重要课题。

6.2 加气混凝土

教学任务：了解加气混凝土的组成材料、生产工艺。通过对加气混凝土的结构特征分析了解其性能特征。掌握加气混凝土的配合比设计方法

加气混凝土又称发气混凝土，是通过发气剂使水泥料浆拌合物发气产生大量孔径为 0.5～1.5mm 的均匀封闭气泡，并经蒸压养护硬化而成的一种多孔混凝土。

加气混凝土最早出现于 1923 年，1929 年正式建厂生产，但在工程中大量应用是在 20 世纪 40 年代。主要生产和应用的国家有前苏联、德国、日本等。我国 1931 年开始生产应用加气混凝土，并以此材料建造了当时国内最高的大楼（20 层）。1978 年以后，由于高层建筑的发展和墙体材料改革的需要，加气混凝土在全国迅速发展，到 2002 年，我国生产能力已达 1350 万 m³。加气混凝土的应用见图 6.4。

图 6.4 加气混凝土砌块可用作墙体材料

按目前应用加气混凝土的情况来看，我国与先进国家相比仍有很大差距，与我国建筑事业的发展很不适应。因此，加快加气混凝土的发展步伐，并在建筑工程中大力推广应用，是

建筑领域的一个非常重要的课题。

6.2.1 加气混凝土基本组成材料

基本组成材料是加气混凝土最主要的原材料，它必须满足湿热条件下生成以硅酸盐为主体的水化矿物。加气混凝土组成材料包括两大类：一类是钙质材料，如水泥、石灰、高炉矿渣等；另一类是硅质材料，如砂、粉煤灰、煤渣、煤矸石、尾矿粉等。此外，加气混凝土还有一种很重要的材料，即外加剂。在选择原材料时一般应以优先使用工业废渣和当地资源为原则。

6.2.1.1 钙质材料

水泥和石灰是加气混凝土中的钙质材料。水泥在加气混凝土中可以作为单一钙质材料，也可以与石灰一起作为混合钙质材料。

（1）水泥、石灰在加气混凝土中的作用

① 为加气混凝土中的主要强度组分水化硅酸钙（C—S—H）的形成提供 CaO。

② 为了一些发气剂的发气提供碱性条件。

③ 水泥、石灰在水化时放出热量，可以提高料浆温度，加速料浆的水化硬化。

④ 掺加水泥还可保证浇筑稳定、加速料浆的稠化和硬化、缩短预养时间、改善坯体和制品的性能。

（2）对水泥的质量要求　对水泥的要求根据加气混凝土的品种、工艺不同而有所不同。如单独使用水泥作钙质原料时应采用强度等级较高的硅酸盐水泥或普通硅酸盐水泥。这些水泥水化时可产生较多的 $Ca(OH)_2$。如与石灰共同作为钙质材料，可使用强度等级为 32.5MPa 的矿渣水泥、粉煤灰水泥及火山灰水泥。对水泥中游离氧化钙含量可适当放宽，因为经蒸压养护，游离氧化钙将全部水化，而且水泥的掺量不是很高，不会引起安定性不良。

不宜用高比表面积的早强型水泥作钙质材料。因为水泥水化硬化过快会影响铝粉的发气效果。

（3）对石灰质量要求

① 有效氧化钙（与 SiO_2 发生反应的 CaO，简称 ACaO），ACaO>60%。

② MgO<7%。

③ 采用消化时间 30min 左右的中速消化石灰，经细磨至比表面积 2900～3100cm²/g。

6.2.1.2 硅质原料

主要有石英砂、粉煤灰、烧煤矸石、矿渣等，硅质原料的主要作用是为加气混凝土的主要强度组分水化硅酸钙提供 SiO_2。因此，对硅质原料的主要要求如下。

① SiO_2 含量较高。

② SiO_2 在水热条件下有较高的反应活性。

③ 原料中杂质含量较少，特别是对加气混凝土性能有不良影响的 K_2O、Na_2O 及一些有机物。

目前，对各种硅质原料的具体要求如下。

（1）石英砂　砂在加气混凝土中的主要作用是提供 SiO_2，在蒸压条件下与 CaO 化合生成水化硅酸钙；此外，部分尚未完全反应的砂核在加气混凝土中起到骨料的作用。

$SiO_2 \geqslant 90\%$，$Na_2O<2\%$，$K_2O<3\%$，黏土含量小于 10%，烧失量小于 5%；175℃水热条件下溶解度大于或等于 0.18g/L，并随着水温的提高而提高；干磨粉细度要求 4900 孔

筛余小于 5%，湿磨粉细度为比表面积大于 $3000cm^2/g$；有机酸含量小于 3%。

在加气混凝土中不得含有石子，另外在配筋加气混凝土板材中应严格限制 Cl^- 含量小于 0.02%，以防止锈蚀钢筋。

（2）粉煤灰　在加气混凝土中，粉煤灰兼有骨料和生成胶凝材料的双重作用。粉煤灰不仅能提供 SiO_2，同时提供 Al_2O_3。

用于加气混凝土的粉煤灰质量标准应达到 JC/T 409—2001（硅酸盐建筑制品用粉煤灰）中Ⅰ级和Ⅱ级的标准，具体技术指标见表 6.21。

表 6.21　加气混凝土用粉煤灰技术指标

指　标		Ⅰ级	Ⅱ级
细度	（0.045mm 方孔筛筛余）	≤30	≤45
	（0.080mm 方孔筛筛余）	≤15	≤25
烧失量		≤5.0	≤10.0
SiO_2 含量		≥45	≥40
SO_3 含量		≤1.0	≤2.0

注：细度可用 0.045mm 或 0.080mm 方孔筛筛余量判定。

（3）烧煤矸石　烧煤矸石是煤矿的副产品，是一种含碳的岩土质物质。经自燃或人工燃烧后，碳被燃烧剩下的物质称为烧煤矸石，其他化学成分与粉煤灰接近。

作为加气混凝土硅质原料的烧煤矸石，其技术要求可参照粉煤灰的技术指标，其中关键是烧失量。因为烧失量高，意味着煤矸石中未燃碳含量高，将会严重影响混凝土的质量，所以要求燃烧后的煤矸石含碳量不大于 6%。

（4）矿渣　粒化高炉矿渣在饱和的 $Ca(OH)_2$ 溶液中，会产生显著的水化反应，有明显的胶凝性能。而在加气混凝土料浆中，生石灰水化后生成 $Ca(OH)_2$，水泥熟料中硅酸盐矿物水化时，也析出 $Ca(OH)_2$，其液相呈碱性状态，可以激发矿渣的活性，因此用磨细矿渣可以代替部分水泥，作为加气混凝土中的钙质材料。

矿渣的活性越高，坯体硬化越快，加气混凝土强度越高。因此，要求矿渣水淬质量好，颗粒松散均匀，无铁渣及硬渣大块。其他成分具体要求如下。

化学成分为 CaO>40%，Al_2O_3 为 9%～16%，S 为 0.8%～1.6%，氯化物<0.02%，$CaO/SiO_2>1$（质量比）。

6.2.1.3　外加剂

（1）发气剂　发气剂是生产加气混凝土的关键原料，它不仅能在料浆中发气形成大量细小而均匀的气泡，同时对混凝土性能不会产生不良影响。对加气混凝土发气材料曾进行过很多研究，可以作为发气剂的材料主要有铝粉、双氧水、电石（CaC_2）等，但考虑生产成本、发气效果等种种因素，目前基本上都用铝粉作为发气材料。

铝粉是金属铝经磨细而成的银白色粉末，其发气原理是金属铝在碱性条件下与 H_2O 发生置换反应产生氢气，化学反应式如下。

$$2Al+3Ca(OH)_2+6H_2O \longrightarrow C_3A \cdot 6H_2O+3H_2 \uparrow$$

由于金属铝的活性很强，为防止在生产及存储、运输过程中铝粉与空气中的氧气发生化学反应形成 Al_2O_3，因此要在磨细时加入一定量的硬脂酸，使铝粉表面吸附一层硬脂酸保护膜。在使用前，首先通过烘烤法脱脂或用化学法进行脱脂。由于烘烤法易着火燃烧，影响安全，所以已较少使用。化学法脱脂是通过加入一些脱脂剂（这些溶剂是能溶解硬脂酸的有机溶剂或表面活性物质），使吸附在铝粉表面的硬脂酸溶解或乳化。常用的脱脂剂有平平加、合成洗涤剂、OP乳化剂、皂素粉等，掺量一般为铝粉重量的1%～4%。加气混凝土用铝粉膏的技术指标可参考表6.22。

表6.22 铝粉膏的技术要求（JC/T 407—2008）

品种	代号	固体分/%	固体分中活性铝含量/%	细度(0.075 mm 筛余)/%	发气率/%			水分散失
					4min	16min	30min	
油剂型铝粉膏	GLY-75	≥75	≥90	≤3.0	50～80	≥80	≥99	无团粒
	GLY-65	≥65						
水剂型铝粉膏	GLS-70	≥70	≥85		40～60			
	GLS-65	≥65						

常用铝粉发气曲线来综合评定铝粉的发气质量，如图6.5所示，它反映了铝粉发气反应时间与发气量之间的关系。以发气反应时间为横轴，标准状态下发气量为纵轴绘制而成。铝粉的发气曲线综合地表征了铝粉的性能，是判断铝粉能否用于生产加气混凝土的切合实际的方法。

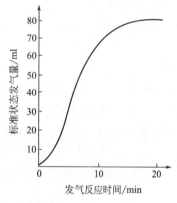

图6.5 铝粉标准发气曲线

瑞典西波列克思规定的铝粉标准发气曲线的定义为：在45℃的温度下用70mg铝粉掺入到50g水泥、30ml水、20ml浓度为0.1ml/L的NaOH溶液组成的水泥浆中进行发气，其发气量（换算成标准状态）与发气时间关系的曲线，一般要求在2min前发气要慢，3min后发气速度要快，80%以上的发气应在3～8min内完成。8min后发气减慢，16min时发气应基本结束。总的要求是发气顺畅，不塌模，气孔均匀，能获得优质坯体。

目前，市场上还有一些液体保护剂对铝粉进行处理，即把铝粉制成铝粉膏作为发气剂。铝粉膏的应用可以免去使用时铝粉脱脂的工序，而且容易均匀分散到料浆中。对铝粉的防氧保护效果较好，因此应用厂家日益增加。

（2）气泡稳定剂 经发气膨胀后的料浆很不稳定，形成的气泡很易逸出或破裂，影响了料浆中气泡的数量和气泡尺寸的均匀性。为减少这些现象的发生，在料浆配制时掺入一些可以降低表面张力，改变固体湿润性的表面活性物质来稳定气泡，这种物质称为气泡稳定剂，简称稳泡剂。常用的稳泡剂有以下几种。

1）氧化石蜡皂稳泡剂。氧化石蜡皂是石油工业的副产品；它以石蜡为原料，在一定温度下通入空气进行氧化，再用苛性钠加以皂化后制得的一种饱和脂肪酸皂。使用时用水溶解成8%～10%的溶液。

2）可溶性油类稳泡剂。是用花生油酸、三乙醇胺和水配制成的稳泡剂。三者的比例是花生油酸∶三乙醇胺∶水＝1∶3∶36。

（3）调节剂 为了在加气混凝土生产过程中对发气速度、料浆的稠化时间、坯体硬化时间等技术参数进行控制，往往要加入一些物质对上述参数进行调节，这些物质称为调节剂。常用调节剂有以下几种。

1）纯碱（Na_2CO_3）和烧碱（$NaOH$）。纯碱和烧碱有以下两种作用。

① 增加铝粉中活性铝含量，提高发气速度。因为铝粉在加工时虽然用硬脂酸脂化保护，但仍有部分铝粉被空气中的氧气氧化而形成 Al_2O_3，影响了铝粉的发气效率。加入 $NaOH$ 后，将产生如下反应：

$$Al_2O_3 + 2NaOH \longrightarrow 2NaAlO_2 + H_2O$$

Al_2O_3 被溶解后，内部的 Al 暴露出来，与水发生反应产生氢气。

② 激发矿渣、粉煤灰的活性。在料浆中掺有矿渣或粉煤灰时，Na_2CO_3 和 $NaOH$ 可以对矿渣、粉煤灰中的 $Si—O$ 体结构起破坏作用，从而激发矿渣、粉煤灰的水化活性，提高制品强度。

2）石膏（$CaSO_4 \cdot 2H_2O$）。掺加石膏有以下三个作用。

① 和水泥中掺加有石膏一样起缓凝作用；

② 参与水化反应，与 C_3A、$Ca(OH)_2$ 反应生成对料浆稠化硬化及强度有重要作用的水化硫铝酸钙；

③ 对石灰的消化起抑制作用，控制料浆的碱度，从而调节发气速度。

3）水玻璃（$Na_2O \cdot nSiO_2$）和硼砂（$Na_2B_4O_7 \cdot 10H_2O$）。水玻璃的主要作用是延缓铝粉发气速度，而硼砂的作用是延缓水泥的水化凝结速度从而延缓料浆的稠化硬化速度。

掺加上述调节剂（纯碱、烧碱、石膏、水玻璃、硼砂）主要目的是使料浆的稠化速度与发气速度同步，避免出现"憋气"或"冒泡"、"塌模"等影响料浆稳定性的现象。

4）轻烧镁粉（MgO）。轻烧镁粉是菱镁矿经 $800 \sim 850℃$ 煅烧时形成的以 MgO 为主要成分的淡黄色粉末，在水热条件下，发生如下化学反应：

$$MgO + H_2O \longrightarrow Mg(OH)_2$$

上述反应固相体积增加近 1.9 倍。因此，在生产配筋加气混凝土制品时，加入适量的轻烧氧化镁可以增加加气混凝土蒸压时的膨胀率，在一定程度上避免由于钢筋与混凝土的热膨胀率差引起的应力破坏。但加气混凝土的配料、配筋量与蒸压热工制度不同，这种热膨胀应力也不同，因此轻烧氧化镁的掺量应在计算和实验的基础上予以确定。

（4）钢筋防锈剂 由于加气混凝土孔隙率高，抗渗性有效期短，碱度低，一些钢筋加气混凝土制品中的钢筋很容易受到锈蚀。因此在生产过程中应对钢筋表面进行防锈处理，如在钢筋表面涂刷防锈剂（也称防腐剂）。

钢筋防锈剂应满足下列要求：

① 不透水，能有效地防止氧气和有害气体的扩散渗透，本身不含对钢筋有侵蚀性的物质；

② 涂层必须能经受加气混凝土坯体和料浆高碱度以及长时间高温、高湿的作用；

③ 涂层与钢筋及加气混凝土有良好的黏结力，制品发生破裂时，破坏不应产生在涂层与钢筋或加气混凝土的界面上；

④ 涂料应具有良好的工作性，在对钢筋处理期间保持涂料的均匀性，同时涂层要易于操作，有一定的强度，在加工和搬运过程中不易损坏，而涂层的弹性模量应远远大于加气混凝土。

目前我国常用的防锈剂有水泥-沥青-酚醛树脂防腐剂（又称"727"防锈剂）；聚合物水泥防锈剂；西北-Ⅰ型防腐剂（一种水性高分子涂料）；沥青-乳胶防锈剂（LR 型防锈剂）；沥青-硅酸盐防锈剂等。这些防锈剂的共同特点是：① 对钢筋有良好的黏结力；② 在蒸压过程中涂层不会被破坏；③ 价格较便宜。

6.2.2 加气混凝土的结构

蒸压加气混凝土的结构形成包括两个过程：第一是铝粉发气使料浆膨胀和坯体凝结硬化形成多孔结构的物理化学过程；第二是蒸压条件下钙、硅材料的水热合成，使强度增长的物理化学过程。

6.2.2.1 发气反应和多孔结构的形成

在加气混凝土料浆中，发气反应是从原料搅拌开始的，反应可归纳如下。

① 在搅拌机中加入水泥、生石灰、铝粉、水以及其他外加剂之后，水泥和生石灰即发生水化反应。水泥水化时要析出 $Ca(OH)_2$，生石灰的消解也生成 $Ca(OH)_2$，与铝粉产生的反应为：

$$2Al+3Ca(OH)_2+6H_2O \longrightarrow 3CaO \cdot Al_2O_3 \cdot 6H_2O+3H_2 \uparrow$$

② 加入烧碱或纯碱时有 NaOH 或 KOH 在场，其反应为：

$$2Al+6NaOH+6H_2O \longrightarrow 3Na_2O \cdot Al_2O_3 \cdot 6H_2O+3H_2 \uparrow$$

③ 在加气混凝土料浆中的液相呈现碱性且迅速变成饱和溶液（$pH \approx 12$），此时铝极易与各种碱液作用：

$$2Al+6H_2O \longrightarrow 2Al(OH)_3+3H_2 \uparrow$$

$$2Al+3Ca(OH)_2+3CaSO_4 \cdot 2H_2O+mH_2O \longrightarrow nAFt+3H_2 \uparrow$$

可见铝粉与碱性饱和溶液发生反应产生氢气，这些氢气极少溶于水，而且随温度升高体积还要增大，所以必然使料浆产生膨胀。

料浆发气时最初生成的氢气立即溶解于液相中，由于水中氢气溶解度很小，溶液很快达到饱和。当达到一定的过饱和时，在铝粉颗粒表面会形成一个或数个泡核，由于氢气逐渐累积，气泡内压力逐渐增大，当内压力克服上层料浆的压力和料浆的极限剪应力以后，气泡长大推动料浆膨胀。铝粉与水反应产生氢气和料浆膨胀始终处于动态平衡。

发气初期，铝粉不断产生氢气，内压力不断增大而使料浆迅速膨胀。随着水化反应进行，极限剪应力逐渐增大。这时仍有大量气体生成，只要气泡内的压力大于上层料浆的重力和料浆的极限剪应力，料浆就会继续膨胀。当料浆迅速稠化，亦即当加气混凝土料浆失去流动性时，极限剪应力急剧增大，这时膨胀就会逐渐缓慢下来，直至铝粉反应完毕，或者气泡内压力不足以克服上层料浆重力和料浆极限剪应力时，膨胀过程就停止了。

6.2.2.2 料浆稳定膨胀的条件和影响因素

料浆的稠化过程就是料浆极限剪应力不断增大的过程，如果料浆稠化太慢，有可能产生塌模；如果料浆稠化太快，则有可能产生铝粉发气不畅和不满模等不正常现象。所以加气混凝土料浆的稠化过程要和铝粉的发气过程相适应，才能使加气混凝土形成良好的多孔结构。

料浆稳定膨胀的基本条件是：在大量发气阶段，料浆极限剪应力值应该较小，但又不能过小，以恰能阻止气泡升浮为宜。发气结束后，料浆极限剪应力迅速增长，使其能承受自重，加强已形成的多孔结构。

当加气混凝土的原材料确定以后，介质和料浆的温度、流动度和碱度就成为发气和稠化过程的三个重要影响因素。

料浆温度变化会使其膨胀性质发生很大变化。提高温度，发气速度和稠化速度均加速，相比之下，稠化速度的增长快于发气速度。通过试验发现，发气膨胀最优温度范围为 $40\sim60℃$，这时料浆稠化速度逐渐增加，极限剪应力较小，发气反应加速，发气剂利用充分，膨胀性能稳定。料浆初始温度由浇注温度决定，而最终温度主要受石灰影响。根据加气混凝土的品种不同，将初始温度控制在 $36\sim44℃$。对于石灰量大的配方取低值，石灰量少的取高值。

改变料浆流动度，发气速度与稠化速度将向两个相反方向变化。只有适宜的流动度才能使发气速度与稠化速度互相适应，料浆流动度是由用水量及物料需水量决定的。

料浆原始碱度增加，初期发气反应大大加剧，发气时间缩短，发气剂的利用率高，发气阻力小。料浆原始碱度由水泥、石灰中碱金属氧化物含量决定，并可加入调节剂，如 NaOH、KOH 等予以调整。

6.2.2.3 加气混凝土蒸压硬化过程

料浆在凝结以后称为坯体，静停后的坯体具有一定的初始结构强度，可以进行切割。但这个强度是很低的，只能保证自身的整体性，要达到使用的强度，还须进一步养护。

加气混凝土中的硅质材料与钙质材料的水热合成反应需要在 $180\sim200℃$ 的高温下才能顺利进行，所以加气混凝土制品的养护一般都采用蒸压养护。

在蒸压养护条件下，硅质材料和钙质材料的主要生成物托贝莫来石和 C-S-H（β）不断析出，新晶体数量不断增加，原来晶体不断成长，最后形成具有空间结构的结晶连生体，使加气混凝土达到要求的物理力学性能。

6.2.2.4 加气混凝土的结构特点

加气混凝土属于一种具有高分散多孔结构的制品。根据孔径的不同，可将气孔分为两类：一类是毫米级的宏观气孔，其孔径在 $0.1\sim5mm$ 之间（一般小于 $2mm$）。另一类是存在于硅酸盐石中的微孔和毛细微孔，其孔径在 $7.5\sim100nm$ 之间。

孔径在很大程度上取决于成型方法和条件、原材料性质、铝粉用量、水料比及料浆发气过程与稠化过程。

孔径大小和孔的均匀性，孔壁厚度与孔壁性质对加气混凝土性能有很大影响。孔径分布在 $0.2\sim0.5mm$ 范围内且具有规则的封闭孔结构的加气混凝土质量指标最高。

6.2.3 加气混凝土的性能

6.2.3.1 加气混凝土的密度

密度是加气混凝土在自然状态下单位体积的质量。密度是加气混凝土的主要性能指标，随着密度的变化，加气混凝土的其他性能也相应改变。加气混凝土的密度取决于这种混凝土的总孔隙率。加气混凝土的密度是以绝干状态下的密度为标准的。通常生产加气混凝土的密度在 $500kg/m^3$ 的加气混凝土，总孔隙率约 79%。一般用调节发气剂的掺量来控制所生产的加气混凝土的密度。

6.2.3.2 加气混凝土的强度

加气混凝土主要以其抗压强度表示其等级，抗压强度取决于密度、孔壁强度及气孔结构均匀性等三个因素，同时还受含水率影响。

加气混凝土的抗压强度随密度的增大而提高；因为密度增大，孔隙率降低，气孔孔径降低，孔壁厚度增加，有效承载力截面增大。一般情况下，干燥密度每增加 $100kg/m^3$ 时，抗压强度平均提高 1.0～1.5MPa。

在加气混凝土中，孔壁是结构的主体，在孔隙体积确定后，其孔壁数量一定，随孔壁的强度增加，加气混凝土强度也随之提高。孔壁强度由它本身密实度、水化生成物数量及其矿物组成决定。

加气混凝土是孔隙率很大的材料，受力时在孔隙周围产生应力集中现象，气孔均匀性关系到应力集中程度，改善气孔结构，使应力分布均匀，强度就会提高；反之，则使强度波动较大，强度降低。

加气混凝土表面自由能大，吸水性强，吸水后将降低材料微粒间内聚力，导致内部组织间联系减弱，强度显著降低。所以加气混凝土强度受湿度影响较大，因此，必须规定在一定的含湿状态下的强度作为标准强度。

一般将含湿状态分为下列几种。

① 绝干态。加气混凝土含水率为 0%；

② 气干态。加气混凝土含水率为 5%～10%；

③ 出釜态。加气混凝土含水率为 35%～40%。

几种加气混凝土在不同含湿状态下的抗压强度列于表 6.23 中。

表 6.23　不同含湿状态下的抗压强度

加气混凝土类别	出釜态			气干态			绝干态	
	密度 /(kg/m³)	强度 /MPa	含水率 /%	密度 /(kg/m³)	强度 /MPa	含水率 /%	密度 /(kg/m³)	强度 /MPa
水泥、矿渣、砂	677	3.0	35.0	524	3.75	5.0	500	5.0
石灰、水泥、粉煤灰	680	4.0	38.0	524	4.50	6.0	493	5.0
石灰、水泥、砂	860	1.7	38.0				700	7.0

由表 6.23 可以看出，加气混凝土在出釜状态下（含水率 35%～40%）的强度十分稳定，所以，加气混凝土出釜状态的立方抗压强度标准值作为加气混凝土的强度等级，用 Axx 表示。

根据《蒸压加气混凝土应用技术规程》（JGJ/T 17—2008）规定，加气混凝土在气干工作状态时的标准值应按表 6.24 的规定确定，确定设计值应按表 6.25 的规定确定。

表 6.24　加气混凝土抗压、抗拉强度标准值（MPa）

强度种类	符号	强度等级			
		A2.5	A3.5	A5.0	A7.5
抗压强度	f_{ck}	1.80	2.40	3.50	5.20
抗拉强度	f_{tk}	0.16	0.22	0.31	0.47

注：本表抗压强度标准值用于板和砌块，抗拉强度标准值用于板。

表 6.25　加气混凝土抗压、抗拉强度设计值（MPa）

强度种类	符号	强度等级			
		A2.5	A3.5	A5.0	A7.5
抗压强度	f_c	1.28	1.71	2.50	3.71
抗拉强度	f_t	0.11	0.15	0.22	0.33

注：本强度设计值用于板构件。

加气混凝土由于向上发气，气泡向上呈椭圆形，因而平行于发气方向的抗压强度约为垂直发气方向的抗压强度的 80%。

加气混凝土的塑性变形较小，因此受力破坏前没有明显的裂纹出现。一旦出现裂纹，试件立即崩裂破坏，这与普通混凝土不同。加气混凝土的应力与应变不呈直线而呈曲线关系，弹性模量随应力的增加而减少。加气混凝土的静力弹性模量小于普通混凝土。加气混凝土的静力弹性模量 E_c 见表 6.26。

表 6.26 加气混凝土的弹性模量 E_c 单位：MPa

品　种	强度等级			
	A2.5	A3.5	A5.0	A7.5
水泥、石灰、砂加气混凝土	1700	1900	2300	2300
水泥、石灰、粉煤灰加气混凝土	1500	1500	2000	2000

注：本表弹性模量用于板构件。

6.2.3.3 加气混凝土的收缩

由于加气混凝土是一种低强度的材料。所以干燥收缩引起的变形应力对制品本身和建筑物的破坏起着十分敏感的作用。有很多因素都能够影响加气混凝土的收缩值，比如加气混凝土的原材料品种及配合比、颗粒级配、湿热处理的方式和制度、气孔结构和含水率等。

选择合理的蒸压条件和制度，合理选择原材料品种及改善原材料配比和加强生产控制可以把加气混凝土的收缩值控制在允许范围内。出厂的制品经过一段时间自然干燥，使这一部分收缩在使用到建筑物以前基本结束，也是行之有效的措施。一般要求 20℃相对湿度 43% 的条件下干燥收缩值小于或等于 0.5mm/m；50℃相对湿度 30%条件下干燥收缩值小于或等于 0.8mm/m。

6.2.3.4 加气混凝土的热性能

用热导率来表示加气混凝土的导热性能。材料的热导率不仅与孔隙率有关，而且还取决于孔隙的大小和形状。加气混凝土是多孔材料，封闭孔隙多，所以热导率比较小［一般小于 0.23W/(m·k)］，是一种良好的保温隔热材料。但是加气混凝土的蓄热性能差，这是它在热工性能上的缺点。蓄热系数是材料层的表面对不稳定热作用敏感程度的一个物理量，与材料的热导率和比热容有关，还与密度有关。

加气混凝土的热导率受其本身含水率的影响很大。为了提高其保温隔热性能，应在加气混凝土的面层作适当的防水处理，以保持较小的含水率。加气混凝土用作围护结构时，其材料的热导率和蓄热系数见表 6.27。

表 6.27 加气混凝土材料热导率和蓄热系数值（单一结构）

干密度 ρ_0 /(kg/m³)	理论计算值（体积含水率 3%以下）		灰缝影响系数	潮湿影响系数	设计计算值	
	热导率 λ /[W/(m·K)]	蓄热系数 S_{24} /[W/(m·K)]			热导率 λ /[W/(m·K)]	蓄热系数 S_{24} /[W/(m·K)]
400	0.13	2.06	1.25	—	0.16	2.58
500	0.16	2.61	1.25	—	0.20	3.26
600	0.19	3.01	1.25	—	0.24	3.76
700	0.22	3.49	1.25	—	0.28	4.36

6.2.3.5　耐久性

评定加气混凝土耐久性的主要指标有抗冻性、抗裂性、碳化稳定性、盐析等。

（1）抗冻性　由于加气混凝土中含有许多独立的封闭气孔，不仅切断了部分毛细管通道，而且在水的结冰过程中起压力缓冲作用，所以它虽然力学强度不高，但却有较好的抗冻性。

决定加气混凝土抗冻性的因素是孔隙结构特征和原始强度。具有均匀封闭优良气孔结构的加气混凝土，水分不易进入，孔隙饱水程度不易超过临界饱水度。且冻结产生的压力分布较均匀，抗冻性较高。加气混凝土原始强度越高，抵抗冻结产生压力的能力越强，抗冻性就越好。

另外加气混凝土的抗冻性与含水率有很大的关系，含水率越大，抗冻性越差。所以在潮湿环境中使用的加气混凝土应采取适当的防潮措施。

（2）抗裂性　加气混凝土在长期使用过程中经受日晒雨淋和干湿交替的反复循环，几年后表面往往出现纵横交错的裂纹。其主要原因是由于加气混凝土截面上含水率分布不均匀，各处收缩值不一样造成收缩应力，当收缩应力大于抗拉强度时产生裂纹。

为了避免和减少裂纹，通常采取的主要措施有以下几种。

① 提高加气混凝土本身的强度。这可以从改善混凝土配比、选择合理的蒸压制度、在混凝土中掺入各种有机纤维或钢纤维等方面着手。

② 对加气混凝土表面进行憎水或饰面处理，以降低断面上的含水梯度。

③ 改善加气混凝土的气孔结构，使其收缩降低。

④ 减少出厂前混凝土的含水率，使这部分收缩消除在使用到建筑物上之前。

（3）碳化稳定性　密度小和透气性大的加气混凝土，碳化作用较强。加气混凝土的碳化程度与 CO_2 浓度、环境湿度和存放时间成正比。在 CO_2 的作用下，水热反应产物托贝莫来石和低钙水化硅酸钙碳化分解，给制品强度等性能带来不利的影响。但碳化作用的影响并不完全取决于碳化的快慢，更重要的是材料的内部结构特点。

在自然状态下，空气中 CO_2 的浓度很低，只有 0.03% 左右，但加气混凝土的疏松孔结构使水化产物可以缓慢而完整地完成晶体转换过程。一般在空气中放置 1～1.5 年后才能全部碳化，初期抗压强度略有下降，但以后强度回升，甚至超过原始强度。所以从宏观上看加气混凝土有较好的碳化稳定性。

（4）盐析　加气混凝土在使用中，由于干湿循环和毛细管作用，材料表面会出现盐析现象。当盐析严重时，由于盐类在毛细管中反复溶解和结晶膨胀，往往会引起制品表面层剥落，饰面破坏等不良结果。

避免加气混凝土吸水受潮是减缓盐析的有效措施之一，因而对加气混凝土进行饰面和憎水处理，对防止盐析也是有利的。

6.2.4　加气混凝土的配合比设计

加气混凝土的配合比设计是生产工艺中的核心。加气混凝土的配合比设计很难用单一的计算方法完成。良好的配合比一般需经过小规模试验、中间试验，并需在生产中根据情况变化不断地调整才能获得。

加气混凝土的配合比设计须满足下列要求：

① 加气混凝土具有规定的强度、密度，其热工性能、收缩值及耐久性应满足使用要求。

② 加气混凝土料浆应具有良好的浇注稳定性。坯体在蒸压时不开裂。

③ 原料来源广泛，成本低廉。

6.2.4.1 铝粉掺量的确定

铝粉掺量是根据表观密度的要求确定的，孔隙率的大小影响其表观密度，而孔隙率取决于加气量，加气量又取决于铝粉掺量，由实验确定可测得表观密度和孔隙率之间的关系。见表 6.28。

表 6.28 加气混凝土表观密度和孔隙率的关系

表观密度 ρ_0/(kg/m³)	500	600	700	800
孔隙率 ρ/%	75～80	70～75	65～70	60～65

铝的发气反应化学式如下。

① 无石膏存在时

$$2Al+3Ca(OH)_2+6H_2O \longrightarrow C_3A \cdot 6H_2O+3H_2 \uparrow \tag{1}$$

② 有石膏存在时

$$2Al+3Ca(OH)_2+3CaSO_4 \cdot 2H_2O+25H_2O \longrightarrow C_3A \cdot CaSO_4 \cdot 31H_2O+3H_2 \uparrow \tag{2}$$

由式（1）、式（2）可知，无论有无石膏存在，每 2mol 的 Al 可以产生 3mol 的 H_2。由于 1mol 气体在标准条件下体积为 22.4L，1g 活性铝在标准状态下放出 1.24L 的氢气，料浆温度 45℃时可放出氢气 1.44L。

铝粉用量可用下式计算

$$M_{Al}=\frac{V-\left(\sum\limits_{i=1}^{n}\frac{m_i}{d_i}+\rho_0 b\right)}{V_{Al}K} \times k \tag{6.25}$$

式中　M_{Al}——1m³ 加气混凝土铝粉用量，kg/m³；

$\quad\quad\ V$——加气混凝土总体积，1000L/m³；

$\quad\quad\ m_i$——各种原料用量，kg；

$\quad\quad\ d_i$——各种原料的密度，kg/m³；

$\quad\quad\ \rho_0$——加气混凝土表观密度，kg/m³；

$\quad\quad\ b$——水料比；

$\quad\quad\ V_{Al}$——1g 活性铝在料浆温度下的产气量，g/L；

$\quad\quad\ K$——活性铝含量，%；

$\quad\quad\ k$——铝粉的利用系数，k 为 1.1～1.3。

6.2.4.2 各种基本原料的配合比

各种基本原料的配合比主要是保证材料在蒸压养护后化学反应形成的加气混凝土结构中孔壁的强度。孔壁强度决定于形成孔壁材料的化学组成和化学结构，孔壁材料主要成分为水化硅酸钙和水石榴石，而这些物质的强度又决定于其钙硅比和化学结构。因此在配料时，确定料浆中的钙硅比（CaO/SiO_2）和水料比是十分重要的。国内外的很多研究表明，CaO-SiO_2-H_2O 体系及杂质影响下的水热反应生成物，以 175℃以上的水热条件下，$CaO/SiO_2=$ 1 时的制品强度最高。其中生成的水化硅酸钙中主要为结晶度较高的托贝莫来石，即 CSH（B）。如蒸压温度过高（＞230℃）恒温时间过长，将会形成硬硅钙石，此时制品强度反而会降低。

实际生产和实验研究证明，在配合比设计时钙硅比应小于1。而且随着原料组成不同有所区别。一般如下所列。

① 对于水泥-矿渣-砂系统 CaO/SiO_2 为 0.52～0.68；

② 对于水泥-石灰-粉煤灰系统 CaO/SiO_2 为 0.8～0.85；

③ 对于水泥-石灰-砂系统 CaO/SiO_2 为 0.7～0.8。

水料比大小不仅会影响加气混凝土的强度，更对密度有较大的影响，水料比越小，强度越高而密度也将增大。但同时应考虑浇注、发气膨胀过程中的流动性和稳定性。目前尚未有可以确定水料比、密度、强度、浇注流动性及稳定性之间关系的计算公式。在配料比计算时，可参考表 6.29 选择水料比。

表 6.29 加气混凝土水料比选择参考

密度/(kg/m³) 原料	500	600	700
水泥-矿渣-砂	0.55～0.65	0.50～0.60	0.48～0.55
水泥-石灰-砂	0.65～0.75	0.60～0.70	0.55～0.65
水泥-石灰-粉煤灰	0.60～0.70	0.55～0.65	0.50～0.60

表 6.30 列出了表观密度为 500kg/m³ 在加气混凝土的配合比实例。

表 6.30 密度为 500kg/m³ 加气混凝土配合比实例

名　称	水泥-石灰-砂	水泥-石灰-粉煤灰	水泥-矿渣-砂
水泥/%	5～10	10～20	18～20
石灰/%	20～33	20～24	30～32(矿渣)
砂/%	55～65	—	48～52
粉煤灰/%	—	60～70	—
石膏/%	≤3	3～5	—
纯碱、硼砂/(kg/m³)	—	—	4,0.4
铝粉/$\times 10^{-4}$	7～8	7～8	7～8
水料比	0.63～0.75	0.60～0.65	0.6～0.7
浇注温度/℃	35～38	36～40	40～45
铝粉搅拌时间/s	30～60	30～60	15～25

6.2.5 加气混凝土的生产工艺简介

图 6.6 为典型加气混凝土生产工艺流程图，在整个生产过程中，除前述原材料的质量、配合比设计及计量的准确性对加气混凝土的性能有重要的影响外，浇注成型、切割及蒸压养护也是对加气混凝土质量及生产效率有关键作用的 3 道工序。

6.2.5.1 浇注成型

浇注成型包括料浆的浇注入模、发气膨胀、静置及凝结稠化等过程。这个过程将决定坯体的孔隙率、孔尺寸及孔尺寸分布，因此对加气混凝土的密度和强度都有关键的作用。

在这个过程中首先是水泥和石灰的水化形成了 C—S—H、$Ca(OH)_2$、$C_4A_3\bar{S}_3H_{31\sim32}$、

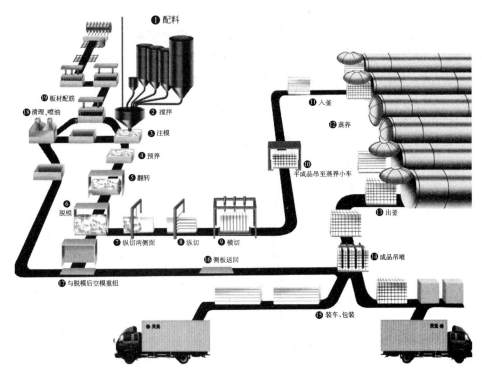

图 6.6　加气混凝土生产工艺流程

Al（OH）$_3$ 等水化产物，并在碱性条件下进行发气反应，在浆体中产生大量气泡。使坯体体积发生膨胀。随着水泥、石灰的水化不断进行，浆体中的水化产物越来越多，浆体逐渐凝结稠化，形成了一种带有大量气泡、具有一定强度的弹黏稠体（简称塑性体），即加气混凝土坯体。

　　浇注时最理想的状况是料浆凝结稠化速度与铝粉发气速度相适应。即当稠化到一定程度时，发气结束。这种发气与稠化的同步性也称为浇筑稳定性。同步性越好，稳定性越强；如果同步性不好，例如发气速度超过稠化速度，就会发生沸腾冒泡、塌模现象，而发气速度低于稠化速度，就会发生"憋气"、"沉缩"现象。上述情况都将导致坯体中气泡数量损失，气泡尺寸分布不均匀，坯体强度乃至最终的加气混凝土强度降低。因此，如何控制铝粉的发气速度和料浆的稠化速度，保证浇筑的稳定性，是浇筑过程中的关键问题。

6.2.5.2　坯体切割

　　坯体切割是通过专用的切割机将大块坯体切成一定要求规格的块材和板材坯体。切割质量的好坏直接影响成品加气混凝土的外观质量，甚至是强度，从而影响产品的成品率。

　　影响切割质量的主要因素是切割机的质量和坯体的塑性强度。其中切割机应满足下列几条要求。

　　① 台面平整，操作灵活，安全可靠，运行平稳，切割时对半成品不造成损害。

　　② 切割后的半成品的规格尺寸与精度要符合国家现行有关砌块、板材标准的规定。

　　③ 能完成半成品的表面加工（如侧铣、倒角、铣凹槽等）。

　　切割机中用于切割的工具是一种强度较高的钢丝。选用钢丝的原则是在保证切割机运行时钢丝不断的前提下尽量选用最细的钢丝。因为钢丝越细，不仅使切割阻力降低，而且可以改善坯体的外观质量。选择钢丝的强度则要考虑钢丝行走的速度、钢丝的长度及钢丝行进时的阻力。对于相同的坯体，阻力大小与钢丝直径和坯体的宽度成正比，而坯体的塑性强度越高，阻力也越大，因此切割坯体时的塑性强度不宜过高；但如果过低，切割后的割缝可能又会因触变液化作用而发生粘连。一般情况下，钢丝的直径为 0.5～1.2mm 时坯体的塑性强度为 0.3～0.7MPa。如为折侧模翻转切割，塑性坯体的强度可以稍高，但最高不高于0.9MPa。坯体塑性强度可通过原料的配比和切割前的静停时间来控制。

6.2.5.3 蒸压养护

坯体切割后即可送入蒸压釜中进行蒸压养护。在水热合成条件下生成的水化产物为各种水化硅酸钙（C—S—H）、$Ca(OH)_2$、水化硫铝酸钙（$C_4A_3\bar{S}H_{31\sim32}$）及水石榴子石 $C_3(AF)H_6$。其中，$C_4A_3\bar{S}H_{31\sim32}$ 的形成对浆体的塑化（或稠化）有重要作用，而 C-S-H 则是加气混凝土产生强度的主要成分，其中 CSH（B）是最主要的水化产物。CHS（B）的大量形成一是要求料浆中有适宜的钙硅比（C/S），这主要由配料设计来决定；二是要有适宜的反应条件，即温度、压力和反应时间。同时，还要考虑在蒸压过程中不会因传热过程中的温差应力而对制品产生损害。这种温度、压力、蒸压过程中的升温速率、恒温时间及降温速率等各种技术参数的综合即为蒸压养护过程中的热工制度。蒸压养护中的生产控制过程实际上即是热工制度的控制过程，热工控制是否合理，不仅会影响加气混凝土的质量，而且会直接影响制品的生产成本。可以把蒸压中热工制度的控制分为升温、恒温和降温 3 个阶段。

（1）升温阶段 升温阶段是坯体大量从过热蒸汽吸收热量的过程。热量从坯体表面向内部传导，坯体的透气性、体积大小、切割缝的大小及蒸汽的温度、升温速率都对传热过程中温度场的变化有影响。温度场变化快，能提高生产效率；但变化太快，则会使坯体内外产生过大的温度梯度而在坯体内出现较强的应力，由此可能使坯体产生裂纹，坯体结构遭到破坏。对于同一种坯体，主要通过控制升温速率来控制温度场变化的快慢。总的原则是在不损害坯体结构和强度的前提下，尽量加大升温速率。生产实践证明，升温速率一般控制在60～90℃/h，升温阶段总时间为 1.5～2.0h。坯体体积越大，升温速率要求应低一些，升温时间也要求长一些。

（2）恒温阶段 恒温阶段是坯体中 CaO 与 SiO_2 发生反应生成 CSH 阶段。这一反应在常温常压下反应十分缓慢，几乎难以察觉，只有在 175℃ 以上的水热条件下反应才比较迅速。在水热条件下，温度越高反应越迅速，因此，提高恒温温度可以缩短恒温持续时间，提高生产效率。但恒温温度越高，所需的蒸汽温度也要求高，能耗增加。同时，温度过高也会引起已经生成的托贝莫来石继续与 SiO_2 反应转化成低钙硅比的硬硅钙石而使强度降低。因此，存在一个最佳的恒温温度和恒温时间。

（3）降温阶段 降温阶段主要是排除压釜中的热蒸汽，使制品冷却到可以出釜的温度的过程。由于制品已具备较高的强度，所以降温引起的收缩一般不会造成制品的破坏。但温度下降过快可能造成大的温度应力而使混凝土结构遭到损害，因此降温速率也应加以控制。开始降温时降温速率不宜太快，当釜内压力达到接近 0.8MPa 时，可适当加快降温速率，采用迅速排气来进行降温。当压力降至 0.1MPa 时，可再减慢排气速率，而使温度缓慢的降至出釜温度。

表 6.31 列出了不同原料配比时蒸压养护热工制度。

表 6.31 加气混凝土蒸压养护热工制度参考

加气混凝土品种	水泥-矿渣-砂		水泥-石灰-砂		水泥-石灰-粉煤灰	
蒸压养护制度	压力/MPa	时间/min	压力/MPa	时间/min	压力/MPa	时间/min
抽真空	−0.06	30	−0.04	30	−0.05	40
升温	约1.5	100	约1.1	180	约1.2	190
恒温	1.5	420	1.1	420	1.2	500
降温	1.5~0	100	0	120	0	155
合计		650		750		880
备注			升温至 0.1MPa 时 排放冷凝水 50min			

6.2.6 加气混凝土的应用

目前我国生产的加气混凝土品种主要有砌块、加筋屋面板、用于墙体的条板及拼装大板等。它们可以广泛应用于多种工业化建筑体系、民用住宅。更多的是应用于工业民用建筑中多层、高层框架结构的填充墙、屋面和楼板等。

(1) 加气混凝土砌块的应用　砌块主要应用于工业和民用建筑的墙体，可作承重墙、非承重墙和内隔墙。国内主要生产密度为 $500kg/m^3$ 和 $700kg/m^3$ 的加气混凝土，其抗压强度分别为 3.0MPa 和 5.0MPa。加气混凝土的尺寸较大、匀质性较好，砌体中的强度利用系数较高，其砌体强度约为立方强度的 70%~80%。而黏土砖的强度利用系数仅 30%左右。因而加气混凝土砌块、50 号砂浆砌筑的砌体抗压强度与 75 号黏土砖、25 号砂浆砌筑的砌体的抗压强度相当。故加气混凝土完全可以代替黏土砖用于建筑物墙体。实践证明，采用强度等级为 3.0MPa 的砌块可建造 3 层的承重墙体建筑，强度等级为 5.0MPa 的砌块建造 3~5 层的住宅或其他建筑物都是安全经济的。

(2) 加气混凝土板材的应用　目前我国生产的加气混凝土板材有屋面板、条板及条板拼装的大板。在北京和东北地区使用加气混凝土板材已经有十多年历史。加气混凝土屋面板绝热性能好、重量轻、施工方便，在北方地区深受欢迎，目前已成为定型产品。加气混凝土墙板可作承重和非承重内墙，也可以作承重外墙的内保温材料，还可以作钢筋混凝土框架围护结构。使用时十分有助于施工机械化、装配化。

6.3　其他轻质混凝土

教学任务：分析泡沫混凝土和轻骨料多孔混凝土的原料组成、性能、配合比计算，了解泡沫混凝土和轻骨料多孔混凝土应用。明确大孔混凝土的定义和分类，了解大孔混凝土的性能，了解大孔混凝土的施工方法。

除加气混凝土、轻骨料混凝土等较常用的轻质混凝土外，尚有泡沫混凝土、轻骨料多孔混凝土、大孔混凝土等轻质混凝土。这类混凝土由于其良好的保温隔热性能，大多作为墙体材料使用。

6.3.1 泡沫混凝土

6.3.1.1 泡沫混凝土定义与分类

凡在配制好的含有胶凝物质的料浆中加入泡沫而形成多孔的坯体，并经养护形成的多孔混凝土，称之为泡沫混凝土。

泡沫的形成可以通过化学泡沫剂发泡、压缩空气弥散及天然沸石粉吸附空气（载气）等方法来完成。其中压缩空气弥散形成气泡制得的泡沫混凝土称之为充气型泡沫混凝土，天然沸石粉吸附空气形成气泡制得的混凝土称之为载气型泡沫混凝土。如图 6.7 所示。

图 6.7　泡沫混凝土内部结构

6.3.1.2 泡沫混凝土的原料组成

泡沫混凝土的主要原料为水泥、石灰、矿物掺合料、发泡剂及对泡沫有稳定作用的稳泡剂，必要时还应掺加早强剂等外加剂。

（1）水泥　一般采用硅酸盐水泥（硅酸盐水泥、普通硅酸盐水泥、矿渣硅酸盐水泥、火山灰硅酸盐水泥、粉煤灰硅酸盐水泥、复合硅酸盐水泥等），也可采用硫铝酸盐水泥、高铝水泥。但后两种水泥价格较高。

根据养护方法的不同，所采用的水泥品种和强度等级也不同。采用自然养护时，应采用早期强度高、强度等级也高的水泥，如早强型（R 型）硅酸盐水泥，R 型普通硅酸盐水泥，硫铝酸盐水泥及高铝水泥，当采用蒸汽养护时，则可用一些掺混合材的硅酸盐水泥，对水泥的强度等级也无特殊要求，应注意的是，采用蒸汽养护时不能选用高铝水泥。

（2）石灰　如采用蒸汽养护，可掺加一定的石灰代替水泥作为钙质原料，石灰的质量要求同加气混凝土。掺加石灰时，水泥不能用高铝水泥。

（3）矿物掺合料　用于泡沫混凝土的掺合料主要为粉煤灰、沸石粉和矿渣粉，粉煤灰的质量要求同加气混凝土。对沸石粉和矿渣粉质量要求主要有以下两方面。

① 化学成分应符合水泥混合材对矿渣、沸石的要求；

② 细度达到比表面积大于或等于 $3500 cm^2/g$。

也可以用石英粉作为硅质掺合料。但掺用石英粉（或石英砂与其他原料共同磨细）时，养护必须经蒸压养护，其配料基本上类同于加气混凝土。

（4）发泡剂　发泡剂也称为泡沫剂，是配制泡沫混凝土的关键原料。目前用于泡沫混凝土的发泡剂主要有以下几种。

① 宁联牌 UG-FP 型泡沫剂，为纯天然非离子表面活性剂。

② 造纸厂废液发泡剂。

③ 牲血发泡剂。

④ 松香皂发泡剂，是目前最常用的发泡剂，具体配制方法如下：按烧碱（NaOH）10份、水 2 份、松香 3 份（质量比）的比例混合均匀（为了混合均匀，可在混合时加温至 60～80℃），使用时加 1 倍水稀释，快速搅拌即可得到较稳定的泡沫。

（5）稳泡剂

制备泡沫时可以加入适量稳泡剂。稳泡剂品种同加气混凝土用稳泡剂。

6.3.1.3 泡沫混凝土的配合比设计

现以水泥-石灰-砂泡沫混凝土为例介绍泡沫混凝土的配合比设计。

（1）确定砂灰比

$$K = \frac{S}{H_a} \tag{6.26}$$

式中 S——砂用量；

  H_a——石灰+水泥用量（总用灰量）；

  K——砂灰比值。

K 值与泡沫混凝土的要求密度有关，详见表 6.32。

表 6.32 砂灰比 K 值选用

混凝土密度/(kg/m³)	K 值	混凝土密度/(kg/m³)	K 值
≤800	5.0~5.5	1000	7.0~7.8
900	6.0~6.5		

（2）计算总用灰量（水泥+石灰用量）

$$H_a = \frac{a\rho_f}{1+K} \tag{6.27}$$

$$H_a = C_0 + H_0 \tag{6.28}$$

式中 C_0——水泥用量，kg；

  H_0——石灰用量，kg；

  K——砂灰比；

  ρ_f——混凝土绝干表观密度；

  a——结合水系数，当 $\rho_f \le 600 \text{kg/m}^3$ 时，a 取 0.85；$\rho_f \ge 700 \text{kg/m}^3$ 时，a 取 0.90。

（3）计算水用量 C_0

$$C_0 = (0.7 \sim 1.0) H_a \tag{6.29}$$

（4）计算石灰用量 H_0

$$H_0 = H_a - C_0 = (0 \sim 0.3) H_a \tag{6.30}$$

（5）确定水料比 k

$$k = W/T \tag{6.31}$$

式中，W 为 1m³ 泡沫混凝土中总用水量；T 为 1m³ 泡沫混凝土中用灰量与砂用量的总和。水料比 W/T 与泡沫混凝土的表观密度有关，可参见表 6.33。

表 6.33 水料比 k 值

泡沫混凝土密度/(kg/m³)	k	泡沫混凝土密度/(kg/m³)	k
≤800	0.38~0.40	1000	0.34~0.36
900	0.36~0.38		

（6）计算泡沫混凝土料浆用水量

$$C_0 = k \times (H_a + S_0) \tag{6.32}$$

式中　k——水料比；

　　　H_a——总用灰量，kg/m^3；

　　　S_0——砂用量，kg/m^3。

（7）计算发泡剂用量

$$P_f = \frac{1000 - \left(\dfrac{H_0}{\rho_h} + \dfrac{S_0}{\rho_s} + \dfrac{C_0}{\rho_c} + W_0\right)}{ZV_p} \tag{6.33}$$

式中　P_f——发泡剂用量；

　　　S_0——砂用量 kg/m^3；

　　　Z——泡沫活性系数；

　　　V_p——1kg 发泡剂泡沫成型体积。

对于 UG-FP 型发泡剂，$V_p =$（700～750）L/kg；对于松香皂发泡剂，$V_p =$（670～680）L/kg。

6.3.1.4　泡沫混凝土的制作

（1）按比例称取一个批量的各种原料（不包含发泡剂），每批的质量根据搅拌机能力确定。

（2）将发泡剂根据要求加入到水中，用人工或机械搅打成泡沫，同时应加入稳泡剂。

（3）在制备泡沫的同时，将原料中的干料在另两台搅拌机中干拌 1min。然后加入拌合水（加入拌合水的量应扣除泡沫所带的水量）拌和成料浆。

（4）将料浆倒入盛有已制好泡沫的容器中，向一个方向搅拌，使泡沫均匀地分散到料浆中，然后注模成型。也可用压缩空气充气法和天然沸石载气法制备泡沫料浆。

（5）成型后，在常温下养护至料浆凝结硬化（约 12～24h），再根据原料组成不同决定下一步养护方法。

① 硅酸盐系列水泥-石灰-砂。最好用蒸汽养护，蒸汽温度为 75～90℃ 养护制度为升温 1～2h，恒温 6～8h，冷却 6～2h。

如采用常温养护，应采用强度等级较高（大于或等于 42.5MPa）的水泥，最好采用 R 型水泥。

② 硅酸盐系列水泥-粉煤灰（或矿渣粉）-砂。采用压蒸法或蒸养法，压蒸法热工制度可参考加气混凝土。蒸养法热工制度为升温 2h→恒温 8～10h→降温 1～2h。

③ 高铝水泥（或硫铝酸盐水泥）-砂。只能采用常温养护（高铝水泥不宜超过 25℃），脱模时间 3～5 天，7 天后可使用。

6.3.1.5　泡沫混凝土的应用

泡沫混凝土的应用范围及有关注意事项与加气混凝土基本相同，但由于其强度较低，所以只能作为围护材料和隔热保温材料。

6.3.2　轻骨料多孔混凝土

轻骨料多孔混凝土是在轻骨料混凝土和多孔混凝土的基础上发展起来的一种轻质混凝土。它是利用铝粉为发气剂，以页岩或天然浮石为轻骨料，水泥和粉煤灰为胶结料制成的一种轻骨料加气混凝土。蒸养后表观密度在 $950\sim1000kg/m^3$，强度可达 $7.5\sim10.0MPa$。

6.3.2.1 轻骨料多孔混凝土的原材料

（1）水泥 选用强度等级为 42.5MPa 的硅酸盐水泥或普通硅酸盐水泥。

（2）轻骨料 各种陶粒或天然浮石，堆积密度小于或等于 $600kg/m^3$，表观密度为 $900\sim1000kg/m^3$。

（3）成孔材料 根据不同的成孔方法有 3 类成孔材料。

① 发气剂主要为铝粉，符合加气混凝土用铝粉的技术要求。

② 载气剂为天然沸石粉，粒径小于 0.3mm，需烘干脱水。

③ 泡沫剂同泡沫混凝土用泡沫剂。

6.3.2.2 轻骨料多孔混凝土的配合比设计

轻骨料多孔混凝土的配合比设计，可以按多孔混凝土配合比设计后，再以一定的体积掺量掺入轻骨料。但多孔混凝土掺入轻骨料后，表观密度、抗压强度、弹性模量等各种性能都有所改变。冯乃谦教授对此进行了实验，将不同比例的页岩陶粒掺入到同样配比的多孔水泥浆体中，得到的表观密度与强度的变化见表 6.34。

由表 6.34 可以发现，多孔混凝土中掺入一定比例的轻骨料，在一定范围内，不仅抗压强度随轻骨料掺量的增加而增加，而且表观密度随轻骨料掺量的增加而降低。对于表观密度，多孔混凝土与轻骨料多孔混凝土虽然都随水料比的增加而增加，但表观密度相同且水料比相等时，轻骨料多孔混凝土的强度明显高于多孔混凝土。由此可知，将一些低表观密度的轻骨料掺加到多孔混凝土中制成的轻骨料多孔混凝土，可以降低多孔混凝土表观密度的同时增加混凝土的强度。

表 6.34 轻骨料掺入量与轻骨料多孔混凝土的表观密度（密度）及强度的关系

试件编号		6	7	8	9	10	11
多孔混凝土配合比/%	水泥载气体水	80 20 40	80 20 40	80 20 40	80 20 40	80 20 40	80 20 40
多孔混凝土体积含量/%		100	90	80	70	60	50
页岩陶粒体积含量/%		0	0	20	30	40	50
轻骨料多孔混凝土表观密度/(kg/m³)		1382 1082	1410 1090	1366 1066	1305 1005	1248 948	1251 950
轻骨料多孔混凝土抗压强度/MPa		12.2 (100%)	16.5 (135%)	16.5 (135%)	16.6 (135%)	16.6 (135%)	19.6 (160%)

因此，轻骨料多孔混凝土的配合比设计可采取以下步骤。

① 根据密度要求计算多孔混凝土的原料配合比。

② 根据工程要求和轻骨料的种类（表观密度、筒压强度）确定轻骨料的掺入量，然后根据轻骨料的掺入量，减少多孔混凝土配合比中的水泥配比量，减少的水泥比例可参考下式计算：

$$\Delta C_0 = kV_{gl} \tag{6.34}$$

式中 ΔC_0——水泥减少百分比,%;

$\quad\quad V_{\mathrm{gl}}$——轻骨料体积含量,%;

$\quad\quad k$——经验系数,$k=0.3\sim0.5$。

6.3.2.3 轻骨料多孔混凝土的制作

轻骨料多孔混凝土的施工制作与加气混凝土或泡沫混凝土类似,只是在原加气混凝土或泡沫混凝土中加入轻骨料(在泡沫混凝土中以轻骨料代替原泡沫混凝土中的砂)。

制作时有关注意事项也与轻骨料混凝土和加气混凝土及泡沫混凝土类似,其中特别要注意轻骨料的预湿。

6.3.2.4 轻骨料多孔混凝土的性能与应用

(1)轻骨料多孔混凝土的性能 经实验研究,轻骨料混凝土的强度弹性模量、抗渗性等基本上介于多孔混凝土和轻骨料混凝土之间。但相同表观密度的轻骨料混凝土、多孔混凝土和轻骨料多孔混凝土相比,其保温隔热性和隔声性能以轻骨料多孔混凝土最好。其原因可能与轻骨料多孔混凝土具有多层面复合结构有关。

(2)轻骨料多孔混凝土的应用 目前生产的轻骨料多孔混凝土大多用在墙体的砌筑材料上,如墙板、砌块等。强度等级低于 5.0MPa 的只能作为建筑内外墙的保温材料和隔声材料;大于或等于 7.5MPa 的方可作 3 层以下建筑物的承重墙体材料,和加气混凝土作承重墙体材料一样,并一定要在上方加设横梁。

6.3.3 大孔混凝土

大孔混凝土是不用细骨料(或只用很少细骨料),只由粗骨料、水泥、水拌和配制而成的具有大量孔径较大的孔组成的轻质混凝土。粗骨料可以是一般的碎石或卵石,也可以是各种陶粒等轻骨料。

大孔混凝土按所用粗骨料的种类不同分为:普通大孔混凝土和轻骨料大孔混凝土。用普通碎石或卵石作骨料的大孔混凝土称为普通大孔混凝土;用陶粒等轻骨料的大孔混凝土称为轻骨料大孔混凝土。

大孔混凝土中大孔的形成是因为配制混凝土时不加细骨料(或只加很少细骨料),如果对水泥浆体的量加以控制,水泥浆体只作为粗骨料之间的胶结料而没有多余的料浆对粗骨料之间的孔隙进行填充,粗骨料之间的孔隙就成为混凝土的大孔。

大孔混凝土的孔隙率和孔尺寸与粗骨料的粒径及级配有关。级配越均匀,也即颗粒级数越少,孔的数量越多,孔隙率也就越高。孔径尺寸从理论上说应接近粗骨料的粒径。

6.3.3.1 大孔混凝土的原材料

(1)水泥 大孔混凝土宜采用强度较高,特别是早期强度较高的水泥。例如硅酸盐水泥、普通硅酸盐水泥等,强度等级应不低于 32.5MPa,最好用 42.5MPa 或 R 型早强水泥。

(2)骨料

① 粗骨料。普通大孔混凝土粗骨料就是石子(碎石或卵石),质量要求同普通混凝土,关键在于级配要求。为形成更多的孔,粗骨料的级配数应尽量少,即粗骨料尺寸分布越均匀越好(最好用单一粒级);粒径最好为 $15\sim25\mathrm{mm}$,$d_{\min}>5\mathrm{mm}$,$d_{\max}<30\mathrm{mm}$;石子中针片状颗粒总量小于或等于 15%,含泥量(包括含粉量)小于 1%。

轻骨料大孔混凝土的粗骨料主要是各种陶粒。用得较多的是黏土陶粒和粉煤灰陶粒，页岩陶粒形状不规则，配制成的大孔混凝土表观密度比上述两种陶粒的大。

② 细骨料。大孔混凝土一般不用细骨料，有时要求混凝土有较高的强度，可加入少量细骨料。但最多不超过骨料量的 10%。细骨料一般用河砂或山砂，质量应符合混凝土用砂的各项指标，细度模数 M_x 应在 1.8~2.3 之间，砂子的最大粒径最好小于或等于 3mm。不宜采用轻细骨料代替石英砂配制砂轻大孔混凝土。

6.3.3.2 大孔混凝土的性能

(1) 表观密度　大孔混凝土表观密度取决于所选用的骨料的表观密度、粒径和级配。骨料表观密度小，混凝土的表观密度也小。如骨料品种确定，骨料级配为单一粒级时，混凝土的表观密度最小。一般情况下，碎石型大孔混凝土的表观密度在 1200~1900kg/m³，陶粒型大孔混凝土的表观密度在 150~1000kg/m³。

(2) 热导率　热导率与表观密度和骨料种类有密切关系。相同的骨料，混凝土表观密度越大，热导率也越大，混凝土表观密度不同，骨料热导率不同，骨料热导率大者混凝土热导率也大。

大孔混凝土的热导率一般在 0.2~1.0W/(m·K) 之间。

(3) 隔声性　大孔混凝土因其透气性较好，隔声效果不如轻骨料混凝土和多孔混凝土。为加强其隔声效果，往往在两边抹上较厚的水泥砂浆（一般为 1.5~2cm）。

(4) 收缩　大孔混凝土收缩较小，一般为 0.2~0.30mm/m。在某些情况下仅为普通混凝土或轻骨料混凝土的一半。另一方面，大孔混凝土收缩发生很快，全部收缩的 30%~50% 是在浇筑后 14 天内完成的。

(5) 抗渗性　虽然大孔混凝土孔隙率很大，但抗渗性却较好。其主要原因是水泥用量少，而混凝土中渗水的通道主要是由水泥硬化浆体中的毛细管组成的。

(6) 抗压强度　抗压强度取决于骨料的类型、选用的粒径以及水泥和水的用量。骨料粒度越小，外形越粗短，强度越高。其主要原因是在上述情况下骨粒之间接触点的数目增加。

(7) 弹性模量　大孔混凝土的弹性模量与强度有直接关系，强度越高，弹性模量越大。一般情况下，大孔混凝土的弹性模量是 $8.5 \times 10^3 \sim 1.6 \times 10^4$ MPa。

6.3.3.3 大孔混凝土的施工

大孔混凝土配合比设计应在确保混凝土和易性的前提下，以采用最小的水泥用量为原则进行配合比设计。大孔混凝土的单位质量应为 1m³ 紧密接触状态的骨料密度和 1m³ 混凝土中水泥用量及水泥水化水质量之总和。国内外进行配合比设计一般采用查表法。

由于大孔混凝土结构的特殊性，不需要像普通混凝土一样采用振捣的方法使新拌混凝土产生塑性流动而致密。在施工时，一方面要保证粗骨料之间能够互相"架拱"形成很多的孔隙，以达到降低混凝土密度的目的；另一方面又要求水泥料浆或水泥砂浆能够将粗骨料全部包裹住，形成胶结层，把骨料牢固黏结在一起。要做到以上要求，施工时应注意如下事项。

(1) 搅拌最好采用强制式搅拌机，特别是采用轻骨料代替石子作粗骨料时。

(2) 浇筑成型时可采用以下两种方法。

① 自由落料成型法，即经搅拌均匀的大孔混凝土拌合物，从一定高度均匀自由地坠落到模具中，然后用木质泥抹子拍打找平。

② 人工捣打成型法，将拌合物浇筑入模后，人工用木锤或木夯捣打，使混凝土在模具

中摊平，捣打时不宜用力太大，应轻轻拍打。混凝土浆体基本上不继续往下沉落，就可以认为已完成浇筑。

（3）严格禁止采用机械振捣。

（4）浇筑应注意分层浇筑，每层最大浇筑厚度为50cm。

（5）模板内不能有浇筑不到的角落。

（6）混凝土施工缝不能有纵向施工缝留出的水平施工缝，施工缝应用水泥砂浆填嵌。

（7）在大孔混凝土表面做砂浆抹面时，应在混凝土浇筑拆模（一般为浇筑5～7天）后2～3天内进行。

（8）用作承重墙体时，应在墙壁上方设置普通混凝土圈梁。

6.4　实践操作　轻骨料强度检验（GB/T 17431.2—1998）

6.4.1　轻骨料筒压强度

6.4.1.1　范围
本方法适用于用承压筒法测定轻粗骨料颗粒的平均相对强度指标。

6.4.1.2　仪器设备
① 承压筒：由圆柱形筒体（另带筒底）、冲压模和导向筒三部分组成；筒体可用无缝钢管制作，有足够刚度，筒体内表面和冲压模底面须经渗碳处理。筒体可拆，并装有把手。冲压模外表面有刻度线，以控制装料高度和压入深度。导向筒用于导向和防止偏心。

② 压力机：根据筒压强度的大小选择合适吨位的压力机，测定值的大小宜位于所选压力机表盘最大读数的20%～80%范围内。

③ 托盘天平：最大称量5kg（分度值5g）。

④ 干燥箱。

6.4.1.3　试验步骤
① 筛取10～20mm粒级（粉煤灰陶粒允许按10～15mm的粒级；超轻陶粒按5～10mm或5～20mm粒级）的试样5L，其中10～15mm粒级的体积含量应占50%～70%。

② 用带筒底的标准承压强度筒装试样至筒口平齐，分别测定3次松散料质量，取其算术平均值。将测得的平均松散料重乘以填充系数作为试样量，不同轻骨料的填充系数分别为天然轻骨料和煤渣1.15，粉煤灰陶粒和超轻陶粒1.05，其他轻集料1.100。

③ 按上述试样量称取试样，装入承压筒内，先用木锤沿筒壁四周轻敲数次，然后装上导向筒和冲压模。检查冲压模的下刻度线是否与导向筒的上缘重合，如不重合，再轻敲筒壁四周直至完全重合为止。

把承压筒放在压力机的下压板上，以每秒300～500N的速度匀速加荷。当冲压模压入深度为20mm时，记下压力值。

④ 结果计算与评定
粗骨料的筒压强度按式（6.35）计算：

$$f_a = \frac{P}{F} \tag{6.35}$$

式中　f_a——粗骨料的筒压强度，MPa，计算精确至0.1MPa；

P——压入深度为 20mm 时的压力值；N；

F——承压面积（即冲压模面积 $F=10000\text{mm}^2$）。

粗骨料的筒压强度以 3 次试验结果的算术平均值作为测定值。若 3 次试验结果中最大值和最小值之差大于平均值的 15％时，须重做。

6.4.2 陶粒强度等级实验

6.4.2.1 范围

本方法适用于测定高强陶粒的强度标号。强度标号是指该陶粒按本试验方法制成的混凝土的合理强度值。

6.4.2.2 仪器设备及材料

（a）压力试验机；

（b）振动台；

（c）100mm×100mm×100mm 的试模；

（d）拌合铲和球形钵；

（e）托盘天平：最大称量 2kg（分度值为 1g）；

（f）台秤：最大称量 5kg（分度值为 5g）；

（g）材料：普通中砂（细度模数 M_k 为 2.3～3.0）和 52.5 号普通硅酸盐水泥。

6.4.2.3 试验步骤

① 筛取 5～20mm 粒级的陶粒 20L 作试样，将试样浸水一昼夜后取出，倒入 5.00mm 的筛子上，滤 1～2min，然后倒在拧干的湿毛巾上，用手握住毛巾两端，使其成为槽形，让骨料在毛巾上来回滚动 8～10 次后，制备成饱和面干试样，倒入瓷盘里，然后盖上湿布，备用。

称取试样 300g，将试样倒入 1000mL 的量筒中，再注入 500ml 清水。如有试样漂浮于水上，可用已知体积（V_1）的圆形金属板压入水中，读出量筒的水位（V）。按下式计算其饱水状态下的颗粒表观密度值 ρ_{ap}。

$$\rho_{ap}=\frac{m\times100}{V-V_1-500} \tag{6.36}$$

② 砂浆的制备。砂浆量按 15L 计算。砂浆配合比水泥∶砂∶水为 1∶1∶（0.40～0.45），分别称取

$$水泥：m_c=0.015\times\rho_m\times\frac{1}{1+1+（0.40\sim0.45）} \tag{6.37}$$

$$砂：m_s=m_c\times1.0$$
$$水：m_w=m_c\times（0.40\sim0.45）$$

其中，ρ_m 为新拌砂浆的表观密度，kg/m³，若无试验值，可按 2200kg/m³ 取值。

先将砂和水泥干拌均匀后，再加水搅拌成砂浆后备用。

③ 混凝土拌合物的制备。称取饱和面干陶粒和砂浆，拌和成陶粒混凝土拌合物。为确保每个试件内陶粒的绝对体积和含量恒定，每个试件的混凝土拌合物应单独称料拌和。其用量按式（6.38）和式（6.39）计算：

$$\omega_{ap} = n \times V_0 \times \rho_{ap} \tag{6.38}$$

$$M = (1-n) \times V_0 \times \rho_m \tag{6.39}$$

式中　ω_{ap}——每个试件的饱和面干陶粒用量，kg；

　　　n——混凝中陶粒的绝对体积含量，$n=0.45$；

　　　V_0——试件体积，$V_0=0.0011\text{m}^3$；

　　　ρ_{ap}——饱和面干陶粒的表观密度，kg/m^3；

　　　M——每个试件的砂浆用量，kg。

陶粒和砂浆在球型钵中用铲拌和成混凝土拌合物。拌和前，钵和铲先用水润湿。拌和时间应不小于 2min。共拌制 9 份拌合物备用。

④ 试件在振动台上成型。共成型 100mm×100mm×100mm 的砂浆和混凝土试件各 9 个。当混凝土试件振实抹光时只允许将多余的砂浆刮去，不准将上浮的陶粒剔出。如果振实时，试模内混凝土拌合物量不够时，应填补砂浆。

⑤ 试件成型一昼夜后拆模，并分成 3 组编号。每组包括砂浆和混凝土试件各 3 个。同时放在水温为 20~40℃的水中养护至规定龄期。

⑥ 试样养护一周后，进行抗压强度试验。3 组试件可在不同龄期进行试验。试件在抗压试验前，应测定混凝土的湿表观密度。若一组混凝土试件密度的最小值与最大值之差大于平均值的 5% 时，则此组试件应舍去。

如果砂浆抗压强度低于 40MPa，应适当延长砂浆和混凝土的养护龄期，以确保在满足要求的强度条件下进行试压。

6.4.2.4　结果计算

① 砂浆和混凝土方立体抗压强度按式（6.40）计算：

$$f = \frac{P}{F} \tag{6.40}$$

式中　f——砂浆和混凝土立方体抗压强度，MPa，计算精确至 1MPa；

　　　P——破坏荷载，N；

　　　F——立方体试件受压面积，mm^2。

② 根据各组试件所得的砂浆和混凝土抗压强度，查图 6.8。按其在图中的区域，确定陶粒的强度等级。3 组试件中至少应有两组落在图 6.8 中的同一强度标号区内，则该区的强度标号确定为该陶粒的强度标号值，否则应重新进行试验。

6.4.3　吸水率

6.4.3.1　范围

本方法适用于测定干燥状态轻粗骨料 1h 的吸水率。

6.4.3.2　仪器设备

(a) 托盘天平：最大称量 1kg（分度值为 1g）；

(b) 干燥箱；

(c) 筛子：筛孔为 5.00mm；

(d) 容器、瓷盘及毛巾等。

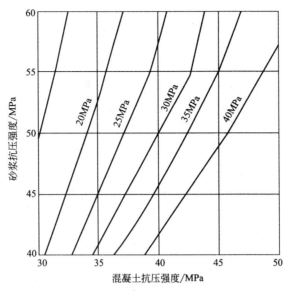

图 6.8　按砂浆强度和混凝土强度确定陶粒强度标号

6.4.3.3　试验步骤

① 取试样 4L，用筛孔为 5.00mm 的筛子过筛。取筛余物干燥到恒量，备用。

② 把试样拌和均匀，分成三等份，分别称量，然后放入盛水的容器中。如有颗粒漂浮于水上，必须设法将其压入水中。

试样浸水 1h 后，按 6.4.2.3 的方法，将试样制成饱和面干，然后称量。

6.4.3.4　结果计算与评定

粗集料　1h 吸水率按式（6.41）计算：

$$\omega_a = \frac{m_1 - m_0}{m_0} \times 100 \qquad (6.41)$$

式中　ω_a——粗集料 1h 吸水率，%，计算精确至 0.1%；

m_1——浸水试样质量，g；

m_0——烘干试样质量，g。

以 3 次试验结果的算术平均值作为测定值。

思考与练习

1. 目前常用的轻骨料有哪些种类？
2. 对轻骨料为何要提出颗粒级配和最大粒径的要求？
3. 如何测定轻骨料的筒压强度？轻骨料的强度对混凝土有何影响？
4. 轻骨料混凝土在施工过程中应注意哪些问题？
5. 轻骨料混凝土的强度等级是如何确定的？
6. 简述轻骨料混凝土的破坏特征。
7. 轻骨料混凝土的徐变和收缩变形与普通混凝土比较有何区别？
8. 加气混凝土对石灰质量有何要求？对硅质材料中的石英砂有何要求？
9. 加气混凝土的外加剂有哪些种类？各起何作用？
10. 加气混凝土的蒸压养护中热工制度共分为哪几个阶段？分别应注意什么？

11. 影响加气混凝土强度的主要因素有哪些？

12. 避免和减少加气混凝土裂纹的主要措施有哪些？

13. 什么是大孔混凝土？其对骨料有什么要求？

14. 大孔混凝土在施工时应注意哪些事项？

15. 某宿舍墙体用碎石大孔混凝土，其强度等级 C5，用大规模现浇施工工艺人工振捣。碎石粒径为 10～20mm，测得所用普通硅酸盐水泥强度为 42.5MPa。施工管理水平中等，$C_v = 15\%$。试设计其配合比。

16. 何谓泡沫混凝土？目前常用的发泡剂有哪些种类？

17. 泡沫混凝土在成型后有哪些养护方法？

18. 轻骨料多孔混凝土和轻骨料混凝土有何区别？

19. 轻骨料多孔混凝土的配合比设计主要有哪些步骤？

7 高性能混凝土

知识目标：掌握高性能混凝土、自密实混凝土的性能特点，原材料选择与应用。掌握高性能混凝土的配合比设计原则、方法和步骤。

能力目标：掌握高性能混凝土、自密实混凝土的质量控制方法与措施；能进行高性能混凝土和自密实混凝土的配合比设计。掌握自密实混凝土拌合物的常规试验。

7.1 概述

7.1.1 高性能混凝土的定义

高性能混凝土(HPC)是20世纪80年代末90年代初发展起来的一种新型高技术混凝土。它是基于混凝土结构耐久性设计提出的一种全新概念的混凝土，它以耐久性为首要设计指标，这种混凝土有可能为基础设施工程提供100年以上的使用寿命。

1950年5月美国国家标准与技术研究院（NIST）和美国混凝土协会（ACI）首次提出高性能混凝土的概念。美国的工程技术人员认为：高性能混凝土是一种易于浇筑、捣实而不离析，力学性能稳定，早期强度高、韧性和体积稳定性好，在严酷环境下使用寿命长的混凝土；美国混凝土协会认为：此种混凝土并不一定需要很高的混凝土抗压强度，但仍需达到55MPa以上，需要具有很高的抗化学腐蚀性或其他一些性能。日本工程技术人员则认为，高性能混凝土应具有高流态、免振、自密实，在水化、硬化的早期阶段很少产生有水化热或干缩等因素而形成的裂缝，在硬化后具有足够的强度和耐久性。加拿大的工程技术人员认为，高性能混凝土是一种具有高弹性模量、高密度、低渗透性和高抗腐蚀能力的混凝土。

高性能混凝土是由高强混凝土发展而来的，但高性能混凝土对混凝土技术性能的要求比高强混凝土更多、更广泛。为了使配制出来的混凝土能够达到高性能的指标，对原材料的选取有一定的要求；根据原材料品质、设计强度等级、耐久性以及施工工艺对工作性能的要求，确定合理的配合比（低水胶比，0.4以下）；施工过程必须严格控制，减少裂缝的产生，裂缝对HPC的各项性能有很重要的影响，因此全过程质量控制对高性能混凝土的使用性能至关重要。

我国《高性能混凝土应用技术规程》（CECS 207：2006）对高性能混凝土定义为：采用常规材料和工艺生产，具有混凝土结构所要求各项力学性能，具有高耐久性、高工作性和高体积稳定性的混凝土。高性能混凝土因其具有很多普通混凝土不具有的性能，在工程建设中有非常广阔的应用前景。

7.1.2 高性能混凝土的特点及技术要求

与普通混凝土相比，高性能混凝土具有如下独特的性能：

① 高性能混凝土具有一定的强度和高抗渗能力，但不一定具有高强度，中、低强度亦可。

② 高性能混凝土具有良好的工作性，混凝土拌合物应具有较高的流动性，混凝土在成

型过程中不分层、不离析，易充满模型；泵送混凝土、自密实混凝土还具有良好的可泵性、自密实性能。

③ 高性能混凝土具有较高的耐久性，对于一些特护工程的特殊部位，控制结构设计的不是混凝土的强度，而是耐久性。能够使混凝土结构安全可靠地工作 50～100 年以上，是高性能混凝土应用的主要目的。

④ 高性能混凝土具有较高的体积稳定性，即混凝土在硬化早期应具有较低的水化热，硬化后期具有较小的收缩变形。

影响混凝土耐久性的主要因素可以分为以下两点：首先，在混凝土工程中为了满足混凝土施工工作性要求，即用水量大、水灰比高，因而导致混凝土的孔隙率很高，特别是其中毛细孔占相当大部分，引起混凝土耐久性的不足；其次，水泥石中的水化产物（高碱度水化产物）稳定性不足也会对耐久性产生影响。要大幅度提高混凝土的耐久性，高性能混凝土在原材料的选择、配合比的设计和施工中就必须考虑这些影响因素。

为了使配制出来的混凝土能够达到高性能的指标，对原材料的选取有一定的要求，选用水泥时，要求其强度等级较高，流变性能好；通常选用质地坚硬、表面粗糙、级配良好、最大粒径大于 20mm 的碎石（密实坚硬的石灰岩最佳）作为粗骨料，细骨料宜选用级配良好、细度模数为 2.6～3.1 的洁净中粗砂；选取超细矿物掺合料时通常选用细磨水淬矿渣、优质粉煤灰以及石英粉等，这些掺合料不仅起到活性的作用，而且还有改善颗粒的粒径分布、提高密实度的作用；目前最常用的是聚羧酸系减水剂用于配制高性能混凝土，根据工程需要也可再加入缓凝剂、引气剂、膨胀剂等以改善高性能混凝土的其他各项性能。

合理的配合比和施工技术对 HPC 的各项性能也有很重要影响，一般要求水胶比低于0.4，粗骨料的体积含量占混凝土体积的 40% 左右，砂率在 36% 左右，在满足性能要求的前提下，应尽可能减少水泥用量。在拌制时必须采用强制式搅拌机进行拌和，而且拌制时宜采用"二次投料法"的拌和，施工工艺规范；高性能混凝土浇注过程中，养护及时。

7.1.3 高性能混凝土在国内外工程中实际的应用

20 世纪 90 年代，美国、加拿大、日本、挪威、德国、澳大利亚等，成为应用高强高性能混凝土最多的国家，德国现行的混凝土结构设计规范已达 C110 级，强度等级为当今世界之最，挪威为目前世界上强度等级第二高的混凝土结构设计规范，已有 C105 级超高强混凝土结构设计规范。美国西雅图双联广场 C135 混凝土（1988 年），美国芝加哥水塔大厦 C75 混凝土(1975年)，美国纽约 Trump 塔楼 C65 混凝土（1981 年），加拿大多伦多 Nova Scotia 广场中心大厦 C80 混凝土。目前应用超高强混凝土最好的国家是挪威。

高性能混凝土不仅实现了混凝土的耐久性，而且真正实现了混凝土可泵性。目前，世界最大功率的混凝土活塞式泵最长水平泵送距离为 1520m，最大垂直泵送距离为 435m。我国鄂东长江公路大桥南塔承台就是使用聚丙烯高性能混凝土，厦门海底隧道使用 C45 高性能防腐蚀混凝土，上海世博电缆隧道采用大掺量复合胶凝材料和特配的缓凝型聚羧酸外加剂的C30 和 C35 高性能混凝土（泵送水平距离达 1400m）。近年来，大量的高层和超高层等大型建筑不断涌现，高性能混凝土在这一领域发挥了充分的作用，超高泵送工程如表 7.1 所示。

7.1.4 高性能混凝土存在的问题以及今后的发展趋势

虽然现在 HPC 已广泛地应用用于工程中，但高性能混凝土还是有些问题仍需进一步研究，如高性能混凝土的收缩、爆裂性以及高温、疲劳、地震作用下的抗力性能等。

表 7.1 超高泵送工程

工程名称	结构高度/m	屋顶高度/m	层数(地上/地下)	最高强度等级	泵送高度/m
上海金茂大厦	403	403	93/3	C60	174
香港金融中心	420	420	88/2	C90	392
上海环球	492	492	101/3	C60	240 左右
北京国贸三期	330	330	74/3	C60	330
天津塔	330	336.9	75/4	C60	330
广州西塔	440	440.75	103/4	C90/C60	168/432
深圳京基	441.8	441.8	98/4	C120	417

目前 HPC 的发展的主要动向有：超高性能混凝土（UHPC）；绿色高性能混凝土（green HPC）；机敏型高性能混凝土（smart HPC）；自密实混凝土等（SCC）

（1）超高性能混凝土（UHPC）　超高性能混凝土，如活性粉末混凝土，其特点是高强度，抗压强度高达 300MPa，实现了水泥基工程材料性能的大跨越。超高性能混凝土包含两个方面的"超高"：超高的耐久性和超高的力学性能。

UHPC 与普通混凝土不同的方面包括：不使用粗骨料，必须使用硅灰和纤维（钢纤维或复合有机纤维），水泥用量较大，水胶比很低。适当配筋的 UHPC 力学性能接近钢结构，同时 UHPC 具有优良的耐磨、抗爆性能。因此，UHPC 特别适合应用于大跨径桥梁、抗爆结构（军事工程、银行金库等）和薄壁结构，以及应用在高磨蚀、高腐蚀环境。

（2）绿色高性能混凝土（green HPC）　进入 21 世纪后，随着经济的飞速发展，环境污染问题进一步凸显，人类面临着人口膨胀、资源能源短缺和环境恶化等三大难题。混凝土材料对资源和能源的消耗很大，同时也会造成环境污染。为了能够实现可持续发展，吴中伟院士在 1998 年首次提出了绿色高性能混凝土的概念。所谓绿色是指不破坏环境，节约能源和资源，既能满足当代人的需求又不对后代人满足其需求的能力构成危害。

绿色高性能混凝土是绿色建筑材料的重要内容，开发和利用绿色高性能混凝土成为混凝土研究的重要课题。绿色高性能混凝土能节约更多的资源和能源，对环境的破坏减小到最低限度，使混凝土结构工程健康发展。

（3）智能混凝土（smart HPC）　智能混凝土是在混凝土原有的组分基础上复合智能型组分，使混凝土材料具有自感知、自适应、自修复特性的多功能材料，对环境变化具有感知和控制的功能。随着损伤自诊断混凝土、温度自调节混凝土、仿生自愈合混凝土等一系列机敏混凝土的出现，为智能混凝土的研究、发展和智能混凝土结构的研究应用奠定了基础。

（4）自密实混凝土　免振自密实混凝土是在浇筑时仅靠混凝土自身的重力而不需要任何捣实外力而达到自密实、自流平的一种混凝土。尤其适用于施工形状复杂、钢筋密集，因而难以振捣的部位。同时可以大大加快混凝土浇筑速度。另外还可以消除振捣带来的噪声。自密实混凝土和广泛用于钢桥面铺装的浇筑式沥青混凝土相似，后者由于其本身的高流动性，摊铺后无需碾压只要简单整平即可。

随着社会经济的发展和人们生活水平的提高，各种现代化的建设也随之加快，而混凝土作为建筑物中最基本也是最重要的材料，需求量越来越大。因此，高性能混凝土是现代社会发展的必然产物，在今后的工程建设中具有非常广阔的发展应用前景。

7.2　高性能混凝土的原材料选择

高性能混凝土组成材料中，除组成材料——水泥、水、砂、石以外，高效减水剂和矿物质掺合料是不可缺的组分。高性能混凝土要根据混凝土结构的使用目的、施工要求、结构物要求的性能和所处的环境条件选择原材料。由于高性能混凝土的要求和配制的特点，原来对普通混凝土影响不明显的因素对于高性能混凝土就可能影响显著，因此高性能混凝土对所用原材料的要求与普通混凝土相比有所不同。

高性能混凝土选用优质的、符合一定质量要求的水泥和骨料，同时选用合适的高效减水剂和活性超细粉，是配制高性能混凝土的基本条件，也是必要条件。

7.2.1　水泥

水泥是高性能混凝土中最关键的组分，不是所有的水泥都可以用来配制高性能混凝土的，高性能混凝土选用的水泥必须满足以下条件。

（1）水泥的流变性能好　高性能混凝土水胶比很低，要满足施工工作性的要求，水泥用量就要大。但为了尽量降低混凝土的内部温升和减小收缩，又应当尽量降低水泥的用量，同时，为了使混凝土有足够的弹性模量和体积稳定性，对胶凝材料总量也要加以限制。因此，用于高性能混凝土的水泥的流变性能比强度更重要。

（2）与外加剂相容性好　高性能混凝土为了确保其流动性，必须掺入高效减水剂。水泥与超塑化剂的相容性不好时，不仅会影响超塑化剂的减水率，更重要的是会造成混凝土坍落度的严重损失，有的混凝土拌合物搅拌后经半小时坍落度就可损失一半以上。影响水泥与超塑化剂相容性的主要因素，对高效减水剂来说，是其化学性质、分子量、交联度、磺化程度和平衡离子等；对水泥来说，是 SO_3 含量同水泥中 C_3A、细度和碱含量的匹配。

（3）需水量低　为了混凝土的高强化与高性能化，在国外出现了球状水泥，调粒水泥，以及活化水泥等。这些新品种水泥的一个很大的特点是，达到相同的标准稠度下，需水量很低，并且水泥在低的水灰比下，能促进水泥的水化反应，使水泥石的结构密实化。

（4）水泥矿物组成和颗粒分布　一般而言，配制高性能混凝土不得使用立窑水泥，应避免使用早强、水化热较高和高 C_3A 含量的水泥，同时水泥中 $f\text{-}CaO$、$f\text{-}MgO$、SO_3 和 Cl^- 等有害成分应尽可能的少；水泥颗粒分布合理，以获得良好的工作性和耐久性。

（5）水泥品种和强度　水泥品种的选择上，应优先选用硅酸盐水泥或普通硅酸盐水泥，混凝土强度等级大于 60MPa 时，宜用强度等级为 62.5 水泥。如果采用较先进的施工工艺和选用减水率较大的减水剂以及比表积较高的活性超细粉，可以选用强度低一些的水泥，但水泥的强度等级最低不得低于 42.5MPa。对于一些体积较大的混凝土工程，应选用中低热水泥。

7.2.2　骨料

高性能混凝土强度和耐久性提高的主要原因之一是骨料与硬化水泥浆体界面的黏结性能的强化。所以，骨料的抗压强度、粒径、粒形、表面状况、级配及最佳砂率、骨胶比对高性能混凝土的性能都有影响。

对于高性能混凝土来说，骨料的选择应考虑以下问题。

（1）级配要好　混凝土骨料，既要求级配合格，也要粗细、大小适中。空隙率尽可能低，这样达到相同流动性时，水泥浆的用量低，混凝土的自收缩变形低，水化热低，体积稳定性好，对强度耐久性均好。

（2）物理性能好 骨料的表观密度和堆积密度要大。吸水率要低，表面要粗糙、粒径好。表观密度大于 2650kg/m³，堆积密度大于 1450kg/m³，这样可以降低骨料空隙率，降低水泥浆用量，有利于流动性、耐久性和强度。吸水率小于 1.0%，说明岩石比较致密，稳定性好。粒形方正，针片状含量小于 10%，表面为粗糙的石灰石碎石或硬质碎石。粒径一般不小于 25mm，并宜采用 10~20mm 和 5~10mm 两级配的粗骨料。

（3）力学性能 不含软弱颗粒的骨料或风化骨料。岩石抗压强度应为混凝土强度的 1.5 倍以上。骨料弹性模量越大，混凝土的弹性模量也相应增大。

（4）化学性能 骨料应是无碱活性骨料，避免高性能混凝土中发生碱-骨料反应。不含泥块，含泥量小于 1.0%；不含有机物、硫化物和硫酸盐等杂质。

石子最好选用结构致密坚硬，强度高的花岗石、大理石、石灰岩、辉绿岩、硬质砂岩等碎石。砂子的细度模数应控制在 2.6~3.2 之间；对于混凝土强度在 C50~C60 的高性能混凝土，可以在 2.2~2.6 之间；配制的高性能混凝土强度越高，砂的细度模数应尽量取上限。

7.2.3 矿物微细粉

矿物掺合料是高性能混凝土中不可缺少的组分，加入矿物微细粉有利于改善混凝土的黏聚性；二次水化作用可减少水泥的水化热，降低混凝土的温度，提高混凝土的后期强度；有利于改善混凝土的内部结构、密实度和工作性能；增加粒子密集堆积，减低孔隙率，改善孔结构，对提高混凝土的抗腐蚀能力和延缓混凝土的性能退化都有较大的作用。尤其是矿物细料对抑制碱-集料反应更为重要。

矿物微细粉有：硅灰、磨细沸石粉、磨细矿渣粉、粉煤灰、偏高岭土粉等。

经过国内外应用表明，其中以硅粉提高强度和耐久性的效果最显著。硅粉为高活性、无定性 SiO_2 微小颗粒，粒径是水泥粒径的 1/100，可以填充在水泥颗粒之间，同时能将水泥水化产生的 $Ca(OH)_2$ 转化为 CSH 凝胶（即火山灰反应），从而大幅度提高混凝土强度和降低混凝土渗透性。在非常恶劣环境中要求混凝土结构具有长寿命，或混凝土强度等级在 C80 以上，硅粉是高性能混凝土的必要组成部分。优质粉煤灰具有物理减水作用，高细度矿渣具有增强作用。这两种掺合料也都有火山灰反应活性，能够在一定程度上降低混凝土渗透性；但粉煤灰和矿渣会降低混凝土早期强度。同时掺加硅粉和优质粉煤灰或高强度矿渣，可以配置高强且高耐久性的混凝土。目前这种水泥、硅粉、粉煤灰或矿渣的三组分胶结材的高性能混凝土正在获得越来越多的应用。

7.2.4 高性能减水剂

由于高性能混凝土的胶凝材料用量大、水灰比低、拌合物黏性大，为了使混凝土获得高工作性，所以在配制高性能混凝土时，必须采用高性能减水剂。选高效减水剂、高效 AE 减水剂、流化剂或超塑化剂、超流化剂等外加剂，是配制高性能混凝土的关键材料。

配制高性能混凝土所选用的高效减水剂应满足以下要求：

（1）高减水率，通常减水率应大于 25%。

（2）新拌混凝土坍落度经时损失小，应以满足施工的具体要求来确定。

（3）与所使用的水泥、矿物质掺合料相容性好。

目前，我国生产高效减水剂的厂家很多，产品遍及萘系、聚羧酸系、三聚氰胺系、氨基磺酸系等，且有了与改性木质素磺酸盐系相结合的复合型减水剂，这为制备高性能混凝土打下了一定基础。为使粗、细骨料具有较强的抗分离性，还需加入适量的纤维素类、丙烯酸类、聚丙烯酰酸、发酵多糖聚合物等增黏剂，以防止混凝土发生分离、泌水等质量问题。为降低高性能混凝土的收缩，除选好粗细骨料及控制胶结材料、用水量外，也可加入铝粉、硫铝酸盐系、石膏、石灰系膨胀调节剂。

高效减水剂的适宜掺量为 $0.5\% \sim 1.0\%$，在掺加时宜与拌和水同时加入搅拌机内，搅拌时间应适当延长，以得到均匀的混凝土拌合物。

7.3 高性能混凝土的性能

高性能混凝土的高性能主要是采用了优质水泥、低水胶比、高效减水剂、活性微粉和高强度的骨料等材料，以最合理的配合比和严格的质量控制形成的。高性能混凝土的性能主要包括高性能混凝土拌合物的性能和高性能混凝土硬化后的性能。

7.3.1 高性能混凝土拌合物的工作性

高性能混凝土拌合料具有易于运输、浇筑和密实成型而不产生离析的性能。一般来说，工作性包括流动性、充填性（抗堵塞性）、黏聚性、稳定性（抗泌水和抗离析性）和可泵性等。不同的结构、施工条件、操作方法对工作性的要求也不同。

由于高性能混凝土配比的细小变化会引起其工作性的敏感变化，加之高性能混凝土的突出特点之一是在新拌状态下具有与施工方法相适应的优良的工作性，高性能混凝土工作性的测试和现场检验就变得更为重要。在评价高性能混凝土的工作性时，多采用坍落度、扩展度和坍落度损失，同时目测观察拌合物的黏聚性和保水性，结合起来综合地评价塑性混凝土的工作性，有抗冻要求的混凝土尚应测定含气量。法国 Ferraris and de Larrard 和日本 Kuroiwa 等提出了改进坍落度法测试高性能混凝土工作性，清华大学和中国建筑材料科学研究院先后借鉴日本方法，改进了 L 型流动仪，并用于测评自密实高性能混凝土的工作性。

7.3.2 耐久性

如前所述，高性能混凝土是按耐久性设计的混凝土。混凝土在使用期间，会由于环境中的水、气体及其中所含侵蚀性介质浸入，产生物理的和化学的反应而逐渐劣化。混凝土的耐久性实质上就是抵抗这种劣化作用的能力。产生这种劣化作用的内部潜在因素是混凝土中的化学成分和结构，外部条件是环境中侵蚀性介质和水的存在，必要条件是那些外部侵蚀性介质和水能逐渐浸入混凝土的内部。因此高性能混凝土设计应考虑当混凝土劣化的外部条件存在时，使混凝土本身密实并不产生原生裂缝，硬化后体积稳定而不产生收缩裂缝，同时减少混凝土内部受侵蚀的组分，以保证高性能混凝土的耐久性。

由于高性能混凝土结构致密，孔隙率低，一般为普通混凝土的 $40\% \sim 60\%$，大孔少，开口孔也少，所以，其抗渗性和抗冻性比普通混凝土明显提高。如清华大学的研究发现，水灰比低于 0.4 并掺入超细粉的高性能混凝土的渗透系数能达 $10^{-12}\,\text{cm/s}$ 数量级，还有不少资料表明其抗渗等级可达到或超过 P30 以上。

高性能混凝土的高致密性使其具有很强的抗腐蚀性。另外，由于在制作过程中掺入较多的活性超细粉，这些活性超细粉与水泥水化产生的 $Ca(OH)_2$ 发生水化反应，生成了低碱性的水化硅酸钙，降低了混凝土内 $Ca(OH)_2$ 的浓度，从而提高了混凝土的抗硫酸盐侵蚀和抗氯盐侵蚀的能力。

目前，对于高性能混凝土耐久性的评定没有统一的指标和方法，对其进行试验和评价基本仍沿用《普通混凝土长期性能和耐久性能试验方法标准》（GB/T 50082—2009）和《混凝土耐久性检验评定标准》（JGJ/T 193—2009）。混凝土耐久性的各种破坏过程几乎都与水有密切的关系，因此混凝土的抗渗性被认为是评价混凝土耐久性的重要指标。混凝土抗渗性能的试验方法包括水压力试验法、抗氯化物渗透试验法及气体渗透试验法。高性能混凝土常用抗氯化物渗透试验法，借助混凝土氯离子电通量测定仪来测量。

对于混凝土的耐久性的安全使用期限，高性能混凝土可以保证重要建筑在不利环境中使用 100 年，在正常环境中使用 200 年，在特殊环境中使用 300 年。

7.3.3　力学性能

由于高性能混凝土采用掺加高效减水剂和矿物质掺合料的技术措施，所以高性能混凝土具有很好的物理性能、力学性能，力学性能主要表现在抗压强度、劈裂抗拉强度和静力弹性模量方面。

7.3.3.1　强度

对高性能混凝土的强度要求，尚存在不同的看法，有人认为 28d 抗压强度不低于50MPa。高性能混凝土抗折强度一般为抗压强度的 $1/10 \sim 1/7$，与普通混凝土相似。目前工程中强度大多在 $40 \sim 80$MPa，还有不少工程已成功使用 100MPa 以上的高性能混凝土。我国专家认为高性能混凝土具有一定的强度和高抗渗能力，但不一定具有高强度，中、低强度亦可。工程试验资料表明：掺入矿物质掺合料的高性能混凝土劈裂抗拉强度，高于同强度等级的普通混凝土。

尽管高性能混凝土的水胶比范围较窄，但其强度范围却很宽。高性能混凝土在原材料和配合比上按耐久性进行设计，抗压强度仍是检验混凝土质量的重要指标；高性能混凝土强度的发展及影响其规律的条件与相同强度的传统混凝土不尽相同；影响普通混凝土强度试验结果的试验方法和条件同样也影响高强和高性能混凝土。但是，有些普通混凝土并不敏感的因素，对于高强和高性能混凝土来说却很敏感。

7.3.3.2　弹性模量

影响混凝土强度的因素也影响弹性模量。这是因为强度和容重都反映混凝土的组成和内部的结构，改变水灰比不仅会显著影响混凝土的强度，而且也会显著影响混凝土的弹性模量。砂浆的弹性模量与砂浆的组成如孔隙率、水化物和水化程度有关，因此也受水灰比的显著影响。

混凝土的弹性模量受强度的影响，但其关系是非线性的，弹性模量随强度的增加而增加缓慢。但是，骨料用量、试件含水状况等对强度的影响和对弹性模量的影响正好相反：粗骨料用量大时强度偏低，而弹性模量则较高；潮湿试件混凝土强度试验值偏低，而弹性模量值则较高。

高性能混凝土有很低的水胶比和较多的矿物细掺料，弹性模量高的未水化熟料颗粒含量大，因此砂浆的孔隙率很低，弹性模量较高；尽管粗骨料用量较低，但综合的结果与同强度的普通混凝土的弹性模量相当。对于使用普通骨料的高强度高性能混凝土来说，其弹性模量和单纯高强混凝土的弹性模量相当。强度超过 60MPa 时，弹性模量增加更缓慢。不振捣的高流动性混凝土（自密实混凝土）因粗骨料用量明显地少于其他高性能混凝土，故使用相同品种骨料，强度相同时，其弹性模量比普通混凝土的弹性模量稍低。

高性能混凝土的静力弹性模量一般在（3.80～4.40）×10^4MPa 范围内，因此，比普通混凝土的静力弹性模量高得多。

7.3.4 体积稳定性

收缩就是混凝土失水造成体积缩小的现象。严格地说，它是三维的变形，但通常以线性变形表示，因为多数情况下，混凝土构件一个或两个方向的尺寸往往要比第三个方向小很多，尺寸最大的方向收缩也最大。

混凝土的收缩发生在两个明显的时期：早期和后期。在收缩的这两个时期又分别包含各种类型不同的线性体积改变，这些体积改变能够在试样上得以物理测量，主要包括干燥收缩和自收缩（如图 7.1 所示），这两种收缩类型都发生在收缩的两个时期。

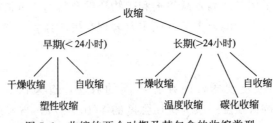

图 7.1 收缩的两个时期及其包含的收缩类型

高性能混凝土的水胶比较低而工作度良好，这样的混凝土硬化后的微结构密实，孔隙率小，普通混凝土结构的薄弱环节"过渡区"得到显著加强，抗渗性明显提高，外界水分和侵蚀性介质难以进入，从而使混凝土的耐久性可以得到很大改善。但是另一方面，由于混凝土的收缩变形，包括塑性收缩、自身收缩和温度收缩，又使得高性能混凝土在变形受到约束时容易出现开裂的趋势，尤其是在早期，可能要比普通混凝土大，因而加强养护，特别是初期及时与充分地湿养护，就显得格外重要。

研究表明：在早期掺矿物掺合料混凝土的收缩与纯水泥混凝土的收缩大致相当，但后期前者要小于后者，并且矿物掺合料的掺量大于 30%的试样后期收缩减小的幅度比掺量小于30%的要大；矿物掺合料在水胶比为 0.25 的混凝土试样中比在水胶比 0.30 的试样中更能发挥抗缩作用；水养时间对掺矿物掺合料高强混凝土的体积稳定性有一定的影响，加强早期水养、延长水养时间能够减小自收缩对高强混凝土体积稳定性的影响。

7.3.5 匀质性

混凝土的匀质性是指不同单位体积混凝土之间各组分分布的均匀程度。当混凝土材料组成及掺量相同时，其性能取决匀质性的好坏。混凝土的匀质性取决于外加剂、水泥、掺合料之间的相容性、浆骨比、砂率、骨料级配及搅拌工艺等多种因素，涉及水泥化学、粉体技术、高分子材料学、表面物理化学和电化学等多方面的知识，是一个极其复杂的问题。

新拌混凝土匀质性不良时，新拌混凝土的流动性和稳定性较差，此时即使增加外加剂掺量也难以改善，甚至会加剧混凝土的板结、泌水。而匀质性良好时，较少的外加剂掺量就可以使混凝土具备优异的流变性能。

高性能混凝土进行混凝土设计和生产时需要优化材料组分和设计参数之间的匹配，以得到匀质性优异的混凝土。对于高强混凝土，匀质性不同时，各龄期强度有明显差别，良好的匀质性可以使混凝土强度提高 20%。提高混凝土的匀质性可以改善硬化水泥浆体的孔结构、界面结构，从而提高混凝土的抗渗性等性能，有利于提高混凝土耐久性，良好的匀质性是制备高性能混凝土的基础。

匀质性是当前在我国最不被重视的问题。而混凝土这种高度非匀质的材料，材料内部组成在空间分布不均匀，并存在许多不可见的原始缺陷，而且因为内部各处温度、湿度的差异（这种差异会因组成与配合比的不同而不同）造成处处强度不同。工程中对构件混凝土匀质性的检测，可使用回弹法，但目前基本上还无验收匀质性的规定。

7.3.6 高性能混凝土的生产与施工

7.3.6.1 原材料的拌制

高性能混凝土由于其性能的要求，在配制时对原材料的称量精度也比普通混凝土有更高的要求。配料是关系到拌合物和易性与混凝土均匀性的主要环节。整个生产期间要符合如下规定：

① 每盘混凝土各组成材料计量结果的偏差控制：水泥与掺合料，±1%；骨料，±2.0%；水与外加剂，±1.0%。

② 保证量具的精确度。在每一班正式称量前，对量具设备进行零点校核。粉煤灰高性能混凝土对水泥、砂石和水的控制精度要求高，尤其是对砂石的控制精度要求高，在生产中应给予重点保障。

③ 严格测定粗、细骨料的含水量。骨料的含水量的变化也将影响水灰比的变化，每班抽测两次进行。

④ 拌制第一盘时，可增加水泥和细骨料用量 10%，但保持水胶比不变。

为使搅拌更充分，混凝土搅拌应采用强制式搅拌机，并且，搅拌时间应适当延长，特别是掺入硅灰时，搅拌时间应比普通混凝土延长 25%～30%。

搅拌时的投料顺序为：粗骨料、细骨料、水泥、活性微细粉投入（搅拌约 0.5min）→加入水（搅拌约 1min）→加入减水剂（搅拌约 0.5min）→出料。

也可以采用裹砂混凝土方法进行搅拌。水泥裹砂混凝土搅拌工艺是 20 世纪 80 年代日本首先应用的一种混凝土搅拌工艺。用这种搅拌方式制备的混凝土也称为 SEC 混凝土（sand enveloped with cement），即裹砂混凝土。目前此法已成为制备高性能混凝土的常用搅拌方法。在相同原材料和配合比条件下，采用此法搅拌可比普通方法制备的混凝土强度高 20% 左右，耐久性也可提高。

裹砂混凝土搅拌工艺投料方法如下所示：

$$投入砂子 \rightarrow 第一次加水 \xrightarrow{\text{搅拌 2min}} 加水泥 \xrightarrow{\text{搅拌 2～3min}}$$

$$加入石子 \xrightarrow{\text{搅拌 1min}} 第二次加水和外加剂 \xrightarrow{\text{搅拌 2～3min}} 出料$$

裹砂混凝土搅拌工艺能够改善混凝土的性能，是由于一次搅拌时，砂子颗粒表面黏结了一层水泥，形成了薄薄的"水泥外壳"。在二次加水后再搅拌时，砂子周围的水泥外壳与二次水混合形成分散性良好的水泥浆填充在骨料之间的空隙，从而大大减少了水泥浆的泌水现象，也改善了砂子与水泥浆体的界面。

对高效减水剂的掺加可采用分次掺加法，做法是在拌合物出机前掺入一部分高效减水剂，到工地卸料前再加入其余高效减水剂，并在加入高效减水剂后继续搅拌至少 1min 后卸料。分次掺加法有利于减小坍落度损失，尤其适用于混凝土运送距离较远的工程。

7.3.6.2 施工

高性能混凝土拌合物的现场运输，泵送浇注。在施工过程中，应根据混凝土特定的性能制定《施工技术规程》，对模板工程、混凝土的运输、浇筑、养护等方面作具体规定，以保证混凝土的施工质量。在产品的验收上，应制定《产品质量标准》，明确规定混凝土拌合物和硬化后的性能指标及产品的验收方法、规则等。

在施工方案中事先确定施工缝预留位置。施工缝的接缝处理应在已硬化的混凝土表面清除水泥浮浆和松动石子，将施工缝处混凝土表面凿毛，并用水冲洗干净，不得积水，再用高强度等级水泥砂浆浇抹表面后，用混凝土细致捣实使新旧混凝土结合密实。

浇筑高性能混凝土应振捣密实，宜采用高频振捣器垂直点振。振捣方式的质量控制，施工方要根据设计图纸及其施工规范等做好施工方案，并且及时向所有操作人员做好技术交底，预防因振捣方式不对而造成混凝土分层、离析、表面浮浆、麻面等质量问题，进而尽可能降低混凝土成型硬化后出现裂缝的概率，保证混凝土的耐久性。

7.3.6.3 养护

养护指混凝土拌合物经密实成型后，保证水泥能正常完成早期水化反应，以获得预定的物理力学性能和耐久性能所采取的工艺控制措施。

高性能混凝土必须加强保湿养护，特别是底板、楼面板等大面积混凝土浇筑后，应立即用塑料薄膜严密覆盖。二次振捣和压抹表面时，可卷起覆盖物操作，然后及时覆盖，混凝土终凝后可用水养护。采用水养护，水的温度应与混凝土的温度相适应，避免因温差过大而混凝土出现裂缝。保湿养护期不应少于 14d。因高性能混凝土用水量小，早期养护很重，应避免混凝土失水引起早期裂缝，影响质量。

当高性能混凝土中胶凝材料用量较大时，应采取覆盖保温养护，防止混凝土因温度变化而引起的开裂。保湿养护期间应控制混凝土内部最高温度不超过 75℃；确保混凝土内外温差不超过 25℃。还应防止混凝土表面温度受环境因素影响（如曝晒、气温骤降等）而发生剧烈变化。

7.3.7 高性能混凝土质量检验及评定

7.3.7.1 混凝土质量检验

(1) 施工前检验：施工前进行的混凝土原材料品质以及耐久性检验。

(2) 施工过程检验：施工过程中原材料品质抽检、现场混凝土拌合物性能检验以及施工现场抽取的混凝土耐久性试件检验。

(3) 施工后检验：施工后对结构物表面裂缝进行观测。

7.3.7.2 检验批量

(1) 混凝土原材料下列任一情况下，应对原材料的品质进行检验：

① 在开工前制订或调整混凝土配合比时；

② 原材料生产场地发生改变时；

③ 正常施工期间，应按要求进行批量检验。

(2) 混凝土的配合比及其性能。下列任一情况下，应对混凝土强度、含气量、泌水率、弹性模量（仅对预应力混凝土结构而言）以及混凝土耐久性进行检验：

① 在开工前制订或调整混凝土配合比时；

② 原材料发生较大改变时；

③ 施工一定批量以后。

7.3.7.3　混凝土质量评定

（1）高性能混凝土质量评定依据

① 混凝土原材料检验及抽检报告单；

② 混凝土配合比试验报告单（包括耐久性）；

③ 混凝土拌和过程检查表；

④ 混凝土强度及弹性模量试验报告单；

⑤ 批量抽检的混凝土耐久性指标试验报告单；

⑥ 混凝土外观检查结果。

（2）混凝土施工前检验、施工过程检验以及施工后检验各项目的检验结果均满足质量要求时，对应混凝土的质量评定为合格。

（3）施工过程中混凝土耐久性试件的检测结果不满足要求时，可对实体混凝土结构进行对应耐久性指标复检，复检结果满足规定质量要求时，对应混凝土的耐久性可评定为合格。

7.4　高性能混凝土的配合比设计

7.4.1　高性能混凝土配合比设计的基本要求

高性能混凝土配合比设计的任务，就是要根据原材料的技术性能、工程要求及施工条件，科学合理地选择原材料，通过计算和试验，确定能满足工程要求的技术经济指标的各项组成材料的用量。根据现代建筑对混凝土的要求，高性能混凝土配合比设计应当满足以下基本要求。

7.4.1.1　高耐久性

高性能混凝土与普通混凝土有很大区别，最重要特征是其具有优异的耐久性，在进行配合比设计时，首先要保证耐久性要求。水胶比越低，混凝土的密实度越高，各方面的性能越好，体积稳定性亦越强，所以高性能混凝土的水胶比不宜大于 0.40，为了提高高性能混凝土的抗化学侵蚀性和碱-骨料反应，提高其强度和密实度，一般宜掺加适量的超细活性矿物质混合材料。

7.4.1.2　高强度

各国试验证明，混凝土要达到高耐久性，必须提高混凝土的强度。高性能混凝土与普通混凝土相比，要求抗压强度的不合格率更低，以满足现代建筑的基本要求。由于高性能混凝土在施工过程中不确定因素很多，所以，结构混凝土的抗压强度离散性更大。为确保混凝土结构的安全，必须按国家有关规定控制不合格率。对于高性能混凝土，其强度等级的保证率为 97.5%，即不合格率应控制在 2.5% 以下，其概率度 $t \leq 1.960$。

7.4.1.3　高工作性

在一般情况下，对新拌混凝土施工性能可用工作性进行评价，即混凝土拌合物在运输、浇筑以及成型中不分离、易于操作的程度，这是新拌混凝土的一项综合性能。它不仅关系到施工的难易和速度，而且关系到工程的质量和经济性。在施工操作中，坍落度越大，流动性越好，则混凝土拌合物的工作性也越好。但是，混凝土的坍落度过大，一般单位用水量也增大，容易产生离析，匀质性变差。一般高性能混凝土的坍落度控制在 18～22cm 为宜。

7.4.1.4 经济性

重视混凝土配合比的经济性，是进行配合比设计时需要着重考虑的一个问题，它关系到工程的造价高低。在高性能混凝土的组成材料中，水泥和高性能减水剂的价格最贵，高性能减水剂的用量又取决于水泥的用量。因此，在满足工程对混凝土质量要求的前提下，单位体积混凝土中水泥的用量越少越经济。对于大体积混凝土，水泥用量较少时，还可以减少由于水化热过大而引起裂缝；在结构用混凝土中，水泥用量如果过多，会导致干缩增大和开裂。

7.4.2 高性能混凝土配合比设计应考虑的几个问题

高性能混凝土配合比设计前，首先对配合比设计中有关重要问题进行总体考虑，这是以后计算中某些必要假设的基础。高性能混凝土配合比设计应考虑以下几个方面。

7.4.2.1 水泥浆与骨料比

对给定的水泥浆：骨料体积比 35∶65，通过使用合适的粗骨料，可以获得强度足够体积稳定的高性能混凝土（如弹性性能、干燥收缩及徐变等）。

7.4.2.2 强度等级

高强度并不一定意味着高性能，也不是高性能混凝土的唯一指标，但当抗压强度大于60MPa时，不仅具有较高的密实性，而且其抗渗透能力强、耐久性也较高。因此，抗压强度可作为高性能混凝土配合比设计及质量控制的基础。工程实践证明，采用大多数天然骨料，通过改善水泥浆的强度，即选择用水量及掺合料品种和用量，可以配制出抗压强度120MPa以上的混凝土。为方便混凝土配合比的计算，可将 60~120MPa 强度划分为几个等级，以便根据工程需要而选择。

7.4.2.3 用水量

对于传统的混凝土而言，拌和用水量的多少，取决于骨料的最大粒径和混凝土的坍落度。由于高性能混凝土的最大骨料粒径和坍落度允许波动的范围很小，最大粒径不大于31.5mm、坍落度为 18~22cm，以及坍落度可通过调节超塑化剂用量来控制，所以在确定用水量时不必考虑骨料的最大尺寸及坍落度。

根据各国配制高性能混凝土的经验证明，高性能混凝土中的用水量与混凝土的抗压强度通常成反比例关系，通过这一关系不仅可用于配合比设计的重要参考，而且可用于预测和控制混凝土的强度。

7.4.2.4 水泥用量

在高性能混凝土中，水泥浆体积与骨料的体积比，大约为 35∶65 比较适宜。在新拌水泥浆中，含有未水化的水泥颗粒、水及空气，混凝土虽然经过强力搅拌，即使在不掺加任何引气剂的情况下，混凝土中也含有大约 2% 的空气。对于一定体积的水泥浆（35%），如果已知水和空气的体积，则可以计算出水泥的体积和水泥的用量。当混凝土有冻融耐久性要求引气时，对于设定的较大引气体积（5%~6%），也可以计算出水泥的用量。

7.4.2.5 减水剂的种类与用量

普通减水剂达不到高性能混凝土所要求的减水程度及工作性，因此，超塑化剂（即高效减水剂）是配制高性能混凝土不可缺少的材料。常用的超塑化剂，主要有萘系减水剂、三聚氰胺系减水剂和聚羧酸系减水剂。在配制高性能混凝土时，要根据给定的混凝土组成材料，在试验室内进行一些必要的基本试验，以决定使用何种减水剂更加适合。超塑化剂的用量，一般为水泥用量的 0.8%~2%，对第一次掺时建议使用 1%。由于超塑化剂价格较高，为获得给定水泥浆满意的流变性，又不产生过大的缓凝，应进行多次试验确定最佳用量。

7.4.2.6 矿物掺合料的种类与用量

矿物掺合料的种类，简单的方法可分为：不掺加任何矿物掺合料、掺加单一或多种矿物掺合料和掺加凝聚硅灰取代部分矿物掺合料三种情况。

第一种情况，单独使用硅酸盐水泥，不掺加任何矿物掺合料。这种情况较少，只有在建议的高性能混凝土强度范围内，绝对不允许掺加矿物掺合料时才出现。因为不掺加任何矿物掺合料，将不会得到相应的许多重要技术性能，如降低水化热、增加耐腐蚀性、提高工作性等。

第二种情况，掺加一种或多种矿物掺合料，以取代混凝土中的部分水泥。经验证明，用高质量的粉煤灰或矿渣代替 25％ 的水泥，不仅可改善新拌混凝土的工作性、减小水化热，而且还可提高充分水化水泥浆的微观结构。因此，在进行高性能混凝土配合比设计时，可假设水泥与选用矿物掺合料的体积比为 75：25。

第三种情况，掺加硅灰取代部分矿物掺合料，即用凝聚硅灰取代部分粉煤灰或矿渣，所产生的效果会更好。例如，不掺加 25％ 的优质粉煤灰，而用 10％ 的硅灰和 15％ 的粉煤灰同时掺入。

7.4.2.7 粗细骨料的比例

根据试验证明，高性能混凝土中骨料体积的最佳比例为 65％。粗细骨料分别所占的比例，通常取决于骨料的级配与形状，水泥浆的流变性及混凝土所要求达到的工作性。由于高性能混凝土中的水泥浆体含量相对较大，通常细骨料的体积用量不宜超过骨料总量的 40％。因此，可假设第一次拌和粗细骨料的体积比为 3：2。

7.4.3 高性能混凝土配合比设计的方法步骤

目前，国际上提出的高性能混凝土配合比设计方法很多，主要有：美国混凝土协会（ACI）方法、法国国家路桥试验室（LCPC）方法、P. K. Mehta 和 P. C. Aitcin 方法等。目前，我国采用的配合比设计方法与《普通混凝土配合比设计规程》（JGJ 55—2011）基本相同。

7.4.3.1 初步配合比的计算

根据选用原材料的性能及对高性能混凝土的技术要求，进行初步配合比的计算，得出供试配混凝土所用的配合比。

（1）配制强度的确定　由于影响高性能混凝土强度的因素很多，变异系数较大，因此，在配合比设计时就应该控制其不合格率。在通常情况下，高性能混凝土的不合格率宜控制在 2.5％，即高性能混凝土的强度保证率为 97.5％ 以上。

当设计要求的高性能混凝土强度等级已知时，可根据下式计算高性能混凝土的试配强度（MPa）。

$$f_{cu,0} \geqslant f_{cu,k} + 1.645\sigma \tag{7.1}$$

也可由下式计算：

$$f_{cu,0} \geqslant 1.15 f_{cu,k} \tag{7.2}$$

（2）初步确定水胶比 W/B　根据已测定的水泥实际强度（或选用的水泥强度等级）、粗骨料的种类及所要求的混凝土配制强度。当混凝土强度等级小于 C60 时，混凝土水胶比（W/B）的可按式（7.3）计算。同时根据工程所处的环境类别及耐久特性（可参考第 5 章

5.2 相关知识）判断 W/B 的大小是否符合最大水胶比，确定水胶比。

$$W/B = \frac{\alpha_a f_b}{f_{cu,0} + \alpha_a \alpha_b f_b} \tag{7.3}$$

当混凝土强度等级大于 C60 时，可参考表 5.22。

（3）选取单位用水量　单位用水量的多少，主要取决于混凝土设计坍落度的大小和高性能减水剂的效果来确定。在和易性允许的条件下，尽可能采用较小的单位用水量，以提高混凝土的强度和耐久性。

在进行混凝土配合比设计时，单位用水量可根据《普通混凝土配合比设计规程》（JGJ 55—2011）计算；也可根据试配强度参考表 7.2 中的经验数据；对于重要工程，根据不同行业标准规范，应通过试配确定单位用水量。

表 7.2　最大用水量与试配强度的关系

混凝土试配强度/MPa	最大单位用水量/(kg/m³)	混凝土试配强度/MPa	最大单位用水量/(kg/m³)
60	175	90	140
65	160	105	130
70	150	120	120

（4）每 m³ 混凝土中胶凝材料、矿物掺合料和水泥用量　根据已选定的每立方米混凝土用水量和得出的水胶比值，按式（7.4）计算出胶凝材料用量。

$$m_{b0} = \frac{m_{w0}}{W/B} \tag{7.4}$$

矿物掺合料的掺量多少，主要取决于掺合料中活性的含量，可按照式（7.5）计算出矿物掺合料用量。

$$m_{f0} = m_{b0} \beta_f \tag{7.5}$$

最后根据式（7.6）计算出水泥用量。

$$m_{c0} = m_{b0} - m_{f0} \tag{7.6}$$

（5）高性能减水剂用量的确定　高性能减水剂是配制高性能混凝土不可缺少的组分，它具有不仅能增大坍落度，而且又能控制坍落度损失的作用。高性能减水剂的用量多少，应根据掺加的品种、施工条件、混凝土拌合物所要求的工作性、凝结性能和经济性等方面，通过多次试验才能确定其最佳掺量。高性能减水剂的掺量，通常为胶凝材料总量的 0.18% ～ 2.0%，建议第一次试配时掺加 1.0%。

（6）选择合理的砂率　合理的砂率值，主要应根据混凝土的坍落度、黏聚性及保水性要求等特征来确定。由于高性能混凝土的水胶比较小，胶凝材料用量大，水泥浆的黏度大，混凝土拌合物的工作性容易保证，所以，砂率可以适当降低。合理的砂率值，一般应通过试验确定，在进行混凝土配合比设计时，可在 36% ～ 42% 之间选用。

（7）粗细骨料用量的确定　混凝土中粗细骨料用量的确定，与普通混凝土配合比设计相同，可采用质量法计算求得。由于高性能混凝土的密实度比较大，其表观密度一般可取 2450～2500kg/m³。

（8）含水量的修正　由于上述高性能混凝土配合比设计是基于各材料饱和面干的情况下，所以在实际拌和中还应根据骨料中含水量的不同，进行适当的粗细骨料含水量修正。

7.4.3.2　高性能混凝土配合比的试配、调整及确定

混凝土配合比设计包括两个过程，即配合比的初步计算和工程中的比例调整。由于在初步计算中有一些假设，与工程实际很可能不相符，所以计算得出的数据仅为混凝土试配的依据。工程实际中往往需要通过多次试配才能得到适当的配合比。

高性能混凝土配合比的试配与调整的方法和步骤，与普通混凝土基本相同。但是，其水胶比的增减值宜为 0.02～0.03。为确保高性能混凝土的质量要求，设计配合比提出后，还须用该配合比进行 6～10 次重复试验，制样做耐久性和强度试验，耐久性按《普通混凝土长期性能和耐久性能试验方法标准》（GB/T 50082—2009）进行，同时按《混凝土耐久性检验标准》进行评定，最终确定高性能混凝土配合比。

7.5　自密实混凝土性质与配合比设计

任务描述：了解自密实混凝土的特点，了解自密实混凝土各阶段的性质、影响自密实混凝土质量的因素。掌握自密实的混凝土配合比设计。

7.5.1　概述

自密实混凝土（self-compacting concrete，简称 SCC）也称作高流态混凝土、高工作性混凝土、自流平混凝土、自填充混凝土和免捣实混凝土等，是一种具有高流动性、均匀性和稳定性，浇筑时无需外力振捣，能够在自重作用下流动密实的混凝土。这种混凝土即使在钢筋布置密集的地方也能够依靠其良好的流动性填满每个角落，这样就大大提高了钢筋混凝土的密实度。另一方面，由于自密实混凝土中大多掺入了粉煤灰、磨细矿粉等矿物掺混合料，通过胶凝材料颗粒级配的优化及"二次水化"等作用，也能够提高混凝土的密实度。

国外对自密实混凝土的研究报道较早出现于日本。1988 年夏，东京大学冈村甫研制室第一次成功地配制出自密实混凝土。次年，在东京举行了自密实混凝土的公开实验，会后许多大建筑公司开始了自密实混凝土的开发。1991 年就有 13 家总承包公司的研究人员在东京大学实验室研究自密实高性能混凝土，1992 年出席日本混凝土学会关于自密实混凝土年会的单位增至 30 家。至 1994 年年底，日本已有 28 个建筑公司掌握了自密实混凝土的技术，可见其发展速度是很快的。其他国家也逐渐开始研制自密实混凝土。事实上，20 世纪 80 年代早期挪威建造的混凝土结构海上石油平台，由于配筋密集且结构庞大无法对混凝土振捣，所配制使用的混凝土实际上是依靠重力密实。法国于 1995 年开始研制免振捣自密实混凝土，瑞典、德国、新加坡、瑞士等国家也相继研制成功并获得应用，荷兰自 1999 年开始已将自密实混凝土用于预制建筑构件的生产。

国内对自密实混凝土的研究与应用开始于 20 世纪 90 年代初期。1987 年冯乃谦教授提出了流态混凝土概念，奠定了这一研究的基础。1993 年，北京城建集团构件厂在研制出 C60～C80 大流动性高强度混凝土的基础上开始着手免振捣自密实高性能混凝土的研制，于 1996 年获得了免振捣自密实混凝土的国家专利。之后，中建一局、中国铁道建筑总公司及深圳、济南、天津、宁夏等地陆续有了自密实混凝土应用于工程实践的报道。

自密实混凝土的优点：

（1）提高生产效率。由于不需要振捣，混凝土浇筑需要的时间大幅度缩短，工人劳动强度大幅度降低，需要工人数量减少。

（2）改善工作环境和安全性。没有振捣噪声，避免工人长时间手持振动器导致的"手臂振动综合征"。

（3）改善混凝土的表面质量。不会出现表面气泡或蜂窝麻面，不需要进行表面修补；能够逼真呈现模板表面的纹理或造型。

（4）增加了结构设计的自由度。不需要振捣，可以浇筑成形状复杂、薄壁和密集配筋的结构。以前，这类结构的使用往往因为混凝土浇筑施工的困难而受到限制。

（5）有效解决传统混凝土施工中漏振、过振，避免了振捣对模板冲击移位的问题。

（6）大量利用工业废料做掺合料，降低混凝土水化热，提高混凝土耐久性。

（7）降低工程总体造价，从提高施工速度，减少操作工人，延长模板使用寿命，结构设计优化等方面降低工程成本。

目前，自密实混凝土已广泛应用于各类工业民用建筑、道路、桥梁、隧道及水下工程、预制构件中，国内也已有自密实混凝土用于特殊结构施工报道，如大型爆炸洞、水工建筑物、窄径深孔井桩、钢管混凝土等。

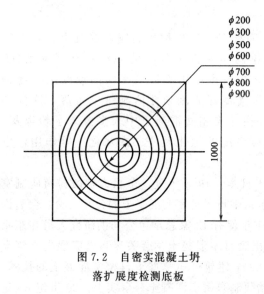

图 7.2　自密实混凝土坍落扩展度检测底板

7.5.2　自密实混凝土的性能

7.5.2.1　自密实混凝土拌合物的性质

自密实混凝土的拌合物除高流动性外，还必须具有良好的抗材料分离性（抗离析性）、间隙通过性（通过较密钢筋间隙和狭窄通道的能力）和抗堵塞性（填充能力）。目前，我国及国外大多用拌合物的坍落扩展度，即坍落后拌合物铺展的直径，作为高流动性混凝土流变性能的量度。其测试方法为，用一块底板为硬质不吸水的光滑正方形平板，边长为 1000mm，最大挠度不超过 3mm。在平板表面标出坍落筒的中心位置和直径分别为 500mm、600mm、700mm、800mm 及 900mm 的同心圆，见图 7.2。将坍落度筒放置于水平的底板中央，按标准规定向坍落度筒中注满自密实混凝土，竖直提起坍落度筒让自密实混凝土浆体流出，浆体流至 500mm 的时间记为 T_{500}。如果坍落度不满足要求，T_{500} 可以忽略。将浆体垂直方向的两个最大直径记录，并取其平均值，记录坍落扩展度。

自密实混凝土的间隙通过性和抗离析性能则分别用 J-环扩展度试验和抗离析性试验测定（见试验部分）。

我国《自密实混凝土应用技术规程》（JGJ/T 283—2012）提出了混凝土拌合物自密实性能指标，见表 7.3。

自密实性能指标分为必控指标和可选指标，自密实混凝土应根据结构形状、尺寸、配筋状态、施工方式等特点，按表 7.4 选择自密实性能指标。

表7.3 混凝土拌合物自密实性能指标

检测性能	性能指标测试方法	测试值	性能等级	性能指标
填充性	坍落扩展度	坍落扩展度	$SF1$	550～650mm
			$SF2$	660～750mm
			$SF3$	760～850mm
	T_{50}	扩展时间	VS	$2s \leqslant T_{50} \leqslant 5s$
间隙通过性	J环扩展度	坍落扩展度与有环条件下的扩展度差值	$PA1$	$25mm < PA1 \leqslant 50mm$
			$PA2$	$0mm \leqslant PA2 \leqslant 25mm$
抗离析性	筛析法	浮浆百分比	$SR1$	$\leqslant 20\%$
			$SR2$	$\leqslant 15\%$
	跳桌法	离析率	f_m	$\leqslant 10\%$

表7.4 混凝土自密实性能指标应用范围

性能指标	等级	应用范围	说明
填充性	$SF1$	(1)从顶部浇筑的无配筋或配筋较少的混凝土结构物(如平板) (2)泵送浇筑施工的工程 (3)截面较小,无需水平长距离流动的竖向结构物(如桩和一些深基础)	必控指标
	$SF2$	适合大多数的普通钢筋混凝土结构	
	$SF3$	适用于结构紧密的竖向构件、形状复杂的结构等(粗骨料最大公称粒径宜小于16mm)	
	VS	对于配筋较多的结构或要求具有较高混凝土外观性能应严格控制	
间隙通过性	$PA1$	适用于钢筋净距80～100mm	可选指标
	$PA2$	适用于钢筋净距60～80mm	
抗离析性	$SR1$	适用于流动距离小于5m、钢筋净距大于80mm的薄板结构和竖向结构	可选指标
	$SR2$	适用于流动距离超过5m、且钢筋净距大于80mm的竖向结构。也适用于流动距离小于5m、钢筋净距小于80mm的竖向结构,但流动距离超过5米,SR值宜小于10%	

注:1. 只有在少量或没有加筋的情况下,间隙通过性可不必作为自密实混凝土的性能指标;对于钢筋净距小于60mm宜进行模拟实验;对于钢筋净距大于80mm的薄板结构或钢筋净距大于100mm的其他结构可不做此项要求。

2. 要求高填充性(坍落扩展度指标为$SF2$或$SF3$)的自密实混凝土,应做此项要求。

一般自密实混凝土的凝结时间较长,可达10h左右,尤其是在冷天施工时。但初、终凝时间间隔短,一旦凝结,强度很快就会增长;如果使用低浓度的高效减水剂,由于$NaSO_4$含量较高,会使混凝土凝结时间缩短,甚至在夏季还需添加适量缓凝剂。

7.5.2.2 硬化混凝土的性质

(1)强度 自密实混凝土属于高性能混凝土,可有很宽的强度范围,即从C25到C60以上。自密实混凝土的抗压强度随着龄期的增长而增长,但早期强度增长较快,后期强度增长明显小于早期,这是由于混凝土中掺入了高效减水剂后促进了水泥的早期水化所致。有资料显示,对于不同水胶比的自密实混凝土,3d龄期的抗压强度可以达到28d强度的43.1%～59.4%;7d抗压强度可以达到28d强度的66.0%～77.8%。对于掺粉煤灰的自密实混凝土,随水胶比的减少,自密实混凝土的抗压强度增加,并且强度发展速率也增加。

为了保证及时拆模,成型后的自密实混凝土在标准条件下24h抗压强度应≥5MPa。在施工计划允许、着重长期强度、使用低热水泥等情况下,可放宽上述要求。

(2)弹性模量 由于粗骨料用量较少,自密实混凝土比使用同一品种骨料的普通混凝土弹性模量稍低些,根据日本工业标准(JIS)的方法试验,标准养护28d时,降低值小于

10％。根据北京二建的测试，因采用低水胶比，尽管有所降低，仍能满足结构设计规范的要求。适当提高配制强度、增加粉煤灰掺量、添加适量合成短纤维等措施均可提高弹性模量。

（3）收缩　与普通混凝土相比，由于所采用的水泥标号高，粗骨料最大粒径小、用量小，高活性高细度的矿物掺合料用量大，以及水泥水化速度快、水化热高等特点，自密实混凝土的自收缩大，尤其是早期的自收缩较大，对混凝土的抗裂性不利。其干燥收缩也大，容易产生有害裂缝。据日本的资料，标准条件下养护 7d 的试件在（20±2）℃、相对湿度（60±5）％的条件下 6 个月的干缩为 $\leqslant 8 \times 10^{-4}$ 以下，比同种骨料的普通混凝土收缩增加量 $<10\%$。

影响混凝土收缩的因素很多，主要有水泥品种、掺合料种类及掺量、骨料品种及体积含量、水胶比、外加剂及掺量、养护条件、龄期及结构特征等。

水泥中 SO_3 含量对收缩影响较为显著，因此要求 $SO_3 < 3.5\%$。水泥细度越细其收缩也越大；掺加足量的粉煤灰可以有效降低混凝土的收缩，究其原因，一方面是与水泥相比，粉煤灰表面光滑，需水量少，在水胶比相同的情况下保留了较多的自由水，从而降低了自收缩。另一方面，由于粉煤灰的掺入取代了一部分水泥，使得混凝土早期的水化反应减弱，自收缩减少；天然骨料在混凝土中能够抑制水泥浆的收缩，起到体积稳定的作用。所以，在混凝土中的体积比越大、弹性模量越高，混凝土的收缩越小。配合比也是影响混凝土收缩重要因素之一。当水灰比较大时，混凝土的早期收缩较小，但长期的干燥收缩较大。水灰比小的混凝土，早期主要是毛细孔失水，所以早期收缩相对较大，而长期收缩较小；高效减水剂的使用能大量减少混凝土的用水量，提高水泥水化程度，但在一定程度上也会增加混凝土的收缩。因此，在工程中一定要选择对混凝土收缩影响较小的减水剂。掺用合成纤维不仅可减小收缩，也可提高抗裂性能，合理的配筋、有效的养护措施都有助于减少混凝土的收缩。

（4）抗碳化性　混凝土掺用大量混合材料后，碱度大大降低，会加速碳化而不利于对钢筋的保护，但自密实混凝土因水胶比很低，混凝土密实度高，抵抗碳化的能力强。例如粉煤灰掺量为 30％而水胶比为 0.35 时，碳化速率约与普通混凝土水灰比为 0.5 时相当，同样效果的矿渣掺量可达 70％；水胶比为 0.4、矿渣掺量达 50％时，碳化速率同普通混凝土的相差无几。

在实际工程中则可根据不同的构件作相应的处理：对主要受压的构件，如基础、墩柱以及长期处于水下的结构，可不考虑碳化问题；对受弯构件，如梁、板等则因在荷载作用下易产生裂缝（设计时允许受力后受拉区产生宽度不大于 0.2mm、预应力钢筋混凝土是 0.1mm 的裂缝），则应考虑碳化问题。对用于不同部位的自密实混凝土，可通过配合比的调整来保证其抗碳化的性能。有些矿物细掺料中往往含有一定量的碱，对保持混凝土中的 pH 值是否起作用，需要通过试验来证明。对自密实混凝土的抗碳化性也需要和构件的裂缝情况结合起来进行试验研究。

（5）耐久性　掺用一定量的引气剂能够提高自密实混凝土的抗冻性能。日本规范规定，经冻融循环作用后，动弹性模量必须保持 80％以上，冻融循环次数最低为 200 次，在冻融循环作用频繁的环境下，要求 300 次。含气量一般要求为 3％～6％，在冻融循环作用频繁的环境下，为 4％～7％。由于掺入较大量矿物细掺料，自密实混凝土有很好的抗化学侵蚀和抗碱骨料反应的能力。矿物细掺料抗碱骨料反应的有效掺量粉煤灰为 30％，矿渣是 40％。

（6）自密实混凝土的结构　自密实混凝土具有良好力学性能。从混凝土的微结构分析，由于水泥石与骨料间的界面区，是混凝土结构最薄弱的部位。与水泥石比较，界面区具有不同的结构和相分布，界面区孔隙增加，晶体相较软弱，渗透性大。在普通混凝土中，界面区的孔隙率高于水泥石的孔隙率。由于振动影响产生的微泌水形成的孔隙结构，气泡聚集以及界面区局部水灰比较大的情况比较严重。由于自密实混凝土黏性好，泌水少，加上不需要振捣，因而减少了微泌水，水泥石的孔隙率尤其是界面区的孔隙率显著低于普通混凝土，而且均匀分布于界面区和水泥石本体之中。同时由于自密实混凝土掺入了较多的粉煤灰，水化中消耗了较多的氢氧化钙，大大减少了界面区氢氧化钙晶体的形成。减少了氢氧化钙这一软弱晶体的形成，改善了自密实混凝土的界面区结构。结构密实，强度提高，渗透性低，就能够提高耐久性能。

7.5.3 自密实混凝土的原材料

(1) 胶凝材料 除要求温升很低的大体积自密实混凝土需要选用中热或低热水泥外，硅酸盐水泥、普通硅酸盐水泥和矿渣硅酸盐水泥都可选用。其标准标号应不低于32.5 号，具有较低的需水性以及与所加入的高效减水剂的相容性。掺用的矿物细掺料应具有低需水量、高活性。为了保证混凝土的耐久性，可利用不同细掺料的复合效应。例如，矿渣比粉煤灰活性高，而抗离析性差；粉煤灰比矿渣抗碳化性能差，但收缩小。按适当比例同时掺用粉煤灰和矿渣，则可取长补短。由于采用低水灰比，当混凝土强度要求较低时，可再掺用适量填充性细掺料，如石英砂粉、石灰石粉等，以保证足够的浆量。例如，日本的高流动性混凝土普遍采用水泥、矿渣、粉煤灰三组分胶凝材料，有时加上石粉，成为四组分。

(2) 骨料 骨料的粒形、尺寸和级配对自密实混凝土拌合物的施工性，尤其是对拌合物的间隙通过性影响很大。

粗骨料宜采用连续级配或 2 个及以上单粒径级配搭配使用，最大公称粒径不宜大于20mm；对于结构紧密的竖向构件、复杂形状的结构以及有特殊要求的工程，粗骨料的最大公称粒径不宜大于16mm。粗骨料的针片状颗粒含量、含泥量及泥块含量，应符合表 7.5 的要求，其他性能及试验方法应符合现行行业标准《普通混凝土用砂、石质量及检验方法标准》(JGJ 52) 中的相关规定。

表 7.5 粗骨料的性能指标

项目	针片状颗粒含量	含泥量	泥块含量
指标	≤8%	≤1.0%	≤0.5%

轻粗骨料宜采用连续级配，性能指标应符合表 7.6 的要求，其他性能及试验方法应符合现行国家标准的相关规定。

表 7.6 轻粗骨料的性能相关指标

项目	密度等级	最大粒径	粒型系数	24h 吸水率
指标	≥700	≤16mm	≤2.0	≤10%

细骨料宜选用级配Ⅱ区的中砂，天然砂的含泥量、泥块含量应符合表 7.7 的要求；人工砂的石粉含量应符合表 7.8 的要求，当人工砂中含泥量很低（$MB \leqslant 1.0$），在配制 C25 及以下混凝土时，经试验验证能确保混凝土质量后，其石粉含量可放宽到 15%。试验应按现行行业标准《普通混凝土用砂、石质量及检验方法标准》(JGJ 52) 中的相关规定进行。

表 7.7 天然砂的含泥量和泥块含量指标

项目	含泥量	泥块含量
指标	≤3.0%	≤1.0%

表 7.8 人工砂的石粉含量

项 目		指标		
		≥C60	C55～C30	≤C25
石粉含量	MB<1.4(合格)	≤5.0%	≤7.0%	≤10.0%
	MB≥1.4(不合格)	≤2.0%	≤3.0%	≤5.0%

（3）外加剂 对高流动混凝土外加剂性能的要求为：有优质的流化性能，保持拌合物流动性的性能、合适的凝结时间与泌水率、良好的泵送性；对硬化混凝土力学性质、干缩和徐变无坏影响，耐久性（抗冻、抗渗、抗碳化、抗盐浸）好。即使设计强度等级不高，也要选用高性能减水剂或高效减水剂。选用的外加剂性能应符合现行国家标准《混凝土外加剂》（GB 8076）和《混凝土外加剂应用技术规范》（GB 50119）中的相关规定。掺用改善拌合物性能的其他外加剂时，应通过充分试验进行验证，其性能应满足现行相关标准的要求。掺用膨胀剂时，其性能应符合现行国家标准《混凝土膨胀剂》（GB 23439）中的相关规定。

由于自密实混凝土拌合物往往有离析的倾向，在日本多采取掺抗离析剂或增稠剂来解决。日本的抗离析剂有纤维素水溶性高分子、丙烯酸类水溶性高分子、葡萄糖或蔗糖等生物高聚物等。其中纤维素醚和甲基纤维素用得最多。但是添加抗离析剂时，对混凝土的强度有些影响。

（4）拌和用水 自密实混凝土拌和用水应符合现行行业标准《混凝土用水标准》（JGJ 63）的相关规定。

7.5.4 自密实混凝土的配合比设计

7.5.4.1 一般规定

（1）自密实混凝土配合比应根据所应用结构形式的特点、施工工艺以及环境因素对自密实混凝土的技术要求进行设计，在综合考虑混凝土自密实性能、强度、耐久性以及其他必要的性能要求基础上，提出初始配合比，经实验室试配调整得出满足工作性要求的基准配合比，并进一步经强度、耐久性复核得到生产配合比。

（2）自密实混凝土配合比设计宜采用绝对体积法。自密实混凝土水胶比宜小于 0.42，胶凝材料用量宜控制在 450～550kg/m³。

（3）自密实混凝土宜采用通过增加胶凝材料的方法适当增加浆体体积或通过添加外加剂的方法来改善浆体的黏聚性和流动性。

（4）钢管自密实混凝土配合比设计时，应采取减少收缩的措施。

7.5.4.2 混凝土配合比设计

（1）步骤和要求 自密实混凝土配合比设计应确定拌合物中粗骨料体积、砂浆中砂的体积分数、水胶比、胶凝材料中矿物掺合料的用量和胶凝材料用量等参数。

1）确定粗骨料体积（V_g）及质量（m_g）

① 单方混凝土中粗骨料绝对体积用量（V_g）可按表 7.9 选用。

表 7.9 单方混凝土中粗骨料体积用量

流动性指标	SF1	SF2	SF3
单方混凝土中粗骨料绝对体积用量/m³	0.32～0.35	0.30～0.33	0.28～0.32

② 每立方米自密实混凝土中粗骨料的质量（m_g）根据粗骨料绝对体积（V_g）和表观密度（ρ_g），并按下式计算：

$$m_g = V_g \times \rho_g \qquad (7.7)$$

2）砂浆体积（V_m），可按下式计算：

$$V_m = 1 - V_g \qquad (7.8)$$

3）每立方米自密实混凝土中砂的体积（V_s）和砂用量（m_s）可按下列公式计算：

$$V_s = V_m \times \Phi_s \qquad (7.9)$$

式中　Φ_s——砂浆中砂的体积分数，可取 0.42～0.45。

$$m_s = V_s \times \rho_s \qquad (7.10)$$

4）浆体体积（V_p），可按下式计算：

$$V_p = V_m - V_s \qquad (7.11)$$

5）胶凝材料表观密度（ρ_b）可根据矿物掺合料和水泥的相对含量及各自的表观密度，并按下式计算：

$$\rho_b = \frac{1}{\dfrac{\beta}{\rho_m} + \dfrac{(1-\beta)}{\rho_c}} \qquad (7.12)$$

式中　ρ_b——胶凝材料表观密度，kg/m^3；

　　　β——自密实混凝土中矿物掺合料占胶凝材料的质量分数，%，当采用两种或两种以上矿物掺合料时，可以用 β_1、β_2、β_3 表示，并进行相应计算（根据自密实混凝土工作性、耐久性、温升控制等要求，合理选择胶凝材料中水泥、矿物掺合料类型，矿物掺合料占胶凝材料用量的质量分数 β 不宜小于 0.2）；

　　　ρ_m——矿物掺合料表观密度 kg/m^3；

　　　ρ_c——水泥表观密度 kg/m^3。

6）自密实混凝土配制强度 $f_{cu,0}$ 按现行行业标准《普通混凝土配合比设计规程》（JGJ 55）相关规定进行计算。

7）确定水胶比（m_w/m_b）

① 当具备试验统计资料时，可根据工程所使用的原材料，通过建立的水胶比与自密实混凝土抗压强度关系式来计算得到水胶比。

② 当不具备上述试验统计资料时，可按下式计算：

$$m_w/m_b = \frac{0.42 f_{ce}(1-\beta+\beta\gamma)}{f_{cu,0}+1.2} \qquad (7.13)$$

式中　f_{ce}——为水泥的 28d 实测抗压强度（MPa）；当水泥 28d 抗压强度未能进行实测时，可采用水泥强度等级对应值乘以 1.1 得到的数值作为水泥强度值代入上式；

　　　γ——为矿物掺合料的胶凝系数；粉煤灰（$\beta \leq 0.3$）取 0.4，矿渣粉（$\beta \leq 0.4$），可取 0.9；

　　　m_b——每立方米自密实混凝土中胶凝材料的质量，kg；

m_w——每立方米自密实混凝土中用水量，kg。

8）每立方米自密实混凝土中胶凝材料的质量（m_b）可根据自密实混凝土中的浆体体积（V_p），由胶凝材料的表观密度（ρ_b）、水胶比（m_w/m_b）等参数，并按下式计算：

$$m_b = \frac{V_p - V_a}{\dfrac{1}{\rho_b} + \dfrac{m_w/m_b}{\rho_w}}$$

（7.14）

式中　V_a——为引入空气的体积，对于非引气型的自密实混凝土，V_a 一般可取 10L；

　　　ρ_w——为拌和水的表观密度，取 1000kg/m^3。

9）每立方米自密实混凝土中用水量（m_w）可根据每立方米自密实混凝土中胶凝材料用量（m_b）以及水胶比（m_w/m_b），并按下式可计算：

$$m_w = m_b\ (m_w/m_b)$$

（7.15）

10）每立方米自密实混凝土中水泥的质量（m_c）和矿物掺合料的质量（m_m）可根据每立方米自密实混凝土中胶凝材料的质量（m_b）和胶凝材料中矿物掺合料的质量分数（β），并按下列公式计算：

$$m_m = m_b \beta$$

（7.16）

$$m_c = m_b - m_m$$

（7.17）

11）根据试验，选择外加剂的品种和用量，外加剂用量按下式计算：

$$m_{ca} = m_b \alpha$$

（7.18）

式中　m_{ca}——每立方米自密实混凝土中外加剂用量，kg；

　　　α——外加剂掺量，以占胶凝材料总量的质量百分数表示，%，应由试验确定。

（2）试拌、调整与确定

1）混凝土试配时应采用工程实际使用的原材料，每盘混凝土的最小搅拌量不宜小于 25L。

2）试配时，首先应进行试拌，然后检查拌合物自密实性能必控指标，再检查拌合物自密实性能可选指标。当试拌得出的拌合物自密实性能不能满足要求时，应在水胶比不变、胶凝材料用量和外加剂用量合理的原则下调整胶凝材料用量、外加剂用量或砂的体积分数等，直到符合要求为止。然后提出供混凝土强度试验用的基准配合比。

3）混凝土强度试验时至少应采用三个不同的配合比。其中一个应为第 2 条确定的基准配合比，别外两个配合比的水胶比宜较基准配合比分别增加和减少 0.02；用水量与基准配合比相同，砂的体积分数可分别增加或减少 1%。

4）制作混凝土强度试验试件时，应验证拌合物自密实性能是否达到设计要求，并以结果作为代表相应配合比的混凝土拌合物的性能。

5）进行混凝土强度试验时，每种配合比至少应制作一组（三块）试件，标准养护到 28d 或设计强度要求的龄期时试压，也可同时多制作几组试件，按《早期推定混凝土强度试验方法标准》（JGJ/T 15）早期推定混凝土强度，用于配合比调整，但最终应满足标准养护 28d 或设计规定龄期的强度要求。如有耐久性要求时，还应检测相应的耐久性指标。

6）根据试配结果对基准配合比进行调整，直至拌合物自密实性能和硬化后混凝土性能都满足相应规定为止，获得生产配合比。

7）对于应用条件特殊的工程，可对确定的配合比进行模拟试验，以检验所设计的配合比是否满足工程应用条件。

 ## 7.6 实践操作　自密实混凝土拌合物性能测试

7.6.1　自密实混凝土坍落扩展度和 T_{50} 试验方法

本方法用于测量自密实混凝土拌合物的填充性能。

7.6.1.1　试验仪器

① 混凝土坍落度筒应符合现行行业标准《混凝土坍落度仪》（JG 3021）相关规定。

② 底板应为硬质不吸水的光滑正方形平板，边长为 1000mm，最大挠度不超过 3mm。在平板表面标出坍落度筒的中心位置和直径分别为 500mm、600mm、700mm、800mm 及 900mm 的同心圆，见图 7.2。

③ 铲子、抹刀、钢尺（精度 1mm）、秒表、盛料容器等辅助工具。

7.6.1.2　试验步骤

① 润湿底板和坍落度筒，在坍落度筒内壁和底板上应无明水；底板应放置在坚实的水平面上，并把筒放在底板中心，然后用脚踩住两边的脚踏板，坍落度筒在装料时应保持在固定的位置。

② 在新拌混凝土试样不产生离析的状态下，将其填入坍落度筒内，利用盛料容器使内盛的混凝土拌合物均匀流出，不分层一次填充至满，自开始入料至填充结束应在 1.5min 内完成，且不施以任何捣实或振动。

③ 用刮刀刮除坍落度筒中已填充混凝土顶部的余料，使其与坍落度筒的上缘齐平后，随即将坍落度筒沿铅直方向匀速地向上提起 300mm 的高度，提起时间宜控制在 2s 左右。待混凝土停止流动后，测量展开圆形的最大直径，以及与最大直径呈垂直方向的直径，测定直径时量测一次即可。自坍落度筒提起至测量拌合物扩展直径结束应控制在 40s 内完成。

④ 测定扩展度达 500mm 的时间 T_{50} 时，应自坍落度筒提起时开始，至扩展开的混凝土外缘初触平板上所绘直径 500mm 的圆周为止，以秒表测定时间，精确至 0.1s。

⑤ 混凝土的扩展度为混凝土拌合物坍落扩展终止后扩展面相互垂直的两个直径的平均值，应精确至 5mm。

⑥ 观察最终坍落后的混凝土状况，如发现粗骨料在中央堆积或最终扩展后的混凝土边缘有较多水泥浆析出，表示此混凝土拌合物抗离析性不好，应予记录。

7.6.2　自密实混凝土 J-环扩展度试验方法

本方法适用于测试自密实混凝土拌合物的间隙通过性。

7.6.2.1　试验仪器

① J 环应采用钢或不锈钢，圆环中心直径和厚度分别为 300mm、25mm，并用螺母和垫圈将 16 根 ϕ16mm×100mm 圆钢锁在圆环上，圆钢中心间距为 58.9mm（图 7.3）。

② 混凝土坍落度筒应符合现行行业标准《混凝土坍落度仪》（JG/T 248）的相关规定。

③ 底板应为硬质不吸水的光滑正方形平板，边长为 1000mm，最大挠度不超过 3mm。

④ 铲子、抹刀、钢尺（精度 1mm）、盛料容器辅助工具。

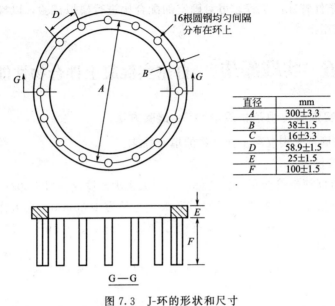

直径	mm
A	300±3.3
B	38±1.5
C	16±3.3
D	58.9±1.5
E	25±1.5
F	100±1.5

图 7.3 J-环的形状和尺寸

7.6.2.2 试验步骤

① 先润湿底板、J 环和坍落度筒，在坍落度筒内壁和底板上应无明水；底板应放置在坚实的水平面上，并把 J 环放在底板中心。

② 将坍落度筒倒置在底板中心，并与 J 环同心。然后将混凝土不分层一次填充至满。

③ 用刮刀刮除坍落度筒顶部及周边的混凝土余料，随即将坍落度筒沿垂直方向连续地向上提起 300mm，提起时间宜控制在 2s。自开始入料至提起坍落度筒应在 1.5min 内完成。

④ J 环扩展度应为混凝土拌合物坍落扩展终止后扩展面相互垂直的两个直径的平均值，测量应精确至 1mm，结果修约至 5mm。

⑤ 自密实混凝土间隙通过性性能指标（PA）结果应为测得混凝土坍落扩展度与 J 环扩展度的差值。

⑥ 目视检查 J 环加筋杆附近是否有骨料堵塞，当粗骨料在 J 环圆钢附近出现堵塞时，可判断混凝土拌合物间隙通过性不合格，应予记录。

7.6.3 自密实混凝土抗离析性试验方法

本方法适用于测试自密实混凝土拌合物的抗离析性能。

7.6.3.1 试验仪器

① 电子天平，称量 10kg，感量 5g。

② 试验筛，选用公称直径为 5mm 方孔筛，且应符合国家标准《金属穿孔板试验筛》（GB/T 6003.2）的规定。

③ 盛料器，采用钢或不锈钢，内径为 208mm，上节高度为 60mm，下节带底净高为 234mm，在上、下层连接处需加宽 3~5mm，并设有橡胶垫圈（图 7.4）相关要求。

7.6.3.2 试验步骤

① 先取 10L±0.5L 混凝土置于盛料器中，放置在水平位置上，静置 15min±0.5min。

② 将方孔筛固定在托盘上，然后将盛料器上节混凝土移走，倒入方孔筛，称量倒入方孔筛的混凝土质量 m_0，精确至 1g。

③ 静置 120s±5s 后，先把筛及筛上的混凝土移走，称量筛孔流到托盘上的浆体质量 m_1，精确至 1g。

7.6.3.3　混凝土拌合物离析率（SR）应按下式计算：

$$SR = \frac{m_1}{m_0} \times 100\% \qquad (7.20)$$

式中　SR——浮浆百分比，%；

m_1——通过标准筛的水泥浆质量，g；

m_0——倒入标准筛混凝土的质量，g。

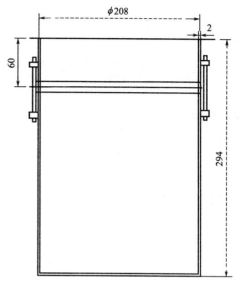

图 7.4　盛料器形状和尺寸

思考与练习

1. 与普通混凝土相比，高性能混凝土具有哪些独特的性能？

2. 简述高性能混凝土存在的问题以及今后的发展趋势。

3. 何谓混凝土的匀质性，简述其对高性能混凝土性能的影响。

4. 简述高性能混凝土质量检验及评定。

5. 设计和生产高质量的高性能混凝土应考虑哪些问题？

6. 简述高性能混凝土配合比设计过程。

7. 什么是自密实混凝土？它有何特点？

8. 如何测定自密实混凝土的流动度？

9. 自密实混凝土与普通混凝土在性能上有何不同？

10. 如何进行自密实混凝土的配合比设计？

11. 拌制自密实混凝土时，对原材料有何特殊要求？

8 常用特种混凝土的生产与应用

知识目标：掌握纤维混凝土的增强机理、各种纤维材料的性能、混凝土的施工工艺；掌握聚合物混凝土原材料性能、生产工艺及聚合物混凝土的应用；掌握自应力产生的机理、自应力混凝土的特性；掌握耐酸、碱、耐火混凝土的性能特点、原材料的性能要求；掌握道路混凝土的性能、配合比设计；了解绿化混凝土的性能特点及绿化混凝土的技术要求。

能力目标：能根据工程要求选择纤维混凝土材料；能够根据工程要求制定聚合物混凝土生产、施工方法；能提出自应力混凝土的配制方案和使用要求；会设计耐酸碱、耐火混凝土的配合比；能正确选择道路混凝土的原材料；能根据要求制定绿化混凝土生产方案。

8.1 纤维增强混凝土的应用

教学任务：掌握各类纤维增强混凝土的种类、特点和增强机理。了解纤维混凝土的生产工艺及其应用要求。

纤维增强混凝土又称纤维混凝土，是将非连续的短纤维或连续的长纤维作为增强材料，使之均匀地掺和在混凝土或砂浆基体而形成的一种新型混凝土。它是人们考虑如何改善混凝土的脆性，提高抗拉、抗弯、抗冲击性等性能的基础上发展起来的。

分散而细微的纤维，可以减小因荷载在基体混凝土引起的裂缝端部的应力集中，控制了裂缝进一步扩展，提高整个复合材料的抗裂性。同时由于混凝土与纤维接触界面之间有很大的界面黏结力，借助这个黏结力，可把外力传到抗拉强度大、延伸率高的纤维上面，使纤维增强混凝土作为一个均匀的整体抵抗外力的作用，其结果显著地提高了混凝土原有的抗拉、抗弯强度和断裂延伸率，特别是提高了混凝土的韧性和抗冲击性，从而扩大了混凝土的应用范围。如桥面部分的罩面和结构，公路、飞机跑道，坦克停车场的铺面和结构，采矿和隧道工程、耐火工程以及大体积混凝土工程。预制构件主要有：管道、楼板、墙板、柱、楼梯、梁、电线杆等。另外，纤维混凝土由于抗疲劳和抗冲击性能良好，用于多震灾国家的抗震建筑，将是发挥纤维混凝土优点的发展途径。

但在实际应用中，目前还存在一定问题需要解决，如施工和易性较差，搅拌、浇注和振捣时会发生纤维成团和折断等质量问题，黏结性能也有待进一步改善；纤维价格较高等。

8.1.1 纤维增强材料

纤维增强材料分为天然和人工两大类。

天然的 {
无机的——石棉纤维
有机的——各种植物纤维：木浆、竹浆、剑麻、亚麻、黄麻、水芦苇及甘蔗纤维等

人工的 {
无机的——钢纤维、玻璃纤维、矿物纤维、碳纤维等
有机的——聚丙烯、聚乙烯、尼龙等合成纤维

为了得到性能良好又经济的纤维增强混凝土，所采用的纤维一般应满足下列要求：

① 有足够的抗拉强度；

② 对基体材料有长期的耐腐蚀性；

③ 有足够的大气稳定性和一定的耐热性；

④ 有较高的弹性模量；

⑤ 来源广，价格便宜，使用方便，对人体健康无不良影响等。

目前应用最广的是钢纤维、玻璃纤维、石棉纤维和聚丙烯纤维等。各种纤维的性能见表 8.1。

表 8.1　各种纤维的物理力学性能

纤维种类	抗拉强度/MPa	弹性模量/MPa	延伸率/%	相对密度
钢	280～4200	210000	0.5～3.5	7.8
碳	2800	270000	—	—
玻璃	1000～4100	70000	1.5～3.5	2.5
石棉	560～990	84000～140000	—0.6	3.2
尼龙	770～870	4200	16～20	1.1
聚丙烯	56～770	3500	—25	0.90
聚乙烯	—770	100～400	—10	0.95
丙烯酸	240～400	2100	25～45	1.1
酰胺	420～840	2400	15～25	—
人造丝	400～650	7000	10～25	—

8.1.2　纤维增强混凝土的增强机理

目前，对于纤维对混凝土的增强机理，存在着两种不同的理论解释。其一，为美国的 J·P·RomuAldi 提出的"纤维间距机理"；其二，为英国的 Swamy、Mamgat 等人提出的"复合材料机理"。

8.1.2.1　纤维间距机理

J·P·RomuAldi 的"纤维间距机理"认为：

在混凝土内部原来就存在缺陷，欲提高混凝土的强度，必须尽可能地减少缺陷的程度，提高它的韧性，降低内部裂缝端部的应力集中系数。图 8.1 是说明"纤维间距机理"的力学模型。假定纤维在拉应力方向呈棋盘状布置（间隔为 S），裂缝（半径为 a）存在于 4 根纤维围住的中心时，由于拉伸力所引起的黏结应力分布（τ），产生于和纤维相近的裂缝端部附近处，起着约束裂缝开展的作用。如果设拉伸应力引起的内部裂缝端部应力集系数为 K_σ，而与裂缝端部相邻近的黏结应力 τ 产生的具有相反意义的、起约束作用的应力集中系数为 K_f，则总的应力系数 K_t 就将减小，即：

$$K_t = K_\sigma - K_f \tag{8.1}$$

8.1.2.2　复合材料机理

该机理的理论出发点是复合材料构成的混合原理，将复合材料视为一多相系统，而纤维增强混凝土被看做是纤维强化体系，并应用混合原理推定纤维混凝土的抗拉和抗弯强度。

设纤维是同方向分布于基体中，在基体和纤维完全黏结的条件下，并在基体和连续纤维

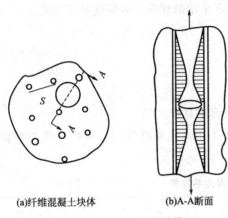

(a)纤维混凝土块体   (b)A-A断面

图 8.1　RomuAldi 的力学模型

构成的复合体上施加拉力时，该复合体的强度是由纤维和基体的体积比和应力所决定。

而在具体应用复合材料机理时，应当考虑复合体在拉应力方向上有效纤维量的比例，以及非连续短纤维的长度修正，尽量同实际情况相符，从而提出了纤维混凝土强度与纤维的掺入量、方向、细长比黏结力的关系。

8.1.3　钢纤维混凝土

8.1.3.1　钢纤维混凝土的定义及钢纤维

在普通混凝土中掺入适量钢纤维配制而成的混凝土，称为钢纤维混凝土或钢纤维增强混凝土（steel fiber reinforced concrete，简称 SFRC）。

由于大量很细的钢纤维均匀地分散在混凝土中，钢纤维与混凝土的接触面积很大，如钢纤维尺寸为 $\phi0.25\times12.7$mm，尺寸较大为 $\phi0.25\times12.7$mm，$\phi0.5\times30$mm，按（体积比）掺入混凝土时，每立方米混凝土中约有钢纤维 $267\sim3200$ 万根，表面积约 $160\sim320$m^2 与同样质量的钢筋相比，钢材表面积约增加 $32\sim64$ 倍，因而在所有方向都能使混凝土得到增强，即具有各向同性的增强，大大地改善了混凝土的各项性能，并使钢纤维混凝土作为一种新的复合材料，具有普通混凝土所不具备的各项性能。

用于配制钢纤维混凝土的钢纤维，按钢质品种可分为：低碳钢纤维，不锈钢纤维，后者仅当工程处于潮湿环境中才采用。按纤维形状分成：圆形，直径一般为 $0.15\sim0.6$mm，长径比为 $60\sim100$；扁平形，断面尺寸（厚×宽）为（$0.2\sim0.4$）mm×（$0.25\sim0.9$）mm，长为 $12\sim50$mm；规则变形纤维，有波形、变截面形、两端带钩等，见图 8.2。按表面涂覆与否可分成：表面不涂覆纤维与表面涂覆纤维，镀锌、铜、锡、铬等，以提高纤维与基体的黏结力和提高纤维的防腐能力。

图 8.2　混凝土常用钢纤维

8.1.3.2　钢纤维混凝土的性能及应用

表 8.2 为钢纤维掺入率为 2% 的钢纤维混凝土的物理力学性能。从表中可以看出，与普通混凝土相比，各种强度均有较大的提高，其韧性和耐冲击性提高最明显，其他性能也有所改善或显著改善。

至于钢纤维混凝土的弹性模量泊桑比、徐变、收缩等特性，与普通混凝土相比基本无多大差别。

但值得一提的是，虽然钢纤维的掺入不能有效地提高混凝土的抗压强度，却能大幅度地提高抗压破坏时的韧性，显著改善构件的破坏形式。如对掺入钢纤维的混凝土构件进行抗压试验，其破坏多呈现许多裂纹，外形能保持原状而无碎块崩裂现象。

表 8.2　钢纤维混凝土的性能（钢纤维掺入率为 2%）

钢纤维混凝土	与普通混凝土比较	钢纤维混凝土	与普通混凝土比较
抗压强度	1.0～1.3 倍	耐破损性能	有所改善
抗拉及抗弯强度	1.5～1.8 倍	延伸率	约 2 倍
早期抗裂强度	1.0～2.0 倍	韧性	40～200 倍
抗剪强度	1.0～2.0 倍	耐热性	约 2 倍左右
疲劳强度	0.5 倍	抗冻性	2～8 倍
耐冲击强度	5～10 倍	—	—

目前，钢纤维混凝土主要用于以下工程中。罩面结构，如公路、飞机跑道及桥面面层，可使路面寿命提高 2～4 倍；薄板及壳体结构，有各种薄壁构件、壳体、船体等；承受冲击和长期振动或重复荷载的部件，如机械设备基础、预制桩、厂房地面；防爆防裂或安全上有特殊要求的结构，如军火库、银行金库拱顶、军事工程构筑物；承受高温或低温的工程结构物，如原子能反应堆的压力容器、耐火炉、冷冻仓库；各种工业及民用承重和非承重构件，如防波堤、水池、海洋工程构筑物等。

8.1.3.3　钢纤维混凝土的施工

在施工时，关键是搅拌中使钢纤维均匀分散于混凝土拌合物中，特别是当钢纤维掺量较多时，如不能使其充分地分散，很容易同水泥浆或砂子一起结成球状的团块，将极大地降低增强效果。根据钢纤维混凝土搅拌的实践经验，目前常用的一般认为较好的搅拌方法有"先混法"和"后混法"两种。

"先混法"是先将钢纤维与粗、细骨料在搅拌机中搅拌均匀（干料搅拌），然后再将水泥和水掺入搅拌均匀即可。

"后混法"是先将水泥、水和骨料在搅拌机中搅拌均匀，然后再将钢纤维掺入混凝土中搅拌均匀即可。

一般说来，钢纤维愈细、愈长和掺量愈大，则其分散性愈差。为提高钢纤维的分散性，在搅拌钢纤维混凝土时，掺加适量的非离子表面活性剂是比较有效的。其搅拌强度比普通混凝土要大，搅拌时间也比普通混凝土长，搅拌机多倾向于强制搅拌机。

搅拌后的钢纤维混凝土的流动性，即使掺加非离子表面活性剂，也会随着钢纤维掺量的增加而大幅度下降。其原因是钢纤维相互摩擦和相互缠绕而形成空间网结构，抑制了内部水及水泥浆的流动所致，所以钢纤维混凝土成型所需要的能量比普通混凝土要大，一般应选用普通的振动台或表面振动器。为了防止振捣时将纤维折断，不宜选用内部振动器。

生产中对钢纤维混凝土基材的要求有如下几个方面：

① 一般选用强度等级为 42.5MPa、52.5MPa 的普通硅酸盐水泥，配制高强度钢纤维混凝土时，可选用强度等级 62.5MPa 以上的硅酸盐水泥或矾土水泥。

② 砂子的粒径为 0.15～5.0mm，石子的最大粒径一般不宜大于 15mm，钢纤维喷射混凝土则不宜大于 10mm。

③ 为降低混凝土的水灰比，改善拌合物的和易性，单位体积水泥用量应适当增加，必要时可掺加减水剂或超塑化剂。配制钢纤维喷射混凝土时，则需掺入适量的速凝剂。

④ 为保证钢纤维混凝土拌合物具有良好的和易性，砂率一般应不低于 50%。水泥用量

一般比未掺钢纤维的混凝土高 10％左右。

8.1.4 玻璃纤维混凝土

玻璃纤维混凝土（简称 GRC 混凝土），是将弹性模量较大的抗碱玻璃纤维，均匀地分布于水泥砂浆、普通混凝土基材中而制成的一种复合材料。

玻璃纤维混凝土不仅可以弥补普通混凝土制品自重大、抗拉强度低、耐冲击性能差等不足，而且还具有普通混凝土所不具有的特性。玻璃纤维混凝土制品较薄，其自身重量较轻；由于采用抗拉强度极高的玻璃纤维作增强材料，因而其抗拉强度很高；玻璃纤维均匀分布于混凝土中，可以防止混凝土制品表面龟裂；由于在破坏时能大量吸收能量，因而耐冲击性能优良、抗弯强度较高。此外，玻璃纤维混凝土制品脱模性好，加工方便，易做成各种形状的异形制品。

8.1.4.1 玻璃纤维混凝土的原材料要求

玻璃纤维混凝土所用的原材料与普通混凝土有很大的区别。组成玻璃纤维混凝土的主要材料有：低碱硫铝酸盐水泥、耐碱玻璃纤维和骨料。

普通硅酸盐水泥由于水化时析出大量的 $Ca(OH)_2$，其 pH 值达到 12.5，若与普通玻璃纤维复合在一起，很短时间内玻璃纤维就会被腐蚀变脆，丧失玻璃纤维的强度，所以配制玻璃纤维混凝土需要采用低碱度水泥。

耐碱玻璃纤维是在玻璃纤维的基础上加入适量的锆、钛等耐碱性能较好的元素，从而提高玻璃纤维的耐碱性腐蚀能力。耐碱玻璃纤维中加入的锆、钛等元素，使玻璃纤维的硅氧结构发生变化，结构更加完善，活性更小。当受碱侵蚀时减缓了化学反应，结构损失较小，相应的强度损失也小。

耐碱玻璃纤维单丝直径为 $12\sim14\mu m$，常以 200 根或 50 根单丝集成一束纱线。纱线断面为扁圆形，长轴为 0.6mm，短轴为 0.15mm。其单纤强度大于 1800MPa，一般在掺入混凝土时，切成短纤维或者织成网格布使用。它的相对密度为 2.78，比钢的相对密度小得多，见图 8.3。

图 8.3 抗碱玻璃纤维

玻璃纤维混凝土所用的骨料与普通混凝土不同，一般采用坚硬、清洁无杂质的细骨料，其最大粒径不得超过 2.0mm，细度模数为 1.2～1.4，含泥量不得超过 0.3％。

8.1.4.2 玻璃纤维混凝土的性能及应用

总体来讲，玻璃纤维混凝土具有轻质、高强、抗冲击、耐火、易加工成型、装饰性好、成本低等优点。

① 质量轻。密度为 $1.8\sim2.1g/cm^3$，比钢筋混凝土轻约 1/5。

② 强度高。抗拉强度可达 4～9MPa，抗弯强度为 8～20MPa。

③ 抗冲击强度高。一般可达到 $1.5\sim3.0N\cdot m/cm^2$。

④ 抗冻性好。用直接喷射工艺制成的 GRC，抗冻融循环 150 次以上。

⑤ 耐火性好。GRC 是一种完全不燃的材料。

⑥ 可加工性好。锯、切、钉、粘均可，安装方便，在运输中不易被碰坏。

⑦ 易成型。刚成型的模板可弯折、卷缠，可以制得形状复杂的制品。

玻璃纤维混凝土，目前主要用于非承重构件和半承重构件，可以制成外墙板、隔墙板、通风及电缆管道、输水管道、输气管、阳台拦板、活动房屋；内部装饰用板材，如屋顶天花板、护墙板；各种薄壳结构及三面盒子体；浴盆等。随着耐碱玻璃纤维和耐碱水泥的开发和利用，玻璃纤维混凝土的用途越来越广泛，这种高强轻质的混凝土将成为应用极广泛的新型建筑材料。

8.1.4.3 玻璃纤维混凝土的施工工艺

玻璃纤维混凝土的浇筑、密实成型和纤维处理等施工工艺，与普通混凝土传统施工工艺方法根本不同。浇筑要有专门的设备和特殊的方法，成型应采用不同类型的平板或插入式振捣器、振动台和轮压设备。

玻璃纤维混凝土的成型方法，主要有直接喷射法和铺网—喷浆法两种。

(1) 直接喷射法　直接喷射法是将玻璃纤维无捻粗纱切割至一定长度由气流喷出，再与水泥砂浆在空间内混合，并一起喷射在模具上，如此反复喷射直至混凝土达到要求的厚度。其施工工艺流程如图 8.4 所示。

(2) 铺网—喷浆法　铺网—喷浆法是将一定数量、一定规格的玻璃纤维网格，按预先设计布置于水泥砂浆中，以制得一定厚度的玻璃纤维混凝土制品或构件。此法的施工工艺流程如图 8.5 所示。

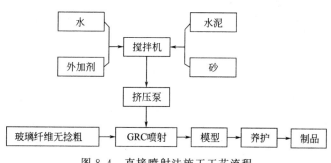

图 8.4　直接喷射法施工工艺流程

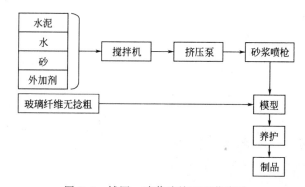

图 8.5　铺网—喷浆法施工工艺流程

8.1.5　有机合成纤维混凝土

有机合成纤维中，耐碱性好的纤维有聚丙烯、聚乙烯和尼龙（聚酰胺），而适于制造增强混凝土的纤维，最惹人注目的是聚丙烯。

聚丙烯纤维混凝土，是将切成一定长度的聚丙烯膜裂纤维，均匀地分布在水泥砂浆或普通混凝土的基材中，用于增强基材的物理力学性能的一种复合材料。在掺入适量聚丙烯纤维时，聚丙烯纤维混凝土的抗冲击性能比普通混凝土大得多。这种纤维混凝土具有轻质、抗拉强度高、抗冲击和抗裂性好等优点。可以以聚丙烯纤维代替部分钢筋而降低混凝土的自重，从而增加结构的抗震能力。此外，聚丙烯纤维不锈蚀，其耐酸、耐碱性能也很好，且成本低。

值得注意的是聚丙烯纤维对紫外线非常敏感，长期暴露在阳光下会产生氧化反应，质量易急剧下降。如果聚丙烯纤维包裹在混凝土内部，受到混凝土一定厚度的保护，会避免产生氧化反应。

8.1.5.1　聚丙烯纤维混凝土的原材料

组成聚丙烯纤维混凝土的原材料，主要有：聚丙烯膜裂纤维、水泥和骨料。聚丙烯膜裂纤维系一种束状的合成纤维，拉开后成网格状，其纤维直径为 6000～26000 旦尼尔（9000m 长的质量克数）。我国生产的聚丙烯膜裂纤维，其物理力学性能如表 8.3 所示。

表 8.3　聚丙烯膜裂纤维物理力学性能

比密度/(g/cm^2)	抗拉强度/MPa	弹性模量/×10^{4}MPa	极限延伸率/%	泊桑比
0.91	400～500	0.8～1.0	8.0	0.29～0.46

聚丙烯纤维混凝土对水泥没有特殊要求，采用 42.5MPa 或 52.5MPa 硅酸盐水泥或普通硅酸盐水泥即可。

配制聚丙烯纤维混凝土所用的粗骨料和细骨料，与普通混凝土基本相同。细骨料可用细度模数为 2.3～3.0 的中砂或 3.1～3.7 的粗砂，粗骨料可用最大粒径不超过 10mm 的碎石。

8.1.5.2　聚丙烯纤维混凝土的物理力学性能

聚丙烯纤维混凝土中的聚丙烯膜裂纤维的抗拉强度极高，一般可达到 400～500MPa，但其弹性模量却很低，一般为（0.8～1.0）×10^{4}MPa。所以配制出的聚丙烯纤维混凝土，也具有普通混凝土抗拉强度高、弹性模量低的特性。以致在较高的应力情况下，混凝土将达到极限变形，在纤维能够产生约束力之前，混凝土即将开始破裂。所以同不含纤维的普通混凝土相比，聚丙烯纤维混凝土的抗压、抗拉、抗弯、抗剪、耐热、耐磨、抗冻等性能几乎都没有提高，一般还将随着含纤率、长径比的增大而降低，这是由于稍大的纤维含量，引起混凝土均匀性不良和水灰比过高的缘故。见图 8.6。

但是，在纤维含量较小的情况下，这种复合材料的抗冲击性能，要比普通混凝土大得多，所以，一般常用于

聚丙烯纤维

图 8.6　聚丙烯纤维混凝土

耐冲击要求高的构件。表 8.4 是聚丙烯纤维混凝土的物理力学性能。

表 8.4 聚丙烯纤维混凝土的物理力学性能

名　称	性　能　特　点
抗拉强度	用喷射法制的混凝土极限强度可达 7.0～10.0MPa
抗弯强度	体积掺率为 1% 左右时,可提高不超过 25%;用喷射法(掺率为 5%),其极限强度可达 20MPa
抗压强度	比普通砂浆、普通混凝土无明显增加
抗冲击强度	体积掺率为 2% 左右时,可提高 10～20 倍;用喷射法(掺率为 6%),可达 3.0～3.5J/cm²
抗收缩性	体积掺率为 1% 左右时,收缩率降低约 75%
耐火性	体积掺率为 1% 左右时,耐火等级与普通混凝土相同
抗冻性	经 25 次冻融,无龟裂、分层现象,质量和强度基本无损失
耐久性	英国研究院曾将体积掺率为 4% 的聚丙烯纤维混凝土构件在 60℃ 水中浸泡一年,未发现抗弯极限强度和抗冲击强度有明显下降

8.2　聚合物混凝土的性能与应用

教学任务:分析各类聚合物混凝土的原材料要求、混凝土的性能特点,了解各种聚合物混凝土的生产工艺和施工要求。

聚合物混凝土是一种有机、无机复合的材料。目前,主要有三类:聚合物水泥混凝土、聚合物浸渍混凝土和聚合物胶结混凝土。以上三种聚合物混凝土,其生产工艺不同,它们的物理力学性能也有所区别,其造价和适用范围亦不同。

8.2.1　聚合物水泥混凝土

聚合物水泥混凝土(简称 PCC),是在水泥混凝土搅拌过程中,掺入聚合物经浇筑、养护和聚合而成的一种混凝土。这种由水泥混凝土和高分子材料有效结合的复合材料,其性能比普通混凝土要好得多。由于其制作简单,利用现有普通混凝土的生产设备即能生产,因而成本较低,实际应用较广泛。美国、日本等国家是应用聚合物水泥混凝土较多的国家。

8.2.1.1　聚合物水泥混凝土的原材料

聚合物水泥混凝土所用的原材料,除一般混凝土所采用的水泥、砂和石子以外,还有聚合物和助剂。水泥除普通硅酸盐水泥外,还可使用各种硅酸盐水泥、矾土水泥、快硬水泥等,其强度等级大于或等于 32.5MPa 即可。

国内外常用的聚合物品种繁多,总体上可以分为三种类型:即乳胶(如橡胶乳胶、树脂乳胶和混合分散体等)、液体聚合物(如不饱和聚酯、环氧树脂等)和水溶性聚合物(如纤维素衍生物、聚丙烯酸盐、糠醇等),其中乳胶是应用最广泛的一种。

用于聚合物水泥混凝土的聚合物有:天然橡胶和合成橡胶浆、热塑性及热固性树脂乳胶、水溶性聚合物等。

由于乳胶类树脂在生产过程中,大多用阴离子型的乳化剂进行乳液聚合,因此当这些乳胶与水泥浆混合后,因为与水泥浆中的大量的 Ca^{2+} 阳离子作用会引起乳液变质,产生凝聚现象,使其不能在水泥中均匀分散,所以必须加入阻止这种变质现象的稳定剂。此外,有些乳胶树脂或乳化剂、稳定剂的耐水性较差,有时还需加入抗水剂;当乳胶树脂等掺量较多时,会延缓聚合物水泥混凝土的凝结,还要加入水泥促凝剂。

8.2.1.2 聚合物水泥混凝土的配合比

聚合物水泥混凝土的配合比是否适当,是影响混凝土性能的主要因素之一。与常规普通混凝土配合比设计相比,聚合物水泥混凝土除考虑混凝土的一般性能外,还应当考虑聚合物的影响,如聚合物的种类、聚合物的掺量、聚合物与水泥用量之比、水灰比、消泡剂及稳定剂的掺量和种类等。聚合物水泥混凝土的各项性能与聚合比(聚合物与水泥的重量比)有着更重要的关系,聚合物的掺量一般为水泥用量的 5%~25%,并应根据实际工程要求和聚合物种类而确定。由于大多数聚合物有一定的减水作用,水灰比应稍低于普通混凝土。聚合物水泥混凝土的参考配合比见表 8.5。

表 8.5　聚合物水泥混凝土的参考配合比

聚灰比/%	水灰比	砂率/%	聚合物用量/(kg/m³)	用水量/(kg/m³)	水泥用量/(kg/m³)	砂用量/(kg/m³)	石子用量/(kg/m³)	坍落度/mm	含气量/%
0	0.50	45	0	160	320	510	812	50	5
5	0.50	45	16	140	320	485	768	170	7
10	0.50	45	32	121	320	472	749	210	7

8.2.1.3 聚合物水泥混凝土的生产工艺

(1)拌制工艺　聚合物水泥混凝土的拌制,与普通混凝土相似,拌制时可使用与普通混凝土一样的搅拌设备,但搅拌时间应稍长于普通混凝土,搅拌时间一般为 3~4min 即可。

聚合物的掺加方法有两种:一种是在拌和加水时掺入;另一种是将聚合物粉末直接掺入水泥中。

(2)施工工艺要求　聚合物水泥混凝土在正式浇筑前,应当对基层进行处理,即用钢丝刷刷去基层表面的浮浆及污物,如有裂缝等缺陷,应用砂浆堵塞修补。

聚合物砂浆施工,则应分层涂抹,每层厚度以 7~10mm 为宜,一般涂抹 2~3 层。如大面积涂抹,每隔 3~4m 要留宽 15mm 的缝。

而聚合物混凝土施工,则可与普通混凝土一样进行浇筑和振捣,但需要在较短的时间内浇筑完毕。浇筑后如果混凝土未硬化,不能洒水养护或遭雨淋,否则混凝土表面会形成一层白色脆性的聚合物薄膜,影响混凝土的表面美观和使用性能。

在聚合物水泥混凝土凝结后,采取一定方式加热混凝土,使聚合物溶化浸入混凝土的孔隙中,混凝土冷却后便使聚合物和混凝土成为一个整体。

8.2.1.4 聚合物水泥混凝土的性能及应用

大量的研究表明,聚合物与无机胶凝材料之间可以形成离子键或共价键,其中两价或三价离子可在有机聚合物链之间形成特殊的桥键,在一定程度上改变了混凝土或砂浆的微观结构,因而聚合物水泥混凝土的性能得到了明显的改变。

聚合物水泥混凝土的强度,比普通混凝土高,但有随着聚合物的种类、聚灰比、水灰比不同而不同。表 8.6 可表明聚合物水泥混凝土强度的影响因素。

聚合物的弹性模量一般小于水泥净浆和混凝土,所以聚合物水泥混凝土的弹性模量比普通混凝土小,但其抗拉或抗压破坏时的极限应变量都增大。

由于掺加聚合物具有一定的减水效果,所以聚合物水泥混凝土的干缩一般比普通混凝土小,故其抗收缩裂缝的性能较好。

聚合物水泥混凝土的耐磨性比普通混凝土将有大幅度提高,聚灰比越大,耐磨性越好。

根据以上性能，聚合物水泥混凝土目前主要用于地面、路面、桥面和船舶的内外甲板面，尤其是化工厂的地面更适宜，也可以用作衬砌材料、喷射混凝土和修补工程。

表 8.6 聚合物水泥混凝土强度特征

混凝土种类	聚灰比	水灰比	相对强度		
			抗压	抗剪	抗拉
普通混凝土	0	60	100	100	100
丁苯橡胶水泥混凝土(SBR)	5	53.3	123	118	126
	10	48.3	134	129	154
	15	44.3	150	158	212
	20	40.3	146	178	236
聚丙烯酸酯水泥混凝土(PAE-1)	5	40.3	159	127	150
	10	33.6	179	146	158
	15	31.6	157	143	192
	20	30.0	140	192	184
聚丙烯酸酯水泥混凝土(PAE-2)	5	59.0	111	106	128
	10	52.4	112	116	139
	15	43.0	137	167	219
	20	37.4	138	214	238
苯醋酸乙烯酯水泥混凝土(PVAC)	5	51.8	98	95	112
	10	44.9	82	105	120
	15	42.0	55	80	90
	20	36.8	37	62	91

8.2.2 聚合物浸渍混凝土

聚合物浸渍混凝土（简称 PIC），是将已硬化的混凝土经干燥后浸渍在有机单体中，然后用加热或辐射等方法使混凝土孔隙内的单体产生聚合作用，从而混凝土和聚合物牢固地结合成为有机、无机复合材料。

聚合物填充了混凝土内部的孔隙和微裂缝，特别是提高了水泥石与骨料间的黏结强度，减少了应力集中，使聚合物浸渍混凝土具有高强、防腐、抗渗、耐磨、抗冲击等优点。

8.2.2.1 聚合物浸渍混凝土的原材料

聚合物浸渍混凝土的原材料，主要有基材（被浸渍材料）和浸渍液（浸渍材料）两种，另外，根据工艺和性能的需要，还可以加入适量的添加剂。

（1）基材 用于聚合物浸渍处理的基材种类很多，一般说来，凡是用无机胶结材料将骨料胶结起来的混凝土均可作为基材，如水泥混凝土、轻骨料混凝土、纤维增强混凝土、石棉水泥混凝土，石膏制品等，本节主要介绍以水泥混凝土为基材的聚合物浸渍混凝土。

（2）浸渍液 浸渍液是聚合物浸渍混凝土的主要材料，由一种或几种单体组成。

单体是能起聚合反应而成高分子化合物的简单化合物。浸渍用的单体一般为气态或液态，目前主要用的是液态单体。要求单体具有低黏度、较高的沸点和较低的蒸汽压，聚合后的收缩小，具有较高的强度和较好的耐碱、耐热和耐老化等性能。

常用的浸渍液主要有：甲基丙烯酸甲酯（MMA）、苯乙烯（S）、丙烯腈（AN）、聚酯树脂（P）、环氧树脂（E）、丙烯酸甲酯（MA）、三羟甲基丙烷三甲基丙烯酸甲酯（TMPT-MA）、不饱和聚酯等，应用最广泛的是甲基丙烯酸甲酯（MMA）和苯乙烯（S）。

对于完全浸渍的混凝土，应选择黏度尽可能低的浸渍液，以便在浸渍时单体容易浸透到混凝土中。对于局部浸渍的混凝土，通常用黏度较大的浸渍液，以便控制浸渍深度，减少聚合时的损失。

（3）添加剂 聚合物浸渍混凝土中所用的添加剂种类很多，常用的有阻聚剂、引发剂、促进剂、交联剂、稀释剂等。

浸渍混凝土的单体，几乎都是不稳定的，在常温下都会不同程度地自行发生聚合从而造成浸渍液的失效。所以，在工厂生产的单体中，一般都含有适量的阻聚剂，以防止单体聚合或发生暴聚。常用的阻聚剂有：苯二酚、苯醌等。

在采用加热聚合时，必须同时使用引发剂，以引发单体聚合。当加热到一定温度时引发剂以一定速度分解成游离基，诱导单体产生连锁反应。常用的引发剂有：偶氮化合物（如偶氮二异丁腈、α-特丁基偶氮二异丁腈）、过氧化物（如过氧化二苯甲酰、过氧化甲乙酮、过氧化环己酮等）和过硫酸盐等。

引发剂的掺量要适当，太少起不到激发聚合反应的作用；太多则聚合反应过早过快，甚至发生爆炸事故，且形成的聚合物分子量较小，从而导致聚合后强度也较低，影响浸渍混凝土的质量。引发剂的适宜掺量，一般为单体质量的 $0.1\% \sim 2.0\%$。

引发剂的分解温度必须低于单体的沸点，否则会失去引发作用。

促进剂主要用来降低引发剂的正常分解温度，加快其产生游离基的速度，以促进单体在常温下发生聚合的物质。常用的促进剂主要有：二甲基苯胺、环烷酸钴、萘酸钴等。

交联剂主要用于促进线型结构的聚合物转化成为体型聚合物，从而提高混凝土强度的物质。常用的交联剂主要有：甲基丙烯酸甲酯、苯乙烯、邻苯二甲基二丙烯酯等。

稀释剂主要用于降低浸渍液的黏度，提高浸渍液的渗透能力，保证聚合物浸渍混凝土的质量。常用的稀释剂有：甲基丙烯酸甲酯、苯乙烯等。由此可见，它与交联剂是相同的。

8.2.2.2 聚合物浸渍混凝土的生产工艺

聚合物浸渍混凝土的生产工艺流程为：基材干燥→真空抽气→单体浸渍→聚合。

（1）基材干燥 干燥是混凝土浸渍之前必要的准备步骤。其目的是消除混凝土内孔隙中的游离水，使聚合物能充分浸渍基材的孔隙。基材一般采用常压下热风干燥的方法。干燥所用的温度和时间，取决于基材的大小和形状。美国建议干燥的温度以 $120 \sim 150℃$ 为宜，采用这个温度进行干燥，干燥速度快，而且能制出高质量的聚合物浸渍混凝土。如果温度过高，不仅对基材性能产生不利影响，而且导致浸渍混凝土强度降低；如果温度过低，基材干燥不充分，单体在基材中的渗入不完全，浸渍的改性效果就差。在完全浸渍时，要求排除基材中的全部自由水；在局部浸渍时，只要求部分干燥。

（2）真空抽气 干燥的基材自然冷却到常温，在浸渍前应进行抽真空，其目的是用负压将混凝土孔隙中的空气抽出，使单体易于浸入混凝土孔隙中，加快浸渍液的渗透速度，提高混凝土的抗压强度。真空抽气是在密闭的容器内进行的，真空度以 720mmHg 以上。

真空抽气是一项复杂、费时的工序，对强度要求不高的混凝土不必进行真空抽气。

（3）单体浸渍 浸渍是将配好的单体浸渍液浸透混凝土的工序。

浸渍方法有：自然浸渍、真空浸渍和真空加压浸渍，具体方法根据对材料的使用要求和施工条件而定。实验证明，加压浸渍不但能提高浸渍速度，而且能提高浸渍量，提高混凝土抗压强度。表 8.7 是我国以水泥砂浆为基材进行加压浸渍实验的结果。

（4）聚合 聚合是将渗入混凝土孔隙中的单体转化为聚合物，使聚合后的聚合物混凝土具有较高强度，较好的耐热性、抗渗性、耐腐蚀性和耐磨性等。

表 8.7　MMA（甲基丙烯酸甲酯）加压浸渍的效果（未经热处理）

试件类型	浸渍量（重量百分数）	抗折强度/MPa	抗压强度/MPa	抗压强度提高的倍数/a
水泥砂浆基体	0	—	—	—
常压下浸渍	7.5	9.00	60.0	1
在 $25 \times 10^5 Pa$ 下浸渍	8.3	3.20	162.0	2.70
在 $25 \times 10^5 Pa$ 下浸渍	9.0	33.50	218.0	3.43
在 $25 \times 10^5 Pa$ 下浸渍	9.1	31.00	225.0	3.63
在 $25 \times 10^5 Pa$ 下浸渍	9.2	27.00	237.0	3.95

聚合方法有：热催化聚合（加热法）、辐射聚合（辐射法）和催化剂聚合（化学法）三种。目前应用较多的是加热法和辐射法，美国和日本认为加热法最好，其施工工艺简单、聚合速度较快、工程造价较低，我国也较多采用加热法。

加热法是通过加热促使引发剂分解产生游离基而诱导单体聚合。加热温度一般在 $50 \sim 120 ℃$ 之间。加热方式可采用热水、蒸汽、热空气、红外线等方法。热水聚合是制作浸渍混凝土常用的经济而又有效的方法，水温一般在 $50 \sim 90 ℃$ 之间。

辐射法是采用 X 射线或 γ 射线照射，从而引发单体分子活化产生游离基或离子而聚合的方法。一般在常温下进行，不用引发剂，可减少单体的挥发，但聚合速度较慢。

化学法是利用促进剂降低引发剂的正常分解温度，促进单体在常温下进行聚合的方法。此方法聚合速度较慢，聚合效果较差，一般不宜首先选用，但可用于现场表面浸渍。

为了减少辐射剂量和引发剂用量，加快聚合速度，还可将辐射和加热或辐射和引发剂结合应用。但总体来讲，以上三种聚合的方法，虽然在工程上优先选用加热法，其次考虑辐射法聚合，最后才选择化学法聚合，但三者各有优缺点，如表 8.8 所示。

衡量聚合物在基体内填充程度的指标称为聚填率。一般采用质量聚填率，它是指基材内的聚合物质量和浸渍前基材质量的百分比。用普通混凝土制成的聚合物浸渍混凝土，质量聚填率一般为 $6\% \sim 8\%$。

表 8.8　三种聚合方法的优缺点比较

聚合方法	优点	缺点
加热法	(1)热源容易获得,设备投资较少,施工工艺简单,使用较方便; (2)适用于厚壁、异形的大构件; (3)聚合速度较快	(1)聚合时温度较高,单体挥发损失大; (2)引发剂与单体容易过早聚合,单体回收利用困难
辐射法	(1)常温下可以聚合,单体挥发性较小; (2)不需加入引发剂,单体可循环利用	(1)聚合速度较慢; (2)开始时设备投资较大; (3)厚度、异型的大件制品,辐射不易透过,处理较困难
化学法	(1)不需要辐射和加热; (2)在常温下可以聚合,单体挥发性较小; (3)适于现场、大面积的处理	(1)引发剂与促进剂若比例失调,易发生过早聚合; (2)含有引发剂的单体回收利用较困难

8.2.2.3 聚合物浸渍混凝土的性能和应用

由于基材混凝土的孔隙和微裂缝被聚合物所填充，提高了密实度，因此聚合物混凝土有很好的性能。吸水率和透水率比基材混凝土显著降低，被认为几乎是不吸水、不渗透的材料。

一般情况下，聚合物浸渍混凝土的抗压强度约为普通混凝土的 3～4 倍，一般在 150MPa 以上，最高可达 287MPa；抗拉强度约提高 3 倍，最高可达 24.7MPa；抗弯强度约提高 2～3 倍；弹性模量约提高 1 倍；抗冲击强度约提高 0.7 倍。此外，徐变大大减少，抗冻性、耐硫酸盐、耐酸、耐碱等性能都有很大的改善。

但是，聚合物浸渍混凝土的应力-应变关系近似直线（如图 8.7 所示），其延展性比普通混凝土还差。因为，普通混凝土破坏时裂缝围绕着骨料展开，裂缝遇到骨料要转向绕道，骨料起到阻挡裂缝开展的作用，故普通混凝土表现出一定大延展性。而聚合物浸渍混凝土破坏时的裂缝是通过骨料展开的，上述作用很小或不存在，特别在受拉时，聚合物混凝土无任何预兆就会破坏。

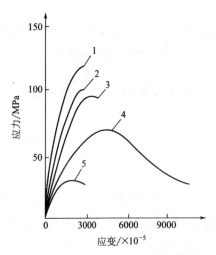

图 8.7 聚合物浸渍混凝土的应力-应变关系

1—100%MMA；2—90%MMA+10%BA

（BA-丙烯酸丁酯）；

3—70%MMA+30%BA；4—50%MMA+50%BA；

5—普通混凝土

由于聚合物在高温下会分解，因此温度对聚合物浸渍混凝土的性能产生一定的影响。随着温度的升高，抗压强度、弹性模量、泊松比等皆有所降低。此外，聚合物浸渍混凝土还有一个突出的缺点，即当温度到达比产生火灾还低的温度时，聚合物就开始分解、冒烟，并产生恶臭气味和燃烧，混凝土的强度和刚度急剧下降，严重地影响结构的安全，这是必须引起足够重视的。

8.2.3 聚合物胶结混凝土

聚合物胶结混凝土（简称 PC），是以合成树脂为胶结材料，以砂石等无机材料为骨料的混凝土。由于胶结材料全为树脂，所以也称为树脂混凝土。其生产工艺简单，用现有的普通混凝土的生产设备即能生产，且具有许多优点，1950 年以来，受到许多国家的高度重视。自 20 世纪 60 年代，我国也开始了聚合物胶结混凝土的研究工作，并取得了一定成绩。

8.2.3.1 聚合物胶结混凝土的原材料

聚合物胶结混凝土的原材料主要包括胶结材料、骨料、粉料和外加剂。

（1）胶结材料　目前生产聚合物胶结混凝土所采用的胶结材料树脂为液态的，主要有：

热固性树脂：如不饱和聚酯树脂、聚氨基甲酸乙酯、环氧树脂、苯酚树脂、呋喃树脂等。

热塑性树脂：如聚氯乙烯树脂、聚乙烯树脂等。

沥青类及改性树脂：如沥青、橡胶沥青、环氧沥青、聚硫化物沥青等。

煤焦油改性树脂：如环氧焦油、焦油氨基甲酸乙酯、焦油聚硫化物等。

乙烯类单体：如甲基丙烯酸甲酯（MMA）、苯乙烯（S）等。

在选择树脂种类时，应视混凝土的用途而定，注意以下几点：

① 在满足混凝土性能的前提下，尽可能选用价格较低的树脂，以降低聚合物胶结混凝土的价格。

② 树脂的黏度要低，并能比较容易调整，便于混凝土的拌制，便于同骨料结合。

③ 具有良好的耐水性，并具有良好的化学稳定性。

④ 具有良好的耐老化性、耐热性，且不易燃烧。

（2）骨料和粉料 聚合物胶结混凝土所用的骨料基本与普通混凝土相同，也可以使用轻骨料。在实际生产中，为了减少树脂的用量、降低工程造价，还可添加粉料，起填料作用。要求骨料和粉料必须保持干燥，其含水率应在1%以下；吸附性要小，以减少树脂的用量，并且易于与树脂黏结。

（3）外加剂 在生产聚合物胶结混凝土时，还需加入一定量的外加剂，目的是使液态树脂较好地转化固态。如苯二甲胺、乙二胺、聚酰胺等固化剂；环氧丙烷丁基醚、苯乙烯等稀释剂；二甲基苯胺、苯甲酰等促进剂。

8.2.3.2 聚合物胶结混凝土的生产控制

（1）聚合物胶结混凝土的搅拌 与普通混凝土不同，聚合物胶结混凝土的混合料黏度较大，所以，必须选用强制式搅拌机搅拌。可采用以下两种搅拌方法：

① 先将骨料投入搅拌机中，经过约2min的混合，随后投入预先备好的液态树脂和硬化剂，再搅拌3min。

② 先在搅拌机中加入液态树脂和硬化剂，混合约2min的时间，随后投入骨料和粉料，再搅拌3min。

（2）聚合物胶结混凝土的浇筑 聚合物胶结混凝土的放热不但速度快，而且热量大，为避免过大的能量产生不良影响，聚合物胶结混凝土不能像普通混凝土那样在搅拌后可以放置一段时间再浇筑，应当在搅拌后在尽可能短的时间内全部用完，更不能在搅拌机内存放，而应立即送到施工现场铺开，使反应热尽快散发，并且应严格控制每次的浇筑厚度，厚度大小主要取决于液态树脂的种类和发热程度，通常每层为50～100mm。

聚合物胶结混凝土对各种材料都具有良好的粘接性，使用模板浇筑成型时，应根据所用树脂种类选择适当的脱模剂，事先将其涂在模板的表面上，否则会产生不易脱模而致使表面损伤而影响外观质量。

8.2.3.3 聚合物胶结混凝土的性能和应用

聚合物胶结混凝土与普通混凝土相比，具有强度高、化学稳定性好、耐磨性高、抗冻性好、绝缘性好、几乎不吸水、易于黏结等优点，较广泛地用于耐腐蚀的化工结构和高强度接头。另外，由于聚合物胶结混凝土具有漂亮的外形，也可用作饰面构件，如窗台、窗框、地面砖、花坛、桌面、浴缸等。几种聚合物胶结混凝土的物理力学性能见表8.9。

表8.9 几种聚合物胶结混凝土的物理力学性能

性能	树脂种类						沥青混凝土	普通混凝土
	聚氨酯	呋喃	酚醛	聚酯	环氧	聚氨基甲酸酯		
堆积密度/(kg/m³)	2000～2100	2000～2100	2000～2100	2200～2400	2100～2300	2000～2100	2100～2400	2300～2400

性能	树脂种类						沥青混凝土	普通混凝土
	聚氨酯	呋喃	酚醛	聚酯	环氧	聚氨基甲酸酯		
抗压强度/MPa	65.0~72.0	50.0~140	24.0~25.0	80.0~160.0	80.0~120.0	65.0~72.0	2.0~15.0	10.0~60.0
抗拉强度/MPa	8.0~9.0	6.0~10.0	2.0~8.0	9.0~14.0	10.0~11.0	8.0~9.0	0.2~1.0	1.0~5.0
抗弯强度/MPa	20.0~23.0	16.0~32.0	7.0~8.0	14.0~35.0	17.0~31.0	20.0~23.0	2.0~15.0	1.0~7.0
弹性模量/×10^6MPa	10.0~20.0	2.0~3.0	1.0~2.0	1.5~3.5	1.5~3.5	1.0~2.0	0.1~0.5	2.0~4.0
吸水率/%	0.3~1.0	0.1~1.0	0.1~1.0	0.1~1.0	0.2~1.0	1.0~3.0	1.0~3.0	4.0~6.0

8.3 自应力混凝土的性能与应用

教学任务：分析各类自应力混凝土对原材料要求、自应力产生机理，了解自应力混凝土在实际工程中的应用。

自应力混凝土是利用水泥水化过程中产生的化学膨胀来张拉钢筋并使混凝土产生较大预压应力者，有些国家又称化学预应力混凝土。

硅酸盐水泥在水化过程中，铝酸三钙能与石膏反应生成水化硫铝酸钙，水化硫铝酸钙与天然的钙矾石相似，形同针状，所以称其为水泥杆菌。其结晶体含更多的结晶水，体积可增大 227%，从而使混凝土体积膨胀，并在混凝土中产生拉应力。如果这个拉应力超过混凝土的抗拉强度，就会使混凝土结构遭到破坏。

含结晶水的水化硫铝酸钙形成过程中的体积膨胀，势必伴随着产生一种膨胀能。能否化有害膨胀为有利膨胀，科学工作者经过努力，发明了膨胀水泥和自应力水泥及自应力混凝土和补偿收缩混凝土。

8.3.1 膨胀水泥的种类

膨胀水泥的种类很多，各国的分类方法也不尽相同。我国习惯上按下述两种方法分类。

（1）按基本组成分 硅酸盐膨胀水泥、铝酸盐膨胀水泥和硫铝酸盐膨胀水泥。

（2）按膨胀值大小分

① 膨胀水泥：其线膨胀率一般在 1% 以下，相当于或稍大于普通水泥的收缩率，它可用来补偿普通混凝土的收缩，所以，又称不收缩水泥或补偿收缩水泥。当用钢筋限制其膨胀时，使混凝土所受到的预压应力大致抵消由于干燥收缩所引起的混凝土拉应力，从而提高混凝土的抗裂性，防止干缩裂缝的产生，如果膨胀率较大，则膨胀效果除了补偿收缩变形外，尚有少量的线膨胀值。所以膨胀水泥主要用于补偿收缩、防止裂缝、补强堵塞等工程。

② 自应力水泥：它是一种强膨胀性的膨胀水泥，具有更大的膨胀能。它是由主要发挥强度作用的强度组分和主要发挥膨胀作用的膨胀组分构成，它既有强度，又能产生较大的膨胀能量。

目前国内常用的自应力水泥有硅酸盐自应力水泥、铝酸盐自应力水泥和硫铝酸盐自应力水泥。

硅酸盐自应力水泥：又称硅酸盐膨胀水泥。它是以适当比例的普通硅酸盐水泥、矾土水泥和天然二水石膏磨细而成。其中水泥熟料为 85％～88％，矾土水泥为 6％～7％，二水石膏为 6％～7.5％。

铝酸盐自应力水泥：是以矾土水泥和二水石膏磨细而成的大膨胀率水泥，其配比为矾土水泥 60％～66％，二水石膏 34％～40％。

硫铝酸盐自应力水泥：是以无水硫铝酸钙 C_4A_3S 和硅酸二钙 β-C_2S 为主要矿物组成的熟料，外掺二水石膏制成。

8.3.2　自应力混凝土

8.3.2.1　自应力产生的机理

自应力水泥水化时使混凝土产生一定程度的体积膨胀，但这种膨胀为钢筋所限制。

当膨胀和限制达到平衡时，钢筋由于混凝土膨胀而被限制，于是产生了预应力（拉应力），而混凝土的膨胀却为钢筋所限制而产生自应力（压应力）。可见自应力的产生是由于膨胀和限制这对矛盾因素的相互作用。

因此，产生自应力必须具备的两个条件：一是具有膨胀能；二是具有对膨胀混凝土的限制条件，如钢筋或其他形式的限制等。

但是，不是混凝土中所有膨胀能都能产生自应力，也不是自由膨胀值越大，自应力值越高。在水泥水化初期，由于混凝土处于塑性状态，此时的膨胀只能起到堵塞水泥石内部的孔隙，使混凝土密实的作用，并不能产生自应力。当混凝土具有一定强度，并有一定的变形能力时膨胀才能张拉钢筋，产生自应力，同时混凝土本身的结构不受破坏。如果混凝土已具有相当高的强度，变形能力又很小时发生膨胀，虽然能产生自应力，但混凝土的结构将被破坏，甚至崩溃。

所以，自应力混凝土的膨胀和强度必须相适应。图 8.8 为膨胀过大强度降低的试验结果，图 8.9 是膨胀和强度相适应的例子。

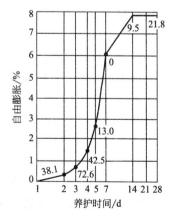

图 8.8　膨胀大、强度低的自应力
混凝土的膨胀与强度发展情况
（曲线旁边数字为抗压强度
0.1MPa，横坐标是对数坐标）

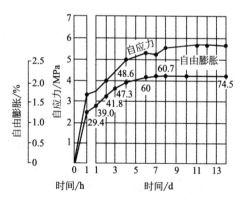

图 8.9　膨胀与强度相适应的发展
（曲线旁边数字为抗压强度 0.1MPa）

自应力混凝土中的自应力值与限制膨胀和配筋率有如下关系：

$$\sigma = \mu E_g \varepsilon_g \tag{8.2}$$

式中　σ——混凝土的自应力值，MPa；

　　　μ——配筋率，%；

　　　E_g——钢筋的弹性模量，MPa；

　　　ε_g——限制膨胀下钢筋的相对伸长率，%。

8.3.2.2　自应力混凝土的配制要求

实际生产中，所配制的自应力混凝土必须满足下列要求：

(1) 具有最佳的膨胀值范围　自应力水泥混凝土如膨胀过小，则钢筋受到的拉应力小，混凝土的预压应力也就较低；如膨胀过大，会破坏混凝土内部结构，使混凝土开裂甚至完全破坏，所以应有一个便于控制的较大的膨胀范围。

(2) 具有最低限度的强度值和合适的膨胀速度　自应力混凝土若没有足够的强度，就不可能将膨胀能传递给钢筋，因而也就不能获得自应力。在最佳膨胀范围内，强度越高越好，但强度与膨胀值的发展速度应相适应。强度发展过快，膨胀值过小；而膨胀过快，强度会下降，甚至破坏混凝土结构。由于允许膨胀范围较大，对强度也就不能规定高限，只能以低限来控制。

(3) 具有一定的自应力值　自应力混凝土的自应力值愈高，混凝土的抗裂性能愈好。因此，除了强度和膨胀外，自应力混凝土必须有限制膨胀的条件。

(4) 长期接触水分，要求后期稳定性好　在允许的膨胀范围内，自应力水泥的膨胀组分应基本耗尽，膨胀基本完成，这样在使用过程中，增加的自由膨胀与原始长度比不能太大，否则会引起后期膨胀而造成结构破坏。

8.3.2.3　自应力混凝土的特性

自应力混凝土由于在一定的限制条件下发生膨胀，所以它与普通混凝土相比，在许多性能方面有很大的区别。

(1) 膨胀裂缝和畸变　自应力混凝土是否产生膨胀裂缝与其限制条件有关。在单向或双向限制条件下，限制作用方向上水泥浆和骨料间不会产生裂缝，而在未受限制的方向产生的膨胀可能会破坏水泥石的结构，产生膨胀裂缝。但在三向限制时，水泥石与骨料间不会出现膨胀裂缝。

在自应力混凝土中，由于自由膨胀值与限制膨胀值差距很大，所以在限制试件内的膨胀是不规则的。如在单向限制试件内，紧靠钢筋的混凝土受限制作用最大，其膨胀变形等于钢筋伸长变形，而距离钢筋愈远的混凝土，其变形愈接近自由膨胀。因此，混凝土整个断面的膨胀，未能同等有效地发挥张拉钢筋而产生自应力，其应力分布是不均匀的，这种情况叫"畸变"。

(2) 自应力的损失和恢复　自应力混凝土只有在足够的水分条件下才会发生膨胀并建立和保持自应力，而在干燥的空气中，如同普通混凝土一样，也会发生收缩。并且有同样的数量级，结果引起自应力的损失。但干缩的自应力混凝土在重新吸水后，会重新膨胀恢复损失的自应力。

(3) 自愈性　自应力混凝土具有自行愈合微小裂缝的特性，这是自应力水泥的水化产物——水化硫铝酸钙和氢氧化钙堵塞和胶结裂缝的结果，但过大的裂缝和后期产生的裂缝不能愈合。

(4) 耐久性　在适当限制条件下的膨胀使自应力混凝土的密实性显著提高，孔隙率减少，因此，自应力混凝土比普通混凝土的抗渗性、抗冻性、抗气密性等都好。

（5）与钢筋的黏结力 普通混凝土与钢筋的黏结力随混凝土强度的提高而增加。自应力混凝土的强度虽然很高，但与钢筋的黏结力却很低，用单向限制的自应力水泥混凝土试体试验表明，在自然预养期间，黏结力随强度发展而增加，随后浸水养护，随着膨胀，主要是横向膨胀逐渐破坏了附着力和咬合力，也就破坏了混凝土与钢筋间的黏结。

8.3.3 自应力混凝土的应用

目前，自应力混凝土已被广泛地用于制作各种工程结构和制品。

① 长期处于潮湿环境的结构和制品，有自应力混凝土压力管、贮罐、船、桩、桥梁及其支柱、堤岸的基础等；

② 处于周期性湿润的结构物，有道路、飞机跑道路面和港湾码头等；

③ 处于干燥状态的结构物和制品，有梁、各种板材、薄壳和轨枕等。

自应力混凝土之所以有如此广泛的用途，是因其具有如下一系列的优点：

① 与机械张拉、电热张拉建立预应力相比，依靠混凝土的自身膨胀来张拉钢筋，不需张拉设备，工艺简单，节省劳力和能源；并且可张拉任何方向的钢筋，从而可使混凝土在任何方向建立预应力，所以，特别适用于形状复杂的和薄壁的预应力混凝土结构；

② 自应力混凝土压力管与普通混凝土相比有较高的抗渗性；

③ 自应力混凝土管与金属管道相比，可节约大量的钢铁，节约高达 $90\%\sim95\%$；

④ 自应力混凝土的生产建厂投资少、投产周期短；

⑤ 从原材料、生产成本、铺设、能耗等方面比较，均低于钢管和铸铁管。

但是，自应力混凝土压力管的自重大，在装卸搬运时比铸铁管容易受损，并且工作压力值较低，一般不超过 0.6MPa。

8.4 耐酸混凝土性能与配合比设计

教学任务：分析耐酸混凝土的原材料、技术要求及耐酸混凝土的凝结硬化性能和应用。掌握耐酸混凝土的配合比要求。

众所周知，由于普通混凝土中水泥的水化产物中含有大量的 $Ca(OH)_2$ 和水化铝酸钙，这些水化产物很容易与酸性介质发生反应导致混凝土结构被破坏。即使是抗硫酸盐水泥和硫铝酸盐水泥制成的混凝土，也仅仅是因为水化产物中 $Ca(OH)_2$ 和水化铝酸钙数量较少而有一定的耐酸能力，可以用于如海港工程等一些有硫酸盐侵蚀的场所。但对于一些化工工业中的如硫酸、盐酸等酸性较强的酸性介质，上述水泥配制的混凝土仍然会很快遭到酸蚀性破坏。因此，为了防酸腐蚀，应采用耐酸混凝土。

目前，在建筑工程中常用的耐酸混凝土有水玻璃耐酸混凝土，硫磺耐酸混凝土和沥青混凝土。本节主要介绍水玻璃耐酸混凝土。

水玻璃耐酸混凝土是以水玻璃为胶结料、氟硅酸钠作固化剂、耐酸骨料和粉料等配制成的混凝土。水玻璃耐酸混凝土按水玻璃品种分，有钠水玻璃耐酸混凝土和钾水玻璃耐酸混凝土两种。

8.4.1 水玻璃耐酸混凝土的原材料

8.4.1.1 胶结料——水玻璃

（1）水玻璃的种类 水玻璃是碱金属硅酸盐的玻璃状熔合物，俗称"泡花碱"，其化学

组成可用 $R_2O \cdot nSiO_2$ 表示。根据碱金属氧化物种类不同，分为钠水玻璃（$Na_2O \cdot nSiO_2$）和钾水玻璃（$K_2O \cdot nSiO_2$）。由于钾水玻璃价格较高，因此目前使用最多的是钠水玻璃。

钠水玻璃一般由较纯的细石英砂和纯碱（工业碳酸钠）按一定比例配制后，经 1350～1400℃熔融反应而得，即

$$Na_2CO_3 + nSiO_2 \xrightarrow{1350\sim1400℃} Na_2O \cdot nSiO_2$$

$Na_2O \cdot nSiO_2$ 中的 n 称为水玻璃的模数，实际上是 SiO_2 和 Na_2O 的摩尔比值：

$$n = \frac{A}{B} \times 1.032 \tag{8.3}$$

式中　A——SiO_2 的百分含量；

　　　B——Na_2O 的百分含量；

1.032——SiO_2 和 Na_2O 的分子量之比。

也可以按照水玻璃存在的状态把水玻璃分为固态水玻璃和液态水玻璃。固态水玻璃有淡绿色或浅黄色及这两种颜色之间的各种色泽，液态水玻璃为固态水玻璃的水溶液，一般呈白色或微黄色。我国目前耐酸混凝土工程中，常用的是液体钠水玻璃，简称玻璃。

（2）水玻璃的技术性能要求

1）模数。它是水玻璃的重要技术性能指标，其大小直接决定水玻璃的物理化学性能，也直接影响所配制的耐酸混凝土的性能。一般地，n 增加，水玻璃的凝结速度加快，黏结性能和耐酸性增加，但在水中的溶解性能降低，反之，则黏结性能和耐酸性降低，而在水中的溶解性增加。

生产上，用于配制耐酸混凝土的水玻璃的模数 n 一般应为 2.4～3.0 之间，最好在2.6～2.8 之间，如超出上述范围，应进行适当的调整。当 n 太大，可以加入苛性钠降低模数；当 n 太小，可以加入硅酸或无定形 SiO_2 提高模数。在实际应用中，往往是在低模数水玻璃中加入高模数水玻璃的方法，制取所需模数的水玻璃。

2）相对密度或比密度（ρ_s）。ρ_s 是表征水玻璃溶液浓度的一个技术参数，其大小取决于水玻璃中溶解的固体水玻璃的含量和模数。水玻璃的相对密度增大，耐酸混凝土凝结速度减慢；反之，则加快。

用于配制耐酸混凝土或胶泥的水玻璃的相对密度一般应在 1.36～1.50 之间。如低于此范围，可进行加热使水玻璃中的水分蒸发而使 ρ_s 提高；如高于此范围，可向水玻璃中加热水（水温 50℃±5℃）来进行调节，调节过程中应不断用波美计进行检测。

水玻璃的模数和相对密度有一定的相互关系。水玻璃的相对密度相同而模数不同时，获得相同工作性的耐酸混凝土所需水玻璃的数量不同，模数高者用量较多。当水玻璃的模数相同而密度不同时，获得相同工作性的耐酸混凝土，相对密度大用量多。但增加水玻璃用量，不但成本提高，而且生产不易控制，因此水玻璃模数过高、相对密度过大是不适宜的。

然而，水玻璃耐酸混凝土的强度随水玻璃的相对密度增大而提高。当相对密度相同时，混凝土强度随水玻璃模数的增大而提高。因为模数高，相对密度大的水玻璃，其中 SiO_2 含量多，产生的胶凝物质多，因而胶结能力强。

另外，水玻璃相对密度大，耐酸混凝土的密实度较高，抗渗性能好，但收缩较大，且收

缩变形延续时间较长。此外，化学稳定性也较差，当相对密度在 1.50 以上时，不论模数高低，耐酸混凝土都有严重的溶蚀现象。

因此，生产中，使用的水玻璃的模数和相对密度必须控制在适宜的范围内，才能得到良好性能的耐酸混凝土。

8.4.1.2 固化剂

水玻璃本身是一种气硬性胶凝材料，但在空气中凝结硬化较慢，往往不能满足工程施工的需要。为了加速水玻璃的凝结硬化速度，一般在配制时应加入固化剂。固化剂可以用氟硅酸钠（Na_2SiF_6）或氟硅酸钾（K_2SiF_6）。由于氟硅酸钾价格较高，因此最常用的固化剂为氟硅酸钠。

氟硅酸钠为白色或浅黄色结晶粉末，pH 值在 3 左右。它是生产磷酸钙或氟化盐的副产品，其溶解度很小，质量的好坏主要取决于纯度和细度，纯度高，含杂质少，可以减少氟硅酸钠用量。其技术指标要求见表 8.10。

注意当氟硅酸钠含水率大或受潮结块时，需经烘干、粉碎后使用。烘干温度不宜超过 65℃，以免氟硅酸钠分解。

表 8.10 氟硅酸钠技术指标

指标名称	指标	
	一级	二级
外观与颜色	白色结晶颗粒	允许浅灰色或淡黄色
纯度/%	＞95	＞93
游离酸(折合 HCl)/%	＜0.2	＜0.3
Na_2O/%	＜3.0	＜5.0
含水率/%	＜1.0	＜1.2
水不溶物/%	＜0.5	—
细度(孔径 0.5mm 筛通过)	全部	全部

8.4.1.3 耐酸骨料

用于耐酸混凝土的骨料必须具有较高的耐酸性能。常用的粗骨料有耐酸性能好的岩石或人造岩石经破碎而成。用得较多的岩石有石英岩、花岗岩、辉绿岩、玄武岩及安山岩等天然岩石和废耐火砖、碎瓷片等。细骨料常用石英砂。耐酸骨料的技术指标应符合表 8.11 要求。颗粒级配要求见表 8.12。

表 8.11 耐酸粗细骨料的主要技术指标

指标名称	细骨料指标	粗骨料指标
耐酸度	≥94%	≥94%
含水率	≤1%	≤0.5%
含泥量	≤1%	不允许有
吸水率	—	＜2%
浸酸后安定性	—	合格(无裂缝、掉角)
空隙率	≤40%	≤45%

表 8.12 耐酸骨料的级配要求

项目	细骨料					粗骨料		
筛孔尺寸/mm	0.15	0.3	1.2	2.5	5	5	10	20
筛余量/%	95～100	70～95	20～55	10～35	0～10	90～100	30～60	0～5

8.4.1.4 耐酸粉料（填料）

耐酸混凝土为了增加密实度，还需要配以一定量的耐酸粉料。常用石英粉、辉绿岩粉和瓷粉等，其中以辉绿岩粉最好，石英粉因杂质含量较多，吸水性高、收缩性大，不宜单独使用。现有商品供应的 69# 耐酸灰，耐酸性能较好，但收缩较大，成本较高。耐酸粉料的技术指标应符合表 8.13 要求。

表 8.13　耐酸粉料的技术指标

项目		指标
耐酸度		≥94%
含水率		≤0.5%
细度	1600 孔/cm²	≤5%
	4900 孔/cm²	10%～30%

8.4.1.5 改性剂

为了进一步提高水玻璃混凝土的密实度，从而改善其强度和抗渗性，可以在配制时掺加一部分改性剂。常用的改性剂有呋喃类有机物（如糠醇、糠醛丙酮等）、水溶性低聚物（如多羟醚化三聚氰胺、水溶性聚醛低聚物、水溶性聚酰胺等）、水溶性树脂（如水溶性环氧树脂、呋喃树脂等）及烷芳基磺酸盐（如木质素磺酸盐钙、亚甲基二萘磺酸等）。

8.4.2 水玻璃耐酸混凝土的凝结硬化和性能

8.4.2.1 凝结硬化过程

首先是水玻璃和氟硅酸钠反应生成具有胶结性能的硅酸凝胶 $Si(OH)_4$，并将填料和骨料胶结在一起，然后硅酸凝胶逐渐脱水转变为固体 SiO_2，从而使混凝土逐渐坚固。其化学反应方程式如下：

$$2(Na_2O \cdot nSiO_2) + Na_2SiF_6 + 2(n+1)H_2O \longrightarrow 6NaF + (n+1)Si(OH)_4$$

$$Si(OH)_4 \longrightarrow SiO_2 + 2H_2O$$

另外，在干燥环境中，水玻璃混凝土表面的水玻璃受 CO_2 的作用也会生成 SiO_2，其反应如下：

$$Na_2O \cdot nSiO_2 + CO_2 + mH_2O \longrightarrow Na_2CO_3 + nSiO_2 \cdot mH_2O$$

$$nSiO_2 \cdot mH_2O \longrightarrow nSiO_2 + mH_2O$$

水分部分蒸发后，反应产物成为固态的二氧化硅、碳酸钠和硅酸凝胶，从而使混凝土发生凝结硬化。但是，由于空气中二氧化碳浓度很低，水玻璃与二氧化碳的反应很慢。

实际上水玻璃和氟硅酸钠反应相当复杂，其反应程度受水玻璃模数、相对密度、氟硅酸钠掺量、细度以及反应温度的影响。

水玻璃耐酸混凝土初期硬化很快，对于 28d 抗压强度为 15MPa 的混凝土，其 3d 的抗压强度可达到 10～11MPa。

8.4.2.2 酸化处理

由于水玻璃与氟硅酸钠的反应不能进行到底，因此在硬化后的混凝土中还残留一些游离水玻璃，其遇水易溶解，造成混凝土密实度降低，这对混凝土的耐蚀性、耐水性和抗渗性将产生不利影响，所以通常对耐酸混凝土表面进行酸化处理。

酸化处理就是用浸酸或涂刷酸的方法进行表面处理。实质就是用酸溶液将混凝土面层未参与反应的水玻璃分解成硅酸凝胶。其反应如下：

$$Na_2O \cdot SiO_2 + 2H^+ + 2H_2O \longrightarrow Si(OH)_4 + 2Na^+$$

酸化处理用的酸液浓度不宜太大，处理的次数 3～4 次即可。常用的酸液有 20%～40% 的硫酸、15%～20% 的盐酸或 15%～30% 的硝酸。

另外应选择适当的处理时间。处理过早，反而会使混凝土表面受到损坏；处理过迟，混凝土表面发生碳化，酸液不易渗入，影响酸化效果。酸化处理时间应选择在脱模后 2～3d 内进行。

8.4.2.3 水玻璃耐酸混凝土的性能

（1）力学性能 水玻璃耐酸混凝土的抗压强度一般为 20～40MPa，抗拉强度为 2.4～4.0MPa，抗折强度一般为抗压强度的 1/10～1/8。水玻璃耐酸混凝土有较强的抗冲击性，尤其是耐酸胶泥和耐酸砂浆。

水玻璃耐酸混凝土早期强度较高，一般 1d 强度即可达 28d 强度的 40%～50%，3d 强度可达 28d 强度的 75%～80%，但 28d 后强度基本上不再增长。

（2）耐久性 耐酸性是水玻璃混凝土的最主要性能。只要配比适当和保证施工质量，水玻璃耐酸混凝土具有很强的耐酸能力。

但是，其耐浓酸能力比耐稀酸能力强。有试验表明，同时将同一品质的水玻璃耐酸混凝土试样浸泡在 10% 的浓硫酸和 3% 的稀硫酸溶液中，一年后前者的强度基本没有变化，而后者的强度降低了 15%。究其原因，主要是酸的浓度越小，其渗透能力相对越强，渗入到混凝土结构内部与未反应的水玻璃及 NaF 作用生成了一些可溶性盐，混凝土结构发生变化，致使其强度降低。而浓度较高的酸不仅对混凝土的渗透能力较低，而且可以在水玻璃耐酸混凝土表面与未反应的水玻璃反应形成硅胶，使混凝土更加密实，从而阻止了酸溶液向混凝土内部的渗透。所以，为提高水玻璃耐酸混凝土的耐酸性和强度，可以用浓酸对其表面进行"酸化处理"。

水玻璃耐酸混凝土的耐碱性较差，因此不适于用在碱性介质中。

由于未水化的水玻璃能与某些呈酸性的盐发生化学反应，在混凝土内部中产生一些膨胀产物，将会导致混凝土结构的破坏。因此，水玻璃耐酸混凝土在与盐溶液接触的环境中使用时，一定要经过试验，并且最好应用经过改性的致密水玻璃耐酸混凝土。

水玻璃耐酸混凝土的耐水性不如其耐酸性。长期浸泡在水中的水玻璃耐酸混凝土强度会明显降低。其主要原因是未参与反应的水玻璃及反应生成的一些可溶性氟化钠（NaF）溶出而导致混凝土结构受到破坏。

水玻璃耐酸混凝土的耐热性与配制混凝土所用的骨料、粉料的耐热性有直接的关系。一般说，骨料和粉料的耐热性好，相应的水玻璃耐酸混凝土的耐热性也好。因此，应选用如碎耐火砖及耐火砖粉作为混凝土的骨料和粉料。

水玻璃耐酸混凝土在养护和使用过程中存在干缩变形现象，而且密实度较高干缩变形也较大。干缩变形可能会引起混凝土出现不同尺寸的裂缝。

水玻璃耐酸混凝土常用于浇筑地面、设备基础及化工、冶金等工业中的大型设备，如贮酸槽、反应塔等，构筑物的外壳及内衬等防腐蚀工程。

8.4.3 水玻璃耐酸混凝土的施工及配合比要求

8.4.3.1 水玻璃耐酸混凝土的施工

水玻璃耐酸混凝土的搅拌机械应选用强制搅拌机。其投料顺序如下：

$$粗骨料 \rightarrow 细骨料 \rightarrow 粉料 \rightarrow 氟硅酸钠 \xrightarrow{干拌\ 1\sim2min} 加水玻璃溶液 \xrightarrow{拌\ 2\sim3min} 出料$$

生产中，模板支撑必须牢固，表面平整，拼缝严密，防止水玻璃流失。模板上应涂刷非碱性脱模剂，如有钢筋或铁质预埋件，应事先涂刷环氧树脂，并待初步固化后再浇筑。

因为耐酸混凝土不耐碱，所以在碱性基层上浇筑水玻璃耐酸混凝土时，应设置沥青涂层或聚氨酯涂层作为隔离层。在隔离层固化后，再在隔离层上涂刷两道水玻璃胶泥，并待胶泥固化后再浇筑耐酸混凝土。

一些贮放酸溶液的槽和罐的浇筑应尽量一次完成，避免新旧混凝土接缝在干缩时产生裂缝而渗漏。

水玻璃耐酸混凝土的养护温度应不低于 5℃，最好在 15～30℃，相对湿度低于 50% 的较干燥环境中进行。

8.4.3.2 水玻璃耐酸混凝土的配合比设计

(1) 配合比设计的要求

① 抗压强度一般应控制在 20～40MPa；

② 耐酸性应视工程要求确定耐酸度；

③ 抗水性要求为软化系数大于 0.8；

④ 应在保证工程要求的性能前提下最大限度降低成本。

另外，为便于施工，水玻璃耐酸混凝土的拌合物应有足够的流动性及适当的稠度。

(2) 配合比设计步骤　水玻璃耐酸混凝土的配合比设计一般应根据工程的要求，参考经验进行配合比的选择，然后通过试验调整，确定合适的配合比。

1) 水玻璃模数、相对密度和用量的选择。

如前所述，水玻璃模数越大，相对密度越高，其耐酸性也越好。因此，对耐酸性要求高的混凝土工程，应选择模数相对较高和相对密度较大的水玻璃。

水玻璃的用量应依据粗细骨料及粉料的种类、细度、坍落度要求、抗水性和施工部位的温度等确定。在模数确定的情况下，水玻璃用量越多，流动性越好，但抗水性和耐酸性就会变差。根据经验，水玻璃的用量一般为 240kg/m³。

2) 固化剂掺量的确定。

固化剂一般选择氟硅酸钠，其掺量的多少直接影响水玻璃耐酸混凝土的凝结硬化速度、强度、耐酸性及抗水性等一系列性能。在一定范围内，水玻璃耐酸混凝土的凝结速度随氟硅酸钠掺量增加而加快，强度、耐酸性及抗水性也随氟硅酸钠掺量的增加而提高。但掺量达到某一值时，这些影响的程度将减弱，甚至出现负影响。因此，固化剂的掺量应确定一个合理值或最佳值。

当水玻璃的相对密度和模数确定后，可以按式 (8.4) 计算出氟硅酸钠的理论掺量。

$$G = 1.52 \times \frac{VdC}{N} = 1.52 \times \frac{PC}{N} \tag{8.4}$$

式中　G——氟硅酸钠用量，g；

　　　V——水玻璃的体积，ml；

d——水玻璃的密度，g/cm^3；

C——水玻璃中 Na_2O 的含量，%；

P——水玻璃的质量，g；

N——氟硅酸钠的纯度，%。

由于在应用过程中，氟硅酸钠与水玻璃的最终反应率只有 70%～80%，因此氟硅酸钠实际用量取理论用量的 80%～90% 就可以了。

当水玻璃的模数和相对密度改变时，氟硅酸钠的用量也随之改变。模数越大，相对密度越小的水玻璃，所需的氟硅酸钠用量也少。表 8.14 是不同模数、密度的水玻璃所需的氟硅酸钠的理论用量。

表 8.14　不同模数、密度水玻璃所需的氟硅酸钠理论用量（占水玻璃用量）　单位：%

相对密度 ρ_s	水玻璃模数 m				
	2.4	2.6	2.8	3.0	3.2
1.34	—	—	—	—	12.3
1.36	14.8	14.5	14.0	13.7	12.9
1.38	15.9	15.4	14.5	14.1	13.5
1.40	16.7	16.0	15.5	15.0	13.9
1.42	17.4	16.5	15.9	15.5	14.5
1.44	17.9	17.5	16.3	15.9	
1.46	18.9				

另外，当水玻璃模数和相对密度确定后，温度越高，所需的氟硅酸钠用量也越高，在参考表 8.14 取值时，应进一步根据环境温度作适当调整。

3）耐酸粉料和骨料用量的确定。

耐酸粉料和粗细骨料用量的多少不仅影响耐酸混凝土的耐酸性，而且还影响耐酸混凝土拌合物的和易性及硬化混凝土的密实性和抗渗性，特别是粉料掺量，太少时会导致混凝土密实性差，抗渗性和耐酸性也差；若过多，混凝土拌合物的黏性大，不易搅拌均匀，而且会在混凝土内部产生较多的气泡，同样使混凝土的性能产生不良影响。

耐酸粉料的掺量与骨料的砂率也有一定的关系。一般说，砂率较大时，粉料掺量应适当增加；反之，应适当减少。根据工程经验和工程实践，水玻璃耐酸混凝土的砂率一般应控制在 38%～45%。在此范围内，耐酸粉料与骨料掺量的比例见表 8.15。

表 8.15　水玻璃耐酸混凝土中耐酸粉料与骨料比例参考值

砂率	0.38	0.39	0.40	0.41	0.42	0.43	0.44	0.45
粉料/骨料	0.42	0.41	0.40	0.39	0.38	0.37	0.36	0.35

4）改性剂掺量的确定。

改性剂的掺量以水玻璃用量为基准，一般情况下，可参考表 8.16。

表 8.16　水玻璃耐酸混凝土中改性剂掺量参考值

水玻璃	外加剂				
	糠酮单体	糠醇单体	NNO	木质素磺酸钙＋水溶性环氧树脂	多羟醚化三聚氰胺
100	5	3～5	4～5	2～3	5～8

5）参考配合比（表 8.17）。

表 8.17　普通耐酸混凝土典型配合比（质量比）

材料名称	水玻璃	氟硅酸钠	粉料			骨料	
			铸石粉	铸石粉：石英粉＝1：1	69#耐酸水泥	细骨料	粗骨料
耐酸胶泥	1.0	0.15	2.55~2.7	—	—	—	—
			—	—	2.40~2.60	—	—
			—	2.20~2.40	—	—	—
耐酸砂浆	1.0	0.15	2.0~2.21	—	—	2.5~2.7	—
			—	—	2.0~2.2	2.6~2.7	—
			—	2.0~2.2	—	2.6~2.7	—
耐酸混凝土	1.0	0.15~0.16	0.0~2.2	—	—	2.3	1.2
			—	0.8~2.0	—	2.4~2.5	3.2~3.3
			—	—	2.1~2.2	2.6~2.7	3.2~3.3

8.5　耐热（耐火）混凝土的选择与应用

教学任务：了解几种常用耐热混凝土的性能特点，以及对原材料技术要求；掌握常用耐热混凝土的配合比。

耐热混凝土是一种能长期承受高温作用（200℃以上），并在高温作用下保持所需的物理力学性能的特种混凝土。而代替耐火砖用于工业窑炉内衬的耐热混凝土也称为耐火混凝土。

根据所用胶结料的不同，耐热混凝土可分为：硅酸盐耐热混凝土；铝酸盐耐热混凝土；磷酸盐耐热混凝土；硫酸盐耐热混凝土；水玻璃耐热混凝土；镁质水泥耐热混凝土；其他胶结料耐热混凝土。

根据硬化条件可分为：水硬性耐热混凝土；气硬性耐热混凝土；热硬性耐热混凝土。

耐热混凝土已广泛地用于冶金、化工、石油、轻工和建材等工业的热工设备和长期受高温作用的构筑物，如工业烟囱或烟道的内衬，工业窑炉的耐火内衬，高温锅炉的基础及外壳。

使用耐热混凝土与传统耐火砖相比，具有下列特点：

① 生产工艺简单，通常仅需搅拌机和振动成型机械即可。

② 施工简单，并易于机械化。

③ 可以建造任何结构形式的窑炉。采用耐热混凝土可根据生产工艺要求建造复杂的窑炉形式。

④ 耐热混凝土窑衬整体性强，气密性好，使用得当，可提高窑炉的使用寿命。

⑤ 建造窑炉的造价比耐火砖低。

⑥ 可充分利用工业废渣、废旧耐火砖以及某些地方材料和天然材料。

8.5.1　硅酸盐耐热混凝土

硅酸盐耐热混凝土所用的材料主要有硅酸盐水泥、耐热骨料、掺合料以及外加剂等。

8.5.1.1　原材料要求

（1）硅酸盐水泥　可以用矿渣硅酸盐水泥和普通硅酸盐水泥作为其胶结材料。一般应优先选用矿渣硅酸盐水泥，并且矿渣掺量不得大于 50%。如选用普通硅酸盐水泥，水泥中所掺的混合材料不得含有石灰石等易在高温下分解和软化或熔点较低的材料。

此外，因为水泥的耐热性远远低于耐热骨料及耐热粉料，在保证耐热混凝土设计强度的情况下，应尽可能减少水泥的用量，为此，要求水泥的强度等级不得低于 32.5MPa。

用上述两种水泥配制的耐热混凝土最高使用温度可以达到 700～800℃。其耐热机理是：硅酸盐水泥熟料中的 C_3S 和 C_2S 的水化产物 $Ca(OH)_2$ 在高温下脱水，生成的 CaO 与矿渣及掺合料中的活性 SiO_2 和 Al_2O_3 又反应生成具有较强耐热性的无水硅酸钙和无水铝酸钙，使混凝土具有一定的耐热性。

（2）耐热骨料 普通混凝土耐热性不好的主要原因是一些水泥的水化产物为 $Ca(OH)_2$，水化铝酸钙在高温下脱水，使水泥石结构破坏而导致混凝土碎裂；另一个原因是常用的一些骨料，如石灰石、石英砂在高温下发生较大体积变形，还有一些骨料在高温下发生分解，从而导致普通混凝土结构的破坏，强度降低。因此，骨料是配制耐热混凝土一个很关键的因素。

常用的耐热粗骨料有碎黏土砖、黏土熟料、碎高铝耐火砖、矾土熟料等；细骨料有镁砂、碎镁质耐火砖、含 Al_2O_3 较高的粉煤灰等。

（3）掺合料 掺合料的作用主要有两个：一是可增加混凝土的密实性，减少在高温状态下混凝土的变形；二是在用普通硅酸盐水泥时，掺合料中的 Al_2O_3 和 SiO_2 与水泥水化产物 $Ca(OH)_2$ 的脱水产物 CaO 反应形成耐热性好的无水硅酸钙和无水铝酸钙，同时避免了 $Ca(OH)_2$ 脱水引起的体积变化。所以，掺合料应选用熔点高、高温下不变形、且含有一定数量 Al_2O_3 的材料。目前耐热混凝土中常用的掺合料及其技术质量要求如表 8.18 所示。

（4）外加剂 硅酸盐水泥耐热混凝土配制时，可掺加减水剂以降低 W/C，减少混凝土结构内部的孔隙率。减水剂宜采用非引气型。

表 8.18 硅酸盐耐热混凝土常用掺合料及其技术质量要求

掺合料名称	掺合料细度 (0.08mm 方孔筛余) 水泥耐热混凝土	掺合料化学成分/%							最高使用温度/℃
		Al_2O_3	SiO_2	MgO	CaO	Fe_2O_3	SO_3	烧失量	
黏土砖粉	<70%	≥30				0			≤900
黏土熟料粉	<70%	≥30					≤5.5	≤0.3	≤900
高铝砖粉	<70%	≥65							1300
矾土熟料粉	<70%	≥48							1300
镁砂粉	—	≤4		≥87	≤5			≤0.5	1450
煤砖粉	—			≥87	≤5				1450
粉煤灰	<8.5%	≥70					≤4	≤8	1250
矿渣粉	8.5%	≥20						≤5	1250

8.5.1.2 硅酸盐水泥耐热混凝土的配合比

该品种耐火混凝土的配合比设计用计算法比较繁琐，一般常采用经验配合比为初始配合比，再通过试配调整，得到适用的配合比。表 8.19 为硅酸盐水泥耐火混凝土的常用配合比，可供实际施工参考。

表 8.19 硅酸盐水泥系列耐热混凝土常用配合比　　　　单位：kg/m³

水泥 品种	用量	掺合料 品种	用量	粗骨料 品种	用量	细骨料 品种	用量	水	强度等级	最高工作温度
硅酸盐水泥	340	黏土熟料粉	300	碎黏土熟料	700	黏土熟料砂	550	280	C20	1100℃
硅酸盐水泥	320	红砖	320	碎红砖	650	红砖砂	580	270	C20	900℃
硅酸盐水泥	350	矿渣粉	300	碎黏土熟料	680	黏土熟料砂	550	285	C20	1000℃
矿渣水泥	480	粉煤灰	120	碎红砖	720	红砖砂	600	285	C20	900℃
普通硅酸盐水泥	360	粉煤灰	200	碎红砖	700	红砖砂	600	270	C15	1000℃

8.5.2 铝酸盐水泥耐热混凝土

铝酸盐水泥是一类没有游离 CaO 的中性水泥，具有快硬、高强、热稳定性好、耐火度高等特点。在冶金、石油化工、建材、水电和机械工业的一般窑炉上得到广泛的应用，其使用温度可达到 1300～1600℃，有的甚至能达到 1800℃左右，所以又称为铝酸盐耐火混凝土。它属于水硬性耐热混凝土，也属于热硬性耐热混凝土。

8.5.2.1 胶结材

铝酸盐水泥耐热混凝土的胶结材主要有矾土水泥、低钙铝酸盐水泥、纯铝酸盐水泥。

（1）高铝水泥（普通铝酸盐水泥）　高铝水泥是由石灰和铝矾土按一定比例磨细后，采用烧结法和熔融法制成的一种以铝酸一钙（CA）为主要成分的水硬性水泥。其化学成分及矿物组成见表 8.20。

表 8.20　高铝水泥化学成分及矿物组成

类型		化学成分/%			矿物组成
	SiO_2	Al_2O_3	CaO	Fe_2O_3	
低铁型 A	5～7	53～55	33～35	<2.0	CA、C_2AS
B	4～5	59～61	27～31	<2.0	CA_2、CA、C_2AS
高铁型 A	4～5	48～49	36～37	7～8	CA、C_2AS、C_4F
B	3～4	40～42	38～39	14～16	CA、C_4AF、C_2AS

高铝水泥水化的产物主要有 C_3AH_6、AH_3、CAH_{10}、C_2AH_8，而上述产物在高温作用下会发生脱水，脱水产物之间发生反应。如：

300～500℃ $\qquad C_3AH_6 \longrightarrow CaO + C_{12}A_7 + H_2O$

$\qquad\qquad\qquad AH_3 \longrightarrow Al_2O_3 + H_2O$

500～1200℃ $\qquad Al_2O_3 + CaO \longrightarrow CA$

$\qquad\qquad\qquad Al_2O_3 + C_{12}A_7 \longrightarrow CA$（或 CA_2）

$\qquad\qquad\qquad Al_2O_3 + CA \longrightarrow CA_2$（在 Al_2O_3 较多时）

由上可知，在 500℃以前，水泥石由高铝水泥的水化物组成；500～900℃是由水化产物及由脱水产物之间的二次反应物组成；1000℃开始发生固相烧结；1200℃以上时变为陶瓷结合的耐火材料。其强度的变化如图 8.10 所示。

（2）纯铝酸盐水泥　是用工业氧化铝和高纯石灰石或方解石为原料，按一定比例混合后，采用烧结法或熔融法制成的以 CA_2 或 CA 为主要矿物的水硬性水泥。其中 CA_2 和 CA

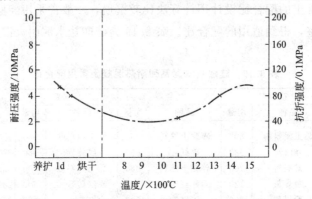

图 8.10　铝酸盐耐热混凝土加热温度与强度的关系

含量总和在 95% 以上，CA_2 占 60%~65%，另外含有少量 $C_{12}A_7$ 和 C_2AS。

纯铝酸盐水泥的水化硬化及在加热过程中强度的变化与高铝水泥类似。由于该水泥的化学组成中含有更多的 Al_2O_3，因此在 1200℃ 发生烧结产生陶瓷结合后，具有更高的烧结强度和耐火度，其最高使用温度可达 1600℃ 以上。

8.5.2.2 骨料

由于纯铝酸盐水泥可以配制较高温度下工作的耐热混凝土，因此，采用的骨料应为耐火度更高的骨料，如矾土熟料碎高铝砖、碎镁砖和镁砂等。如使用温度超过 1500℃，最好用铬铝渣、电熔刚玉等。

8.5.2.3 掺合料

为提高耐热混凝土的耐高温性能，有时在配制混凝土时掺加一定量的与水泥化学成分相近的粉料，如刚玉粉、高铝矾熟料粉等。粉料的细度一般应小于 $1\mu m$。

8.5.3 磷酸或磷酸盐耐热混凝土

该耐热混凝土以磷酸盐或磷酸作胶结剂和耐热骨料等配制而成的混凝土。它是一种热硬性耐热混凝土。磷酸盐耐热混凝土使用温度一般为 1500~1700℃，最高可达 3000℃。而磷酸盐耐高温混凝土，可以经受 -30~2000℃ 的多次冷热循环而不破坏。

8.5.3.1 胶结剂

（1）磷酸盐 主要有铝、钠、钾、镁、铵的磷酸盐或聚磷酸盐，其中用得最多的是铝、镁和钠的磷酸盐。

磷酸铝一般是磷酸二氢铝、磷酸氢铝和正磷酸铝三种的混合物，其中磷酸二氢铝的胶结性最强。使用磷酸铝时，为加速混凝土在常温下的硬化，可加入适量的电熔或烧结氧化镁、氧化钙、氧化锌和氟化铵等作为促硬剂，也可用含有结合状态的碱性氧化物（如硅酸盐水泥）作促硬剂。

磷酸钠盐一般用正磷酸钠（Na_3PO_4）、磷酸二氢钠、聚磷酸钠。

（2）磷酸 磷酸有正磷酸（H_3PO_4）、焦磷酸（$H_3P_2O_7$）及偏磷酸（HPO_3）等，常用的主要是正磷酸。正磷酸本身无胶结性，但与耐热骨料接触后，会与其中的一些氧化物（如氧化镁、氧化铝）反应形成酸式磷酸盐从而表现出良好的胶凝性。

8.5.3.2 耐火骨料

由于磷酸盐及磷酸耐热混凝土一般用于温度较高的结构物中，因此其所用的耐火骨料也应选用耐火度高的材料，常用的有碎高铝砖、镁砂、刚玉砂等。

8.5.3.3 掺合料

磷酸盐耐热混凝土加热时因水分蒸发会产生较大的收缩，因此在配制时应加入一些微米级耐火材料，如刚玉粉、石英粉等。

8.5.3.4 磷酸盐耐热混凝土的配合比

磷酸盐耐热混凝土的参考配合比如表 8.21 所示。

表 8.21 磷酸盐耐热混凝土配合比

胶结剂/%		耐火骨料/%	掺合料/%	
磷酸盐溶液	磷酸溶液		耐火粉	碳酸钙粉
18~22	—	70~75	5~7	2~3
—	15~20	73~77	5~7	2~3

由于磷酸盐和磷酸对人体具有很强的腐蚀性，因此，在施工时必须注意安全，应戴好防

护服、防护鞋、防护手套、防护目镜等。

8.6　道路混凝土与绿化混凝土应用与施工

教学任务：分析道路混凝土的技术要求，掌握原材料配比，了解道路混凝土的施工方法。分析绿化混凝土的特点，了解绿化混凝土对原材料要求。

凡是用于各种路面材料的混凝土都称之为道路混凝土。

路面是道路的上部结构，常由各种坚硬材料分层铺筑于路基之上，通常按面层的使用品质、材料以及结构强度和稳定性等划分等级。一般分为高级、次高级、中级、低级四个等级，高速公路和一级公路是汽车专用路，采用的路面等级是高级，高级路面所用的材料主要有：沥青混凝土、水泥混凝土、厂拌沥青碎石和整齐石块或条石。

最早的路面是以石油沥青为胶结料，砂、石为骨料的混凝土，主要用于公路道路上。由于沥青耐老化性差、温度稳定性低、使用寿命短，导致道路混凝土维护费用高。随着经济的发展，尤其是汽车工业的发展，对公路质量的要求越来越高。20 世纪 50 年代中期，世界上很多先进的工业化国家将提高道路质量、完善公路网、发展高速公路作为发展国民经济的重要决策。为此，需要更好的路面材料来代替传统道路沥青混凝土。一些国家开始将原用于机场跑道的水泥混凝土用作公路，尤其是高速公路的路面材料。20 世纪 50 年代，日本研制出了聚合物水泥混凝土，并用于机场跑道和高速公路。由于其良好的耐磨性、抗冻性和低振动性，一度在很多国家推广使用。但由于聚合物价格较高，因此限制了它的使用范围，特别是在发展中国家的应用。与此同时，很多研究者开始对价格低廉、资源丰富的沥青进行了大量研究，找到了一系列的改性方法，使沥青的易老化、温度稳定性差的缺点在很大程度上得到了改善。这种性能得到改善的石油沥青称之为改性沥青。它不仅可以作为良好的防水材料，也可以作为高等级公路混凝土的胶结材料，并很快在世界各地推广使用。

目前，公路用（包括机场跑道）道路混凝土按材质可分为三类：

① 道路水泥混凝土，简称水泥混凝土；

② 道路聚合物水泥混凝土，简称聚合物混凝土；

③ 道路改性沥青混凝土，简称沥青混凝土。

水泥混凝土路面是最近十几年来才发展起来的，国内外对水泥混凝土路面的修筑技术不断研究和总结，使水泥混凝土路面在技术上日臻完善，近年来在我国得到广泛推广应用。水泥混凝土是公路与城市道路、机场跑道最常见的路面材料。

水泥混凝土路面具有较高的强度、稳定性和耐久性，荷载分布均匀、板面厚度较薄、容易铺筑与整修等特点。但是，其脆性大，刚度大，变形性能差，对超载比较敏感。

8.6.1　道路水泥混凝土的技术要求

道路水泥混凝土是以硅酸盐水泥或专用水泥为胶结材料，以砂石为骨料，掺入矿物掺合料和外加剂拌和而成的混合料，经浇筑或碾压成型、硬化而具有一定强度，用于铺筑道路的混凝土。与普通混凝土相比较，除了一些相似之处外，还具有其特殊的性能。

8.6.1.1　强度要求

道路水泥混凝土在实际使用中由于要经受大量行车荷载的冲击，同时还遇到无法控制的大量超载车辆的长期破坏作用，这些荷载均使路面产生弯曲拉伸应力，而混凝土本身抗折强度和抗拉强度又较低，所以此种混凝土的强度控制指标主要以抗拉强度和抗折强度为设计标准，而不是抗压强度。路面的厚度以行车反复荷载产生的应力不超过混凝土路面使用年限末期的疲劳抗弯拉强度为依据。

路面混凝土的抗弯拉强度，不得低于表 8.22 中的规定值。当路面浇筑后，如不需在 28d 后开放交通时，可采用 60d 或 90d 龄期的强度，其强度一般为 28d 龄期强度的 1.05 倍和 1.10 倍。为了保证路面混凝土的耐久性、耐磨性、抗冻性等性能的要求，其抗压强度还不得低于 30MP。

表 8.22　不同交通量混凝土路面技术参考指标

交通量等级	标准轴载/kN	使用年限/年	动载系数	超载系数	当量回弹模量/MPa	抗折强度/MPa	抗折弹性模量/×10⁴MPa
特重	98	30	1.15	1.20	120	5.0	4.1
重	98	30	1.15	1.15	100	5.0	4.0
中等	98	30	1.20	1.10	80	4.5	3.9
轻	98	30	1.20	1.00	60	4.0	3.9

8.6.1.2　工作性要求

由于道路混凝土路面的施工方法不同于普通混凝土的常规振捣成型，如碾压、滑模摊铺等方法，为了保证路面混凝土的施工质量，对其拌合物的工作性也有很高的要求。

8.6.1.3　耐久性要求

由于路面混凝土长期直接受到行驶车辆的磨损，寒冷积雪地区受到防滑链轮胎和带钉轮胎的冲击，同时常年经受风吹日晒、雨水冲刷及冻融循环的作用，因此，要求路面混凝土必须具有良好的耐久性。

另外过大的收缩对使用是十分不利的，所以，应尽量减少道路混凝土的收缩性，防止混凝土收缩开裂。

8.6.2　道路混凝土的原材料和配合比

8.6.2.1　道路混凝土的原材料

道路混凝土的组成材料，基本上与普通混凝土相同，也是由胶凝材料、骨料、外加剂等材料组成，但在材料质量要求上有一定的差别。

（1）水泥　道路水泥混凝土所使用的水泥品种和强度等级必须根据公路等级、施工工期、铺筑时间、浇筑方法和经济性等因素，综合各方面因素合理选用。水泥品种主要采用硅酸盐水泥、普通硅酸盐水泥和专用的道路水泥。例如，高等级公路水泥混凝土所使用的水泥，应选用抗弯拉强度高、干缩性小、耐磨性强、抗冻性好的水泥。

根据我国道路混凝土使用水泥情况，并参照国外对道路水泥混凝土的规定，建议水泥强度等级为：高等级路面及机场跑道所用的水泥不小于 52.5MPa，其余不小于 42.5MPa。

对水泥的其他技术要求建议如下：

① 熟料中 C_3A 的含量不得超过 5%；C_4AF 的含量不得低于 18%；游离 CaO 的含量不得超过 1.0%；碱性物质含量应符合中热水泥的标准规定；SO_3、MgO 含量和安定性应符合有关规定。

② 细度为 0.080mm（方孔筛）筛余量不得超过 10%。

③ 初凝时间不得早于 1.5h，终凝时间不得迟于 10h；各龄期强度值不得低于表 8.23 中的数值；水泥胶砂试件 28d 龄期的干缩率不得大于 0.09%。

④ 砂浆磨耗率不得超过 1.0%。

表 8.23 道路水泥混凝土各龄期控制强度值

强度等级	抗弯拉强度/MPa			抗压强度/MPa		
	3d	7d	28d	3d	7d	28d
52.5MPa	5.1	6.3	7.8	27.5	35.3	51.5
42.5MPa	4.3	5.5	7.1	22.0	27.5	41.7

（2）骨料

1）细骨料——砂

道路水泥混凝土所用的砂，应满足一定的级配、有害杂质含量等方面的技术要求。

① 级配要求。砂不仅应质地坚硬、耐久、洁净，而且应符合 C30 以上普通混凝土用砂国家有关标准。

为了提高道路混凝土的耐磨性，小于 0.080mm 的颗粒不应超过 3%。

在考虑砂的颗粒分布情况时，应同时考虑级配和细度模数两项指标，才能真正反映砂的性质。工程实践证明，道路水泥混凝土所用砂的细度模数，一般应控制在 2.6~2.8 之间。

② 杂质含量。用于道路水泥混凝土的砂中有害杂质的含量，不应超过如下规定：

含泥量不大于 3%；硫化物及硫酸盐含量（折算为 SO_3）不得大于 1%；采用比色法测定有机质含量，其颜色不得深于标准色；不得混有石灰、煤渣和草根等杂物。

2）粗骨料——石子

为了配制质量优良而又具有良好施工性能的道路混凝土，石子的最大粒径最好控制在 40mm 以下，级配类型基本上与普通混凝土相同。其质量应符合《普通混凝土砂石质量及检验方法标准》（JGJ 52—2006）的技术要求。根据路面混凝土的特点，碎石或卵石还应符合表 8.24 中的质量要求。

表 8.24 道路混凝土用碎（卵）石的质量要求

质量要求项目	技术规格		要求指标
强度以 500mm×500mm×500mm 立方体试件，在饱和状态下检验抗压强度，磨耗率是在双筒磨机中测定的	卵石磨耗率/%		20~30
	火成岩	抗压强度/MPa	100~120
		磨耗率/%	4~5
	石灰岩	抗压强度/MPa	80~100
		磨耗率/%	5~6
	片岩	抗压强度/MPa	80~100
		磨耗率/%	4~5
骨料粒径	路面厚度<25cm		最大粒径≤40mm
	路面厚度≥25cm		最大粒径≥50mm
骨料级配	分档配合		合乎要求颗粒级配
软弱颗粒含量	百分含量/%		<5
针片状颗粒含量	碎（卵）石/%		<15
黏土杂质含量	碎（卵）石/%		<1
有机物含量	碎（卵）石		浅于标准色
空隙率	碎（卵）石/%		<45

（3）外加剂 为了改善道路混凝土的技术性质，常在混凝土的配制中加入一定量的外加剂。而常用的外加剂有流变剂、调凝剂和引气剂三种。

在实际生产中，应根据需要选用外加剂，所选用的外加剂的质量应符合国家标准 GB 8076—87 的规定。目前应用较多的是引气剂，其目的是为了改善道路水泥混凝土的变形性和抗冻性。但由于掺用外加剂会改变对混凝土制备工艺的要求，使用时应特别小心，应在充分试验和试用后，方可正式用于工程中，并且注意外加剂的掺量和搅拌均匀。

（4）接缝材料　道路混凝土板体的接缝是路面结构的重要组成部分，也是薄弱、易坏、影响路面使用寿命的重要部位。用于道路混凝土接缝的材料，按使用性能分为接缝板和填缝料两种。

1）接缝板材料。道路混凝土的接缝板应具有一定的压缩性和弹性，当混凝土膨胀时不被挤压，收缩时能与混凝土板缝连接不产生间隙；在混凝土路面施工时不变形且耐腐蚀。因此，对接板缝的技术要求见表8.25。

可用于接缝板的材料有：木材类、泡沫橡胶及泡沫塑料类、沥青纤维类和沥青类。

表8.25　接缝板的技术要求

技术要求项目	接缝板的种类			
	木材类	泡沫橡胶及泡沫塑料类	沥青纤维类	沥青类
抗压强度/MPa	6.3～31.0	0.11～0.51	2.0～10.2	0.9～5.8
复原率/%	58～74	93～100	65～72	50～64
挤出量/mm	1.4～5.6	1.5～4.6	1.0～3.7	50～61
弯曲刚度/kg	14～41	0～4.8	0.2～3.2	0.2～4.9

2）填缝料材料。填缝料按施工温度分为加热施工式和常温施工式两种，即现灌液体填缝料和预制嵌缝条。

加热施工式填缝料主要有：沥青橡胶类聚氯乙烯胶泥类和沥青玛蹄脂类等，其技术要求见表8.26。表中低弹性填缝料适用于公路等级较低的混凝土路面的缩缝，高弹性填缝料适用于公路等级较高的混凝土路面的胀缝和高速公路、机场路面的接缝。

常温施工式填缝料目前主要有：聚氨酯焦油类、氯丁橡胶类、乳化沥青橡胶类等，其技术要求如表8.27所示。

表8.26　加热式填缝料技术要求

试验项目		低弹性型	高弹性型
针入度（锥针法）		<5mm	<9mm
弹性（-10℃）	复原率/%	>30	>60
	贯入量/mm	5	10
流动量/mm		<5	<2
拉伸量（-10℃）/mm		>5	>15

表8.27　常温式填缝料技术要求

试验项目		技术指标
灌入稠度/s		<20
失黏时间/h		6～24
弹性（球针法）	复原率/%	>75
	贯入量/mm	3～5
流动度/mm		<0
拉伸量（-10℃）/mm		>15

研究表明，接缝板中的软木板、加热式施工填料中的聚氯乙烯胶泥和常温式施工中的

M88 建筑密封膏以及聚酯改性沥青等材料性能较优，可供水泥混凝土路面工程中使用。

8.6.2.2 道路混凝土的配合比设计

和普通混凝土相似，道路混凝土配合比设计的主要任务是：确定水灰比、单位用水量、水泥用量、砂率以及骨料用量等技术参数。

道路混凝土配合比设计的步骤为：

① 根据已有的经验参数进行初步计算，设计初步配合比；

② 根据初步配合比进行试配，检验拌合物的和易性，按要求进行必要的调整；

③ 进行强度和耐久性试验，进行必要的调整；

④ 根据混凝土的现场施工条件，骨料质量、摊铺机具和气候条件等，再进行调整，提出施工配合比。

但是，道路混凝土路面板厚度的计算是以抗折强度为依据。以下为道路水泥混凝土初步配合比设计过程。

（1）确定混凝土的抗折强度 f_c：

$$f_c = K_i F_{cm} \tag{8.5}$$

式中 F_{cm}——混凝土设计抗折强度，MPa；

       K_i——混凝土提高系数，其值为 1.10~1.15，对于施工管理水平较高者取 1.10，一般取 1.15。

这里还要注意，道路混凝土的设计，有时即要求抗折强度又要求抗压强度，此时，可将要求的抗折强度转换为抗压强度，如表 8.28 所示。

表 8.28 道路混凝土 28d 抗折强度与抗压强度对比参考表

抗折强度/MPa	4.0	4.5	5.0	5.5
抗压强度/MPa	25.0	30.0	35.0	40.0

（2）计算混凝土的水灰比 W/C：

对于碎石混凝土

$$\frac{C}{W} \cdot = \frac{f_c + 1.0079 - 0.3485 f_{sc}}{1.5684} \tag{8.6}$$

对于卵石混凝土

$$\frac{C}{W} = \frac{f_c + 1.5492 - 0.4565 f_{sc}}{1.2618} \tag{8.7}$$

式中 f_{sc}——水泥胶砂标准试件 28d 抗折强度，MPa。

如果计算的水灰比超过规定值（见表 8.29）的要求，则取表中的最大水灰比值。

表 8.29 由道路混凝土耐久性决定的最大水灰比与最小水泥用量

道路混凝土所处的环境条件	最大水灰比	最小水泥用量/(kg/m³)
公路、城市道路和厂矿道路	0.50	300
机场道面和高速公路	0.46	300
冰冻地区冬季施工	0.45	300

（3）确定混凝土拌合物的和易性   道路水泥混凝土的拌合物，应具有与铺路机械相适应的施工和易性，以保证施工要求。根据工程经验，道路水泥混凝土拌合物的坍落度，一般为1.5~2.5cm，工作度应小于 30s。

（4）确定单位用水量（W）（kg/m³） 在水灰比已确定的条件下，综合考虑粗骨料的最大粒径、级配和形状、掺合料的种类、外加剂品种及掺量、施工温度、拌合物的坍落度或工作度等因素，确定单位用水量。

工程经验数据为：采用最大粒径为 40mm 的粗骨料时，卵石不大于 160kg/m³；碎石不大于 170kg/m³。也可按下述经验公式确定：

对于卵石混凝土　　$W = 86.89 + 3.70h_s + 11.24(C/W) + 1.00S_p$　　　　(8.8)

对于碎石混凝土　　$W = 104.97 + 3.09h_s + 11.27(C/W) + 0.61S_p$　　　　(8.9)

式中　h_s——混凝土拌合物的坍落度，一般为 1.5～2.5；

　　　S_p——砂率，%，可参照表 8.30 选用。

表 8.30　道路混凝土混合料砂率 S_p 的范围（%）

水灰比	碎石最大粒径/mm		卵石最大粒径/mm	
	20	40	20	40
0.40	29～34	27～32	25～31	24～30
0.50	32～37	30～35	29～34	28～33

（5）计算水泥用量（C）（kg/m³）　采用下式计算：

$$C = W \cdot C/W$$　　　　(8.10)

根据道路混凝土的使用特点，水泥用量不得小于 300kg/m³。但水泥用量也不宜太多，用量多不仅不经济，而且容易使混凝土产生塑性裂缝和温度裂缝，路面的耐磨性也会降低。一般情况下，采用 42.5MPa 的水泥时，水泥用量约为 310～340kg/m³；采用 52.5MPa 的水泥时，水泥用量约为 300～340kg/m³。

（6）计算砂（S）、石（G）用量（kg/m³）　砂、石用量的计算同普通混凝土一样，可用重量法或体积法。如用绝对体积法，按下式分别计算：

砂用量　　　　　$$S = \dfrac{1000 - \dfrac{W}{\rho_w} - \dfrac{C}{\rho_c}}{\dfrac{1}{\rho_s} + (100 - S_p) \times \dfrac{1}{\rho_g}}$$　　　　(8.11)

石子用量　　　　　$G = S \times [(100 - S_p)/S_p]$　　　　(8.12)

式中　ρ_w——水的密度，g/cm³；

　　　ρ_c——水泥的密度，可取 2.9～3.1g/cm³；

　　　ρ_s——砂的密度，g/cm³；

　　　ρ_g——石子的密度，g/cm³。

（7）确定外加剂的用量（kg/m³）　一般是根据工程实际需要选择适宜品种的外加剂，参考有关工程的经验，初步确定外加剂的掺量，通过试拌和调整，最终确定工程实际应用的外加剂掺量。

（8）配合比的试配和调整　通过上述计算得到初步配合比，是根据经验公式和经验参数确定的，而材料的特性同实际工程情况存在着一定的差异，所以，必须通过试验进行配合比的调整，其方法和步骤同普通混凝土一样。

8.6.3　绿化混凝土

8.6.3.1　绿化混凝土简介

绿化混凝土是指能够适应绿色植物生长、进行绿色植被的混凝土或制品。

20 世纪 90 年代初期，日本最早开始研究绿化混凝土并申请了专利。近年来我国城市建设速度加快，城区被大量的建筑物和混凝土的道路所覆盖，绿色面积明显减少，所以也开始重视混凝土结构物的绿化问题。绿化混凝土用于城市道路两侧及中央隔离带、水边护坡、楼顶、停车场等部位，可以增加城市的绿色空间，调节人们的生活情绪，同时能够吸收噪声和粉尘，对城市气候以及生态平衡也会起到积极作用，符合可持续发展道路，具有很强的环保作用，因此，绿化混凝土是将混凝土向环保型材料发展的极其重要的一个方面。

8.6.3.2 绿化混凝土制品

到目前为止，绿化混凝土制品有三种，即：

(1) 孔洞型绿化混凝土块体　孔洞型混凝土块体制品的实体部分与传统的混凝土材料相同，只是在块体材料的形态上设计了一定比例的孔洞，为绿色植被提供空间。实际应用时，将块体进行拼装铺筑，使绿化混凝土块体铺筑的地面有一部分面积与土壤相连，在孔洞之间可以进行绿色植被。

孔洞型绿化混凝土比较适用于停车场、城市道路两侧树木之间。但这种地面的连续性较差，且只能预制成制品进行现场拼装，不适合大面积、大坡度、连续型地面的绿化。这种产品在我国已逐渐被应用。

(2) 多孔连续型绿化混凝土　此种绿化混凝土由粗骨料和少量的水泥浆体或砂浆构成多孔骨架，一般要求混凝土的孔隙率达到 18％～30％，其孔隙尺寸大，孔隙连通，这样有利于为植物的根部提供足够的生长空间。多孔绿化混凝土的结构示意如图 8.11 所示。

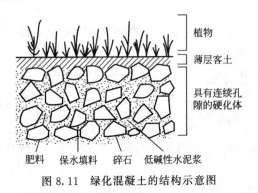

图 8.11　绿化混凝土的结构示意图

在多孔混凝土的孔隙内填充保水性的材料和肥料，这样植物的根部生长深入到这些填充材料之内，吸收生长所必要的养分和水分。保水性填充材料由各种土壤的颗粒、无机的人工土壤以及吸收性的高分子材料培植而成。另外，在绿化混凝土的表层铺设一薄层客土，为植物种子发芽提供空间，同时防止混凝土硬化体内的水分蒸发过快，并供给植物发芽后初期生长所需的水分。

这种连续型多孔混凝土适合于大面积、现场施工的绿化工程，尤其是用于大型土木工程之后的景观修复等。也可作为护坡材料，由于基体混凝土具有一定的强度和连续性，同时能够生长绿色植物，所以采用此种混凝土技术可以实现人工与自然的和谐统一。

(3) 孔洞型多层结构绿化混凝土块体　这是采用多孔混凝土并施加孔洞、多层板复合制成的绿化混凝土块体材料，如图 8.12 所示。在图中，上层为孔洞型多孔混凝土板，在多孔混凝土板上均匀地设置直径大约为 10mm 的孔洞，多孔混凝土板本身的孔隙率为 20％左右，强度大约为 10MPa。底层是不带孔洞的多孔混凝土板，孔径及孔隙率小于上层板，作成凹槽型。上层与底层复合，中间形成一定空间的培土层。上层的均布小孔洞为植物生长孔，中间的培土层填充土壤及肥料，蓄积水分，为植物提供生长所需的营养和水分。

此种混凝土制品多数应用在城市楼房的阳台、院墙顶部等不与土壤直接相连的部位，增加城市的绿色空间，美化环境。

8.6.3.3 绿化混凝土的原材料选择

选择原材料时应注意以下几点：

（1）尽量选择低碱性水泥 可以使用普通水泥、矿渣水泥、粉煤灰水泥等，但需要降低游离石灰的溶出，所以，最好使用 C_3S 少的水泥或掺加火山质混合材的水泥。目的是改善混凝土孔隙间的碱性水环境，使孔隙内 pH＝7～8，以利于植物的正常生长。

（2）合理选择骨料的粒径 为了使植物能够在绿化混凝土孔隙内生根发芽并穿透至土层，要合理选择骨料粒径，保证有一定的

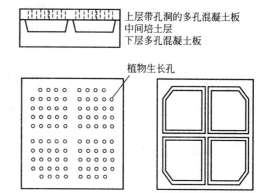

图 8.12 孔洞型多层结构绿化混凝土

孔隙率和表面空隙率。表面空隙率小，混凝土强度高，对地面防护效果好，但植生材料不易填充，草的成活率低；表面空隙率大，容易产生直贯型孔隙，混凝土强度低，影响混凝土对地面的防护功能，但草生长环境好。所以，粗骨料级配一般选用单一粒级，如 10～20mm 或 20～31.5mm。

8.6.3.4 绿化混凝土的技术性能要求

（1）植物生长功能 绿化混凝土最主要的功能是能够为植物的生长提供可能。为此，就必须使混凝土内具有一定的空间，充填适合植物生长的材料。这样，绿化混凝土应满足以下几项要求：

① 孔隙率。通常在 20％～30％左右。

② 贯通性。绿化混凝土孔隙间相互的贯通程度，决定着植物根系的发育扩展及获得养分补给的能力。但不应有直贯型孔洞，以免土壤流失。

③ 最小厚度 H_{min}。是保障植物根系最小生长空间。当混凝土下为岩石、不可耕种土壤、有防渗要求时，建议

$$H_{min} \geqslant 100/(k \times b) \qquad (8.13)$$

式中 H_{min}——最小厚度，mm；

　　　b——孔隙率；

　　　k——充填系数，一般为 0.8～0.9 左右。

④ 有效孔径 d。为绿化混凝土表观平均孔径，体现可充填营养土能力，影响植物根系的发育。建议

$$d \approx 0.26D$$

式中 D——骨料平均直径，mm。

有效孔径不宜过小，一般在 8～10mm 为宜。

（2）强度 由于绿化混凝土具有较高的孔隙率，所以其抗压强度较低，一般在 2.0～20MPa 之间。

（3）表层客土 为了使植物种植有最初的栖息之地，表层客土不应少。一般厚度为 3～6cm。另外，绿化混凝土还必须提供可行的播种、补种、复种作业条件，并使各种适用植物均能发芽生长。应具有如下特性：附土性、滞土性和保土性。附土性即为绿化混凝土表面附着土壤的能力；滞土性是绿化混凝土表面滞留土壤的能力；保土性是绿化混凝土保留孔隙内充填土的能力。

（4）耐久性　由于绿化混凝土具有较多、较大的孔隙，所以用于寒冷地区要进行抗冻性试验。

思考与练习

1. 什么是纤维增强混凝土？纤维增强材料有哪些？选用纤维增强材料有何要求？

2. 钢纤维、玻璃纤维和有机合成纤维各有何特点？

3. 钢纤维混凝土、玻璃纤维混凝土和有机合成纤维混凝土各有何特点？如何应用？

4. 什么是聚合物水泥混凝土、聚合物浸渍混凝土和聚合物胶结混凝土？各有何性能和应用？生产工艺上又有何不同？

5. 什么是自应力混凝土？其有何特点？具体应用有哪些方面？

6. 自应力混凝土的自应力是如何产生的？配制自应力混凝土有何要求？

7. 配制水玻璃耐酸混凝土时，对原材料有何要求？

8. 水玻璃耐酸混凝土是如何凝结硬化的？为什么要进行酸化处理？

9. 水玻璃耐酸混凝土的施工工艺是怎样的？

10. 水玻璃耐酸混凝土有何性能？其应用有哪些方面？

11. 什么是耐热（火）混凝土？与传统耐火砖相比有何优点？

12. 在选择耐火混凝土原材料时应注意什么？各种耐火混凝土的耐火温度有多高？

13. 什么是道路混凝土？实际应用时，对其有何技术性能要求？

参考文献

[1] [加] 西德尼·明德斯，[美] J·弗朗西斯·杨等著. 吴科如，张雄等译. 混凝土. 北京：化学工业出版社，2005.

[2] 汪澜编著. 水泥混凝土组成性能应用. 北京：中国建材工业出版社，2005.

[3] [美] Steven H. Kosmatka, Beatrix Kerkhoff, William C. Panarese 著. 钱觉时，唐祖全，卢忠远，王智等译. 混凝土设计与控制. 重庆大学出版社，2005.

[4] 姚燕主编. 新型高性能混凝土耐久性的研究与工程应用. 北京：中国建材工业出版社，2004.

[5] 李继业主编. 新型混凝土技术与施工工艺. 北京：中国建材工业出版社，2002.

[6] 朱宏军等编写. 特种混凝土和新型混凝土. 北京：化学工业出版社，2004.

[7] 冯乃谦主编. 实用混凝土大全. 北京：科学出版社，2001.

[8] 徐羽白编著. 新型混凝土工程施工工艺. 北京：化学工业出版社，2004.

[9] 徐定华，冯文元. 混凝土材料实用指南. 北京：中国建材工业出版社，2005.

[10] 苏达根主编. 水泥与混凝土工艺. 北京：化学工业出版社，2005.

[11] 葛新亚主编. 混凝土材料技术. 北京：化学工业出版社，2006.

[12] 文梓芸等主编. 混凝土工程与技术. 武汉：武汉理工大学出版社，2004.

[13] 王媛俐，姚燕. 重点工程混凝土耐久性的研究与工程应用. 北京：中国建材工业出版社，2001.

[14] 朱清江主编. 高强高性能混凝土研究及应用. 北京：中国建材工业出版社，1999.

[15] 蒋亚清主编. 混凝土外加剂应用基础. 北京：化学工业出版社 2004.

[16] 中国建筑学会混凝土外加剂应用技术专业委员会等编. 混凝土外加剂及其应用技术. 北京：机械工业出版社，2004.

[17] 王中平，金左培主编. 建筑工程材料生产工艺设计. 北京：化学工业出版社，2007.

[18] 王立久编著. 建筑材料工艺原理. 北京：中国建材工业出版社，2006.

[19] 张健主编. 建筑材料与检测. 北京：化学工业出版社，2003.

[20] 汪黎明主编. 常用建筑材料与结构工程检测. 郑州：黄河水利出版社，2002

[21] 高琼英主编. 建筑材料. 第 2 版. 武汉：武汉理工大学出版社，2002.

[22] 张承志. 商品混凝土. 北京：化学工业出版社，2006

[23] 金伟良，赵羽习. 混凝土结构耐久性研究的回顾与展望. 浙江大学学报，2002，36（4）：371-380.

[24] 陈路，李风云. 混凝土裂缝的预防与处理. 中国水利，2003，7（B）：53-54.

[25] 韩素芳，王安玲. 混凝土质量控制手册. 北京：化学工业出版社，2013.

[26] 王江波，姜志威. 高性能混凝土应用与发展概述. 科技创新导报，2009，21（25）.

[27] 姚燕，王玲，田培. 高性能混凝土. 北京：化学工业出版社，2006.

[28] 冯乃谦，刑峰. 高性能混凝土技术. 北京：原子能出版社，2000.

[29] 余成行，师卫科. 泵送混凝土技术与超高泵送混凝土技术. 商品混凝土，2011，（10）.

[30] 李继业，刘福胜. 新型混凝土实用技术手册. 北京：化学工业出版社，2006.

[31] 李悦. 自密实混凝土技术与工程应用. 北京：中国电力出版社，2013.

[32] 白雪梅，白永辉，张鸣. 混凝土匀质性及其长期性能的关系研究. 山东建材，2008，（5）.

[33] 廉慧珍. 对'高性能混凝土'的再反思. 混凝土世界，2010，（12）.

[34] 王国清，程利平. 自密实混凝土的发展历史与研究现状. 中国水运，2011，1.

[35] 张向军. 高性能混凝土的体积稳定性研究. 浙江工业大学，2001.

[36] 秦鸿根，孙伟，张亚梅等. 苏通大桥不同结构部位高性能混凝土配合比与应用研究. 商品混凝土，2010，10：55-56

[37] 通用硅酸盐水泥（GB 175—2007）.

[38] 石灰石硅酸盐水泥（JC/T 600—2010）.